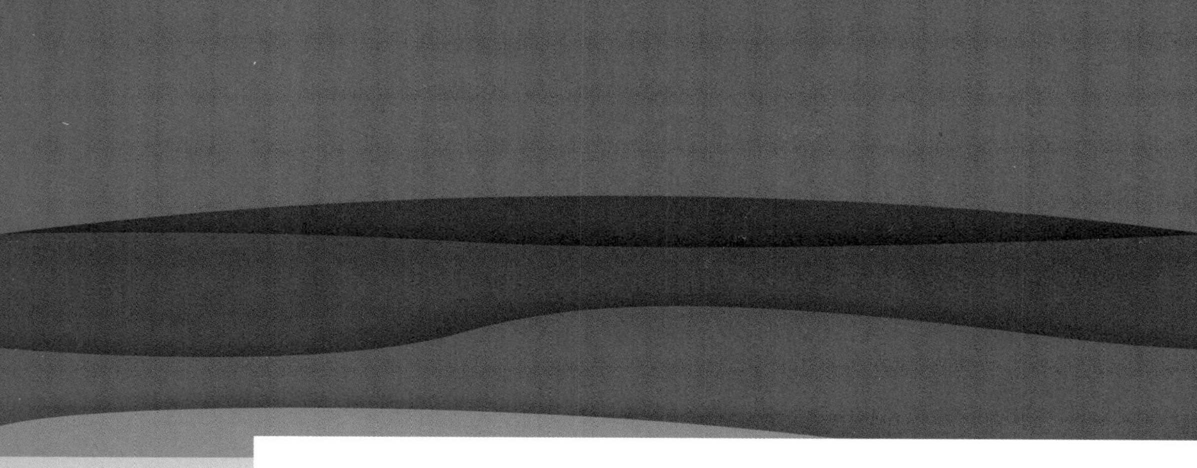

透明海洋驱动下的蓝色资源与经济发展

TOUMING HAIYANG QUDONGXIA DE LANSE ZIYUAN YU JINGJI FAZHAN

王舒鸿　李蒸蒸　周远翔　宋马林　编著

中国财经出版传媒集团

经济科学出版社
Economic Science Press

图书在版编目（CIP）数据

透明海洋驱动下的蓝色资源与经济发展/王舒鸿等编著. --北京：经济科学出版社，2021.11
ISBN 978-7-5218-3030-9

Ⅰ.①透… Ⅱ.①王… Ⅲ.①海洋经济-经济发展-研究-中国 Ⅳ.①P74

中国版本图书馆CIP数据核字（2021）第227105号

责任编辑：杜 鹏 郭 威
责任校对：杨 海
责任印制：邱 天

透明海洋驱动下的蓝色资源与经济发展
王舒鸿 李蒸蒸 周远翔 宋马林 编著
经济科学出版社出版、发行 新华书店经销
社址：北京市海淀区阜成路甲28号 邮编：100142
总编部电话：010-88191217 发行部电话：010-88191522
网址：www.esp.com.cn
电子邮箱：esp@esp.com.cn
天猫网店：经济科学出版社旗舰店
网址：http://jjkxcbs.tmall.com
固安华明印业有限公司印装
710×1000 16开 21印张 380000字
2022年4月第1版 2022年4月第1次印刷
ISBN 978-7-5218-3030-9 定价：118.00元

前　言

中国，是一个海洋大国，海洋面积相当于陆地面积的1/3，1.8万千米的海岸线上，点缀着数十个港口城市①。从古代开始，我们就有“舟楫为舆马，巨海化夷庚”的海洋战略和“观于海者难为水，游于圣人之门者难为言”的海洋意识。21世纪更是海洋的世纪，海洋已经成为我们赖以生存的“第二家园”和“巨大宝库”。党的十九大报告明确要求“坚持陆海统筹，加快建设海洋强国”。目前，我国海洋强国建设不断取得新成就，2012～2016年，我国海洋生产总值年均增速达到7.5%，高于同期国民经济增速0.2个百分点，高于同期世界经济增速2.7个百分点。2016年，海洋生产总值达到70507亿元，是2012年的1.3倍②。“蓝色”正逐渐渗入中国经济的底色，中国经济形态和开放格局呈现出前所未有的“依海”特征，中国经济已是高度依赖海洋的开放型经济，海洋经济成为国民经济的重要支撑。伴随着对海洋探索的不断加深，学界对与海洋相关的研究也保持了高度热情，此书正是在这样的时代背景下创作而成。

本书从环境资源与经济安全两个方面综合考虑，分为上、下两篇。上篇为“透明海洋与蓝色资源”，着重分析了人类对于海洋各种资源的开发和利用现状，以及产生的环境问题。下篇为“透明海洋与经济安全”，从如何建设海洋强国出发，探讨我国生态补偿与监测预警，以及我国“一带一路”倡议在沟通全球经济和贸易中发挥的重要作用。“蓝色粮仓”“海洋牧场”“蓝色药库”建设的构想，致力于建设现代海洋渔业发展体系与蓝色海洋食物科技支撑体系，打造土地之外的第二粮仓；通过人工控制种植或养殖海洋生物，将充分发挥海洋功能提升为“我们共同的梦想”。不仅如此，我国还利用海洋——这个天然、优良的通道，加强与世界各国的联系，向先进的海洋强国学习，共同促进海洋资源的开发与利用。然而，不能忽视的是，在资源开发利用的过程中，

①② 历年《中国海洋统计年鉴》。

由于不合理和过度的开采，一些资源甚至面临枯竭。而且由于技术、管理、意识等诸多方面的因素诱发了一系列的环境问题。为了能够实现对海洋长久、持续的开发利用，需要将“经济发展”和“环境保护”统筹起来综合考虑，顺应可持续发展的理念；将“生态管海”贯穿于海洋工作全过程，推进海洋生态文明建设，保护海洋生态环境。

本书编著者王舒鸿教授是本书的第一作者，主要负责书稿的总体设计和主体内容撰写等工作，累积贡献15万余字。李蒸蒸参与本书上篇“透明海洋与蓝色资源”中主要内容的设计和撰写工作，累积贡献13万余字；周远翔参与本书下篇“透明海洋与经济安全”中主要内容的设计和撰写工作，累积贡献10万余字；宋马林为全书提供框架指导、内容撰写和出版支持。其他参与人员均为来自中国海洋大学的青年学者或研究生，邢璐、贺钰晴、张红燕、张立芹、李艳明、王芳、孙雅秀、闫姗姗、韩婧彤、陈晓涵、孙亚男、李飞、张乐乐、唐若梅、闫丹阳、呼玉莹、胡安松、董鸿潇、阴昕、吕玉卓、张新阔、王群等参与了本书的编写和案例数据收集工作，在此一并表示感谢。

本书受到国家自然科学基金重点项目“自然资源资产与经济增长、经济安全的协调机制与策略研究”（71934001）；国家社会科学重大项目“中国沿海典型区域风暴潮灾害损失监测预警”（14ZDB151）；教育部人文社会科学重点研究基地中国海洋大学海洋发展研究院；教育部人文社会科学研究青年基金项目“基于自然资源管理的中国宏观经济安全评价研究”（20YJC790193）；安徽省高校自然科学基金重点项目“能源—环境—健康复杂系统的协调发展研究”（KJ2020A0006）共同资助。

书中难免存在不妥之处，敬请广大读者批评指正。

王舒鸿　李蒸蒸　周远翔　宋马林

2020年5月

目　录

上篇　透明海洋与蓝色资源

下篇 透明海洋与经济安全

上篇
透明海洋与蓝色资源

海洋国土，又被称为蓝色国土，是每一个沿海国家的内水、领海和管辖海域的统称。海洋是地球生物的发源地，是地球上最后一座生物宝库。开发海洋可以解决由于人口增加而产生的粮食问题。海洋是地球上最后的资源供应地，开发海洋可以满足人类生活、生产对矿产的需求。海洋是世界上最后的能源基地，开发海底油气田和可燃冰，以及风能、潮汐能可以长久地满足人类对能源的需要。海洋是世界各大洲交通最经济的通道，海洋运输成本仅为公路运输的1/5，是铁路运输的1/10。世界上80%的贸易运输是靠海运完成的。海洋又是地球上最大的淡水资源生成地和储存地，影响着大陆的风雨形成，甚至气候变化，海洋有巨大的冰山，在世界性缺水的今天，海洋对于人类的生存和发展有着更加重要的意义。

目前，海洋已经成为我国经济建设和可持续发展的重要支柱，然而，人类每一次开发海洋的行动，都会给海洋环境带来损害。加上海洋污染由于其特殊性，与大气污染、陆地污染又有很多不同，具有污染源广、持续性强、扩散范围广、危害大以及防治难度大等特点。因此，要应对海洋开发带来的负面问题，适度、合理、可持续地开发海洋资源，保护海洋环境，就显得尤为重要。但是，由于我国的海洋环境保护事业起步较晚，相应的法律体系和管理机制不健全，加之我国是人口大国，人们在工作和生活中产生了大量的有毒、有害废弃物，这些废弃物或直接排入海中，或随着河流和地下水系统进入大海，对海洋环境造成损害，再加上过度捕捞、不合理的海洋开发与建设等原因，造成了我国的海洋环境质量呈现下降的趋势，随之而来的海洋生物多样性减少、海洋灾害频发等问题，使海洋生态环境越来越脆弱，以至于生态系统失去平衡带来自然灾害。特别是我国滨海地区城镇化进程加快，人口、产业向滨海地区集聚，由此带来的海洋资源环境需求持续旺盛。目前我国海洋资源开发力度较大且存量有限，资源利用效率依然较低，沿海地区第二产业比重仍然很大。海洋作为我们的“蓝色国土”，海洋环境的好坏对海洋资源的开发与利用有很大的影响，同时对各国经济和社会的发展也具有重要意义，因此，加强对海洋的管理，将海洋环境保护纳入我国的海洋战略，对于海洋资源的开发与利用应更理性、更平衡、更可持续才是我国当前的不二之选。

第一章
海洋资源与环境现状

人口、资源和环境问题已成为当今世界各国共同关注的焦点问题。随着人口的不断增加，以及资源过度开采导致的资源枯竭和环境破坏，使得人们重新审视这三者之间的关系。为了人类能够永续发展，在重视环境问题的基础上，人们迫切需要寻找新的资源。海洋也称“蓝色国土”，它有着广阔的空间和丰富的资源。正确认识并合理利用海洋资源，变海洋资源优势为经济优势，促进海洋经济的发展和环境的良性循环，是处理好经济发展与海洋资源、海洋环境三者之间相互关系的正确途径。

第一节　海洋资源与环境现状概述

一、海洋资源与环境的概念

（一）海洋资源的概念

《辞海》中将资源定义为“资财的来源”，即能够带来资财的一切“东西”，包括天然的和人为的。这一解释赋予资源概念质的规定，即“能够产生经济价值”。海洋资源作为自然资源的一个重要组成部分，既具有资源的特点，也具有自然资源的本质。海洋资源的定义比较多样化，例如，《海洋大辞典》中海洋资源被定义为，海洋中一切可供人类开发利用的资源的总称，包括海洋生物资源、海洋化学资源、海底矿产资源、海洋动力资源、海洋能资源、海洋空间资源、海洋旅游资源。综合国内外文献和专门著作中的定义，海洋资源的概念主要有广义和狭义两种。狭义的海洋资源是指生存于海水中的生物，存在于海水中的化学元素，淡水、海水中所蕴藏的能量以及海底的矿产资源。这些都是与海水水体本身有着直接关系的物质和能量。广义的海洋资源除了上述的能量和物质外，还把港湾、四通八达的海洋航线、水产资料的加工、海洋上空的风、海底地热、海洋景观、海洋里的空间乃至海洋的纳污能力都视为海洋资源。

人类对海洋资源的开发与利用拥有非常悠久的历史。总体来看，可以划分为三个阶段：原始海洋资源利用阶段、传统海洋资源开发阶段和现代海洋资源开发阶段。早在远古时代，人类便在中国沿海地区、波罗的海沿岸、里海沿岸等地区开始了对原始海洋资源的利用。原始海洋资源利用阶段的特征是：使用简陋的工具，向海洋索取鱼、盐等基本生活资料，活动范围主要局限于近岸和浅海水域。虽然在这一阶段，人类对于海洋的探索仅局限于资源的直接利用，涉及范围也比较小，但是为人类认识海洋和开发利用海洋资源积累了初步的知识与经验。从两千多年前到20世纪60年代这一阶段，人类处于对传统海洋资源的开发阶段。这一阶段的主要特征为：广大劳动者的海洋知识和开发利用海洋资源的经验不断增加，劳动工具不断进步。人民的生产方式获得了巨大的变革，产业革命获得了巨大的成就，各种科学技术被广泛地应用于传统的海洋产业，海洋科学也作为一门独立的科学发展起来。从20世纪60年代开始，人类对海洋资源的开发与利用进入现代海洋资源开发阶段。传统的海洋产业逐步发展成熟，并且海洋石油开发等新型海洋产业得到了大规模的发展，人类对于海洋资源的开发与利用进入了一个全新的阶段。可以说，海洋资源对人类社会的进步和人类文明的发展起到了巨大的推动作用。

综合上述观点，本书将海洋资源定义为在一定的技术经济条件下可以为人类所利用的资源，包括可以利用而尚未利用的海洋和已经开发利用的海洋。海洋资源的范围正在随着科学技术的不断进步而逐步扩大，虽然一些资源可能在当前用途极少，甚至毫无用途，但随着科学技术的进步、人类社会的发展以及需求的多样化，在将来完全有可能变为有用的甚至是宝贵的资源。

（二）海洋环境的概念

海洋环境是地球上相互连通的海和洋的总称，包括海水以及溶解和悬浮于海水中的海底沉积物和海洋生物等，是人类的资源宝库和生命的摇篮，对于人类的生存和发展至关重要。包含陆地和海洋在内，地球表面总面积约 5.1×10^{8} 平方千米，如以大地水准面为基准，海洋面积为 3.61×10^{8} 平方千米，陆地面积为 1.49×10^{8} 平方千米，海陆面积之比为2.5∶1①。可见地表大部分都被海水所覆盖，海洋环境是地球上重要的环境之一。地球上的海洋是一个整体，相互连通，而陆地是相互割裂的，海洋分割和包围了所有的陆地。海洋按海水深

① 资料来源：《中国海洋统计年鉴》。

度及地形可进一步划分为滨海、浅海、半深海和深海四种环境。波基面以上称滨海区或海岸带，这里水动力条件、水介质条件及海底地貌，均很复杂；浅海是指波基面以下至水深 200 米的陆相区，这里地形平坦，坡度很小，小于 4 度；浅海之外的半深海是坡度很陡的大陆坡，4 ~ 7 度或更大，陆坡的地形崎岖，且有深切的水下峡谷，斜坡的坡脚可达 2000 米水深；再向外则为深海大洋盆地，它的地形比较平坦。海洋的各种性质及海洋的各个环境，对于各类海洋生物及沉积物的存在和分布都有着重大的影响①。海洋是地球上水循环的起点，海水受热蒸发，水蒸气升到空中，再被气流带到陆地上来，使陆地上有降水和径流。陆地上有了水，生物才得到发展。海洋对地球上的气候起着调节作用，使气温变化缓和。所以说，海洋环境对陆地环境的形成也起着决定性的作用。

我国海岸线长达 1.8 万千米，海域面积约为 300 万平方千米，主要包括渤海、黄海、东海以及南海四大海域，我国所属四大海域中除东海外其余三个海域均属于半封闭式海域，海洋生态系统中封闭性和区域性特征显著，海洋生态容易受到开发建设活动的干扰和破坏。我国海域形成了渤海、黄海、东海以及南海四大海洋生态系统。这四大海洋生态系统在物质循环方式、生物种类以及水文条件等方面均有自己的特色。我国海域南北跨度较大，再加上季风性气候的影响，导致各个海域之间海水的温度差别较大，尤其是冬季差别最为明显，以 2 月份为例，南北海域海水温差可达 33℃。

1. *渤海*

渤海由辽东湾、渤海湾、渤海海峡、莱州湾和中央海盆组成，在我国所属海域中位于最北端，渤海东部通过渤海海峡与黄海相通，其余三面均为陆地，属于我国的内海。黄河、海河等多条河流的注入为渤海带来了大量的泥沙，形成了以粉质淤泥和砂质淤泥为主的沉积物。该海域海底平坦，浅水区营养盐丰富、饵料丰富，适宜鱼类、虾类及蟹类的繁殖培育，中部深水区既是黄海和渤海经济鱼、虾、蟹类洄游的集散地，又是渤海地方性鱼、虾、蟹类的越冬场。因此渤海海域对虾、黄鱼等鱼类资源十分丰富，成为我国重要的水产养殖基地。除渔业资源外渤海海域还蕴含着十分丰富的矿产资源，其中储量最为可观的是石油资源，自 2007 年被发现以来已经进行了大规模的开采。渤海沿岸河流密布，在多条河流之间的相互作用下形成了渤海沿岸的三大水系和三大海湾生态系统。除此之外渤海海域还形成了辽河口三角洲湿地、黄河口三角洲湿地

---

① 资料来源：《中国大百科全书·中国地理》。

以及海河口三角洲湿地等湿地系统。

2. 黄海

黄海位于太平洋西侧，西北部与渤海相接，南部与东海相连，是一个近似南北向的半封闭海域。黄海东部通过朝鲜海峡、对马海峡与日本海相通，北侧经渤海海峡与渤海相通。海域内的海湾主要包括海州湾、胶州湾以及西朝鲜湾。黄海海域海底沉积物大部分为海相细泥沉积物，北部多为泥沙底，中部大多以软沙沉积物为主，西部主要是黄河注入带来的沉积物质，南部沉积物主要以深黑软泥沉积物为主，东部主要以来自朝鲜半岛的粗粒沉积物为主。山东半岛为港湾式沙质海岸，江苏北部、中部沿岸则为粉砂淤泥质海岸。黄海海域生物不仅种类丰富数量也十分可观，主要经济鱼类有小黄鱼、带鱼、鲅鱼、鲳鱼、鳕鱼等。此外，还有金乌贼、枪乌贼等头足类生物，鲸类生物主要是小鳁鲸、长须鲸和虎鲸。黄海海域中的浅水区和深水区分布着不同种类、不同特性的生物，在黄海沿岸浅水区主要是广温性低盐种，但在黄海深水区则主要是北温带冷水种群落。由于其丰富的生物量，在海域附近形成了烟威、石岛、吕泗和大沙等良好的渔场。

3. 东海

东海是我国海湾生态系统的集中分布区，我国最大的河口生态系统——长江口生态系统位于该海域，长江、钱塘江、闽江等江河流入东海。该海域海底平坦、水质优良，为鱼类提供了良好的生存、繁衍条件，海域中现存的渔业种类达 800 多种，位于此处的舟山渔场被称为中国海洋鱼类的宝库。东海海域中渔场的捕捞量约占全国海洋渔业总捕捞量的 50%①，在我国渔业的发展中占有十分重要的地位。

4. 南海

南海在我国所属海域中位于最南端，是一个呈东北—西南走向的半封闭海，且是我国四大海域中面积最大、水最深的海域。该海域跨越亚热带和热带区域，与其他海区相比较，热带海洋性气候更为显著，季节主要以夏季为主，春季和秋季时间短暂，冬季气温也较高，四季气候比较温和，常年降雨量充沛。尤其是中部和南部位于热带的海区，全年气候变化较小，以高温高湿的夏季气候为主，没有冬季。与气候类型相对应的是，该海域的动植物类型以热带和亚热带类型为主。南海海域的矿产资源也十分丰富，南海诸岛的磷矿储量约

① 资料来源：2017 年《中国海洋统计年鉴》。

为200万吨，西南中沙群岛海底蕴藏着大量的铁、锰、铜、镍、钴、铅、锌等金属元素和沸石、珊瑚贝壳灰岩等非金属矿产，以及热液矿床。作为世界上主要的沉积盆地之一，具有十分优越的聚集油气的地质条件。天然气、石油资源储量丰富，据估计该海域石油储量约为200亿~300亿吨，天然气储量约为4万亿立方米①。

结合我国四大海域，表1-1展示了其资源与环境的基本概况。

表1-1 我国四大海域基本概况比较

海域	面积（平方千米）	主要河流	矿产资源	生物资源	主要岛屿
渤海	7.7284万	黄河、辽河、滦河和海河	石油、天然气	对虾、毛虾、小黄鱼、带鱼	庙岛群岛、长兴岛、西中岛、菊花岛
黄海	40万	淮河，鸭绿江、大同江、汉江	石油、天然气、滨海砂矿、金刚石	黄姑鱼、鳓鱼、太平洋鲱鱼、鲳鱼、鳕鱼、中国毛虾、太平洋磷虾、海蜇	山东半岛、长山列岛
东海	77万	长江、钱塘江、闽江及浊水溪	石油、天然气	大黄鱼、小黄鱼、带鱼、墨鱼	台湾岛、舟山群岛、澎湖群岛、钓鱼岛
南海	210万	珠江、湄公河	磷矿、铁、锰、铜、镍、钴、铅、锌、石油、天然气、可燃冰	凤尾藻、江蓠、蕨藻、总状蕨藻、网胰藻、鲍鱼、大珠母贝、珠母贝、鲸、海豚、海象、海狮、海熊、海豹	南沙群岛、中沙群岛、西沙群岛、东沙群岛

资料来源：《中国大百科全书·中国地理》。

（三）海洋资源与环境的关系

海洋资源，包括海洋微生物资源、动植物资源、矿产资源等，其生存和发展需要依托于良好的海洋环境；同时它们也是构成海洋环境的重要组成部分。可以说海洋环境孕育了海洋资源，而海洋资源构成了海洋环境。

虽然人类的生存环境主要集中在陆地上，但海洋依然是人类生产和消费不可或缺的物质和能量的宝库。科学和技术的不断发展，使得人类可以更加近距离地了解和接近海洋。因此，人类对海洋资源的开发和利用规模也在不断增

① 中华人民共和国自然资源部网站查询得到。

大，对海洋的依赖程度不断加深，人类受海洋的影响也日益增大。在古代，受到知识水平和技术手段的制约，人类只能在沿海地区进行简单的捕鱼、制盐和航行，从海洋中索取食物。而发展到今天，人类对海洋的利用已经更为广泛和深入。人类不仅可以在近海捕鱼，还发展了远洋渔业；不仅捕捞鱼类，还发展了各种海产养殖业；不仅在沿岸制盐，还发展了海洋采矿事业，如在海上开采石油。20 世纪中叶以后，海洋事业进入了高速发展阶段，世界上已有近百个国家能够在海上进行石油和天然气的开采，每年海洋运输的石油量超过 20 亿吨，从海洋捕获的鱼、贝近 1 亿吨[①]，且仍在高速增长，海洋环境受到人类更大的影响。在人类从海洋资源开发中获得越来越多益处的背后，是人类对于海洋环境日益加重的污染，人类活动已经导致了大量海洋资源的枯竭和海洋环境的恶化。因此海洋资源与环境研究工作的主要任务之一，是探索如何在兼顾海洋环境的前提下，合理地开发和利用海洋资源。

二、海洋资源与环境的特点

海洋资源与环境作为人类生存和发展重要的经济资源，是未来发展的战略重地。就其属性来说，其作为一个自然概念，是由各种自然物构成的综合体。同时，作为一个经济学概念，它也是作为“一切”劳动对象的生产资料。所以，海洋资源与环境既具备自然属性，也具备经济属性。海洋作为一个经济和自然的综合体，也同时具备了自然特点和经济特点。

（一）有限性

海洋的不可再生资源，由于人类过度开采行为导致其迅速衰竭；海洋的可再生资源，在其被使用的过程中，很少会有人思考社会的最佳使用途径，这往往导致资源的浪费。人口增长使得人类对海洋资源的依赖逐步加大，这将愈加凸显海洋资源的稀缺。不同国家对海洋资源与环境的不均等占有，使得富国越富、穷国越穷。在世界整体粮食、资源、能源资源供应紧张和人口高速增长的双重重压日益加重的背景之下，海洋资源的开发是人类的必然选择（蔡运龙，2007）。然而海洋资源是有限的，人类过度的开发和利用会导致资源的枯竭，例如，由于人类对海洋渔业资源的过度开发利用，大幅度降低了渔业种群的再生能力，严重制约了海洋渔业资源未来的开发，威胁其可持续性发展。随着海洋捕捞技术的不断提升，捕捞船只数量的持续增加，捕捞强度的不断增强，海洋渔业的捕捞已经超过了其资源再生能力。人类对于海洋渔业资源的过度开

---

① 资料来源：美国能源署网站。

发，已经造成了部分渔业种类资源的枯竭和生物多样性的降低，使得海洋生态系统和结构功能受到了影响，海洋渔业资源利用的未来前景堪忧。

（二）流动性

流动性是海洋资源最为突出的特点之一，海洋是一个整体，其中海水处于不断的流动状态。海洋中的许多资源随着海水的流动也始终保持动态运动状态，因此，海洋资源具有流动性。一般而言，陆地地域的资源开发不会给不相连的陆地资源带来直接影响，而海洋资源的流动性决定了其开发和利用与陆地资源开发有明显的差异，即海洋作为一个不断流动的整体，可以通过流动的海水把不同区域开发利用活动联系起来。因此，海洋资源开发利用的影响非常广泛，能够影响周边海域甚至更大范围内的生态环境和经济效益。一旦人类的开发利用行为超过了合理的界限，造成了某种海洋资源平衡现状的破坏，其直接和间接影响将会对其周边海域乃至整个海洋造成不可挽回的重大损失。根据粮农组织的评估可知，由于人类的过度捕捞，在生物可持续水平内的世界海洋鱼类种群比例已从 1974 年的 90% 下降到 2013 年的 68. 6%①。海洋资源的不合理开发和利用甚至会危及其周边陆地地域资源、环境和经济的发展。海洋资源所具有的这种连带性、流动性特点，使海洋资源开发具有极大的潜在风险，稍有不慎，可能会破坏整体生态环境，造成长期影响。由于海洋资源所具备的流动性特点，对海洋资源的适度开发和可持续利用便显得尤为重要。

（三）公共性

对于海洋资源而言，法律明确规定其所有权归国家所有。但是，长期以来国家所有权缺乏具体代表，在实际的经济运行中并没有充分地发挥作用，反而呈现出所有权泛化和管理淡化的特点，具体表现为“谁发现、谁开发、谁所有、谁受益”。如果海洋资源仍然作为一种公共资源进行开发和利用，其产权关系就无法确定。就海洋资源的属性而言，它同时具有商品性和公共物品性这两个特征，尤其是公共物品表现得更为明显。海洋资源作为公共物品，一方面，由于资源总量比较大，在一定程度上增加或减少一个人并不会影响原有人们的效用水平；另一方面，任何人都可以享用海洋已有的资源，一个人对于海洋资源的使用并不会妨碍其他人的使用。

（四）可转换性

海洋资源可以有多种用途，而且不同的用途将可以相互转换。例如，海岸

---

① 联合国粮食及农业组织网站查询所得。

带资源经开发为农用地、养殖用地、房地产用地、海洋旅游休闲用地、港口用地、临海工业用地；在一定条件下，这些海岸带资源和海水资源的用途之间可以相互转换交替使用。因此，要妥善保护好海洋资源，通过改变海洋资源用途来调整具体海区某种类型海洋资源的供求状况。然而，并不是所有的海洋资源潜在用途都具有同等重要的地位，而且能够充分表现出来。因此，人类在开发利用自然资源时，需要全面权衡，特别是当面对综合的海洋资源选择而人类对海洋资源的要求又多种多样的时候，这个问题就更加复杂。人类必须遵循自然规律，努力按照生态效益、经济效益和社会效益统一的原则，借助于系统分析的手段，充分发挥海洋资源的多用性。

三、海洋资源与环境的功能

随着科学和技术的发展，人类开发海洋资源的规模越来越大，对海洋的依赖程度越来越高，同时海洋对人类的影响也日益增大。总体而言，海洋对人类而言拥有五大功能，分别是：养育功能、支持功能、储藏功能、景观功能和承载功能。

（一）养育功能

海洋是地球生物的发源地，孕育了众多动植物和微生物，是地球上最大的生物宝库，也是潜力极大的优质食物宝库。海洋里的生物资源十分丰富，已知全世界大约有20多万种海洋生物，其中动物约18万种，植物2万余种。在动物中有鱼类2.5万种，可供人类食用的鱼类有200余种，而且随着人类对海洋认识的不断加深，这一数量还在不断上升。2016年，1.71亿吨鱼类总产量中约88%或超过1.51亿吨直接用于人类消费，事实上，供人类消费的鱼类年增长率已经超过了来自陆地动物肉类增长率的总和①。有数据表明，海洋大约每年为人类提供相当于1350亿吨有机碳的食物量。在维持生态基本平衡稳定的前提下，每年大约能够为人类提供30亿吨水产品，即使按照成年人所需食物量进行计算，至少也可供应300亿人食用。海洋为人类所提供的食物大约相当于陆地耕地所生产的农产品产量的1000倍，可以说，海洋是人类的食物宝库。海洋中还有大量的天然植物资源有待开发和利用，近海水域还可以变成人工海上农牧场，成为大规模食品生产基地。目前世界上很多国家的海洋水产作业向深海、远洋发展，合理地利用海洋，海洋必将为人类提供更多的食物资源。

迄今为止，中国是全球最大的鱼类生产国，自2002年以来，中国还是最大的鱼类产品出口国，拥有巨大的鱼类生产能力②。图1-1展示的是2016年

①② 自联合国粮食及农业组织官方网站查询所得。

我国各类海产品产量。2016 年，我国海洋渔业总体保持平稳增长，全年实现增加值 4615.4 亿元，比上年增长 3.2%。海洋水产品产量 3490.1 万吨，比上年增长 2.4%。其中，海水养殖产量持续增加，达到 1963.1 万吨，比上年增长 4.7%；海洋捕捞产量增速有所放缓，为 1328.3 万吨，比上年增长 1%。其中海水产品产量中的鱼类产量大约有 87.2% 来自海洋捕捞，贝类和藻类产量中都有 95% 以上来源于海水养殖，这充分显示了海洋对于人类的养育功能。

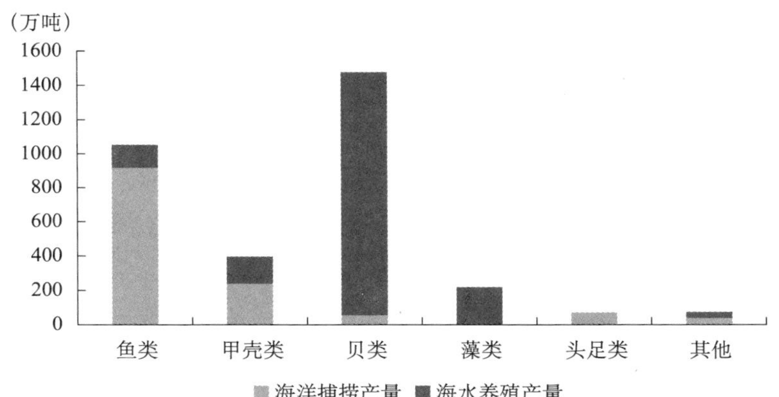

图 1－1 2016 年各类海产品产量

资料来源：2016 年《中国海洋统计年鉴》。

（二）支持功能

海洋可以为人类提供绿色能源。海洋能资源潜力相当大，其中包括潮汐能、波浪能、温差能、盐差能、海流能、潮流能等。据估计，世界海洋能源的理论蕴藏量超过 1500×10^8 千瓦，可以开发利用的为 73.8×10^8 千瓦，其中波浪能 27×10^8 千瓦、温差能 20×10^8 千瓦、盐差能 26×10^8 千瓦（具体如图 1－2 所示）。同时，海洋中还蕴含着非常丰富的石油资源。石油被称为“工业的血液”，是高效、优质的能源。海洋石油的产量以及它在全球石油总量中所占的比例都在快速上升。20 世纪 50 年代以前，人们对石油的勘探开发活动主要在陆地，随着勘探和开发的深入，才渐渐深入到海洋。但是随着陆地上石油勘探范围的日益缩小，大油田的逐渐枯竭以及人类对石油资源需求量的不断上升，人们对海洋石油勘探开发愈加重视。据统计，海洋中蕴含着的丰富的石油资源，能对为人类进步提供巨大的动能起到支持作用。

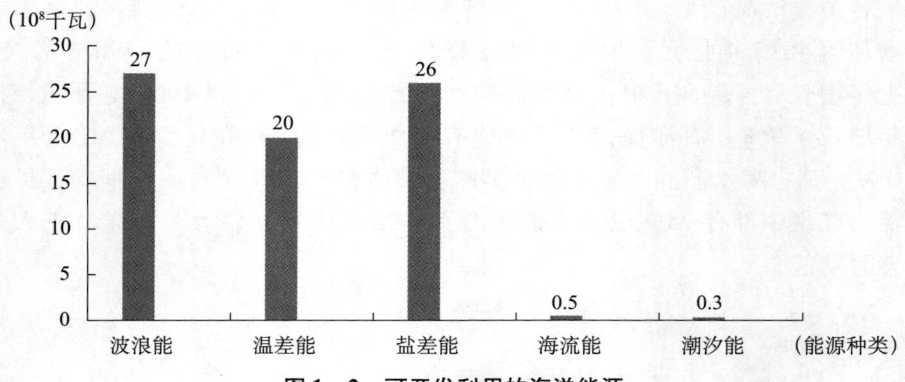

图 1-2 可开发利用的海洋能源

资料来源：历年《中国海洋统计年鉴》。

海洋的支持功能不仅体现在能源方面，其在经济方面对人类也有巨大的支持作用，海洋和内陆渔业，在为人类提供食物的同时也是全球约 8.2 亿人的收入来源。发展到现在，海洋经济已经逐步成为中国的重要经济支撑。海洋生产总值已经是中国国民生产总值的一个重要组成部分。由图 1-3 可以看出，中国海洋国民生产总值近 10 年来呈稳步上升趋势，2016 年达到 69693.7 亿元，预计未来能为中国国民经济的增长贡献更多的力量。

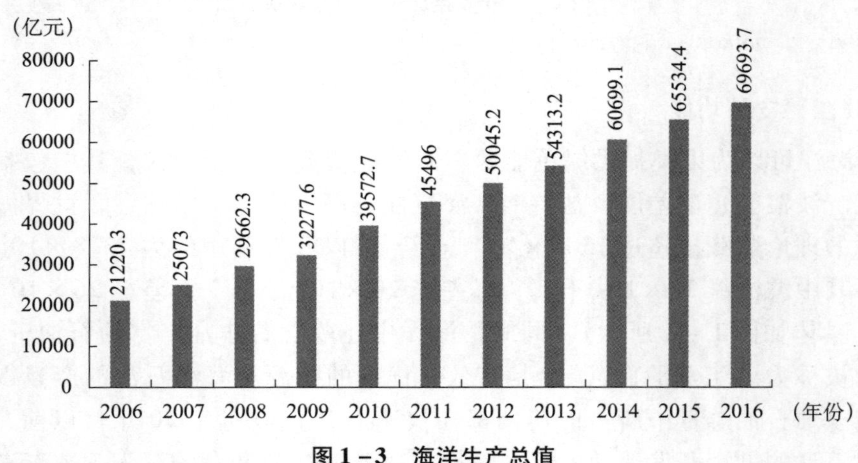

图 1-3 海洋生产总值

资料来源：历年《中国海洋统计年鉴 》。

（三）储藏功能

海洋中蕴含着丰富的资源。陆地上所有的矿物，它们或溶化在水中，或静静地躺在海底的沉积层。科学家计算过，每升海水中大约含有 35 克矿物质。

而且，海洋的矿物质还在不断增加，因为河流和大气层降下的雨雪给大海送去大量的碎屑材料。据估计，海水中每年增加的矿物量超过在地表所开采到的资源的总量，可以保证人们在今后好几百年的合理需求。富含大量矿产资源的海洋，是人类最重要的资源宝库。

（四）景观功能

景观功能也是海洋的重要功能之一，众多的海洋自然与人文景观为人类提供了巨大的欣赏空间。海洋生态景观是海洋赋予人类的又一项宝贵资源。海洋生态景观是指在海滨地带或岛屿上具有观赏价值和科研价值的珍稀动植物生态系统及其遗迹的总称，是人类最珍贵的生态和休闲旅游资源。在一定程度上，海洋生态景观通常是指海滨景观，海滨有“3S”旅游资源，有大量的负氧离子，有大量的海底生物和海滨地带的综合景物等，这些构成了风光旖旎的海洋生态景观。海洋生态景观具有很高的观赏价值和科研价值，如辽宁盘锦的苇田、山东车由岛的海鸟、雷州半岛的珊瑚礁、江苏大丰的丹顶鹤与麋鹿、伶仃洋小岛上的猴群、广西的红树林等。独特的海洋地貌、美丽的海洋生物、迥异的海洋气候，这些来自大海的雄奇的自然景观对于人类而言有巨大的美学价值；而由海洋文化所孕育的海洋人文景观，港口、海堤、沉船等水下文物、古渔村等可以启迪人类进行更多的思考和探索。随着人民生活水平的不断提高，人们的美学鉴赏能力也在不断提升，美学需求也在不断增加。

海洋旅游业是充分发挥海洋景观功能的海洋资源利用方式之一。海洋的景观功能在使人们获得更多美学鉴赏的同时，也对沿海地区的经济具有重要的带动作用。随着人民生活水平的不断提升，沿海地区的旅游人数也在迅速上升，根据图 1－4 和图 1－5 中的统计数据可知，2014 年沿海城市的旅游人数达到

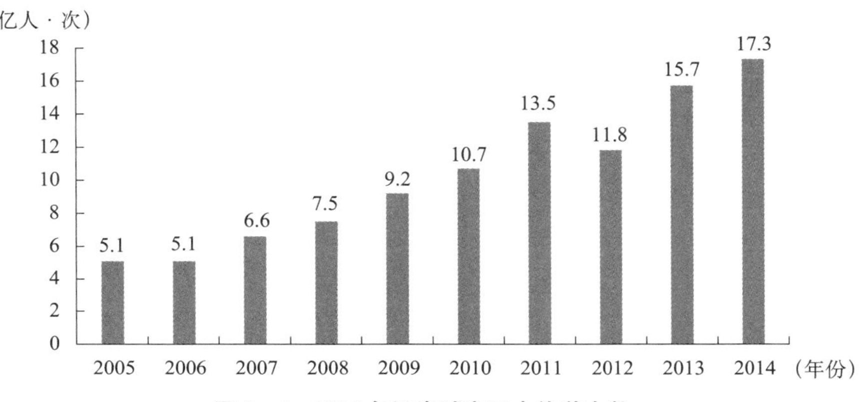

图 1－4　2014 年沿海城市国内旅游人数

资料来源：2014 年《中国海洋统计年鉴》。

了17.3亿人次，其中游客最多的省份为浙江，其次为上海。大量游客资源推动着沿海城市旅游业的发展，对于沿海地区经济的转型升级起到了重要的辅助作用。

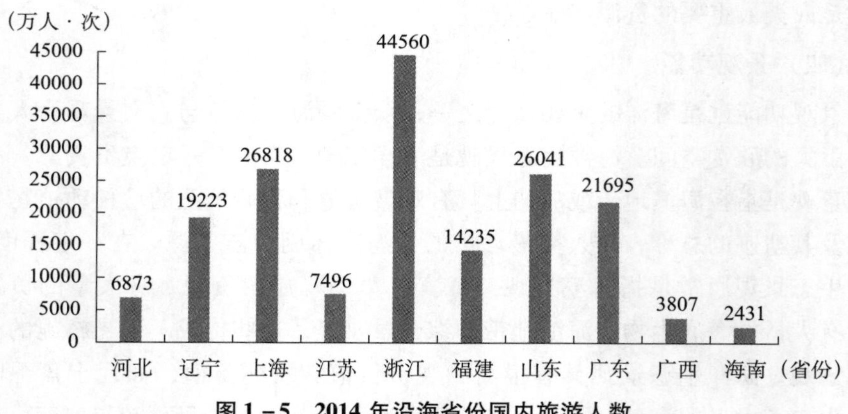

图1-5 2014年沿海省份国内旅游人数

资料来源：2014年《中国海洋统计年鉴》。

（五）承载功能

海洋拥有着巨大的空间资源，它不仅为人类提供了航运、捕捞、养殖空间，而且还提供了人类发展所需要的海上城市、海上工厂、海上电站、海上娱乐场、海底隧道、海底仓库、海洋牧场等新兴海洋工程建设空间。

海洋是水上运输的重要通道。国际海洋货物运输虽然存在速度较低、风险较大的不足，但是由于它的通过能力大、运量大、运费低，以及对货物适应性强等，使其成为国际贸易中主要的运输方式（如图1-6所示）。我国进出口货物运输总量的80%~90%是通过海洋运输进行的。陆地空间资源是有限的，且有大片的陆地并不适合人类的生存，因此随着世界人口总量的不断攀升，陆地空间资源愈发紧张。而海洋拥有骄人的广阔空间，人类尚未开发利用，或许是人类未来生存发展的新希望。未来人类可以把海洋作为长期居住、生活、娱乐和科研等日常性活动的场所，这是人类从陆地迈向海洋的关键一步，也是利用海洋资源的核心内容。发展海上城市是近年来海洋资源利用紧张的背景下可行的研究项目，是海洋对人类生存空间的“无限”价值体现。

海洋的承载功能虽然有着多方面的体现，但是最重要的方面依然是海洋的货运和旅客运输能力。由于海洋运输成本比较低廉，船舶航运能力不断提升以及海洋运输能力的不断发掘，近年来，无论是海洋的货运能力还是旅客运输能力都得到了长足的提升。对于人类生存空间的拓展和转变具有重大意义。

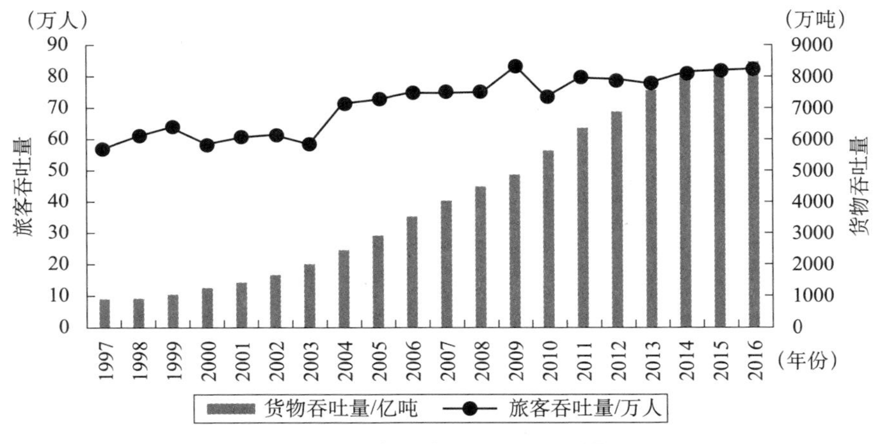

图1－6　海洋旅客、货物吞吐量

资料来源：历年《中国海洋统计年鉴》。

第二节　海洋资源和环境发展状况

一、海洋资源分布现状

海洋资源形成和分布受自然规律的支配，具有广泛性和不均衡性，通常两者是矛盾统一体。海洋资源分布规律在一定程度上决定了海洋资源的开发利用。海洋资源只有得到人类社会的开发利用，才能产生经济价值。想要充分发挥海洋资源在国民经济发展中的作用，必须充分认识和掌握自然资源分布规律，统筹采取措施，以合理地开发利用，达到最大的经济效果。由于海底地貌的差异很大，坡度不同，因此在不同地区形成的沉积矿产、分布的生物资源等，不仅种类有别，而且各具特色。

不同大类的海洋资源，在海洋中有着不同的分布规律。海水及海水化学资源分布在整个海洋的海水水体中；海洋生物资源也分布在整个海洋的海床和海水水体，但以大陆架的海川和海水水体为主；海洋固体矿产资源的滨岸砂矿分布于大陆架的海岸地带，结核、结壳及热液硫化物等矿场分布于大洋海底；海洋油气资源分布于大陆架；海洋能源分布于整个海洋的海水水体中；海洋空间资源和海洋旅游资源分布于海洋海水表层、整个海洋的海水水体及海底底床附近（汪丽，2012）。

（一）海岸带海洋资源

海岸带（coastal zone）是海陆交互作用的地带。现代海岸带一般包括海岸、海滩和水下岸坡三部分。海岸是最高潮位线以上狭窄的陆上地带，大部分时间裸露于海水面之上，仅在特大高潮或暴风浪时才被淹没，又称潮上带。海滩是高潮最高潮位和低潮最低潮位之间的地带，高潮时被水淹没，低潮时露出水面，又称潮间带。水下岸坡是从低潮最低潮位线以下直到波浪作用所能到达的海底部分，又称潮下带，其下限延伸至最大波浪可以作用到的临界深度处，相当于1/2波长的水深处，通常10～20米①。

海岸发育过程受多种因素的影响，海岸形态错综复杂，导致不同岸段海岸带的地形、沉积物和水动力等具有多样性。中国海岸带和海涂资源综合调查《简明规程》将中国海岸分为河口海岸、基岩海岸、沙砾质海岸、淤泥质海岸、珊瑚礁海岸和红树林海岸六种基本类型。海岸带地区有重要的海滨砂矿，如金、铂、金刚石、锡砂等，它们是被陆地河流搬运到海洋后，又被潮流和海浪运移、分选和集中而成。海岸带地区营养盐充足，拥有丰富的生物资源。海岸带旅游资源丰富，是开展滨海旅游的重要场所。海岸带地区具有广阔的空间，是开展盐业、海水养殖、海运、围垦、排污等工农业开发的重要场所。海岸带地区又是滨海湿地的主要分布区，具有非常重要的生态功能。

（二）大陆架海洋资源

大陆架，可以说是被海水所覆盖的大陆，是大陆沿岸土地在海面下向海洋的延伸。在冰川期，大陆架常常由于海平面下降而露出海面成为陆地、陆桥；在间冰期，大陆架则会成为浅海，被上升的海水淹没。大陆架是指环绕大陆的浅海地带，通常被认为是陆地的一部分，其实质是大陆向海洋的自然延伸。世界上有2700多万平方千米大陆架，占海洋总面积的8%，平均宽度约为75千米。因为其靠近人类的聚居地，大陆架浅海与人类关系最为密切。大陆架的浅海区还是海洋动植物生长、繁育的重要空间，全世界大部分海洋渔场90%的渔业资源均来自大陆架海区（侯国祥和王志鹏，2012）。

大陆架边缘常有与海岸线平行的地壳隆起带的内侧是地壳沉降带，在此形成一个能充填沉积物的盆地。隆起带将河流入海泥沙拦截，因此，在内侧盆地可以形成1～2千米厚的沉积层，这里富有多种沉积矿床，如海绿石、磷钙石硫铁矿、钛铁矿、石油和天然气等。据计算可知，只要充分开发大陆架上的资

① 资料来源：《中国大百科全书·中国地理》。

源，人类就可以受用不尽。大陆架的地势多平坦，其海床被沉积层所覆盖，是人类向海上发展首选的开发区。

（三）大陆坡海洋资源分布

大陆坡介于大陆架和大洋底之间，大陆架是大陆的一部分，大洋底是真正的海底，因而大陆坡是联系海陆的桥梁，它一头连接着陆地的边缘，另一头连接着海洋。大陆坡由于隐藏在深水区，因此很少受到破坏，基本保持了古大陆破裂时的原始形态。大陆坡海域离大陆较远，海洋状况比较稳定，水文要素的周期变化难以到达海底，底层海水运动形式主要是海流和潮汐，沉积物主要是陆屑软泥。河流径流和海洋的作用导致陆坡沉积物中含有丰富的有机质，而陆坡上有巨厚沉积层的地方油气远景则非常可观。锰结核、磷灰石、海绿石等矿产在陆坡区上也有分布，在大陆坡一些上升流区，可形成渔场（庞名立和崔傲蕾，2009）。

（四）大陆基海洋资源分布

大陆基又称“大陆隆”“陆基”，是大陆坡坡麓附近各种碎屑堆积体的联合体总称。它主要分布在大陆坡上和大洋底，水深为 2000 ~ 5000 米，面积约有 2000 万平方千米，占海洋总面积的 5.5%，在无海沟分布的海区陆基发育较好（崔旺来和钟海玥，2017）。大陆基的坡度为 1 ∶ 100 ~ 1 ∶ 700。它是经浊流和滑坡作用后在大陆坡坡麓处堆积形成的。大陆基的厚度很大，平均厚度为 2000 米，是海洋石油的远景区域之一。大陆基跨越大陆坡坡麓和大洋底，是由沉积物堆积而成的沉积体。动力作用以浊流为主。它表面坡度很小，是接受陆坡上下滑的沉积物的主要地区，沉积物厚度巨大，有时可达数千米，常以深海扇的形式出现。这种巨厚沉积是在贫氧的底层水中堆积的，富含有机质，具备生成油气的条件，很可能是海底油气资源的远景区。这里也有着丰富的海底矿产，不仅有石油、硫、岩盐、钾盐，还有磷钙石和海绿石等，而且还是良好的渔场。

（五）大洋底海洋资源分布

大洋底（又称大洋盆地）是指水深在 2000 ~ 5000 米范围内的大陆斜坡以外的广阔水域。它与 4C 等温线和半深海区间界线（生物群的分界线）一致。大洋底部很少受到外力干扰，海水宁静，沉积比较连续，而且颗粒比较小，几乎都呈胶体性质，非常细微，甚至可以长期悬浮于海水中，只有通过较长时间且在极安静的水体中才能沉入海底。大洋底是重要的矿产资源开发宝库，以深海锰结核为例，锰结核的含锰量高达 35%，而且也富含铜、镍、钴等其他矿物，具有重要的商业开发价值。大约每年有 1000 万吨的深海锰结核在陆续生成，且储量十分丰富，仅太平洋底就有1500亿吨（曹伯勋，1995）。

二、海洋资源利用现状

海洋作为地球生命支持系统的重要组成部分之一，和人类社会可持续发展的资源宝库，对于人类具有重要意义。在人口快速增长，陆地资源短缺加剧，环境问题日益严峻的形势之下，各沿海国家逐渐将发展目光投向了海洋，转变发展战略，致力于对海洋的研究开发和利用。海洋资源十分丰富，种类繁多。本书从海洋资源的属性出发，将海洋资源划分为海洋生物资源、海洋矿产资源、海水资源、海洋能源资源、海洋空间资源和海洋旅游资源这六大类，以下对其资源现状进行具体的分析。

（一）海洋生物资源

海洋生物资源又称海洋水产资源，是指海洋中具有生命的能自行繁衍和不断更新的具有开发利用价值的生物。海洋生物资源的特点是通过生物自身的繁殖、发育、生长和新老替代，不断实现资源更新和种群补充，并具备一定的自我调节能力使种群数量达到相对稳定状态。海洋生物的种类非常多，海洋中的生物资源极其丰富，地球动物的80%生活在海洋中。依据不同的分类标准，对海洋生物进行分类的方法有很多。按生物学特征分类，海洋生物资源可分为海洋植物资源、海洋动物资源和海洋微生物资源。按系统分类，生物学上海洋生物资源可分为鱼类资源、无脊椎动物资源、脊椎动物资源。按生态类群分类，海洋生物根据其生活习性可分为浮游生物、游泳生物和底栖生物三大生态类群。表1-2展示的是我国部分海洋生物种类。据统计，中国近海已确认20278种海洋生物，隶属5个界、44个门，其中有12个门属于海洋所特有。海洋中鱼类约有近万种，在我国已记录的3802种鱼中，海洋鱼占3014种，具有经济开发价值的约为150种，共有25000多种甲壳类动物，10000多种藻类，其中包括70多种人类可以食用的海藻。现在已知，含有维生素的海藻高达230多种，含有抗癌物质的生物约为240多种。软体动物是海洋生物中种类最繁多的一个门类，其中许多种类具有重要的经济价值。随着人们对海洋研究的深入，海洋将为人类提供更多的食物及药物和化工化学原料。

表1-2　　中国海洋生物种类

海洋生物类别	物种数量（种）	主要物种
海洋哺乳动物（海兽）	39	鲸类、海豚、海豹、海狮等
海洋爬行动物	24	青环海蛇、海龟、玳瑁等

续表

海洋生物类别	物种数量（种）	主要物种
海洋鸟类	183	海燕、海雀、白鹭、海鸥等
海洋鱼类	3023	弹涂鱼、电鳐、蝴蝶鱼等
海洋节肢动物	4362	鲎、虾类、蟹类等
海洋软体动物	2557	如石鳖、贻贝、珍珠贝、扇贝等
海洋腔肠动物	1010	水螅、海月水母、海蜇、红珊瑚等

资料来源：《中国海洋统计年鉴》。

然而，过度的海洋捕捞给海洋生物的数量和种类都带来了毁灭性的伤害。长期以来，鱼类都是海洋渔业捕捞的重点，但是因为对于海洋鱼类资源的过度捕捞，不少种类已经开始呈现出明显的资源匮乏状态。图 1 -7 中海洋鱼类捕捞产量从 2005 ~2015 年总体呈下降趋势，但是从 2012 年开始鱼类捕捞量开始呈上升的趋势。

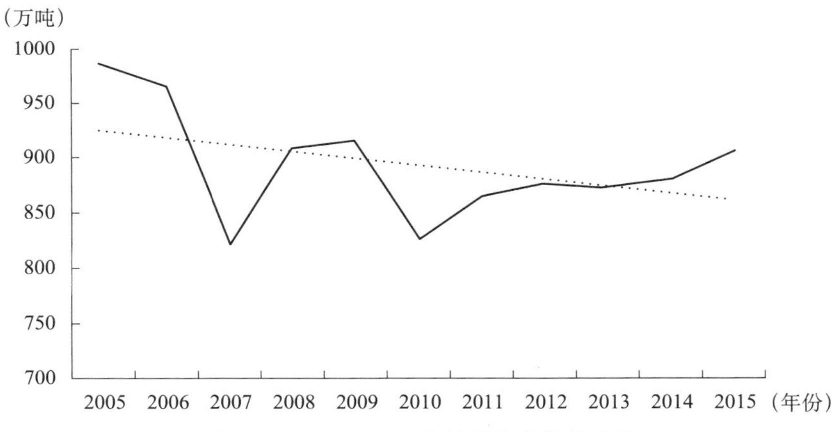

图 1 -7 2005 ~2015 年海洋鱼类捕捞产量

资料来源：历年《中国海洋统计年鉴》。

（二）海洋矿产资源

海洋矿产资源，又名海底矿产资源，包括海滨、浅海、深海、大洋盆地和洋中脊底部的各类矿产资源：石油、天然气、滨海矿砂、海底煤矿、大洋多金属核、海底热液矿床等。沉积蕴藏于海底的各种矿物资源是当前开发利用中最为重要的海洋资源。其中的海洋油气资源产值已占世界海洋开发产值的 70% 以上。据美国学者估计，全世界约有 7800 万千米含油气远景的海洋沉积盆地，总面积大体与陆地相当，浅海海域海底潜在的石油、天然气总储量高达 2356

亿吨。世界近海海底已探明约有220亿吨的石油可采储量，17万亿立方米天然气储量，分别占世界储量的24%和23%。滨海砂矿广泛分布于世界各滨海地带，已开发利用的滨海砂矿主要有：金刚石、金、铅、锡等金属、非金属、稀有和稀土矿物等数十种。大洋多金属结核是重要的海洋矿产资源，据统计，世界大洋约富含高达3×10^{12}吨的多金属结核，其中包括300倍于地壳中平均含量的一些如锰、镍、铜和钴等主要有用金属。而且有丰富的石油和天然气资源，储藏在辽阔的近海海域内。目前，在渤海盆地中已经发现了多个油田，有的油田单井日产原油高达1600吨，天然气19万立方米。在黄海“北黄海盆地”也有良好的油气远景，在“南黄海盆地”约有40多个储油气构造。①

图1-8是2011~2015年我国关于海洋石油和天然气产量的数据趋势，可以很清楚地看到我国海洋石油和天然气资源的开发总体呈增长趋势，石油产量的增长表现出急剧增长的状态，天然气产量的增长率每年增长相对平稳，但相比全球潜在的石油天然气储量仅仅是很小的一部分，海洋矿产资源的开发利用还有很大空间供人类去探索。

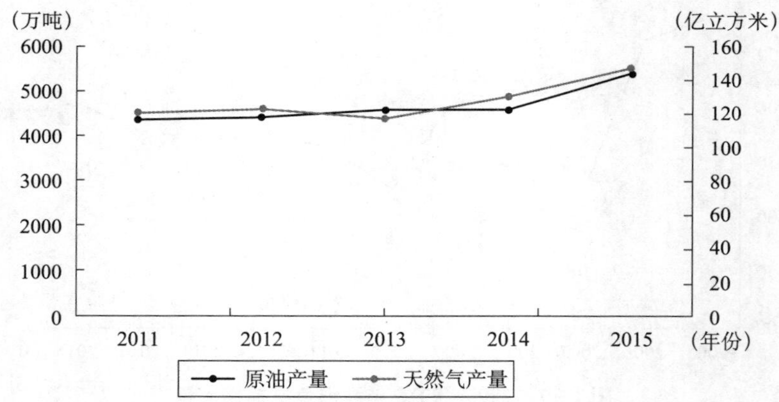

图1-8 全国海洋石油和天然气产量

资料来源：历年《中国海洋统计年鉴》。

随着我国技术水平的提升和人类对于海洋矿产资源需求的不断攀升，2010~2016年中国海洋矿业产量一直保持了稳健的增长速度（如图1-9所示）。发展至今，沿海地区海洋矿产产量已达到了5000多万吨，是人类矿产资源的重要来源之一，也为人类经济的不断发展提供了重要的支撑。

① 资料来源：《中国大百科全书·中国地理》。

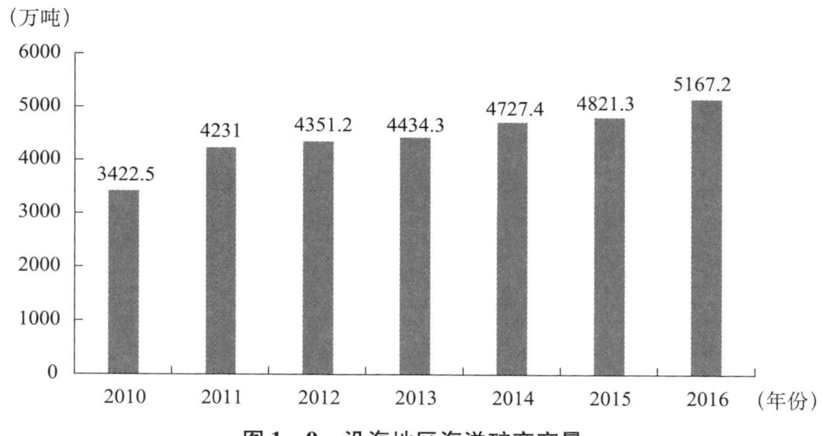

图1－9 沿海地区海洋矿产产量

资料来源：历年《中国海洋统计年鉴》。

（三）海水资源

海水资源是指人类利用的海水及其中所含的元素和化合物。浩瀚的海洋是一个巨大的宝库，海水就是一项取用不尽的资源，它不仅有航运交通之利，而且经过淡化就能大量供给工业用水。海水总体积约有137亿立方千米，海洋中的水量占地球总水量的97.2%，冰占地球总水量的2.15%，淡水占地球总水量的0.63%。已知海水中含有80多种元素，可供提取利用的有50多种（辛仁臣等，2013）。限于经济和技术条件，从海水中主要提取食盐和溴、钾盐、镁及其他化合物、铀、重水及卤水等原料（如图1－10所示）。虽然海水水量巨大，海水中元素丰富，但是由于海水中化学元素的含量和现有技术水平的制约，海水和海水中化学元素的利用水平整体偏低，还有很大的发展空间。

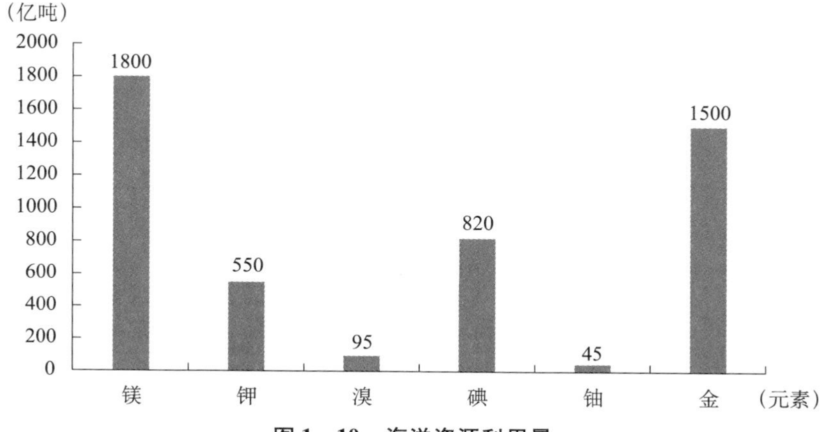

图1－10 海洋资源利用量

资料来源：历年《中国海洋统计年鉴》。

另外，海水也可以作为生活用水，经过灭菌、杀生及除藻处理后，其可以代替淡水，中国香港在海水冲厕，海水灌溉，海水冲灰、烟气洗涤等方面的海水利用情况已经得到了大规模的应用。我国海水淡化技术主体工艺已经相对成熟，已经掌握完全商业化的蒸馏法和反渗透法的海水淡化主流技术，并且能够实现海水淡化和能源供给相结合，大大提高了能源的利用效率。随着经济的不断发展，人们对于海水利用的着眼点也随之改变，把新能源与海水淡化相结合，这为海水淡化发展提供了新的方向。海水淡化技术的不断发展更新也为我国的海水利用带来了机遇和挑战，充分利用海水资源对于我国发展是不可回避的问题。

（四）海洋能源资源

海洋能源资源，亦称蓝色能源，是海水运动中产生的可再生能源。海洋的能源来自太阳辐射和月球、太阳等天体的引力等。海洋能源主要为潮汐能、波浪能、海流能（潮流能）、海水温差能和海水盐差能。更广义的海洋能源还包括风能、太阳能以及海洋生物质能等。浩瀚的大海不仅蕴藏着丰富的矿产资源，更有真正意义上取之不尽、用之不竭的海洋能源。海洋能源有自己独特的方式与形态，具体指潮汐、波浪、海流等方式表达的动能、势能、热能、物理化学能等能源。直接地说就是海洋能源包括潮汐能、波浪能、海水温差能、海流能等。海洋能源是一种“可再生能源”，永远不会枯竭，而且不会造成任何污染。潮汐能是人类利用最早的海洋动力资源，是指潮汐运动时产生的能量。波浪能主要是由风的作用引起的海水周期性运动而产生的能源。据计算，全球海洋的波浪能达700亿千瓦，其中可供开发利用的为20亿~30亿千瓦，如果能充分利用，每年发电量可达9万亿度。除了潮汐能与波浪能，海流能也非常可观，海流遍布大洋，纵横交错，川流不息，蕴藏着巨大的能量。据估算世界上可利用的海流能约为0.5亿千瓦。海洋温差能，又叫作海洋热能，是把温度的差异作为海洋能源。海洋热能也是电能的重要来源之一，大约可产生20亿千瓦。此外，在江河入海口，淡水与海水之间还存在着鲜为人知的盐度差能。全世界可利用的盐度差能约26亿千瓦，其能量甚至比温差能还要大。

目前我国对于海洋能源的主要开发利用形式是发电，因此我国对于海洋能源资源的发电技术得到了一定程度的提高，除了盐差能的开发利用还存在一定的技术障碍，其他的海洋能源资源均有一定量的发电利用。另外，随着我国风电设备制造水平的不断提高，我国海上发电已经取得较大发展。波浪发电技术虽然没有绝对成熟也没有投入市场商业化，但是目前也处于示范试验阶段，并在发明专利和科研成果上取得了一定的成绩。

根据2016年《中国海洋统计年鉴》可知，2015年海上风电开工项目如表1-3所示，显而易见，海上风电项目主要集中在福建省、江苏省。另外，2019年10月31日江苏省响水海上风电项目全部机组实现并网发电。风电项目的集中也反映了经济产业的集聚，主要集中在东部沿海地区，与产业集聚呈现相同的地域特征，在促进产业集聚的同时也提高了地区间产业联系的可能性。

表1-3 海上风电开工项目

项目	开发商	吊装规模（MW）	总装机规模（MW）
广东汕头华能海门电厂防波堤风电场	华能	1.5	1.5
福建省莆田市平海湾50MW近海风电项目	中闽	50	50
福建省莆田市南日岛一期400MW近海风电项目	国电龙源	12	16
江苏如东C4#	国电龙源	100	100
江苏如东10万千瓦潮间带海上风电项目	中水电	80	80
江苏如东海上风电场项目	中广核	56	152
江苏响水近海风电场项目	三峡新能源	32	148
江苏滨海北区H1#	中电投	20	100
江苏大丰6MW样机	天润	6	6
江苏大丰3MW样机	天润	3	3

资料来源：2016年《中国海洋统计年鉴》。

（五）海洋空间资源

海洋空间资源是指与海洋开发利用有关的海岸、海上、海中和海底的地理区域的总称。将海面、海中和海底空间用作交通、生产、存储、军事、居住和娱乐场所的资源，包括海运、海岸工程、海洋工程、临海工业场地、海上机场、海上仓库、重要基地、海上运动、旅游、休闲娱乐等。各地沿海地区大力发展沿海基建，以浙江省的海岛开发利用情况为例：浙江省选划100个重要海岛（陆域面积不小于5平方千米或具有重要战略需求的岛屿，含玉环岛）中，有居民海岛92个，无居民海岛8个。大部分重要海岛已进行了海洋渔业、滨海旅游、城镇建设、港口开发、临港工业、基础设施等领域的开发①。根据目前海域使用确权资料，结合908专项调查成果统计分析可知，全省海岸线已利用2253千米，占海岸线总长的34%。其中，已利用大陆海岸线1058千米，占大陆海岸线总长的48%。从1950年至2013年底，全省共围垦滩涂面积2620

① 浙江省人民政府《关于印发〈浙江省重要海岛开发利用与保护规划〉的通知》。

平方千米（393 万亩），其中已开发利用 2077 平方千米（311.55 万亩），占已围面积的 79%。截至 2014 年底，全省已开发利用海域约 1495 平方千米，包括产业用海 1130.5 平方千米，基础设施用海 21.7 平方千米，存量围填海 342.6 平方千米（张善坤，2015）。

表 1－4 是根据 2016 年《中国渔业统计年鉴》相关数据整理的沿海渔港情况，这是人类开发利用海洋空间资源的典型例子，方便了交通运输也促进了社会经济的发展。中国共有 148 个渔港，主要分布在浙江、福建、山东、广东四省，渔港的集中分布对这几个东部沿海大省的海洋经济做出了巨大的贡献。

表 1－4　　沿海海港情况

地区	合计	中心渔港	一级渔港
合计	148	66	82
河北	7	3	4
辽宁	18	6	12
上海	1	0	1
江苏	11	6	5
浙江	26	10	16
福建	22	9	13
山东	26	14	12
广东	19	8	11
广西	8	4	4
海南	10	6	4

注：省级数据中包含计划单列市数据。

资料来源：2016 年《中国渔业统计年鉴》。

海洋拥有广阔的空间资源，大约覆盖地球表面的 2/3。它不仅是海洋生物的重要生存空间，未来也有可能逐步发展为人类的重要生存空间。随着地球人口的持续增加，海洋空间资源的开发或将成为人类的必然选择。也许在未来，人类会在海洋上空建造出更具现代化的空间城市。

（六）海洋旅游资源

海洋旅游是以海洋为依托实现人们精神和物质需求的各种形式的活动，海洋旅游资源包括海洋自然旅游资源和海洋人文旅游资源。例如，各种火山岛、珊瑚岛、大陆岛以及各种海洋古遗迹等海洋旅游资源除却其绚丽奇特的景观吸引大批游客也因其具有很高的科学研究价值吸引着文人墨客、研究学者的关注。中国海洋旅游资源丰富，类型多样，中国濒临太平洋西岸，拥有 1.8×10^4

千米的大陆海岸线，1.4×10^4千米的海岛岸线，岛屿6500多个，在不同的地域不同的时节能体验到不同的风情，这对于研究海洋气候、海洋地貌、海洋生物以及建筑、宗教、民风民俗等都具有突出的意义。

如果滨海城市限制其发展本地重工业，或者自然条件限制发展其他产业，那么海洋旅游业将会是其主要的收入来源，2017年海洋生产总值中海洋第三产业增加值占到56.6%①，总体来说海洋旅游业发展势头迅猛，也促进了我国的海洋经济发展，海洋旅游业前景十分广阔。从表1-5中可以明显看出，主要集中在江苏、浙江、山东、广东这几个省份的旅行社较多，也间接地说明在这几个省份的海洋旅游也较其他省份更为发达，全国的海洋旅游业发展集中优势明显，为我国东部沿海地区的经济发展提供了更多的选择。

表1-5　沿海地区旅行社总数　　单位：家

地区	合计	天津	河北	辽宁	上海	江苏	浙江	福建	山东	广西	广东	海南
旅行社总数	14184	400	1360	1253	1225	2160	2028	846	2109	539	1901	363

资料来源：2016年《中国海洋统计年鉴》。

作为海洋产业的主导产业，海洋旅游资源的开发利用程度相比较其他海洋资源的开发利用是最大的。图1-11是整理统计的来自2001~2015年滨海旅游业增加值，并添加了趋势线作为辅助线帮助分析这十几年间的海洋旅游业增

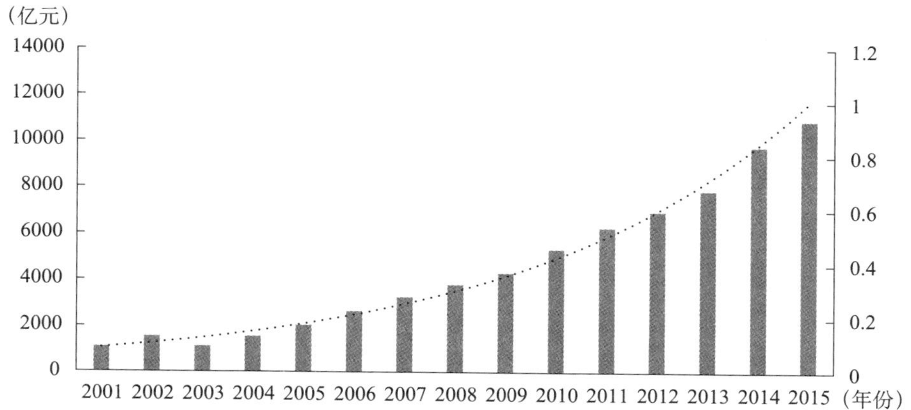

图1-11　2001~2015年滨海旅游业增加值

资料来源：2016年《中国海洋统计年鉴》。

① 2017年《中国海洋经济统计公报》。

加值趋势。2001～2015 年，海洋旅游业的增加值不断上涨，并且上涨的速度也在加快，结合前面提到的全国海洋产业中旅游产业的主导地位可以得出，未来海洋旅游业的发展前景大好，应该抓住机遇，合理地开发利用海洋旅游资源，促进社会经济的发展。

三、海洋环境保护现状

（一）海洋水体污染

海洋水体污染是海洋环境问题的首要表现，由于海水水体污染导致了近海岸海域富营养化程度的加剧，赤潮现象的频繁发生，且规模不断扩大，严重威胁了人民群众健康、海洋生态环境和海洋经济。石油作为重要的战略资源获得了大量的建设开发，在海洋石油开采不断扩大的同时，溢油的潜在风险也在不断增加，发生突发性溢油污染事故的概率也在大幅度增加。

基于中华人民共和国生态环境部的海水水质划分标准（GB 3097—1997），图 1－12 显示，我国各海域未达到第一类海水水质标准的海域面积总量十分巨大，水质堪忧。其中东海海域的第二、第三类水质海域面积最大。海水质量的恶化与污水排放紧密相关，2016 年《中国海洋统计年鉴》数据显示，近海中的生活污水和工业废水在 111 亿吨左右。结合图 1－13，对于工业废水的排放量，长江三角洲排入量名列首位，占总量的 1/3 以上；环渤海地区的工业废水量仅次于长江三角洲，其余各沿海地区的工业废水排放量则相对较少。陆地废

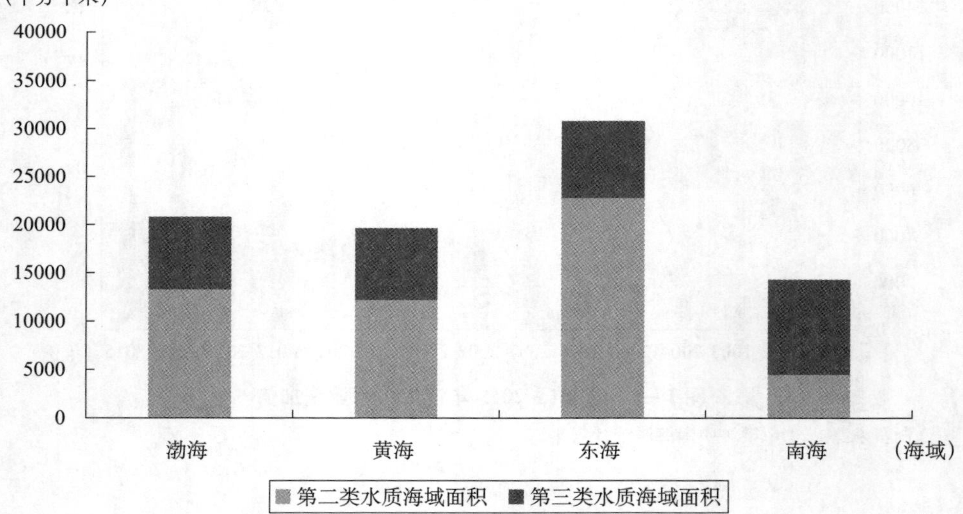

图 1－12　2016 年春季各海域二三类水质面积

资料来源：2016 年《中国近岸海域环境质量公报》。

弃物的排放对海洋环境产生的破坏非常强大，占海洋污染物的1/2以上。人类在日常的生产、生活中，将大量的废弃物和污水排放进入河流系统，随着河流和地下水最终流入大海，导致海洋环境受到了污染，海洋生态遭到了破坏。然而，海水的自净能力毕竟是有限的，需要的时间非常漫长。如果人类继续无休止的污染，海水水体质量必将会持续恶化，且终将会威胁到人类自身。

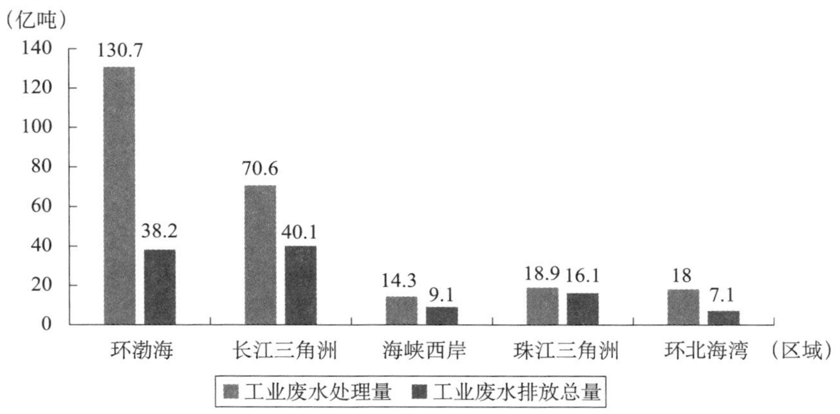

图1-13　2015年沿海地区工业废水处理、排放量

资料来源：2015年《中国近岸海域环境质量公报》。

(二) 生物多样性减少

我国海域生态环境趋于恶化，海洋生物资源丰富度锐减。尽管我国海域内海洋生物种类繁多，拥有许多的珍稀品种。但是，人类的过度、毁灭性捕捞，已经极大地破坏了中国海洋的物种资源，导致海洋生物物种迅速减少，大量物种已经或者濒临灭绝。由于部分河口、海湾及沿岸浅水区中不合理地修筑海岸工程、拦河筑坝、围海造田以及排污等，造成了生态环境的恶化、生态系统的异常，甚至导致了鱼、虾、蟹和贝类以及有保护水环境功能的大量水生生物因为无法适应环境而消亡。虽然我国已经采取休渔期的政策，组织鱼苗、虾苗投放，但在利益的驱使之下，有大量出海作业的渔民进行毁灭性捕捞，将还未长大的鱼、虾、蟹捕捞上来，如果这种现状不被改变，中国未来或将面临无鱼可捕的局面，一些珍稀生物，如中华白海豚、儒艮、斑海豚等数量锐减，几近灭绝，海洋生物资源遭受到了近乎毁灭性的破坏（李荣升和赵善伦，2002）。

(三) 水域面积缩减、海岸侵蚀状况严重

世界范围内沿海地区大约有70%的砂质海岸遭受侵蚀，海岸侵蚀现象在世界各地非常普遍。表1-6是2017年我国沿海省份海岸侵蚀监测情况。我国

几乎70%的砂质海岸和全部的开敞淤泥质海岸均遭受到了不同程度的海岸侵蚀，砂质海岸侵蚀速率大约为1～3米/秒（孙克勇和刘太春，2011）。大量的海岸因为经济开发受到影响，原始自然景观、海湾面积不断缩减，人为改造滩涂持续增加。大量地填海造地、兴建渔业养殖场使海滩面积和海岸湿地急剧减少，而且养殖场内的污染也十分严重，污染物随着潮汐进入海中，使得海水受到了污染。另外，海洋旅游资源的开发也从侧面给海洋环境造成了沉重打击。以山东半岛东部海滩为例，海滩是山东省重要的旅游资源，随着人民生活水平的不断提高，沙滩休闲度假的需求也日益增长，但是与之相对应的是严重的海滩侵蚀现状。山东半岛的海岸侵蚀形势非常严峻，20世纪70年代至今，山东目前有80%的砂质海滩遭受侵蚀，沙滩颗粒粗化，绝大部分已变为侵蚀的重灾段。海岸侵蚀的加剧给沿岸人民的生产和生活造成了严重的影响，导致道路中断、沿岸村镇和工厂坍塌、海水浴场环境恶化、海岸防护林被海水吞噬，而且影响到沿岸工程的建设和开发，如机场、码头、铁路、桥梁，甚至威胁海防设施建设。海岸侵蚀已经给沿海地区造成了巨大的经济损失，严重影响了人民的生命财产安全（韩鹏磊，2012）。

表1-6　2017年海岸侵蚀监测情况

省域	重点监测岸段	侵蚀海岸类型	监测海岸线长度（千米）	侵蚀海岸长度（千米）	平均侵蚀速度（米/年）
辽宁	绥中	砂质	81.3	4.4	2.6
	盖州	砂质	22.1	1.0	1.6
山东	招远宅上村	砂质	1.5	1.2	1.1
	威海九龙湾	砂质	2.2	1.5	1.2
江苏	振东河闸至射阳河口	粉砂淤泥质	61.3	42.0	10.5
上海	崇明东滩	粉沙淤泥质	48.0	2.7	1.6
福建	高罗海水浴场	砂质	0.2	0.2	0.4
广东	惠东红海湾	砂质	3.3	3.3	2.1
	茂名电白区澳内海村	砂质	0.4	0.3	3.8
	雷州龙塘镇赤坎村	砂质	0.5	0.5	3.3
广西	涠洲岛石螺口至滴水村	砂质	2.5	2.5	0.3
	涠洲岛后背塘至横岭	砂质	5.7	5.7	0.5
海南	琼海博鳌印象	砂质	1.9	1.7	6.1
	三亚亚龙湾东侧	砂质	4.1	4.1	6.2
	昌江核电厂南侧	砂质	2.6	2.6	2.5

资料来源：2017年《中国海洋灾害公报》。

（四）海洋监测不到位，海洋管理不规范

尽管我国在海洋监测方面做出了一定的努力，海洋局、气象局、环保局、科技部以及沿海相关部门共同对我国的海洋环境状况进行监测。但是监测效果并不理想，主要表现为以下几点：第一，由于监测体系各部门之间的工作体制相对独立，各部门之间的工作职责相互之间有所重复，甚至还会出现因为职责关系相互制约、互相牵制的情况，所以我国的海洋环境监测效果并不理想，各部门之间的资源共享困难，资料采集难以实现，优势难以实现互补，严重落后于海洋开发水平。第二，目前存在着环境监测人员素质参差不齐、检测技术比较滞后、检测仪器也有待更新、没有长期规划等情况，所以我国海洋监测是不到位的。但是海洋环境保护需要更精确的数据，所以需要提高我国海洋环境监测的水平。第三，我国海洋环境监测的管理规范有待完善，政府的管理工作不够规范，致使海洋环境监测严重滞后于世界先进水平。

（五）法律体系不完整，职能交叉不清

现阶段，我国的海洋环境持续恶化，法律体系的弊端日益凸显。我国海洋环境法律的原则性规定过多导致可操作性稍差，具体规定较少导致执行性偏弱。而且，相关法律法规相对滞后，由于海洋环境具有不可逆性、持续反应性等特点，对相关法规也提出了较高的要求。海洋环境保护和治理部门职能分工并不清晰，各部门存在职能交叉的问题，也严重影响了海洋污染的治理效果。目前我国海洋环境的法律体系并未建立较高的海洋环境标准，仍然存在一些恶性循环和仍旧拔除不掉的海洋环境污染问题，立法及政策并不能有效治理海域水体污染。

第二章
蓝色粮仓

随着2017年“杂交水稻之父”袁隆平及其团队培育的超级杂交稻品种“湘两优900（超优千号）”在试验田内亩产1149.02公斤又创亩产纪录，陆上粮仓取得巨大成就（赵鸿宇，2017）。面对陆上良田的丰硕成果，对于海洋的发掘和利用也不能忽视。因而2018年习近平总书记在青岛考察时指出，将来海洋经济、海洋科技将成为重要的主攻方向，具有很大的发展潜力。蓝色粮仓——一个长期地系统地造福后代的工程，它改变了传统的“养殖、捕捞、加工”过程，建设特色的现代渔业生产体系，发展从水产品高效产出到信息物流服务的一体化生产过程。建设“蓝色粮仓”是解决国家粮食安全问题的一个重要途径，不仅为人民提供了高等动物蛋白；也是治理海洋生态、保护渔业资源的长远规划，是有计划、合理开发海洋资源的重要战略，是加快海洋水产产业转型升级、提高水产品生产效率的生产方针。

第一节　“蓝色粮仓”概述及内容

一、“蓝色粮仓”提出的背景

进入21世纪以后，全球粮食供给形势日益严峻，粮食安全问题成为国际社会关注的焦点。从需求方面来看，我国正处于高速现代化进程中，人均粮食消费数量将不断增长，城镇和农村人均动物性食品消费数量继续增长。中国人均粮食消费水平每年增加0.5%以上，加上人口总量增长因素，中国粮食消费总量每年增长的幅度在1%以上。虽然中国土地广袤，但人口众多，人均可耕地面积少（柯炳生，2018）。根据中国海关总署公布的数据可知，我国2018年全年粮食累计进口11555万吨，是世界上最大的粮食进口国。图2－1是近年来我国主要粮食进口情况。然而，从供给方面来看，我国陆域国土已经充分开发，且可用土地、水资源和环境容量十分有限，在这种供需不平衡的情况下，应在更大空间尺度上统筹考虑我国粮食安全问题，通过建设“蓝色粮仓（blue granary）”，将广袤的海洋纳入国家食物生产体系，在陆海统筹中探寻提高资源利用效率、优化国民食物供给方案。

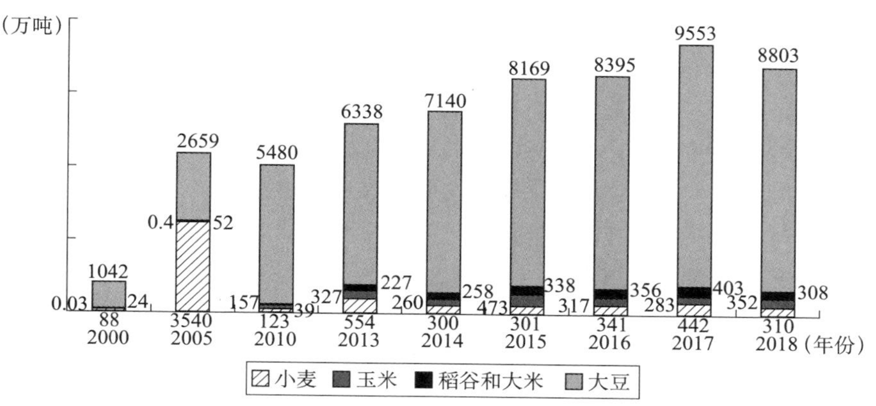

图 2-1　近年来我国主要粮食进口情况

资料来源：中国海关总署，http：//www. customs. gov. cn/。

另外，我国具有发展“蓝色粮仓”的良好自然基础。依托于绵长的海岸线，自古以来，以鱼、虾、贝、藻类为主体的海洋水产品就是我国沿海地区居民的重要食物来源。目前，我国海洋水产品生产高居世界首位，海水养殖产量约占全球海水养殖总产量的 70%，海洋捕捞量约占全球海洋捕捞总产量的 17%，远高于其他沿海国家。海洋水产品产量从 1985 年的 400 万吨跃升至 2000 年的 2500 万吨，年均增长率达 13%，远远超过同期粮食产量增长速度①。海洋水产品生产成为国家粮食安全的重要保障。

同时，提出“蓝色粮仓”也是时代的要求。海洋水产品含有丰富的蛋白质、脂肪、矿物质和维生素等成分。海洋水产品蛋白质含量平均为 15% ~ 22%，且更易被人体消化吸收；脂肪含量为 1% ~ 10%，主要为高度不饱和脂肪酸。随着人民对于营养结构需求的提高，单单依靠陆上农田粮食的营养结构不能满足人民多样化营养需求（庆立军，2019），人们对海洋水产品的消费不断增加。再加上我国现阶段还面临着海洋生态环境的治理、渔业资源的衰退、国际上对于海洋资源和领域的争夺等一系列复杂的情况，对海洋的合理开发利用必须重视起来。最后，我国海洋水产产业还处于转型升级的转变阶段，很多海洋捕捞养殖技术还不成熟，各类海洋产业仍旧有很大的挖掘发展空间。

---

① 资料来源：历年《中国海洋统计年鉴》。

二、“蓝色粮仓”提出的过程

“蓝色粮仓”作为近年来兴起的重要渔业理念，经过了一定时间的发展。包建中（1995）最早提出了“蓝色农业”这个概念，在建立海洋水生农业的基础上将海洋变为21世纪人类的第二粮仓。在蓝色农业的概念下，曾呈奎（2000）进一步提出通过发展以农牧化为主导的水生产来发展我国蓝色农业。随着对蓝色农业的探究，在“三农问题”的基础上，韩立民等（2007）提出了“三渔问题”，试图将渔业放到与农业同等地位上来，与“三农问题”进行比较，探讨了“三渔问题”的本质及其特殊性。随着对渔业的逐渐重视，张福绥（2000）在渔业的发展中引入了高新技术，主张利用现代生物和生态工程技术，实施良种工程，大力发展海上养殖业。科技的力量吸引了大批海洋水产研究学者的目光，谢子远和孙华平（2013）提出要依靠科技的力量解决渔业的发展，提高海洋科技对海洋经济发展贡献率，促进产学研合作，提升我国海洋科技整体竞争力水平，提高科技创新能力，真正将科技成果应用到蓝色粮仓的建设中。除了对科技发展的重视，蓝色粮仓同样注重关联产业之间的协调发展，秦宏等（2015）阐述了“蓝色粮仓”关联产业结构演变历程以及优化措施。除了科技、关联产业发展的因素影响以外，在可持续发展理论的大背景下，陈书全（2006）提出蓝色粮仓的建设还必须要依靠一定的生态环境建设，优良的渔业环境能够改善渔业生物资源，实现渔业经济的可持续发展。建设良好的生态环境，重视生态环境资源，建设现代海洋渔业发展体系和蓝色海洋食物科技支撑体系，构建协调发展的资源与环境体系，这就是唐启升（2008）提出的“蓝色海洋食物计划”。所谓的“蓝色海洋食物”，其实本质上来源于海洋资源，能够给居民提供营养供给，因而要把“蓝色粮仓”的建设作为构建新形势下国家粮食安全的战略，强化国家粮食安全保障（韩立民和李大海，2015）。

对于如何更好地持续推进建设“蓝色粮仓”的系统工程，保障粮食安全，不少学者提出了自己的建议。例如，卢昆等（2012）系统地阐述了“蓝色粮仓”的概念、特征，分析了未来“蓝色粮仓”建设将更多依赖于海水养殖业，最后对“蓝色粮仓”在发展过程中遇到的问题提出了建议；秦宏等（2015）提出建设“蓝色粮仓”的五大推进策略；从“蓝色粮仓”空间资源开发利用的角度，韩立民和王金环（2013）提出了“蓝色粮仓”的空间拓展策略，重视提高海洋的资源开发能力；韩立民和相明（2012）就日本、美国、韩国、挪威等世界主要沿海发达国家“蓝色粮仓”建设的经验，提出要因地制宜开发我们的海洋水产，建设发达的海洋产业；李嘉晓等（2012）从“蓝色粮仓”的建设基础、面临问题和发展潜力的角度出发，对拓展开发海洋生产的潜力提出了自己的建议措施。

三、“蓝色粮仓”的含义

在国家粮食安全和海洋强国建设背景下提出的“蓝色粮仓”是一种新型渔业生产体系，它需要结合产业链和创新链来发展。蓝色粮仓通过提供优质营养蛋白来拓展我国粮食安全的战略空间，利用海洋生态资源来推动产业创新升级，培育农业发展的新动能。蓝色粮仓的重点在于科技创新，创新引领农业供给侧结构性改革，突破海洋养殖种类的限制，培育优质高效幼苗，利用健康环保的养殖方式，减少对水域环境的污染破坏，实现环境的修复，秉承着友好捕捞、可持续发展的原则，采取绿色加工方式，突破重大科学问题和重大技术瓶颈，实现现代渔业的可持续健康生态发展。蓝色粮仓建设涉及知识创新、装备升级、技术突破和区域性典型应用示范，必须要保护生态资源，打造高效的蓝色生态产业链条，实现绿色化、工程化、机械化、信息化。蓝色粮仓等生态科技创新项目的建设对于提升我国水产品资源种类质量、保证国家粮食安全、维持生态环境、建设绿色生态养殖的海洋渔业产业发展具有重要意义。联合国粮食及农业组织（FAO）在《2018 年世界渔业和水产养殖状况报告》中所得出的结论表明，中国有可能通过本国水产养殖满足国内人口需要，为建构未来全球的粮食安全做出有效示范。

四、“蓝色粮仓”的特点

（一）空间范围广

相较于陆地粮仓只能在一些适于耕种的平原、丘陵，蓝色粮仓建设分布广泛，可以是池塘、湖泊（水库）、滩涂、浅海、深海、大洋乃至极地，相对于饱受地域限制的传统陆地农业来说，蓝色粮仓建设的地点主要位于蓝色海域和沿海滩涂区域，空间广袤，海洋生物资源流动性较强，生物资源分布栖息在各个水层的海域中，而且各个海域中生物的种类数量也不尽相同。蓝色粮仓的建设空间范围较广，海产品的生产供给相较于传统农作物的平面化耕种来说也更加多层化、立体化。

（二）产品多样化

由于人们对于海洋及其近岸滩涂采取捕捞、养殖、工艺加工等不同的开发利用方式，使得海洋中各式各类的生物资源呈现出物种的多样性，有鱼、虾、蟹、参、贝、藻等诸多海产品。并且，蓝色粮仓不仅原材料丰富多样，它的加工制成品更是五花八门。它既可以直接向消费者提供新鲜的养殖或者捕捞的海产品，也可以通过加工工艺干制、包装冷冻或者腌制提供消费产品。养殖海产品和捕捞海产品属于供应链中的初级生产环节，那些进行简单或精深加工类海产品属于产业加工环节。最终生产出来鱼类、甲壳类、贝类、头足类和提供海洋植物性蛋白的藻类等种类繁多的产品，为人们提供多元化的选择，满足人们不同的消费需求。除了上述的生产产业化渔业生产项目，甚至还可以开发海洋旅游产品、体验类项目，增加经济效益。

（三）产品的贮存要求高

相对于陆地农林牧业的生产所产生的一些农副产品来说，不管是海水养殖业、海洋捕捞业还是海产品加工业所生产出来的海产品都容易腐烂，因而都对温度、环境等有严格的要求。在海产品物流运输过程中，中心温度要始终维持在 8℃以下、冻结点以上，最大程度保持原有产品材料的品质和新鲜度。根据《中华人民共和国鲜活海产品冷链物流运输规范》可知，海产品有严格的作业环境温度、卫生条件和作业时间，还要控制捕捞和运输时间，温度符合要求，以保障产品鲜活的品质。根据《冷藏、冷冻食品的物流包装、标志、运输和仓储》可知，要求冷藏车中要运用配备保存温度记录的测温仪，相应的供氧设备，温度异常报警装置，定期对库房、作业工具、周围环境进行清洁、消毒，并达到相关食品、卫生的要求。除此之外，库房应提前制冷，当温度降到冷藏食品要求的温度时，方可将食品入库。从海产品离开栖息海域或滩涂时刻开始的整个生产、加工、包装、运输的流程就对环境、温度等储存条件有严格的限制，相较于农副产品，增加了生产成本、运输成本和管理成本。因而建设蓝色粮仓必须要尽可能地创造条件保障海产品品质，降低成本损耗费用，提高产出利润。

（四）生态环境依赖性强

蓝色粮仓的建设离不开良好的生态环境。海洋水域与近海滩涂的生态环境直接影响海洋中生物资源的数量和质量，这些生态环境一方面要受海域气流、海洋潮流，以及海洋地质等自然因素的作用，这些因素的交互影响会对海洋生物的生存产生影响，使得海洋生态出现波动；另一方面，海洋生态还要受制于各式人类活动，例如，工业生产和人类聚居生活所造成的大量废水、废料、废气等污染物的排放，对海洋及其近岸滩涂地区产生一定的影响，生态系统结构失衡，典型生态系统受损，进而对与蓝色粮仓建设关联的产业产生负面效益，最终会使得蓝色粮仓的计划无法顺利开展。受到化学工业污染严重的海域，所产出的海产品甚至会严重危害到消费者的身体健康，这样的海产品出口甚至会影响中国的国际声誉。因而蓝色粮仓具有较强的生态脆弱性，它的建设要依托于稳态、健康的生态环境，才能生产出营养丰富、源源不断的海洋生物蛋白。

第二节　“蓝色粮仓”的产业特征分析及建议

蓝色海洋及其近岸滩涂的开发方式引发了各式各类的海洋资源开发模式。蓝色粮仓的建设具有产业性的特点，它的发展依靠各个关联产业的协同发展，只有海水养殖业、海洋捕捞业、海产品加工业等行业实现了良性发展，蓝色粮仓才能够实现长久的发展。除了上述三大主要产业之外，还有海水种苗产业、海洋渔业物资产业、海产品冷链物流产业等紧密关联的一些上下游衍生产业。

图 2－2 描述了 2013～2017 年全国海水产品和淡水产品的构成及其变化情况。可以看出，全国水产品总量在平稳地增加，组成水产品的两部分即海水产品和淡水产品也在逐年渐进增加，海水产品的增长速度要略高于淡水产品的增长速度。就 2017 年的情况来看，2017 年全国水产品总产量为 6445. 33 万吨，同比增长了 1. 03%。其中，养殖产量为 4905. 99 万吨，占总产量的 76. 12%，同比增长 2. 35%，捕捞产量为 1539. 34 万吨，大约占总产量的 23. 88%，同比降低 2. 96%。全国水产品人均占有量约为 46. 37 千克。

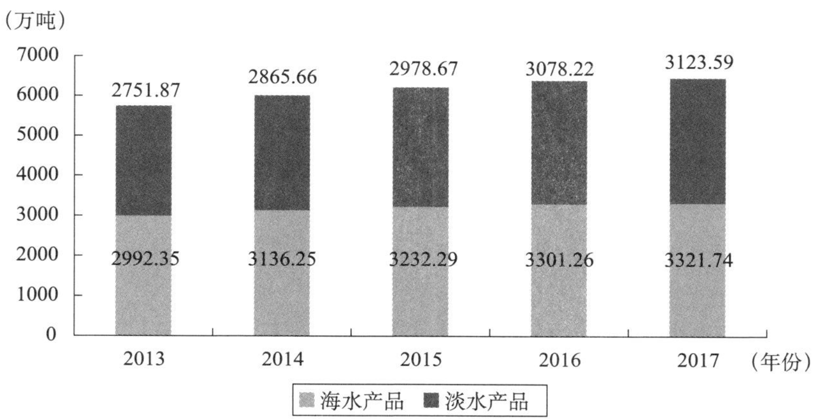

图 2－2　2013～2017 年全国水产品产量及构成

资料来源：历年《中国渔业统计年鉴》。

一、“蓝色粮仓”的产业特征分析

（一）海水养殖业

海水养殖是利用沿海的浅海滩涂养殖海洋水生动植物，从而为人类提供优质的动物蛋白，主要包括浅海养殖、滩涂养殖、港湾养殖。海水养殖能够摆脱自然环境的制约，从而较快地生产一些经济价值较高、稀缺的海洋生物产品，如鱼类、虾类、贝类、藻类和海珍品等海水养殖。

1. 海水养殖业的基本情况

中国是全球第一水产养殖大国，其中，淡水养殖面积远超海水养殖面积，但从趋势上来看，海水养殖面积下降幅度同淡水养殖面积相比较低（如图2－3所示）。海水养殖有较大发展空间。

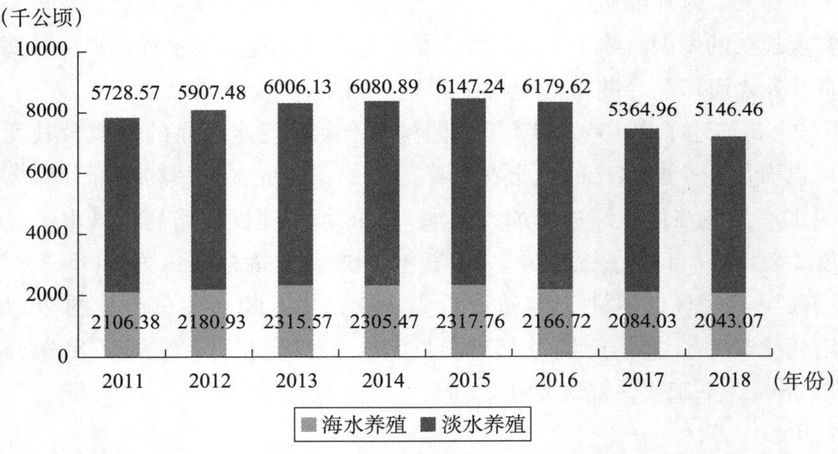

图2－3　2017年全国水产养殖面积及其各部分占比

资料来源：2017年《中国渔业统计年鉴》。

我国可供养殖的水产品种类繁多，从动物蛋白质来看主要有鱼类、甲壳类、贝类、棘皮类。鱼类主要有牙鲆、大菱鲆、花鲈、美国红鱼、许氏平鲉、半滑舌鳎、石鲷等；甲壳类主要有日本对虾、中国明对虾、凡纳滨对虾，三疣梭子蟹等；贝类主要有菲律宾蛤仔、牡蛎、扇贝、贻贝、缢蛏、皱纹盘鲍等；棘皮类是指近几年兴起的海珍品养殖浪潮，主要是指刺参。从植物蛋白质来看，养殖种类较少，主要为藻类，例如海带和紫菜。图2－4展示的是2011～2018年各年度各类海产品海水养殖产量。从图2－4中可以看出，贝壳类产品在养殖的水产品中占比最高，其次是甲壳类的，占比最低的是鱼类。从趋势上来看，鱼类、甲壳类、贝类的数量在2011～2018年都在缓慢的上升，其中贝类以其价格优势、养殖优势，产量上升得最快，但藻类的数量在 2011 ~ 2017 年之间上升，从 2017 年开始下降。随着动物蛋白质填补了人类的营养空白，人们对海洋中藻类等低营养级的水生生物消费需求下降。

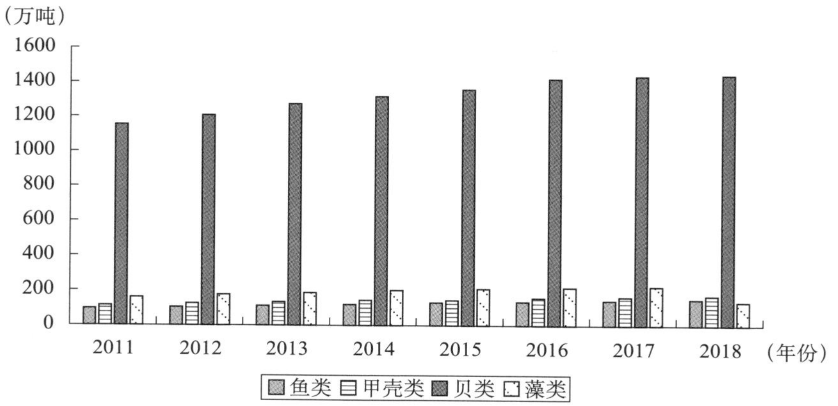

图 2－4 2011 ~ 2018 年各年度各类海产品海水养殖产量

资料来源：历年《中国渔业统计年鉴》。

2. 海水养殖业的特点

（1）周期性。海水养殖业的本质同陆上农业一样，幼苗从放养到成品需要一定的生长时间，因而海水养殖具有周期性生产经营的特征。

（2）适量养殖。海水养殖生产要考虑养殖海域的生物承受能力，种苗数量投放过多，超过了海域滩涂的承载力水平，不但会影响最终成品的海产品的数量质量，还会使海域的生态平衡能力遭到破坏，最终会使生态环境受到威胁。

（3）受天气影响。除了人工环境下海水养殖活动以外，自然环境下围网的海水养殖要受到所在养殖海域及滩涂的自然气候天气的影响，养殖海产品产量会受到台风、风暴潮、暴雨、海啸等海洋灾害性天气的强烈冲击，并且恶劣的天气还会造成渔民的大量财产损失和人员伤亡。

（4）良好的水体环境。海水养殖离不开养殖海域和滩涂良好的水体环境。养殖海域及滩涂的污染一方面是由于排放未处理的生活、生产污水，另一方面是受到养殖用药和养殖种苗排泄物累积的影响。海域水体的污染不仅会严重影响到所养殖海产品的数量质量，还会对该片海域的生态环境承载力造成巨大破坏。成品的数量减产，就会投入更多的幼苗饲料，这又会造成海域水体污染情况更加严重，从而会使海产品的生产养殖陷入恶性循环。

（5）技术水平。养殖技术水平的高低也会影响海产品的质量产量。从原先的围网、阀式单种品类的养殖到鱼、虾、蟹、贝、藻类混养，滩涂阶梯式的养殖方式，养殖产量逐步增加，海水养殖的生态环保稳定性也在逐步增加。除此之外，培育种苗的品类也在逐步升级。

（二）海洋捕捞业

海洋捕捞业也是“蓝色粮仓”基础产业之一，它运用一定的捕捞设备，在海洋水域中捕捞海洋水产品，为社会国民提供优质动物蛋白。海洋捕捞业与海水养殖业有所不同，它的生产情况要受到近海渔业资源可持续发展最大承载量的制约，也就是最大可持续生物产出量。所谓最大可持续生物产出量就是在保持渔业资源存量长期稳定的情况下，令每期新增渔业资源量达到最大化。在捕捞量过高的情况下，会使得一定的海洋水产资源变得稀缺，海洋生态恢复能力变差，导致资源的再生情况不容乐观，最终有可能会使得海洋资源枯竭。

1. 海洋捕捞业的基本情况

目前，我国远洋渔业产量占水产品总产量的比例仍旧较低，大部分的捕捞还是仍旧在近海海域和一些沿海滩涂进行（如图 2－5 所示），这使得近海的资源数量种类在逐年衰竭，应该鼓励发展远洋渔业，对近海的渔业休养生息，保护近海海洋生态。

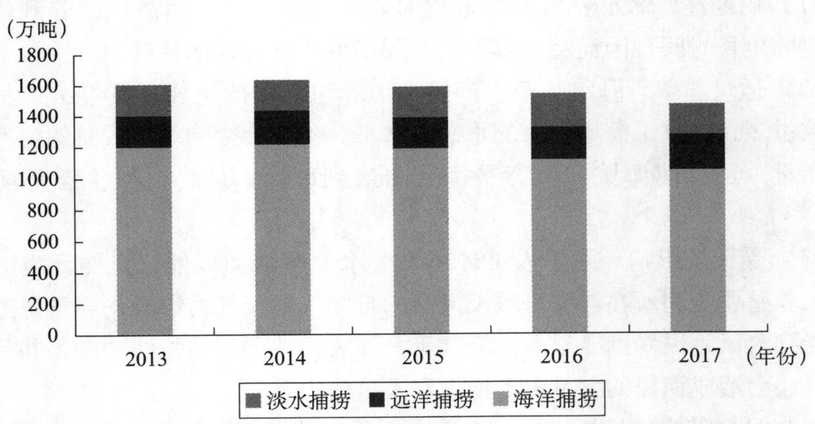

图 2－5 2011～2018 年各年度各类海产品海水养殖产量

资料来源：历年《中国渔业统计年鉴》。

关于海洋捕捞，我国目前捕捞业的情况见表 2－1，2018 年国内捕捞产量与 2017 年同期相比，整体趋势是下降的，从各类水产品的捕捞量上来看也仍旧是下降的。在提倡保护资源环境和注重生态恢复可持续发展的大旗下，捕捞量开始下降。

表 2－1　　2018 年国内捕捞产量

指标	国内捕捞产量（万吨）	海水捕捞		淡水捕捞	
		产量（万吨）	同比（%）	产量（万吨）	同比（%）
全国统计	1466.6	1044.46	－6.11	196.39	－10.04
鱼类	863.31	716.23	－6.4	147.08	－8.97
甲壳类	223.8	197.95	－4.65	25.85	－10.65
贝类	64.25	43.04	－2.82	21.2	－15.8
藻类	1.83	1.83	－8.64	0.01	－83.11
头足类	56.99	56.99	－7.56	—	—
其他	30.67	28.42	－10.24	2.24	－12.62

资料来源：2018 年《中国渔业统计年鉴》。

2. 海洋捕捞业的特点

（1）产量的不定性。首先，海洋生物的种类数量具有较强的流动性，不同地域的海洋生物资源也是不同的，这就造成了地区之间很大的差异性。其次，海洋的生态自我恢复能力、生态稳定性也是不同的，海洋生物的生长需要良好的水体环境，倘若环境遭到破坏，海洋生物的捕捞也会随着污染程度的加深而降低。最后，海上诸如台风、海啸、风暴潮等不可控的灾害天气也会影响海洋捕捞活动的进行，从而会引起捕捞量的浮动。

（2）依赖性。海洋捕捞活动对海洋生物资源具有较强的依赖性。海上自然资源的丰富程度直接制约了捕捞业的发展，先进的捕捞设备只是锦上添花，归根结底还是应当考虑该地生物海洋资源的具体情况。

（3）周期性。海洋捕捞活动也与季节变换有关。不同鱼类鱼汛不同，鱼汛的时间比较集中，并且带有明显的季节特征，不同季节的海洋生物的种类、数量、大小都不同，使得捕捞活动要受到时间的制约。并且国家为了保护海洋生态，节约海洋资源，保持生物多样性，通常会实行禁渔期制度，人为地给予海洋一个恢复的时期，给予海洋生物幼苗一个生长的时期，此举强化了捕捞业的周期季节特征。

（三）海产品加工业

1. 海产品加工业的基本情况

海产品加工业是在海水养殖业和海洋捕捞业这两个产业的基础上产生的加工工业。它以所养殖或者捕捞的海洋鱼虾类、贝类、蟹类和藻类、海洋植物等海产品作为主要原料，利用各种先进的加工工艺来提高海产品的经济附加值，例如各式各样冷冻、风干干制、腌制的包装精美的海产品。根据2018年《中国渔业统计年鉴》可知，截至2017年，我国水产品加工企业数量约为9674个，水产加工能力为2926.23万吨/年，同比增长2.71%。水产加工品总量为2196.25万吨，同比增长1.42%，其中海水加工产品为1788.06万吨，同比增长0.73%，占水产加工品总量的81.41%，淡水加工产品为408.19万吨，同比增长4.57%（如图2-6所示）。

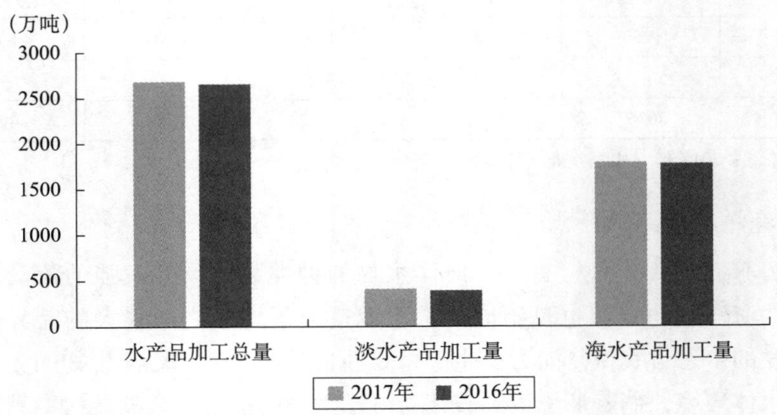

图2-6　2016年和2017年我国水产品加工情况

资料来源：历年《中国渔业统计年鉴》。

2. 海产品加工业的特点

（1）波动性。海产品加工业要受原材料的质量、大小的影响。没有新鲜的捕捞或者养殖的海洋生物，即便有再先进的加工工艺，最终加工出来的成品质量也不会上乘，因而海洋生物加工产品受原材料的影响很大。

（2）依赖性。海产品加工业原材料容易变质腐烂，因而海产品加工业对冷藏温度有特殊的要求，它的生产加工离不开便捷高效的冷链物流。冷藏货柜、冷藏集装箱、冷冻车、冷冻仓库等冷链物流设施能够及时运送捕捞或者养殖的海产品原料，并在加工贮藏的过程中进行保鲜。

（3）生产受到资本技术的制约。海产品加工业属于资本技术密集型产业，加工工业的发展要受到工艺水平的影响，先进的技术工艺能够促进加工业的发展，提高生产效率和海产品的生产质量，从而实现企业的经营效率。另外，加工工业也与资本投入有关。雄厚的资本实力能够支撑加工业的发展，建设厂房、购买提高生产效率的大型设施、投入资本研发工艺，从而降低单位生产成本。

（4）综合经济效益高。海产品原材料经过加工包装等一系列的生产流程，能够成为即食产品、赠人礼品、珍贵药材食材、出口贸易产品，大大提高了海产品的商业价值。除了生产出一定规格的成品之外，剩下的如鱼头、内脏、鱼鳞、鱼骨、虾头、蟹壳及腐烂水产品等废料还可以成为加工副产品，这些副产品可以用于生产饲料鱼粉，有些甚至还可以入药使用，大大提高了海产品加工工业的综合经济效益。

二、"蓝色粮仓"建设的意义

（一）保障我国粮食安全

我国是一个以陆地粮食生产为核心的国家，粮食安全保障体系亟须转型，需要更多地开发海洋资源，利用好海洋水生产品，保障食物供给，优化国民膳食结构。作为一个拥有 14 亿人口的大国，要满足人们的粮食消费、化工、制衣、酿酒等需求，不得不每年进口大量的农产品。我国最新公布的海关数据显示，2018 年累计进口大豆 8803 万吨，累计进口谷物及谷物粉 2046 万吨，两者累计进口量总共约为 1.08 亿吨，粮食进口量仍旧占据高位，不过，2018 年的 1.08 亿吨较 2017 年的 1.2 亿吨减少了 1264 万吨。并且 2018 年小麦、大米、大麦、高粱的粮食进口情况同 2017 年的同期相比都在大幅度的下降；与之相对应的是，2018 年粮食出口在小麦、大米、大麦、高粱四种粮食上同 2017 年的同期相比都有所上升（见表 2－2）。

表 2－2　　2018 年 1～11 月我国谷物进口量和出口量

商品名称	进口（万吨）	同比（%）	出口（万吨）	同比（%）
小麦	286.4	－32.1	25.4	79.5
玉米	310.7	30.9	1.1	－86.9
大米	280	－22.1	181.3	60.7
大麦	667.2	－19.4	87.9	5.4
高粱	364.7	－25.6	4	19.3

资料来源：中国海关总署，http：//www.customs.gov.cn/。

从表 2－2 中粮食进口数据可知，1～11 月的玉米进口 310.7 万吨，同比增加了 30.9%，但同期大麦进口 667.2 万吨，同比减少 19.4%；高粱进口 364.7 万吨，同比减少 25.6%；2018 年我国累计出口大米 208 万吨，较去年增长 74.7%。就 2018 年 1～11 月的数据来看，小麦、大米、大麦、高粱的进口情况与 2017 年同期相比都在大幅地下降，只有玉米的进口情况与去年同期相比上升；出口情况为：玉米的出口剧烈下降，小麦、大米的出口情况大幅度上涨，大麦、高粱的出口情况也有所上升。

2019 年 7 月我国海关总署公布了最新的进出口数据，数据显示，2019 年 1 ~6 月我国粮食进口总量同比下降。其中，谷物进口总量为 936 万吨，同比下降 31. 8%。

依据前面所述的我国粮食安全的现状，在耕地资源有限的情况下，应建设"蓝色粮仓"，以可持续发展理念为基础，开发利用丰富的海洋资源，提供丰富多样的动物蛋白，改善我国居民的饮食结构，缓解粮食安全压力，实现海洋资源高效循环利用，提高居民的营养摄入。俗语说，"靠山吃山，靠海吃海"，沿海地区居民常以鱼虾贝藻类等海产品作为日常饮食的一部分，其能够提供优质动物蛋白，提高居民的营养供给。用提供的海产品来部分减少日常所需摄入的谷物部分，能够满足居民对口感风味的追求，提供益于身体健康的动物蛋白，因而海产品在食物供给中有一定的健康价值，缓解了我国粮食压力。

"蓝色粮仓"的建设能够开发一些新领域、新资源，提高资源利用效率，实现海洋生态环境友好，优化海产品生产供给机制，提高海洋水产蛋白的供给。由于蓝色粮仓的合理建设能够实现在消费者市场上海产品的大量供给，在一定程度上能够通过改变人们的饮食结构、食物比例，来替代一部分需要进口的农副产品，从而保障我国的食物安全，减小对进口的依赖。从国家粮食安全的角度来看，建设"蓝色粮仓"势在必行。

（二）带动海洋蓝色经济发展

"蓝色粮仓"的建设会伴随着政府部门出台的多种惠民渔业政策，给海域周围的居民带来丰厚的经济收入和更多就业机会，相应的养殖、捕捞、加工类企业也会在海洋资源合理开发的号召之下扩大规模，产生更多的就业岗位；并且，海产品在运输保险的过程中需要依靠冷物流链的运作，发展了物流行业。相较于其他行业，物流业能够吸纳全社会更多的失业者。除此之外，"蓝色粮仓"还要促进传统海洋捕捞业转型升级，淘汰老旧渔船，利用规模化、机械化的生产运作提高海产品的产出效率，进而提高经济效益。

根据图 2 -7 可知，2017 年渔业人口 1931. 85 万人，比上年减少 41. 56 万人、降低 2. 11%。在渔业人口中，传统渔民为 652. 14 万人，这些传统渔民拥有自己的小渔船，以家庭为单位生产。2017 年传统渔民数量比上年减少了 8. 97 万人，同比降低 1. 36%。渔业从业人员 1359. 39 万人，比上年减少 22. 30 万人、降低 1. 61%。图 2 -8 是 2012 ~2018 年全国渔民人均纯收入的柱状图，从柱状图的长度可以看出 2012 ~2018 年全国渔民的人均纯收入在不断的攀升。因而可以发现，渔业的发展对于国民经济的发展有一定的帮助。这一点在

表2－3中也有体现，2011～2018年渔业水产品产量大体趋势呈现上升状态，渔业经济总产值也在迅速的增加，2017年、2018年两年的水产品产量有所下降，但仍旧高于2011年的水产品产量。水产品产量有所下降的情况在建设“蓝色粮仓”的过程中值得重视，但这两年的渔业经济总产值仍旧是上升的，没有受产量下降的影响。在表2－3中，还可以发现渔民的渔船拥有量在不断地下降，这主要是由于“蓝色粮仓”工程重视海洋水产产业结构的转变，使得一些破旧的渔船被淘汰，经济效益低下的家庭生产也逐渐离开市场，而机械化有规模地生产能够保护海洋生态。并且，由于2013～2017年全国渔业人口数量总体趋势下降，就业人口离开海岸，实现产业结构的升级优化，渔业规模

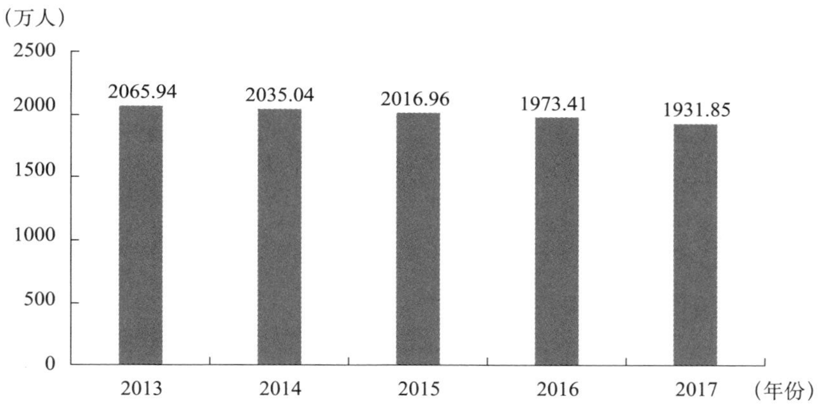

图2－7　2013～2017年全国渔业人口数量

资料来源：历年《中国渔业统计年鉴》。

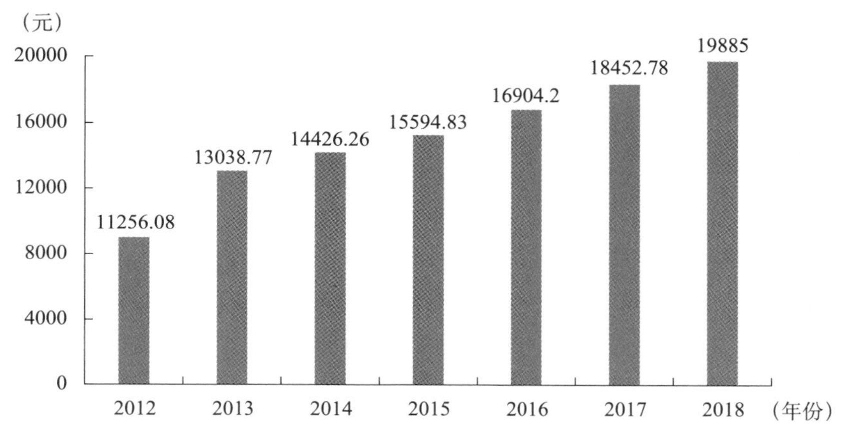

图2－8　2012～2018年全国渔民人均纯收入

资料来源：历年《中国渔业统计年鉴》。

化生产，家庭渔业的生产逐渐在市场上被淘汰，摆脱了“以渔论渔”的传统海洋渔业发展思维定势。关于这一点的分析，从渔船拥有量上也可以体现出来。建设“蓝色粮仓”能够改善我国现阶段的渔业发展情况，提高渔业的经济总产值，对于改善国内渔民的生活水平、提升我国经济水平有很大的好处。

表 2 - 3　　2011 ~ 2018 年渔业经济产量情况

年份	渔业经济总产值（亿元）	水产品产量（万吨）	水产养殖面积（千公顷）	渔船拥有量（万艘）
2011	15005. 01	5603. 21	7834. 95	106. 96
2012	17321. 88	5907. 68	8088. 4	106. 99
2013	19351. 89	6172	8321. 7	107. 17
2014	20858. 95	6461. 52	8386. 36	106. 53
2015	22019. 94	6699. 65	8465	104. 25
2016	23662. 29	6901. 25	8346. 34	101. 11
2017	24761. 22	6445. 33	7749. 03	94. 62
2018	25864. 47	6457. 66	7189. 56	86. 39

资料来源：历年《全国渔业经济统计公报》。

（三）提高海洋水产质量安全

我国目前海洋产业的发展要受制于海洋环境污染、海洋生物多样性锐减、近海捕捞难以维持、水体环境较差等一系列问题。这些问题的发展演变毫无疑问会对我国海洋资源的开发、利用带来一定的困难。因而以海洋环境的生态保护为基础，应用现代海洋高新技术，培育优良鱼苗和营养饲料，合理规划养殖捕捞计划，提高水产品的质量，保障水产安全，建设可持续发展的蓝色粮仓。

“蓝色粮仓”的建设能够合理开发利用海洋水产资源，保护与改善海洋鱼类资源的品种数量，提高养殖技术，严格控制饲料中添加剂及渔药的使用，加强对海产品质量的监管，保障水产品的品质和安全。建设“蓝色粮仓”的目的之一就是发展资源节约型、环境友好型的生态渔业，以《中华人民共和国渔业法》为指导，利用科学的养殖保鲜运输技术，推进现代渔业合理建设，养护水域环境，向世界提供优质高蛋白、安全的海洋水产品。因而，从海洋水产资源、海洋生态渔业的角度来看，应当建设“蓝色粮仓”，系统、合理地开发海上的渔业资源，提供符合安全标准的海洋水产品。

第三节　“蓝色粮仓”发展中存在的问题

建设“蓝色粮仓”虽然有利于缓解我国的粮食安全问题，摆脱进口依赖，满足我国日益提高的居民消费需求和消费水平。但是，近十年来，资源环境在海洋水产产业发展中的制约因素趋于明显，海洋食物供给能力增长趋势放缓，对“蓝色粮仓”的建设提出了新的挑战。

一、水体污染严重

水体环境的安全洁净、稳定程度对于“蓝色粮仓”的发展至关重要。我国海产品的养殖、捕捞等生产环节都离不开安全洁净的水体。倘若水体受到严重污染，直接受影响的就是海洋生物，进而会破坏海洋生态系统的稳定性，甚至可能会造成海洋水体生态环境的不可恢复。另外，海洋生物在污染的水体中可能会感染某种疾病或者中毒，这些海产品经过捕捞、加工、食用，会引发一系列的安全问题，威胁消费者的身体健康。水体污染的主要来源表现为以下几种。

（一）工业废水、生活污水排放物

随着制造业工业的发展，往海洋中排放的一些固体废物、工业废液和生活污水、金属农药等物质使得海洋水体的污染加重，局部海域环境发生了很大变化。一些河口、海湾生态系统退化，近海海域富营养化加剧、赤潮频发，严重威胁了海洋生物的生存环境。

（二）海水养殖业的饲料、药物残留

近二十年来，我国海水养殖业的快速发展减小了国内市场需求缺口，填补了市场部分海产品的种类空缺，但养殖业的快速发展也同时给我国近海养殖的水域生态环境带来了巨大的危机。在养殖捕捞产业环节中，因生产需要投放的饲料、药物、滥用的抗生素和激素等会造成药物残留超标、环境污染、微生物污染、寄生虫感染等情况，河口、海湾、滩涂湿地等重点养殖区的生态环境状况不容乐观，使得海洋生物赖以生存的水体环境遭到破坏。甚至养殖生物逃逸可能会造成外来物种入侵，扰乱地方生态系统的种群结构。

（三）过度养殖

为了获得更大的经济效益，人们在海洋中人为饲养一些经济价值较高的海

洋生物，海洋生物的数量如果超出海洋本身的承载力，就会使得海水中溶解氧的含量降低，从而影响到生物的新陈代谢，进而会破坏海滨环境和海洋生物的栖息环境。

二、资源衰退

“蓝色粮仓”建设要依赖海洋生物资源的种类、数量以及质量。一方面，海洋中丰富多样的生物资源有助于捕捞业的发展，丰富的海洋生物种类有助于养殖业的发展，生产更多的海洋生物产品。另一方面，海洋生物的丰富多样化也有助于提高海洋生态系统的稳定性，增强生态系统的自我恢复能力。因而对海洋资源的开发利用要建立在丰富优质的资源基础之上，资源的衰退问题主要表现在以下几个方面。

（一）海洋生物的数量减少

过高的捕捞压力造成资源数量减少，自 20 世纪 80 年代至今，我国近海渔业资源种类数量持续减少。黄海小黄鱼产量逐年下降，鱼类资源严重衰退，自 1972 年起降至历史最低水平，虽在 90 年代后有所恢复，但群体种类锐减，结构趋于简单化；鲆鲽类、褐牙鲆、半滑舌鳎、鳀、带鱼、鳕、鲱等经济鱼类产量也在逐年下降。鲨、鳐、大黄鱼、鳓等优种东海生物如今已很少见，而且这些物种的内部结构已经呈现个体变小、平均年龄缩短的一个态势。[①]

（二）海洋生物的多样性降低

由于种种生态环境的变化、人为的一些恶意捕捞、全球气候的变化，使得原有的渔业资源结构发生了变化，从原来层层结构的密集到后来某一营养级结构出现了断裂，原来的营养级被低一层次的食物链的物种所取代。高营养级的生物由于经济价值较高而被人们恶意捕捞、过度捕捞，因而生物数量不断下降，低营养级的生物增加，这对生态稳定产生了不利影响。

三、养殖空间不足

随着人们对海洋的开发，开始兴起了各类建设，如港口的扩建，旅游项目景点的沿海布局建设，海边度假住房、别墅建筑的兴起，娱乐项目设施的建设和运用海水的各类工业项目的建立，这一系列的设施建设项目使得养殖空间被压缩，近岸海域可供利用的养殖空间几近饱和。而且这些项目的建立可能还会

---

① 翟路，刘康，韩立民．我国“蓝色粮仓”关联产业发展现状、问题及对策分析［J］．海洋开发与管理，2019（1）：91－97.

对海水的水质情况产生恶劣的影响，从而对海洋生物的养殖生存产生不利的影响，影响海产品食品的安全性。另外，为了能够提高经济效益，人们会在所养殖的海域中投入更多的鱼苗，大量鱼苗的投入可能会使得海洋的生态承载能力遭到破坏。经估算，东海渔业资源的实际可捕捞产量已远超预测可捕量，这使得可供使用的养殖空间不断被压缩。

四、海洋渔业科技水平不高

随着人们对海洋资源开发的重视，开始将国家资金、经费等投向渔业科技经费和科技人员，用于开发和创新渔业的生产设施、环节、制作工艺、鱼苗的升级等方面。科技是第一生产力，这句话同样适用于海洋渔业的发展，海洋渔业的科技水平是“蓝色粮仓”建设的内在动力。只有拥有了强大的科技力量、创新成果，及时地进行养殖技术的革新，才能更好地促进“蓝色粮仓”的建设，为人们的餐桌提供更加优质的动物蛋白。全国关于海洋学科的学院、大学、研究所等教育研究机构并不少，每年产生的与海洋有关的研究成果较多，但这众多的研究成果中，关于“蓝色粮仓”的研究并没转化成为实际的生产力，没有将理论应用于实践，产学研结合的情况并不理想，很多最新科研成果由于与一些渔业公司、乡镇等没有建立良好的合作关系，因而只处于实验阶段，没有在大范围中进行推广使用。另外，由于政策、资金等方面的情况，在海洋渔业科研方面的投入要低于其他的有些行业，长期来看，会使得海洋渔业的科技发展缺乏动力，人才流失，创新能力不强，长此以往会阻碍海洋渔业的发展。

第四节 “蓝色粮仓”未来的发展方向

面对资源环境压力，传统的海洋食品生产模式已经不能适应新形势下“蓝色粮仓”的发展要求。同时，海洋在食品生产方面的潜力还远远没有得到充分挖掘。通过加快技术与生产模式创新，加大对新领域、新资源的开拓力度，提高产业资源利用效率和环境友好水平，推动海洋产品生产结构战略性调整，“蓝色粮仓”的食物供给能力仍有较大提升空间。

一、加强对海洋资源与环境的保护

海洋生态环境是海洋生物生存的环境，是其发展的基本条件，良好的水体是打造稳定、可持续发展的海洋农业生态系统的前提。面对“蓝色粮仓”的建设，我们必须要做的事情就是继续保护海洋环境，贯彻海洋生态可持续发展理念，防治水体污染。建设蓝色粮仓离不开丰富的海洋资源，因而要在发展海洋经济、建设水产产业的同时注重渔业资源的养护，建设生态渔业，不断提高海洋渔业综合生产能力和抵抗风险的能力，实现各类海洋产业的可持续发展。

（一）加强对海洋资源与环境的监督力度

实时监测海洋生态环境的变化，注意水质、海洋微量元素的含量变化，坚持“在开发中保护、在保护中开发”的发展理念，在一些污染严重的海域建立海洋生态监控区，既要满足海洋开发活动的需要，又要加强对海洋环境的监督管理，开展相关的海洋监测调查，密切关注海洋生态监控区的生态状况，及时实施相应的管理调控措施，从而有效遏制海洋生态环境恶化的趋势。确定一个固定的日期监测渔业资源的各类状况，便于及时对渔业资源进行风险预警，建立渔业资源调查评估机制，确定预警标准、可捕捞量、濒危物种、海洋生物多样性的具体情况，根据得出的资源监测状况确定渔业资源利用规划方案。更新监测的设备，对重要渔业水域进行重点观察，提高渔业资源调查监测水平。

（二）坚持适度开发的原则

有关部门要严格依照《海域使用管理法》和《海洋环境保护法》，对一些开发请求进行合理审批，例如，围海、填海和海砂开采的开发项目活动，严格控制监管一些涉海工程项目，在项目的开发和实施过程中，依照《海洋环境保护法》严格执行各项的海洋环境保护管理制度，包括影响环境各类因素的评价制度、海洋环境的工程保护设施监管制度、海洋环境的开发监测监视制度等，从而保证海洋生态功能稳定不受破坏。

严格执行海洋伏季休渔制度，休渔期期间严格惩治不遵守规定的渔船，在一些海洋生物稀少的近海海域实行捞业准入制度，确定合适的捕捞限额、捕捞强度，养护海洋中的渔业资源。对于捕捞的海洋生物种类，要严格禁止捕捞、经营、运输濒危的水生野生动植物及其产品。加强对海洋生态脆弱水域的管理，保护数量锐减的水产种质资源，严格限制建造底拖网、帆张网和单船大型有囊灯光围网等对渔业资源破坏强度大的渔船。对无捕捞许可证、无船舶登记证书、无船舶检验证书的“三无”情况进行严厉打击，禁止各类非法捕捞和养殖行为，规定最小捕捞网的规格、限制捕捞品种以及执行捕捞总量控制制度，通过制度建设、法律法规的约束加大渔业资源养护力度。

（三）完善对海洋资源与环境的立法体系

完善海洋资源与环境方面的法律、法规和规章，强化法治建设，为海洋环境和渔业资源开发利用的监督管理提供依据。在全国以及地方的各种渔业管理规则、标准规范的制订下，组建专业管理部门，负责海洋资源与环境的具体管理。加强对污染物的防治，强化污水排放标准，完善更新沿海地区生活污水、工业废水处理设施，建立脱氮、脱磷的标准，提高处理污水的效率，限期整改不符合海洋和环境保护规定要求的企业，淘汰企业中落后的生产工艺和设备，关闭一些污染严重的企业。同时，提高资源的利用率，减少浪费和污染。以可持续发展理念为基础，构建科学合理的渔业资源利用体系，严格制止不合理的海洋资源利用乱象，要执行国家和海域管理法、海洋功能区划、海域环境保护法等，在科学、合理的海洋管理体系下建设海洋强国，保障渔业的生态健康，实现人与自然的和谐发展，进而才能在良好的生态环境基础上取得蓝色粮仓建设的巨大成就。

二、完善“蓝色粮仓”产业化发展

关联产业的发展直接影响到蓝色粮仓的建设，包括海洋捕捞业、海水养殖业、海产品加工业，海洋捕捞业也包括近海捕捞和远洋捕捞。“蓝色粮仓”的建设涉及多个产业，不仅需要主体三大产业——捕捞业、养殖业、加工业的支撑运作，还需要多个部门的协调配合，需要物流运输服务的保障。因而“蓝色粮仓”的建设可以通过完善这些关联产业的发展提高生产效率。实行综合发展的模式，实现各个产业之间的紧密联系，提高“蓝色粮仓”的运作效率，加快产业的发展进程。

（一）科学发展海水养殖

面对近年养殖面积和水产品养殖数量的下降，企业应当意识到新型养殖技术、养殖设施和优良种苗的重要性，改变养殖规模，提升品质，加快对水产原种保护和良种培育的研发进度，建设良种生产基地，提高水产良种覆盖率，为蓝色粮仓打下良好的根基。加强对水产饲料研发，配置海洋动物的疫病防控药物，从根源上保障水产品质量安全，对消费者的健康安全负责。企业应当改革养殖技术和养殖方式，配备深水抗风浪网箱和工厂化循环水养殖装备，实行生态养殖、循环水养殖和工厂化养殖，例如，藻类间养、贝藻间养轮养，提高养殖规模和产量。有条件的企业甚至可以引进国外先进技术和设备，实行集约化养殖、海洋离岸养殖和深海养殖，拓宽生态养殖的空间。

相关部门应当采取相应的措施，对水产养殖标准化改造力度监督管理近海养殖网箱进行标准化的改造，推广海域生态健康养殖模式。对于那些拓展海洋离岸养殖和集约化养殖的渔民和企业给予一定的补助和设施方面的帮助，完善海上作业的一些基础设施建设，推广高效生态安全的现代科学养殖方式。协调各级部门的规划管理工作，对所管理海域的养殖行为进行监督管理，定期检查养殖情况。禁止不合规定的药物的投放，保证海域水质的清洁。鼓励培育发展地方的优势品种，构建适宜的养殖结构，加快养殖产业带的建设，实现养殖产业的集约化，共用大型的设施配套，高效生产水产品，有助于企业减少生产成本。

政府财政还是需要支持一些如港口防护岸堤、护岸、码头等公益性基础设施，物资供应、维修船舶等经营性服务设施，海域的防灾减灾体系等大型建设。政府部门应该完善相关的养殖规则、准则的制定，科学规划岸线资源，依照准则对渔业资源进行科学管理，严肃处理不合规定的养殖行为，改变无序的养殖乱象。还应当构建风险预警机制，形成自己的应急方案。

（二）加快加工业产业化发展

对海产品进行精深加工，实现产业化发展，更新加工工厂的现代化设备，提升水产品加工工艺，风干、包装、封存、储藏技术，依照国际国内的生产加工标准，保证操作车间的干净整洁，无菌操作，建立加工工业的质量安全可追溯体系，保障产品的质量安全，协调国际国内两个不同的市场，促进水产品国际贸易的发展。形成海产品“原材料—加工—成品”的产业价值链，丰富加工类别、产业种类，提高综合生产能力，降低加工生产成本，提高生产效益。利用高新技术的发展，提高水产品精深加工关键环节的科技含量，建设水产品精深加工产业示范基地，利用产业链条，实现加工业的产业化生产，提高蓝色粮仓的生产产量。

在捕捞、冷藏、运输、加工、配送以及终端销售等各个环节中，保障原材料的质量，使用先进的技术设施，提升加工工艺。充分发挥第三方物流的作用，利用外包冷藏物流链，按照不同的海洋产品的特点使用制冷冷藏设备及冷藏运输工具，保障远洋渔产品的品质，切实落实好各部门的职责，加大处罚力度。

鼓励扶持水产品加工龙头企业的发展，提高它们的加工工艺，加工生产大宗商品，利用生产的规模化来降低产品的生产成本，提高利润空间。并且将加工剩余的食品废料、不合规格而淘汰掉的水产进行二次利用，重新进入下一生产车间，生产对规格要求不高或者没有要求的小包装海洋食用产品；或者将边角废料生产变为饲料、鱼饵等，资本雄厚的龙头企业甚至可以向海洋药物、海洋化工等领域延伸，提高海洋水产品的利用率。

引导企业树立长远发展意识，加强水产加工品品牌建设，推行海产品品牌经营战略，对品牌进行认定、保护、推广，提高品牌的市场认同感，品种规格系列化，实现水产品品牌的增殖，提高水产加工品的国际竞争力。加工企业应当进一步开发产品，开拓市场。改变以初级加工为主的低端产品，提高海产品的附加值，提高产业经济利润。加工生产要面向市场，以消费者的需求为生产的主导，满足消费者的需求，进行海水产业的供给侧结构性改革，完善产业链条，提高海产品的加工比重。

（三）完善冷链物流贸易发展

依托不同海域的地理优势，依靠便捷的交通，在海产品加工、仓储、物流、贸易等方面进行完善，将冷藏链条、保税物流和电子商务相结合，建立现代化海产品集散综合基地。现代物流贸易发展模式采用先进的科学技术，通过冷链物流体系和市场体系，完善物流渠道，确保海洋水产品的运输速度，保证产品的新鲜程度。对物流信息进行实时的监测，科学管理物流系统，推动海洋产品的流通。

转变传统的营销方式，实行多元化现代营销方式，利用连锁经营、直销配送、电子商务等方式销售、宣传海产品。还需要在沿海海域地区打造物流贸易集散中心、现代化海产品集散综合基地，对刚刚从养殖区打捞上来的海产品、刚刚从近海区域或是滩涂捕捞上来的海洋生物进行原材料水产品的交易、竞拍、仓储、物流配送，完成海水水产品的储存、加工、配送运输，减少了中间流通环节，保障了产品的新鲜程度，加快了海洋水产品的流通。

海产品的价值对于温度有很高的要求，因而在物流运输中采取了冷链运输模式，采用先进的技术手段和流通设备，使得海洋水产品从生产、贮藏运输、销售，到消费前的各个环节中始终处于规定的低温环境下，以保证食品质量，减少产品损耗，节约生产费用。在加快生产水产品的同时，还应当重视水产品的质量安全，建立综合食品安全系统风险评估体系，完善水产品质量安全管理系统，确保食品在运输中不变质，变质的产品要依照规定进行处理。

我国水产贸易的发展还可以依托中国水产品商务网等大型水产网络交易平台，可以充分利用国际、国内两个市场，减少各国的储存浪费，相当于对海洋水产资源进行了一定的分配，提高经济价值和社会价值。

三、对渔业灾情的监督管理

渔业灾情也是阻碍我国蓝色粮仓建设的一个重要因素，渔业的灾情给我国水产品带来了不小的损失，减小了渔业的生产效益。从表 2 - 4 中可以看出，2011 ~2018 年，除了 2016 年死亡、失踪和重伤人数为 165 人以外，死亡、失踪和重伤人数的大体趋势是在不断地减少，水产品总量的损失、经济损失、受灾面积也都在下降，但沉船数目仍旧比较高。这些情况，一方面反映了我国灾后的救援工作非常及时，死亡、失踪和重伤人数在不断地下降，体现了我国高度重视人的生命安全，以人为本的发展理念；另一方面就是我国的预警系统在不断地完善，水产品损失、经济损失、受灾面积都在不断地下降，然而，不能忽视的是我国的沉船数量在不断增加，说明我国需要对渔船进行改造升级，淘汰老式破旧的木船，采用结构坚固的钢船。面对各种极端天气，渔业的发展受到天气影响，产生灾情。因此，有关部门要做好防灾减灾工作，争取将损失降到最低。

表 2 - 4　　2011 ~2018 年我国渔业灾情情况

年份	水产品总量损失（万吨）	经济损失（亿元）	受灾养殖面积（千公顷）	沉船（艘）	死亡、失踪和重伤人数（人）
2011	227.43	258.12	1678.26	646	142
2012	138.54	237.39	1087.78	874	164
2013	162.26	257.42	1079.72	847	165
2014	131.88	211.86	832.88	1255	88
2015	99.91	200.16	690.81	3122	33
2016	164.39	287.79	1069.5	1987	165
2017	95.69	173.56	719.6	164	58
2018	83.44	157.61	606.79	868	43

资料来源：历年《全国渔业经济统计公报》。

（一）对于灾情要及时上报

各地区要及时获得灾情的相关信息，做好灾情信息统计和上报工作，高度重视渔业的发展，及时在上报灾情之后申请救灾资金，农业生产救灾资金是中央财政专项用于自然灾害发生后帮助恢复和发展农业生产的转移支付资金。同时抓好灾后重建、恢复生产工作，及时汇报建设情况，科研人员还要对灾后还能继续进行生产的渔场进行了水质指标的测试，根据水质情况向农户提出下一步应该采取的措施，实现水产健康生态养殖。

（二）建立灾情预警机制

面对灾情，最好的措施就是预防。因而要想减少自然灾害带来的危害，就要继续建立风险预警机制，利用高新技术研发一些预警设施，及时预报未知的灾害，并通过电视、网络等传媒方式告知大众，在预测到灾情的时候要进行封海行动。灾后要及时展开搜寻服务、救助工作，将损失降到最低。

（三）改造渔船

淘汰掉不符合规定的渔船，不允许破旧、淘汰的渔船出海，支持购买钢船，对破旧的渔船不予以补贴。有关部门要进一步加强渔船安全管理工作，落实各级政府出台的相关报告、措施办法，更新建造渔船，加快淘汰老旧破损和不适航渔船，并加强新造渔船质量监管，从源头消除渔船安全隐患。对转产的小型渔船要给予财政资金补贴，支持渔民转业进入远洋捕捞企业、游艇产业、休闲渔业等其他相关行业。淘汰小旧渔船能够减少近岸捕鱼，鼓励渔民造大船，发展远洋捕捞渔业，有利于我国海洋渔业的产业升级。

四、科技创新发展蓝色粮仓

科学技术的变革和创新技术的发展能够引领支撑海洋资源的开发活动，高效利用海洋资源来建设蓝色粮仓，实现环境和资源的可持续发展，这一切都离不开整个创新体系和高新技术的支持。当前我国渔业发展仍旧面临渔业产业机械化、智能化程度低，机械设备产出效率低，科技在海洋资源的发展中贡献率低等情况。因此，必须要加大对海洋科技的投入，运用相关的海洋知识和生物科技，提升养殖业的技术水平，改进加工生产线的机械设施。推动渔业产业科技创新，优化渔业产业结构，实现产业升级。

（一）产学研结合

实现海洋科技与人才的完美结合，用海洋科技的发展支撑“蓝色粮仓”的经济建设，设立海洋蓝色粮仓贡献建设基金，培养优秀的海洋人才，发挥人才的创新能力。还要大力推动海洋科技成果的转化，实现产学研相结合的海洋科技发展，注重实践与应用。实力雄厚的海洋企业应该与学校、研究院等科研机构紧密合作，企业为科研机构投入资金设施，科研机构将研究成果应用于海洋企业的实际生产当中，提高企业的生产效率，两者彼此之间建立长期稳定的合作关系，提升研发实力。科研机构缺乏资金的支持开展研究、实验，大型海洋企业需要海洋科技的不断进步来提高海产品的生产效率，减小成本，获得经济效益，在激烈的市场竞争中占到有利的位置。因而科研机构应当发挥研发能力和研发优势，结合合作企业的现状，探讨研究海洋科技创新，围绕综合开发利用海水、科技兴海等针对性、专项性的规划，带动海洋水产整体的发展，并将成果应用于企业的实际生产中，利用企业的市场洞察力和感应力，在实际应用中不断修正渔业技术和新型设备，为企业带来经济效益的提升，将海洋产业的知识创新和技术进步转化为实际的生产力。紧密的科技合作不但强化了产学研合作力度，提高了我国海洋产业的经济效益，还有利于我国“蓝色粮仓”的建设，能够在兼顾环境和资源问题同时，提高生产率和海洋产业的产出率。除此之外，还要通过产业集聚实现科技成果产业化，产业集聚有利于有业务合作的企业之间信息的传播，便于合作。一定地域范围内集中密切联系的海洋产业，提高合作效率，增强人才集聚效应，小型企业可以依附于大型企业的海洋科技成果，实现科研成果产业化，提高海洋科技的贡献率。

（二）向海洋科技强国学习

美国、加拿大和日本非常注重渔业技术的研发与创新，每年均会投入大量的人力、物力、财力进行各项科学实验。在海洋研究的背后是雄厚的财政支持，并且它们重视海洋科技成果的转化与推广，海洋渔业科技成果转化率也比较高。2016 年，欧洲海洋局发布《海洋生物技术战略研究及创新路线图》，绘制了欧盟海洋生物技术研究和创新发展路线图。

美国非常重视海洋科技发展战略规划，实行更全面的海洋科技强国战略，出台颁布了一系列政策措施和相关的学术报告。例如，2007 年发布的《规划美国未来十年海洋科学事业：海洋研究优先计划和实施战略》、2009 年研讨会形成的《海洋学 2025——聚焦 2025 年海洋学发展》、2015 年 NRC 发布的《海洋变化：2015 ~ 2025 海洋科学 10 年计划》等。

日本国土面积狭小，却十分重视发展海洋产业，制定海洋科技规划和产业创新政策，发布产业规划研究报告，将海洋科技发展纳入“依法治国”的轨道；制订了一系列海洋科技发展计划，如《海洋基本计划（2008—2013）》《海洋基本计划（2013—2017）》，强调要开发海洋高新技术。除了不断研发高水平渔业科技，还通过一系列高水平科技，如深潜技术、远洋航行等，拓展产业活动区域，减缓养殖空间不足的问题，合理利用海洋资源。

因而我国应定期派遣海洋相关产业的高技能员工赴海外学习先进的实践技能，加强与海洋强势学科高校之间的联系，鼓励学生学习先进的理论知识。要利用科技水平发展“蓝色粮仓”，政策上继续重视科技的发展，加大财政在科技方面的投入，重视技术的研发与创新，提高海洋渔业的科学技术和学术研究水准，加大对渔业教育的投入，培育海洋水产研究部门的科技创新人才队伍。

（三）转变发展方式与创新体制机制相结合

建设海洋渔业的创新体制机制，改善水产品产业的产业模式，提高生产效率，增加经济效益，这对海洋渔业产业化经营提供了很大的助力。创新体制机制能够增强海洋渔业自身发展的活力，完善设施装备，提高组织化程度，改善水产产业的产品质量，推进发展方式由数量增长型向质量效益型转变。加大对生态养殖技术、海洋生物科技研发的投入，利用高等院校和科研院所等研究机构的优良平台，平台与大型企业机构进行海洋科技研发项目合作，将科研高等院校科研资源和企业的资金、实践平台进行整合，共同研发海洋生态科技，共同打造研发平台和建立技术创新联盟，培养渔业知识和装备设计制造技术兼备的混合型人才队伍。坚持在科技的引领下推进“蓝色粮仓”的建设以及海洋事业的全面发展，提高渔民生活水平。

第三章
海洋牧场

根据世界粮农组织2008年科学评估报告可知，在500多个鱼类种群中超过一半的资源已经被完全开发，不再具有继续开发利用的潜能，仅剩20%的渔业资源还可以供人类继续利用。与此同时，历史上许多著名的鱼汛在20世纪90年代之后就已经基本消失。如此种种现象都说明渔业资源已经走向几近枯竭的状态，我国相关机构组织及社会各界都应该重视渔业资源的保护，为使得渔业资源具备再开发利用的潜能，满足人类对于海洋资源的需求，我国应该逐渐开始采取各种措施保护及促进海洋产业的转型升级。通过在一定海域内实行渔业资源增养殖的“海洋牧场”是缓解渔业资源衰退问题的另一举措。2017年5月，农业部发布的“农业绿色发展五大行动”，明确提出“积极推进海洋牧场建设，增殖养护渔业资源”。“海洋牧场”作为一种环境与资源友好型、生态型渔业增养殖模式，在距其概念初次被提出40年后的今天再次得到国家和各级地方政府的重视，成为推进海洋经济进一步发展的重要议题（夏世福等，1988）。

第一节 “海洋牧场”概述及发展现状

一、“海洋牧场”提出的背景

海洋、沿岸及其蓝色经济是地区发展以及对抗饥荒与贫困的重要产业。然而近年来，过度捕捞、污染以及不可持续的沿岸渔业方式导致了资源衰退、生态环境恶化以及对物种多样性也产生了不可逆转的破坏。再加上世界人口的增加及其带来的对水产品与沿海水域需求的不断增加给海洋的资源与环境带来了严峻的挑战。FAO① 在2015年正式提出“蓝色增长”（blue growth）的概念，

① 资料来源：http：//www.fao.org/news/story/en/item/231522/icode/。

即一种基于经济、社会、环境负责任框架，综合考虑生态系统功能、社会、经济敏感性以及水生生物资源可持续利用的管理模式。基于蓝色增长的要点与其需要遵循的指导方针，蓝色增长提供了提高负责任及可持续渔业捕捞与养殖的全球理论体系。蓝色增长能够帮助减少对海洋的人为压力，保护生态系统功能以及水生系统的结构，为目前日益增长的不同阶层的业主的经营与合作以及更高层级的渔业管理与生境保护提供了相关的集成技术。在此基础上，蓝色增长可以进一步增强基于环境的管理政策制定方、机构间的协议以及渔业与养殖社群间的合作及其发展效率，对世界范围内的沿海国家与岛国可持续开发海洋生物资源具有重要意义。

恰逢其时，我国近年来在面临传统渔业和养殖业转型难、环境污染大、渔业资源衰退、渔民生计受到威胁等严峻问题的背景下，将海洋牧场作为促进渔业转型方式调结构的重要抓手，提出了把“积极开展水生生物增殖放流，加快建设人工鱼礁和海洋牧场”作为“保护和合理利用水生生物资源”的主要举措之一。一直以来，海水养殖产业对沿海城市劳动力的增加发挥了重要的作用，满足了不断增长的人口对海洋蛋白质不断增长的需求。在海水养殖业给人们带来红利的同时，许多产业开始片面追求产量的增加，其粗放式的经营环境使海洋环境逐渐遭到破坏。为实现经济的稳定增长与水产品供给的稳定，就必须促使海水养殖产业进行转型升级。而海洋牧场就是海水养殖产业发展的新方向。与海水养殖相比，海洋牧场可以营造良好的海洋生物生存空间，提高海洋生物的自身繁殖增长能力，还可以在一定程度上保护物种多样性。通过海洋牧场培育出来的产品更加具有纯天然性，质量更高；并且，海洋牧场是建立在恢复海洋生态系统基础上的，一方面可以实现渔业资源的增养殖，另一方面还可以通过人为干预实现生态环境的恢复，有利于实现海洋产业的健康与可持续性发展；更进一步地，海洋牧场所包含的产业不仅仅是海洋渔业资源的养殖、增殖、捕捞。其在原有基础之上进行产业链的拓展，例如发展休闲垂钓、潜水观光、海上运动等休闲渔业，使得海洋一二三产业相融合，从而创造出了更大的经济和社会效益，更能促进渔民增收致富。

二、“海洋牧场”提出的过程

国外对于海洋牧场的研究比较超前，例如日本在20世纪七八十年代开始实施“海洋牧场”计划，并建成了世界上第一个海洋牧场——日本黑潮牧场；韩国于2007年在庆尚南道统营市建设海洋牧场，并取得了初步成功；美国于20世纪60年代就提出建设海洋牧场计划，并在十年之内付诸实施。

国外学者对于海洋牧场理论方面也有诸多的研究，如日本学者对鱼礁区鱼类的活动规律进行了研究，得到因鱼礁结构的不同所吸引聚集的鱼群种类也有所不同的结论，且结构越复杂的鱼礁往往聚集的鱼类数量与种类也会越多。有学者研究了人工鱼礁组成材料的不同对鱼群的吸引集聚效果是否存在不同；还有学者将人工鱼礁与自然鱼礁区鱼群的种类及数量进行了对比，发现两种鱼礁对于礁区鱼类的组成有着显著的差异。此外，国外还有研究者对藻区海藻种植方法进行了研究，得到了多种海藻的培育方法。

国际上许多国家建设海洋牧场的主要目的是为了恢复自然生态系统。而我国建设海洋牧场的侧重点在于在结合国外研究内容的基础之上，结合我国海洋实际情况与社会发展的状况，旨在通过海洋牧场建设将我国海洋逐步发展为一个健康的海洋、可持续的海洋、透明且可利用的海洋。牧场本身的建设将不断推进海洋渔业资源数量质量的增加、海洋生态系统的修复与能量的传递转移。

以 1979 年我国在广西钦州地区投放一组实验性单体人工鱼礁为标志，我国正式开始了海洋牧场建设的实践探索。转眼过去 40 多年，随着科学技术的不断发展与海洋牧场建设经验的积累，我国海洋牧场建设不断取得新的进展。加之“十一五”时期以来，国家推出多项计划与科研专项项目，为我国海洋牧场未来的发展奠定了坚实基础。

三、“海洋牧场”的内涵

海洋牧场起源于 20 世纪 70 年代的日本和美国，相对于我们所熟悉的草原牧场，海洋牧场最初的目的也是为了实现水产生产的农牧化。曾呈奎于 1978 年在中国水产学会恢复大会上将海洋农牧化定义为“通过人为的干涉改造海洋环境，以创造经济生物生长发育所需要的良好环境条件，同时，也对生物本身进行必要的改造，以提高它们的质量和产量”（曾呈奎，1979）。

近年来，由于海洋产业越来越得到国家和各级地方政府的重视，海洋牧场建设项目工程也越来越成熟，关于“海洋牧场”的定义也在随之不断更新完善。对于海洋牧场最清晰的定义是：“基于海洋生态学原理和现代海洋工程技术，充分利用自然生产力，在特定海域科学培育和管理渔业资源而形成的人工渔场”（杨红生，2016）。关于“海洋牧场”的定义有许多，但是这些定义基本大同小异，不过后来的定义在原有定义的基础之上进行扩充，使得“海洋牧场”这个概念更加生动、丰满，易于理解。

我国的海洋牧场是指基于海洋生态系统原理，在特定海域，通过人工鱼礁、增殖放流等措施构建或修复海洋生物生长、繁殖、索饵或避敌所需的场所，增殖养护渔业资源，改善海域生态环境，实现渔业资源可持续利用的渔业模式。上述海洋牧场的定义明确了海洋牧场的理论基础（海洋生态系统原理）、建设手段（人工鱼礁、增殖放流等）、建设目标（构建或修复海洋生物生长、繁殖、索饵或避敌所需的场所，增资养护渔业资源，改善海域生态环境，实现渔业资源可持续利用）、空间特性（特定海域）及其核心属性（渔业模式），不难看出，海洋牧场的核心理念与目标和国际上开展的“蓝色增长”运动不谋而合，不同之处在于海洋牧场的建设方式加入了更多基于海洋生态系统理论的人工结构与手段，且海洋牧场将基于生态系统的渔业、基于生态系统的养殖以及空间规划等有机地整合成一个研究体系，而不是如“蓝色增长”一般将渔业与养殖业进行分割研究。因此，海洋牧场技术是传统海洋渔业进行技术改造的主导方向，近海传统的捕捞、养殖以及水产加工流通业，将逐渐地、自主地向海洋牧场发力，海洋牧场建设是我国海洋渔业生产方式的重大变革（朱树屏，2007）。

依据海洋牧场的功能，可将海洋牧场划分为五种主要类型：渔业增养殖型海洋牧场，这是目前最常见的海洋牧场类型，一般建在近海沿岸。渔业增养殖型海洋牧场产出多以海参、鲍鱼、海胆、梭子蟹等海珍品为主。生态修复型海洋牧场，这一类海洋牧场以鱼类产出为主。生态修复型海洋牧场属于目前海洋牧场受鼓励的发展方向。我国北方地区往往以近海中小型生态修复型海洋牧场为主，南方地区以外海大中型生态修复型海洋牧场较多。休闲观光型海洋牧场，随着休闲渔业的兴起而出现，多嵌在其他类型海洋牧场之中，是海洋牧场管理开发的一项新兴产业。种质保护型海洋牧场，多由科研机构或大型渔业公司投资，以近海沿岸海珍品、鱼类的资源养护为主要功能。综合型海洋牧场，我国在建的大多数牧场即是这种类型，一般兼顾一项或多项功能，最常见的是在渔业增养殖型海洋牧场中开发休闲垂钓功能，在生态修复型海洋牧场中开发休闲观光功能和鱼类增养殖功能等。

四、“海洋牧场”的发展现状

我国具有辽阔的海洋领域，再加上海洋牧场建设项目的不断推进，近几年来我国的海洋渔业得到了迅猛的发展，其不断突破原有海洋产业只包括养殖、捕捞的局限，利用海洋牧场可以将传统渔业的功能与现代休闲渔业相结合，形成一二三产业融合发展的路径。目前，我国海洋牧场建设已经有了经营性与公益性两种建设管理模式。

海洋牧场与海上风力发电产业的融合发展也成为我国海洋牧场建设的重

点。在海洋牧场建设区域，海平面以下可以通过搭建人工鱼礁、藻礁来人工养殖、增殖渔业资源；而海平面以上部分，可以搭建用以风力发电的机械设备，利用海风的势能来发电供人们使用。对于两者的结合建设与发展，其建设原理部分与“桑基鱼塘”有相通之处，且对于经济由粗放式发展转向经济集约、能源绿色高效具有重要意义。

（一）我国经营性海洋牧场产业链的发展

截至目前，我国主要有经营性与公益性两种海洋牧场建设管理模式。我国经营性海洋牧场由于海域产权比较明确，所以可以被个人或经营者承包。被企业承包的经营性海洋牧场主要用来实现海洋渔业资源的增养殖生产。未来经营性海洋牧场的发展可以在原有产业的基础之上进行拓展延伸（岗本峰雄等，1979）。

根据《中国海洋牧场发展战略研究》统计可知，我国在2015年就建设有98个经营性海洋牧场，其分布情况如图3－1所示。目前，我国建成了多种类型的海洋牧场示范区——岛礁型、海湾型、滩涂型、离岸深水型等，其分布范围主要集中在渤海与东海区，主要包括山东烟台、青岛、辽宁大连等地。我国海洋牧场的建设仍然在不断发展完善中，国家也不断鼓励海洋牧场项目的建设，我国海洋牧场产业基础将在十年之内初具雏形（潘澎，2016）。

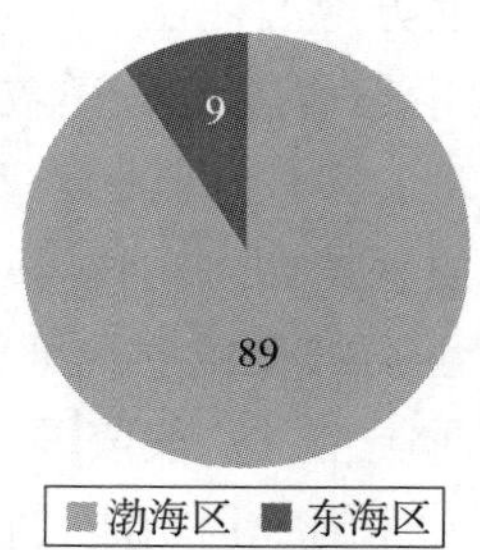

图3－1　2015年我国经营性海洋牧场分布

资料来源：《中国海洋牧场发展战略研究》。

在2019年10月15日举办的中国海洋经济博览会上，中集海工展示了深远海渔业产品，包括多功能海洋半牧场平台、深海养殖船、网箱、水动力投饵系统等产品模型，以及中集数字平台智能监控系统。目前公司在建的挪威万吨级深海养殖工船，将成为全球最大最先进的深水养殖工船，解决挪威三文鱼养殖的多种问题。

经过1970～2020年50年的努力，我国海洋牧场建设从最初的理念构想到现在的初具规模、从“纸上谈兵”到“沙场实战”，海洋牧场的形式和内涵也在不断得到发展和丰富：从以人工鱼礁为基础的海洋牧场，逐步形成重视环境、设备、技术和管理现代化的海洋牧场。由于近年来海洋环境不断出现增温、缺氧、富营养化、污染、生物多样性减少等问题，我国在开展建设经营性海洋牧场的同时，逐步开始关注生态性海洋牧场的建设。

（二）促进海洋牧场与海上风电的融合发展

我国幅员辽阔，海洋资源更是得天独厚。我国海岸线绵延约一万八千千米，岛屿六千多个，拥有三百万平方千米的蓝色国土。在经济转型升级、提倡绿色经济效率的今天，海洋牧场与海上风电不仅是海洋经济的重要组成部分，提供了优质蛋白和清洁能源，在新能源代替旧能源方面也具有重要意义。

海上风能是世界范围内快速增长的可再生能源，开展海上风能的利用将改变海洋环境。因此，近海风电场对环境的广泛影响成为开发绿色能源的主题。与陆上风能相比，海上风能的主要优势是资源“风”的可用性增加。尽管与陆上风能相比，海上风能在规划、设计、建造、运营和维护方面的成本高昂，但在经济上非常有吸引力。较高的速度和持续的风力允许较高的满负荷小时数。此外，近海地区风湍流的减少会延长风机的使用寿命。

目前，我国海上风电的应用已经进入了规模化、商业化发展阶段，在经济转型升级、绿色能源开发利用炙手可热的背景下，海上风能的利用将会得到进一步发展。

（三）海洋牧场多参数智能监控系统的设计与实现

海水质量是影响海洋牧场产量和质量的重要因素，因此，实现对水质的了解与监控是推进海洋牧场建设的又一举措。已经有实践根据南海水产养殖业的特点，设计了多参数的海洋养殖智能监控系统。选择温度、酸碱度和浊度作为该系统的监测对象，用单片机在水下收集传感器的数据，然后通过低频信号传输模块将这些数据发送出去。为了实现长距离信号传输，研究者使用 ZigBee 自动在海上建立了一个网络，用于传输信号。LabVIEW 用于通过上层监控器实现海洋生态参数的实时监控，并提供远程访问功能。现场测试表明，该系统具有灵活性好、功耗低、成本低等特点。它可用于海洋牧场中的水质监测，并在无人监管和报警领域提高海洋牧场的管理水平。

（四）关于海洋牧场建设其他方面的实践

近年来为把我国打造成为一个海洋强国，我国相关海洋产业部门做出了一系列措施。例如，我国船舶工业依靠先进的船舶、海洋工程装备技术和强大的建造能力，不断推动装备制造业和深海渔业养殖的深度融合，为我国海洋牧场建设由近海向深海的发展提供了坚实的基础。其成果有“深蓝一号”“海洋渔业一号”“长鲸一号”等一批先进、高端的海洋牧场装备。这些装备的研发预示着我国海洋牧场建设未来一片光明，提高了我国建设先进海洋牧场的底气。

与此同时，我国在海洋牧场其他方面的建设也不断取得新的成果。例如，深圳将高端海洋装备，特别是海洋油气装备产业，作为战略性新兴海洋产业，推动其优先发展，成果显著。其成果主要包括中集集团围绕国家海洋牧场深度研制的“深海驿站”多功能海洋牧场平台、集深远海渔业养殖和海洋水文监测于一体的“黑科技产品”智能网箱、深远海渔业重器“深水养殖工船”、全球最大双燃料冰级滚装船、可为海岛供电的“海上发电厂”浮式天然气发电船、被称为“海上石油工厂”的浮式生产储油卸油平台，以及代表未来海洋经济发展方向的海上生活综合体平台等。除了海洋工业产品之外，中集集团还实行海陆联动，助力深圳完善海上天然气产业链。其中在天然气领域，中集安瑞科已成功从传统陆上完整的天然气产业链，向海上天然气领域拓展，逐步开拓天然气海上运输、加注、储存、再气化、海上发电厂等工程服务，将为深圳有效承担国家天然气战略开辟新模式和新途径。

第二节　“海洋牧场”建设中存在的问题

我国有关海洋牧场的建设实践经过了一段时间的发展，虽然也取得了一些成就，但是在建设实践过程中还是存在许多阻碍海洋牧场建设进一步发展的障碍。

一、我国经营性海洋牧场发展困境

我国经营性海洋牧场的建设与发达国家相比仍然存在较大的差距，其原因主要在于：第一，海洋牧场的发展形式千篇一律，不存在差异性，导致同一种形式的海洋牧场建设存在重复投资建设。一方面，投资成本加大，使得经济效益降低；另一方面，相同形式的海洋牧场之间往往会形成竞争的格局，过度的竞争将损害海洋牧场建设带来的经济效益，使得海域的综合开发利用率降低。第二，海洋牧场延伸出来的产业链较短。同样由于海洋牧场建设形式的单一，使海洋牧场集中区域形成的产业链基本相同，不存在产品加工销售的上下游环节，然而一定地区的海域有限，无法再进行新形式海洋牧场的建设，从而使得海洋牧场产业链短，无法提高渔业资源的产品附加值。第三，现代化海洋牧场建设技术体系亟待完善。我国海洋牧场建设的营养结构存在不合理问题，导致渔业资源的生长和繁殖过程遇到困难，因此渔业资源的产量和质量不是很理想。第四，海洋牧场内部的监测追踪体系并不完善，近几年屡有海洋牧场内部渔业资源（如养殖的鱼类等）逃逸现象的出现，造成一定程度上的经济损失。

二、我国海上风电建设的阻碍

利用海上风发电既能提供充足的电能，同时又不会污染环境，确实是实现新旧能源转换、促进绿色清洁能源发展的一项重要举措。但是海上风电机组的建设并不像在陆地建设一样，需要面临更大的挑战。首先，海水的湍急程度会成为影响海上风电机组建设选址的因素。如果一片海域的风力资源较好，但是海水流速湍急，那必然会减少风电机组在此建设的概率。其次，由于海水含盐量非常高，对风电机组机械设备有较高的腐蚀性，因此，海上风电机组设备能否耐得住海水的腐蚀作用也成为海上风电建设需要考虑的另一个问题。

在这里，我们对腐蚀防护系统产生的化学物质排放进行概述，讨论它们对海洋环境的相关性和潜在影响，并提出减少其排放的策略。腐蚀是海上基础设施中存在的普遍问题，腐蚀保护系统对于保持结构完整性是必需的。这些系统通常与海水直接接触，并且具有不同的排放潜能，例如，电阳极释放出大量的金属；由于风化或者浸出，有机涂料可能释放有机物质。当前的假设表明腐蚀防护系统产生的化学物质对环境的影响很小，但是监测数据不足以评估这种新来源的环境影响。

三、海洋牧场与风电融合发展困境

海洋牧场与海上风电融合发展同样面临一系列问题。例如，以海上风电机组底柱为基础建成的人工大型鱼礁是否具有吸引聚集渔业资源的作用，这种人工鱼礁是否能够作为海洋鱼类栖息繁殖的场所；海上风电机厂利用风能发电或者进行养护维修过程产生的噪声、震动等因素是否会对渔业资源产生惊吓从而影响它们的生存繁殖；海洋牧场的生产管理模式与海上风电机厂的运行模式该怎样协调运作才能实现两者的共赢发展等一系列问题。

第三节　“海洋牧场”的未来发展之路

为解决我国经营性海洋牧场建设过程中存在的问题，应该以市场需求趋势为导向，进行相应产业链延伸，抓住机遇，增加社会经济效益。与此同时，政府应该指导海洋牧场建设过程中的产业定位问题，对我国海洋牧场建设形式千篇一律的状况进行说明，减少重复投资带来的资源配置效率低下现象。国家相关部门应该加快海洋牧场检测控制技术体系的研究与发展，实现对海洋牧场内渔业资源成长状况、是否存在“逃逸”现象以及出现“逃逸”现象的成因是什么进行监控，从而找出原因，对症下药。

虽然近几年我国在海洋牧场高端设备研发方面取得了有目共睹的成果，然而我国海洋牧场的部分装备在相关标准、技术规范等方面还不完善，这在一定程度上影响了我国海洋牧场装备研发的进一步发展。因此，我国的船舶企业以及相关部门应该在建设高端海洋牧场设备的同时，建立健全与此相关的装备标准、技术规范等，为我国先进海洋牧场建设提供全方位的支持、支撑。

在海洋牧场与海上风电融合发展部分，为防止海上风电建设设备腐蚀问题的产生，可以采取阴极保护措施。阴极保护是海上风电场建设中的一项新兴技术，可有效保护海上风电机组设备水下区域免受腐蚀，并且已经用于船舶和水路基础设施。

结合我国海洋牧场当前产业链较短的缺陷，应该按照我国经营性海洋牧场产业链延伸的方法进行拓展延伸。从育苗环节开始，经过捕捞环节、加工制作环节、销售环节直到售后服务环节，每个环节进行相应产业延伸，不断促进海洋一二三产业的融合发展，实现更高的经济效益。

我国海洋牧场建设要想缩短与发达国家之间的差距，就必须增强技术创新的能力。努力在深海养殖技术、水产养殖品种选择和改良、人工投放和增殖管理等关键技术领域取得新突破。尤其是在实现海洋牧场与海上风电的融合发展领域，更加要求我国增强技术创新，构建与海洋牧场运行、监测、管理相配套的技术体系，降低由于监测、管理不到位而产生的效益损失；加快研发更加耐腐蚀，更加清洁，操作方便的防腐蚀技术，减少风电机组底柱的维护成本；通过增强我国的自主创新能力，不断提高海洋牧场建设的科技含量和专业化水平。

随着我国海洋牧场建设的不断推进，海洋牧场所需要的投资也在不断增加，仅仅依靠政府出资并不是一种长久的方法，因此，要拓宽海洋牧场建设的融资渠道。有关机构可以向农业发展银行、国家开发银行等政策性银行寻求支持，此外还可以广泛吸收民间资本和外资。为确保融资渠道拓展政策的成功，我们可以向“股份制公司”学习，为每一位对海洋牧场建设投资的个人或者企业保留其权利，在牧场建设取得收益时，每一位投资人都能相应地从中受益。

附录 全国海洋牧场建设典型经验交流*

一、山东：培育生态牧场，提升渔业水平

2018 年习总书记在山东省考察时，曾点名山东可以作为海洋牧场建设的试点场所，习总书记的这一番话为山东省进一步发展海洋经济提供了动力，也为山东省进一步拓展海洋开发工作指出了未来发展方向。山东省委、省政府认真贯彻落实习总书记重要指示，开展了一系列海洋牧场政策任务。2017 年仅一年的时间，与海洋牧场建设有关的综合经济收益就取得了 2100 亿元的成效，占全省渔业经济总产值的一半还多（杨红生等，2019）。在建设海洋牧场过程中，山东省主抓了五个方面的工作。

（一）政府带头领导，谋划战略举措

山东省委、省政府高度重视海洋牧场建设，刘家义书记、龚正省长多次调研海洋牧场工作，山东省委常委会、省政府常务会议专题研究现代化海洋牧场建设综合试点方案，将建设现代化海洋牧场作为经略海洋的重要抓手，纳入山东省新旧动能转换和海洋强省建设重点工程，编制出台了《山东省海洋牧场建设规划》，确立了海洋牧场建设的空间布局，到 2020 年，投放人工鱼礁 2000 万空方以上，年增殖放流海洋牧场苗种 100 亿单位，海洋牧场高品质水产品产量达到 450 万吨。

山东省制定了五项海洋牧场标准，划分了不同类型的五种特色海洋牧场（投礁型、底播型、装备型、田园型、游钓型），依据五种类型的海洋牧场实行差异化发展。计划一段时间后对五种类型的海洋牧场养殖成果进行对比，从而选出最佳的海洋牧场形式，提高海洋牧场建设的用海效率。积极探索海洋牧场建设新技术、新模式，打造示范样板，启动实施《山东省海洋牧场示范创建三年计划（2018－2020 年）》。由该计划可知，截至 2019 年 1 月，创建省级以上海洋牧场示范区 83 处，其中国家级海洋牧场 32 处，占全国的 37%，居全国首位。

---

* 耕耘蓝色国土 推动绿色发展——全国海洋牧场建设典型经验交流［J］. 中国水产，2018（11）.

（二）引导科企对接，打造合众发展模式

山东省利用其得天独厚的海洋资源优势与先进的科学技术，引导科研机构与海洋牧场有关企业进行对接，将政府引导、科研机构研发、企业资金和管理优势、经营方式相结合，加快科研成果的转化过程，拓展海洋产业的传统产业链，促进规模经济优势的形成，同时更有利于先进海洋牧场的建设。

（三）减量提质增效，提升绿色发展水平

山东省在海洋牧场建设中，不盲目追求产量规模的扩张，把着力点放到涵养生态、提升质量、增加效益上。一是压减控制近岸海水养殖业，为使海洋牧场建设规模与海洋生态容量相适应。二是推行多营养层级生态循环模式，使海水养殖成为净化水质的手段，而不是污染的源头。三是大力开展生态严重退化海域的人工鱼礁建设。四是定向投放水生生物苗种，增加海洋生物资源量。

（四）坚持全产业链打造，培育海洋牧场"新六产"

山东省着力提高海洋牧场建设的综合效益，大力培育海洋牧场 123 个产业整合的"六大新产品"。一是海洋牧场建设要坚持陆海统筹，在发展海洋渔业的同时，于毗邻海洋的陆地发展与海洋或海洋渔业资源相关的产业，延伸海洋牧场产业链发展；与此同时，在海洋牧场附近设立基地，对海洋牧场相关情况进行监控和管理，提升海洋牧场建设的规范性和可持续性。二是在海洋牧场基础之上发展休闲海洋渔业。从 2014 年开始，山东省按照海洋牧场五大配套建设理念，建立了 15 个基于海洋牧场的省级休闲海钓示范基地，带动了海洋休闲旅游等相关产业的快速发展。三是大力发展海洋牧场产品深加工产业。以海参、海藻和海洋贝类三大品种为骨干，产业链将会延长，产品附加值将会增加。中国大力发展海洋生物医药产品，建立了海藻综合产业基地。海带工厂已扩展到六大行业的 1000 多个品种，包括海洋功能食品、海洋药物、海洋保健品、海洋化妆品、海洋新材料和海藻肥料。

（五）坚持信息装备支撑，建设"智慧海洋牧场"

山东省积极探索以现代信息技术和工程装备为支撑的离岸海洋农牧化建设，取得初步成效。一是推进海洋牧场观测网络建设，打造"透明海洋牧场"。二是建设多功能海洋牧场平台，打造海上"立体空间站"。三是开展黄海冷水团深远海洋牧场建设，推动海洋牧场走向深蓝。海洋牧场的设备开发使开发、利用和保护深远的海洋和海床成为可能。将国家、省市出台的各项关于推进海洋牧场建设的政策，作为海洋牧场建设的保障，充分利用好国家及省份为海洋牧场建设提供的资源。在海洋牧场建设的过程中要始终把"安全"放

在第一位，无论是海洋牧场建设管理安全、生产安全还是海洋牧场产品安全都要引起足够的重视。推进传统海洋牧场的转型升级，实现海洋经济新旧动能转换；创新“政府 + 渔业 + 海工”的多元联动模式，走出“政府引导、企业运营、市场运作”的现代海洋牧场发展之路，实现渔民增收、企业增效、政府省心、环境友好的多方共赢。建立无缝化、全信息的生产、质量安全追溯系统，确保牧场产品质量安全，最终打造起一个“平安牧场”。

二、浙江：坚持生态优先，建设海洋牧场

2003 年，浙江省开启了规模化人工鱼礁建设，并逐步发展为综合型的海洋牧场建设。“十三五”时期以来，浙江省以创建国家级海洋牧场示范区为引领，共建设海洋牧场 12 个，投放各类礁体 75 万空方，建成各类海藻场和海草床 100 公顷，初步构建起以生态养护型为特色的海洋牧场体系。

（一）推进海洋牧场建设与海洋生态修复联动

全面实施浙江渔场修复振兴行动。2014 年以来，浙江省启动实施浙江渔场修复振兴暨“一打三整治”行动，落实最严格的伏休制度和幼鱼保护制度、加大渔业增殖放流力度，推进海洋牧场建设。2015 年以来，浙江省已投入 2 亿多元海洋牧场建设资金，超过“十二五”的总投入。

强化地方立法保障。2016 年浙江省人大常委会通过《关于加强海洋幼鱼资源保护促进浙江渔场修复振兴的决定》，要求“加快建设一批集生态保护与资源增殖等功能于一体的人工鱼礁”。《舟山市国家级海洋特别保护区管理条例》规定在嵊泗马鞍列岛、普陀中街山列岛两个国家级海洋特别保护区内实施海钓许可、控制渔船总量、禁止休闲渔船拖网作业等措施，为推进生态养护型海洋牧场建设提供了法治保障。

统筹生境修复措施。合理规划增殖放流和人工鱼礁建设的时空安排，推进水生生物增殖放流、人工鱼礁建设实施方案。

（二）推进海洋牧场建设与转型发展联动

浙江省在海洋牧场的建设过程中，不断发展生态环保型养殖业，与传统海水养殖相比，这种养殖方式更加接近自然，培育出来的海洋产品质量更优。浙江省这一实践取得了一定成果。例如浙江的大黄鱼、贻贝等，不仅在国内畅销，在海外也赢得了较好的口碑。

推进海洋一二三产业融合发展。浙江省海洋牧场建设将海洋产品深加工业、观光旅游业、餐饮住宿业等产业结合起来共同发展，取得了较好的成果。

截至 2017 年底，浙江省已发展专业礁钓、船钓项目 2269 个。

帮扶渔民转产。每年安排财政资金，通过政府购买服务的模式，为渔民提供海洋牧场建设后岛礁养护、垃圾打捞等公益岗位，拓宽渔民就业渠道。结合取缔“三无”、减船转产等工作，鼓励退捕渔民从事海上生态养殖，并在符合海洋功能区划、现有海域使用机制和政策的前提下，优先考虑养殖用海，在政策上予以优先扶持。

（三）推进海洋牧场建设与渔业改革联动

创新渔区渔业体制机制。浙江省坚持以“最多跑一次”改革为统领，从服务、政策、制度、环境等多方面优化供给，自 2014 年来先后出台了 100 多项制度、标准和规范，创新和完善渔业管理制度。同时，积极探索渔港综合管理和渔港经济区建设、限额捕捞等试点，着力增强渔业渔村发展活力。

创新渔业产权制度。围绕提升渔民财产性收入、促进渔业资源可持续利用两大目标，依法探索推进涉渔自然资源产权化改革。2016 年在苍南县实现养殖海域所有权国有、经营权归属集体、承包权归属养殖户的“三权分置”，成功打造了养殖用海改革的“苍南样本”。舟山市正在开展国家绿色渔业实验基地建设，探索将滩涂和浅海等特定海域使用权优先权给生计渔民。

三、广东：建设人工鱼礁，打造海洋牧场

1981 年，广东省率先在惠州、深圳等市开展人工鱼礁建设试点工作，开启以人工鱼礁为主体的海洋牧场建设试点。2001 年，广东省以人大议案的形式开展大规模人工鱼礁建设，开创了我国大规模人工鱼礁建设的先河。2014 年，广东省人大常委会批准了广东省政府《关于建设人工鱼礁保护海洋资源环境议案办理情况的报告》，高度肯定了人工鱼礁建设工作。2007 年以来，农业农村部共支持广东省海洋牧场建设资金 2.5 亿元，创建汕头南澳、茂名放鸡岛等国家级海洋牧场示范区 8 个。

广东省以大规模人工鱼礁建设为基础、以增殖放流为补充的海洋牧场建设，有效修复了海洋生物栖息地，对海洋渔业资源的恢复和保护起到了关键作用。建设国家级休渔业示范基地 8 个、省级休渔业示范基地 31 个。主要做法为多方合作、完善机制。广东省、市、县三级成立海洋牧场建设领导小组和工作小组，形成了层层有领导、事事有人管的局面。成立广东省人工鱼礁建设专家指导咨询委员会和广东省水生生物增殖放流专业委员会，为海洋牧场建设提供强力科技支撑。借助广东放生协会、广东省濒危水生野生动植物种科学委员会等群团组织的引领，加强对社会放流放生活动的技术指导和监督，促进渔业

资源养护共建、共享。

在建设过程中加强“六个防止”：防止简单化，海洋牧场建设应统筹考虑社会、经济和生态环境等诸多方面；防止分散、不成规模；防止礁体损毁和移位，确保建设成效；防止重开发轻保护，制定规章制度加强管理；防止布局盲目性，做到科学合理布局，分步分期实施；防止只靠自然增殖，积极开展人工增殖放流，促进渔业资源的恢复。

同时，建立“生物增殖效应最佳、流场造成效果最好、建礁成本比率最低”的设计模式和“高密度、生态型、多样性”的建设方法，高起点、高标准打造现代化海洋牧场。并且充分利用世界地球日、国家海洋日、全国放鱼日、中国海洋经济博览会等主题活动，加强对海洋牧场建设工作的宣传报道，做到报纸上有名、广播上有声、电视上有影，展现海洋牧场对改善海洋生态环境的作用和效果，增强公众关爱海洋环境、保护渔业资源的认识。

四、江苏：坚持绿色发展，建设牧场示范区

连云港海州湾国家级海洋牧场示范区位于全国八大渔场之一的海州湾渔场，海洋生态优良，资源禀赋优越。在农业农村部的关心和支持下，江苏省、连云港市两级渔业主管部门大力推进海州湾海洋牧场建设，积极发展“耕海牧渔”，走绿色、生态、可持续的发展道路，取得了显著发展成效。

（一）找准定位，海州湾海洋牧场建设特色鲜明

率先立法，健全机构。2017 年 2 月 1 日，江苏省人大常委会批准《连云港市海洋牧场管理条例》颁布施行，这是全国第一部海洋牧场地方性法规，同时成立了连云港市海洋与渔业发展促进中心，具体负责海洋牧场示范区的建设、管理和运行。

多元投入，持续建设。积极从多方面争取海洋牧场建设资金，建立健全海洋牧场绿色高效融资机制。十六年来持续建设发展，建成海洋牧场调控面积 170 多平方千米，贝藻场 40 万亩，牧场区增殖放流各类苗种 26 亿单位，有效促进了生物多样性恢复。

辐射驱动。以点带面，辐射发展，初步形成了海州湾海域“一核、两场、三区、四带、五岛”的全域化海洋渔业发展新格局。

（二）多措并举，海州湾海洋牧场建设水平不断提升

海陆统筹，科学编制海洋牧场规划。坚持规划引领、把示范区建设作为海洋生态修复和渔业绿色发展的重要抓手列入各项规划。通过系列文件的出台，

对海洋牧场进行专题规划、详细设计，最终长远指导海洋牧场可持续建设和开发。

规范建设，创新推动海洋牧场制度设计。在海州湾海洋牧场建设过程中，出台《连云港市海洋牧场管理条例》，编制技术规范，印发《关于加强海洋生物资源损失补偿管理工作的意见》，始终把制度规范作为重要建设内容，同步抓好落实。

精心组织，高效实施海洋牧场建设项目。一是优化人工鱼礁建设。形成以方形礁、三角礁、十字礁和塔形石块礁为主的“保护 + 增殖”型鱼礁组合构建模式。二是实施人工增殖放流。科学选定增殖放流品种，不断扩大增殖放流规模，不断提高增殖放流效果。三是开展海藻场建设。不断壮大海藻场建设规模，带动周边海藻养殖。四是构建海洋牧场智慧管理平台。实现对海洋牧场生态系统以及生产运营环节的科学管理。

提升效益，多点助力海洋牧场可持续发展。一是探索推进海洋牧场碳汇试点，提升生态效益。二是提高海洋渔业资源的增养殖力度，提升经济效益。三是推动捞渔民转产转业，提高社会效益。

五、辽宁：经济生态并行，打造特色示范区

大连海洋岛海域区位优势突出，环境优势良好，资源优势显著。海洋岛海域海洋牧场是国家、省、市及长海县确定的现代渔业和现代海洋牧场建设的重点区域，2015 年被农业农村部批准为第一批国家级海洋牧场示范区建设项目。

海洋岛海域海洋牧场建设面积达到 240 余万亩。2011 年以来，海洋牧场生产性和基础设施投资达到 40 亿元，建立了海洋牧场、市场流通、休闲渔业三大产业基地，配备了各种生产要素。向海底增殖放流虾夷扇贝、刺参、皱纹盘鲍、香螺等苗种 400 余亿枚，实现了 240 万亩海域海洋牧场建设轮播轮养轮捕全域开发循环利用新模式。通过科学建、科学养、科学管、科学捕，资源量和渔获量得到很大的提高，每年捕获产品产量 3 万余吨，实现产值 10 亿余元，海洋牧场资源得到高效的利用，有效促进一二三产业发展，产生了较大的经济效益、社会效益和生态效益。

海洋岛海域国家级海洋牧场示范区位于海洋岛北部，属于全开放式海域，水深在 40 米左右，建设面积 9000 亩，总投入资金 5025 万元，其中，项目建设国家补贴资金 2500 万元，主要用于人工鱼礁建造；企业配套资金 2525 万元，主要用于苗种增殖放流。海洋牧场示范区合理设计和布局鱼礁的投放和增殖放流的品种，并确立了鱼礁建设以堆积型增殖鱼礁建造为主体，增殖放流以

经济价值较高的刺参、虾夷扇贝等为主要品种。完成人工鱼礁投放数量32176个，46333空方，增殖放流虾夷扇贝、刺参等苗种18000万枚（头），形成增收同步、循环利用、高效发展的良好生产格局。在示范区建设过程中，对人工鱼礁区海域环境和鱼礁投放及资源等情况进行了监测，建立了海陆监控管理系统和专业的护海队伍以及详细技术资料和影像资料等档案，配备了各种看护船舶，采取自建自管、加强海洋牧场的规范管理。

下一步，海洋岛海域国家级海洋牧场示范区将坚持以科技创新发展为引领，持续加大海洋牧场建设投入，全力推进海洋牧场资源生态修复、市场流通、休闲渔业基地等项目建设，加快先进性、高端化、智能化海洋牧场的建设研究，尽最大努力把海洋岛海域国家级海洋牧场示范区建设成为生态环境优良、生物资源丰富、运行效果显著、经济效益突出、管理规范、带动性强的现代化、科技化、规模化的现代海洋牧场示范区。

第四章
蓝色药库与能源矿产资源

当今世界，陆地资源日益紧张，全世界沿海国家都逐渐将海洋视为发展经济的重点开发区域，各式各样的海洋开发活动都逐渐发展起来，世界经济新的增长点也逐渐出现在了海洋经济上。海洋生物资源作为海洋中的一部分，具有极大的开发研究价值，海洋中的动植物和微生物资源可以为人类的营养、健康和福利提供更多的食品、医药和化工原料。例如前面章节提到的蓝色粮仓和海洋牧场。但是现在海洋生物资源利用的制高点还是海洋药物开发。海洋构成极其复杂，海洋中的不同温度、盐度和深度促使海洋形成了不同的生境板块，这些生境板块的纬度梯度、深度梯度、水平梯度都不同，因而对海洋生物生存、繁育的时空分布有重要的影响。海洋生物在这种特殊的生存环境中生存，致使它们拥有与陆地生物不同的基因组及代谢规律，可产生结构与活性独特的天然产物，是先导化合物发现以及创新药物开发潜力最大的资源。

第一节　“蓝色药库”概述及内容

一、“蓝色药库”提出的背景

21 世纪是海洋的世纪。海洋的价值远不止于能源、食品等已知的传统领域，还是新兴产业的“策源地”。而作为战略性新兴产业之一的海洋生物医药产业更是被称为“本世纪最有前途的产业之一”。

虽然海洋中生活着 500 万 ~5000 万种海洋生物和 10 亿多种微生物，但有记载的海洋生物只有 140 万种，已经鉴定和命名的有 25 万种，而进行过系统研究的只有6000 余种，研究的数量不到记载量的0.5%，这提示我们海洋具有更大的研究开发空间。国际上海洋药物的研究始于20 世纪40 年代，兴起于60 年代末和70 年代初，80 年代以后得到了学术界高度重视，90 年代中后期形成了热潮。近年来，世界各国对海洋资源的重视力度空前，在美国“海洋生物技术计划”、欧盟“MAST”计划、日本“海洋蓝宝石计划”、英国“海洋生物开发计划”等推动下，海洋药物的研究发展迅猛，已经成为21世纪国际上一个生机勃勃的研究领域。迄今为止，科学家已从海洋生物中发现了近3万种化合物，开发上市了13种药物，有40余种化合物处于临床及系统临床前研究，有1400余种化合物正在进行成药性评价（焦炳华，2006），表4-1中列示了经欧美药监机构批准的海洋药物。

表4-1 经欧美药监机构批准的海洋药物

药物名称	商品名	批准年份（年）	生物来源	诞生过程	适应症
头孢菌素C	Cephalothin®	1964	海洋真菌	从冠头孢菌有氧发酵获得的抗生素	细菌感染
利福平	Rifampicin®	1967	海洋真菌	从地中海链丝菌属发酵滤液中提取得到的抗生素	结核菌感染
阿糖胞苷	Cytosar-U®	1969	海绵	以海绵核苷类化合物为先导进行结构优化，采用全合成技术而获得药物分子	癌症
阿糖腺苷	Vira-A®	1976	海绵	以海绵核苷类化合物为先导进行结构优化，采用全合成技术而获得药物分子	病毒感染
拉法佐	Lovaza®	2004	海鱼	由葛兰素史克发，是从煮熟的深海鱼中分离出来的高纯度鱼油	高甘油三酯血症
齐考诺肽	Prialt®	2004	芋螺	从一种食鱼芋螺分泌的毒素中提取的包含25个氨基酸，三对二硫键的肽类毒素合成物	严重慢性疼痛
曲贝替汀	Yondelis®	2007	海鞘	从加勒比海和地中海的海鞘中分离得到的一种四氢异喹啉结构的生物碱类化合物	癌症

续表

药物名称	商品名	批准年份（年）	生物来源	诞生过程	适应症
甲磺酸艾日布林	Halaven ®	2010	海绵	从黑色软海绵中提取的具有化疗作用的人工合成化合物	癌症
阿特赛曲斯	Adcetris ®	2011	海兔	从海兔毒素提取的有抗肿瘤活性的抗体偶联药物	癌症
伐赛帕	Vascepa ®	2012	海鱼	通过严格和复杂的制造工艺从鱼里提取，有效消除杂质并分离和保护单分子活性成分	高甘油三酯血症
l-卡拉胶	Carragelose ®	2013	红藻	从海洋植物红藻中提取的天然多糖亲水胶	流行性感冒

资料来源：笔者整理所得。

我国是海洋大国，海岸线漫长，管辖海域广袤，海洋资源十分丰富，这为发展海洋生物医药产业提供了得天独厚的条件。党的十九大报告中提出，坚持陆海统筹，加快建设海洋强国，把开发、利用海洋提升到一个新的高度，为海洋生物产业包括海洋生物医药、海洋生物制品、海洋生物材料等的发展带来了新契机。

二、“蓝色药库”提出的过程

我国自1978年“向海洋要药”的提案被国家采纳后，经过40余年的发展，在海洋生物医药研发方面取得了丰硕的成果，发现药用海洋生物1000余种，分离得到活性海洋小分子天然产物3000余种，海洋多糖（寡糖）及其衍生物500余种，自主研发上市的海洋药物有藻酸双酯钠PSS、甘糖酯、海力特、甘露醇烟酸酯、多烯康、角鲨烯、海昆肾喜等；处于临床研究中的药物有“911”“916”“971”、D－聚甘酯、K－001、海参多糖、河豚毒素等，有20余种化合物处于临床前研究，海洋生物医药表现出巨大的开发潜力（于广利和谭仁祥，2016）。

2017年5月印发的《全国海洋经济发展“十三五”规划》，要求大力发展海洋生物医药、海洋生物制品、海洋生物材料，建设以上海、青岛、厦门、广州为中心的海洋生物技术和海洋药物研究中心。在海洋生物、海洋药物研发平台的建设上，国家和地方纷纷出台政策，支持强强联合，强调平台、技术共享，协同发展，为科研开展提供各方面支持。与此同时，不少企业也抓住机遇，投入大量的资金和人力进行海洋药物、海洋生物保健品的研究和开发。2018 年 6 月 12 日，在出席上海合作组织青岛峰会后，习近平总书记在青岛海洋科学与技术试点国家实验室考察时，听取了工作人员关于海洋药物研发情况的介绍后表示，打造中国的“蓝色药库”是我们共同的梦想。

第二节 “蓝色药库”发展现状及实践

“蓝色药库”通俗地说就是海洋生物制药，是指以海洋生物和海洋微生物为药源，运用现代科学方法和技术研制而成的药物。目前，海洋药物的主要研究方向为海洋抗癌药物、心脑血管药物、抗菌药物、抗病毒药物、海洋生物毒素等。

一、海洋动物药物开发研究

不论在陆地还是在海洋、淡水中，动物的种类大大多于植物的种类，其中海洋生境的动物门类和特有门类也多于陆地或淡水生境。

（一）海绵来源天然产物的药物开发研究

海绵动物属于最简单的一类后生生物，名字来源于它们体内的骨针或者海绵丝、体表多有小孔的特征。海绵动物的种类非常多，总数约有 15000 种，其中已知名称的海绵动物有 8000 多种，是海洋中除了珊瑚以外的主要底栖生物，并且海绵动物的生殖也分为无性生殖和有性生殖，其中有性生殖的中胚胎发育与其他的多细胞动物有明显不同。此外，海绵动物还是已知生物中最复杂的生物共同体。迄今为止，已在海绵动物中检测到 35 个门的细菌、3 个门的古菌、3 个门的真菌以及多样的藻类等；富含微生物的海绵动物，其共生微生物可以达到海绵体积的 40% 以上，并且海绵共生细菌具有海绵种属差异，不同的种类共生生物种类也不一样（Blunt et al. ，2016）。因此，这些种类的复杂多样、代谢途径的独特、共生体的多样和不确定以及生存环境的复杂多样，共同决定了海绵次生代谢产物的丰富多样，为新药开发提供了许多结构新颖的先导化合物，人们从种类繁多的海绵动物中发现了萜类、多烯多炔、过氧化合物、聚醚类、大环内酯等一系列化合物以及神经酰胺、生物碱、核苷类、氨基酸、环肽等含氮化合物。这些化合物中有许多表现出显著的抗肿瘤、抗微生物、抗炎、抗病毒等生理活性，并具有临床应用前景。

提取分离的海绵动物中的抗肿瘤活性成分主要结构为核苷类、多醚类、聚酮类、脂类、肽类、多羟基内酯类、萜类，这些成分的抗肿瘤作用机制主要表现在干扰肿瘤生长的微环境、激活免疫系统等。目前已经批准上市的有临床上用于急性髓细胞白血病海绵活性成分核苷类衍生物阿糖胞苷（Cytarabine，Ara-C）和临床上用于转移性乳腺癌的治疗海绵聚醚大环内酯类软海绵素合成类似物E7389，同时进入了不同临床试验阶段有KRN7000、E7974、LAF389、PM060184等，并且还有许多化合物处于临床前研究阶段，这些均展现出良好的开发前景。海绵动物产生的抗病毒活性物质主要是核苷类、萜类、生物碱类等化合物，其中几个已经成功地被批准为用于临床使用的抗病毒剂或已推进到临床试验的后期阶段，这些药物大多数被用于治疗人类免疫缺陷病毒（HIV）、单纯疱疹病毒（HSV）、骨髓灰质炎病毒、冠状病毒、肝炎病毒等。目前，科学家从海绵动物中分离得到一些具有较高活性的化合物，并且有很多已进入临床研究。

（二）珊瑚来源天然产物的药物开发研究

珊瑚属海洋无脊椎动物腔肠动物门珊瑚虫纲，种类繁多，全球共有610多种，约占海洋生物的22.4%，生长环境广泛，既可以生活在潮间中，也可以生活在深达4000米的海洋中，并且广泛分布于从亚热带到两极的世界各海域中（Schmitt et al.，2012）。珊瑚纲分八放珊瑚亚纲和六放珊瑚亚纲。八放珊瑚亚纲中的软珊瑚目和柳珊瑚目这两类珊瑚在世界上分布最为广泛，并且也是海洋天然产物研究的热点。目前，作为药材利用的珊瑚有软珊瑚、柳珊瑚、石珊瑚和红珊瑚。可能是珊瑚存在毒性物质即化学防御剂的原因，珊瑚具有排斥海藻生长和防止其他生物栖息的能力（傅秀梅和王长云，2008）。这一现象吸引了众多化学工作者开始研究珊瑚的次级代谢产物。近几十年来，新的化合物结构类型不断从珊瑚中分离出来，并且科学家对其中的大多数化合物均进行了相应的生物活性筛选实验，为研究其潜在的可能性药物的开发提供了依据（见表4-2）。

表4-2　珊瑚活性化合物及其药用价值

名称	种属	化合物	药用价值
柳珊瑚	腔肠动物门珊瑚虫纲八放珊瑚亚纲柳珊瑚目	前列腺素、倍半萜、二萜、生物碱以及被高度氧化的甾醇类化合物	抗肿瘤、抗炎、抗结核、抗疟原虫、抗病毒、抗氧化等生理活性
软珊瑚	腔肠动物门珊瑚纲八放珊瑚亚纲软珊瑚目	萜类化合物、甾醇、生物碱	具有明显的抗肿瘤和抑癌活性

续表

名称	种属	化合物	药用价值
石珊瑚	腔肠动物门珊瑚纲八放珊瑚亚纲石珊瑚目	丁二炔类、生物碱、萜类	大多数具有显著的抗菌和抗肿瘤活性

资料来源：笔者整理所得。

柳珊瑚俗称海扇、海鞭、海柳，属于腔肠动物门珊瑚虫纲八放珊瑚亚纲柳珊瑚目。柳珊瑚形式多样，色泽美丽，广泛分布于热带、亚热带的各海域中，全球柳珊瑚有 13 科，6100 多种，主要分布于大西洋加勒比海区和印度—太平洋区。至今从全球约 1%（12 科，38 属）的柳珊瑚中发现上千种新化合物，化合物类型主要有前列腺素、倍半萜、二萜、生物碱以及被高度氧化的甾醇类化合物，这些化合物有抗肿瘤、抗炎、抗结核、抗疟原虫、抗病毒、抗氧化等生理活性，且对柳珊瑚的生存起到了重要化学防御作用，如抵抗捕食生物的摄食、与捕食生物共同进化以及抗污损生物附着等（邹仁林和陈映霞，1989）。对该类生物的化学与药理研究一直是海洋天然产物研究的热点。

软珊瑚属于腔肠动物门珊瑚纲八放珊瑚亚纲软珊瑚目，因身体柔软而通称为软珊瑚，共 6 个科。研究认为因其次生代谢产物中含有能驱赶其他生物的化学防御物质，所以软珊瑚肉质柔软却不被海洋中的动物所吞食。目前在软珊瑚中发现的一些化合物具有明显的抗肿瘤和抑癌活性。

石珊瑚属于腔肠动物门珊瑚纲八放珊瑚亚纲石珊瑚目，根据其生态环境和特点，可分为造礁石珊瑚和非造礁石珊瑚，造礁石珊瑚是石珊瑚的主体。红珊瑚红艳如火，俗称“火树”，色彩呈粉红，也称粉珊瑚，属于腔肠动物门珊瑚纲八放珊瑚亚纲软珊瑚目硬轴珊瑚亚目红珊瑚科红珊瑚属，是珍贵珊瑚的一种。角珊瑚是一类数量稀少的珊瑚，属于腔肠动物门珊瑚纲六放珊瑚亚纲角珊瑚目黑角珊瑚科，群体的形态大致有树形和鞭形两种。由于石珊瑚、角珊瑚（也称黑珊瑚）、红珊瑚和蓝珊瑚这几种珊瑚动物在世界范围内不属于优势种群，与柳珊瑚、软珊瑚被广泛研究相比，有关它们的化学成分研究很少。从中分离的化合物类型主要有丁二炔类、生物碱、萜类等，其中一些化合物结构新颖独特，但采样难、含量低等因素导致有关它们生物活性的报道很少。丁二炔类化合物是石珊瑚中含量丰富、种类较多的一类化合物，大多数具有显著的抗菌和抗肿瘤活性。

（三）棘皮动物门来源天然产物的药物开发研究

棘皮动物门是一类海洋所特有的底栖生物，棘皮动物身体表面都长有许多长短不一的棘状突起，我们常见的棘皮动物有海参、海星和海胆等。棘皮动物为后口动物，且身体呈现出五辐对称，内骨骼是由中胚层形成的，水管系统较为特殊，有着发达的运动、神经和感官系统，但是没有专门的呼吸、排泄和循环系统，且以雌雄同体生活。现存的棘皮动物的种类有6000多种。棘皮动物来源的天然产物研究最早和最具代表性的是皂苷类化合物，从结构类型上来讲主要包括三萜皂苷和甾体皂苷两大类，其中，三萜皂苷主要分布在海参纲动物中，通常被称为海参皂苷；而甾体皂苷主要分布在海星纲中，被称为海星皂苷。

从第一种被发现的海参皂苷三萜皂苷类化合物 holotoxin A 和 B 到已发现并确定结构的200多种海参皂苷，半个多世纪以来，国内外学者运用现代科学技术对海参进行了广泛而深入的研究，并发现海参皂苷是其体内的主要次生代谢产物，同时海参皂苷作为一种化学防御物质是毒素的主要成分，具有广泛的生理学活性。在这半个多世纪的研究中，科学家发现大多数海参皂苷具有溶血、抗菌、抗病毒、抗肿瘤、抗凝血等药理活性，海参皂苷已成为研制开发新药的一个来源。许多微量的海参皂苷类活性成分由于迅速发展的现代科学技术能够快速地分离和鉴定，这也就使利用海参皂苷作为先导化合物研制出高效低毒的新型药物有了更深一步的基础。

对于海星的化学研究最早是从海星皂苷的分离纯化开始的，从第一个成功分离出的海星皂苷 thornasterosideA 到如今从40余种海星中分离获得90余种海星皂苷，研究发现海星皂苷是海星的主要次生代谢产物和化学防御物质，具有细胞毒和抗真菌活性等多种生物活性。海星皂苷对无脊椎动物及部分脊椎动物具有广泛的毒性，理论解释有很多种，可能作为一种武器来对抗捕食者，也可能是起到抵抗真菌感染、海洋污损物或贝类附着寄生的防御剂作用。科学家在对海星皂苷单体的大量试验中发现，海星皂苷具有溶血活性、肿瘤细胞毒性、抗病毒作用、抗革兰氏阳性菌活性、阻断哺乳动物神经肌肉传导作用、Na^+/K^+ - ATP 酶抑制作用、抗溃疡作用以及抗炎、麻醉和降血压活性等多种药理活性。虽然科学家对部分甾体皂苷已作了初步的构效关系研究，但目前并没有明确的结论。因此，仍需要开发、利用先进技术和设备对各种海星作深入的化学研究以获得大量新的结构并作相应药理及构效研究，从而为海星皂苷类新药研究提供理论基础，并指导其开发，为人类做出相应的贡献。

（四）软体生物来源天然产物的药物开发研究

现存的软体动物种类约有130000种，类型数仅少于节肢动物，是动物界中的第二大门类。本门动物在海水、淡水和陆地均有分布，分布范围非常广泛。其中在海洋里的软体动物约有52000种，是海洋生物中最大的门类。软体动物中的腹足纲和双壳纲包含了软体动物约98%的种类，对软体动物海洋天然产物研究最多的是腹足纲的后鳃亚纲动物。有些软体动物体表被壳消失或退化，其生存主要通过化学防御机制：大多数的化学防御性物质是软体生物利用适当食物的代谢物质精心转化或积累到身体的特定部位形成的；少数动物能够生物合成自身所需要的化学物质。也有研究表示，有的动物体内的化学防御物质来自其共生菌。软体动物通过这些化学防御机制能产生各种结构新颖、活性显著的次生代谢产物，为新药研究提供了丰富的先导化合物。从软体动物中得到的化合物类型以肽类为代表，此外，还有大环内酯、聚丙酸酯类、萜类、甾体、生物碱和脂肪酸衍生物等其他类型化合物。大多数化合物表现出显著的镇痛、抗肿瘤、抗衰老、抗菌和免疫调节等生物活性。软体动物是生物活性海洋天然产物丰富而重要的来源。

由于软体动物种类繁多，大多数体内具有独特的化学防御机制，所以能产生多种多样的次生代谢产物。这些化合物大多结构新颖、生物活性显著。芋螺毒素作用特异性很强，并且结构稳定，容易通过基因工程生产，所以极具药物开发的潜力。如由ω-芋螺毒素 MVIIA 制成的药物齐考诺肽于 2004 年在美国上市，是世界上第一个上市的海洋药物，被用来治疗慢性疼痛。对于在海兔中分离出来的 18 中肽类化合物 dolastatin1 ~ 18，大多数具有显著抑制肿瘤细胞生长的活性，其中由 dolastatin10 作为先导化合物的 Brentuximab vedotin 药物，被用于治疗何杰金氏淋巴瘤恶化和退行性大细胞淋巴瘤，已经在 2011 年于美国上市。这些激动人心的发现正鼓舞着人们对软体动物的化学成分继续进行深入探究。实际上，目前已进行化学成分研究的软体动物种类非常少，仅仅占动物总量的极少数，且研究主要集中在腹足纲无壳保护的物种，对其他纲的物种很少或没有进行化学成分研究，因此还有众多软体动物有待人们去研究，如有壳的软体动物（该类动物未必不能产生生物活性物质）、传统用药软体动物等。总之，虽然软体动物由于难以捕获等加剧了其化学成分研究的困难，但是其作为海洋天然药物的潜在价值已被人们所认识，这必将进一步推动对这一宝贵资源的深入研究，科学家也会从软体动物的研究中发现更多的可用于药物的成分，以造福于人类。

二、海洋植物药物开发研究

海洋植物是指生活在海洋水体中的植物，分为海洋高等植物和海洋低等植物。其中，海藻为主要的海洋低等植物；被子植物和蕨类植物为主要的海洋高等植物，红树植物为海洋被子植物门中的典型代表。

（一）红藻来源天然产物的药物开发研究

红藻门藻类植物是大型海洋藻类中种类最多的类群，世界范围内有500多个属，包含4000余种，主要为营底栖生活，生长于潮间带和浅海的基岩或者珊瑚礁等区域。不仅紫菜、石花菜、龙须菜等海洋红藻为沿海居民提供了食物，而且部分的海洋红藻还具有重要的药用价值。海藻天然产物研究和报道最多的类群便是海洋红藻，丰富的海洋红藻为海洋天然产物的研究和海洋药物的开发提供了重要的资源保障。

目前对海洋红藻的研究热点主要集中在凹顶藻属、软骨藻属、多管藻属、松节藻属、鸭毛藻属、海头红属、软粒藻（松香藻）属、海门冬属、柏桉藻属、栉齿藻属、江蓠属、珊瑚藻属、沙菜属和蜈蚣藻属等。色谱纯化和波谱鉴定技术在20世纪60年代以来迅猛发展，为从海洋红藻中分离鉴定天然化学成分提供良好的技术基础，科学家分离鉴定了约有2000种天然化学成分，主要为通过次生代谢产生的单萜、倍半萜、二萜、三萜、多聚乙酰和酚类等，这些成分的骨架新颖，种类多种多样。科学家研究发现红藻部分次生代谢产物表现出较好的抗肿瘤、抗细菌、抗真菌、抗病毒、酶抑制和自由基清除等生物活性，以及拒食、杀虫、克生和抗污损等生态功能，这些都为新型医药和农药的研究与开发提供了重要的分子基础。

卤代单萜的细胞毒活性是单萜类化合物研究关注的重点，一些研究发现卤代单萜是一类具有抗肿瘤活性潜力的化合物。生物活性筛选表明一些半萜类化合物如化合物 elatol 对多种肿瘤细胞株、细菌、真菌和污损生物具有抗性，并且具有拒食和驱虫活性，且部分半合成衍生物也表现出比较好的抗肿瘤活性（Wang et al.，2013）。部分多聚乙酰类化合物表现出一定的抗细菌活性。红藻聚醚三萜类代谢产物的生物活性研究主要聚焦在肿瘤细胞毒活性，涉及多种肿瘤细胞株。红藻溴酚类代谢产物在酶抑制和自由基清除方面表现出了较为显著的活性，此外，生物活性研究还发现红藻酚类代谢产物具有肿瘤细胞毒、抗细菌、抗真菌、拒食和克生等多种生物活性。

已有大量的海洋红藻天然产物在全世界范围内被研究报道，并且科学家也在海洋红藻天然产物中发现了一系列结构特异和活性显著的化合物，但目前对红藻的研究远远不够，对海洋红藻种类的研究还没有占到海洋红藻总数的10%，并且也还没有研究其他海洋红藻的天然化学成分。此外，研究较多的种类往往集中在少数几个科属，并且有的种类被不同研究人员多次研究，但是其他科属的研究仅涉及较少的种类，甚至目前没有涉及，研究存在一定的不均衡性。因此，就研究未涵盖的红藻种类而言，海洋红藻天然产物还有很大的研究空间。相信在海藻分类学家的有效配合下，科学家会研究发现出更多可用于药物中的化合物。

（二）褐藻来源天然产物的药物开发研究

褐藻门是藻类中比较高级的一大类群，在全世界有1500多种，分别属于250个属。褐藻生长得非常快，藻体也很大，分布范围也比较广，具有非常巨大的潜在经济价值，在我国三大经济海藻中位列一席。褐藻的分布受海水盐的浓度、温度等因素的影响，只有极少数分布于淡水之中，其他的均生长于海水中。且褐藻一般为冷水性的海藻，多生长在寒带或南北极海中，但也有少数的褐藻，如马尾藻属、喇叭藻属以及网地藻目的一些藻类，生活于热带海洋中，属暖水性的种类。1844年，斯坦豪斯（Stenhouse）从褐藻中发现甘露醇；1881年，斯坦福（Stanford）发现了褐藻中的多糖—褐藻胶，褐藻的研究开发与综合利用也由此开始。

传统上，褐藻酸、褐藻酸盐、褐藻胶、甘露醇、褐藻淀粉、碘和氯化钾等都是褐藻中综合利用的产品。30余年来，随着对褐藻研究与开发的深入，科研工作者发现褐藻中除含有大量褐藻酸、褐藻胶、甘露醇、无机盐等成分外，还蕴含着许多结构新颖和生物活性显著的次级代谢产物。据统计，1984年至今，褐藻来源的天然产物已经发现1100余种，且还在不断的增长中。褐藻来源的天然产物按照结构类型可以分为四大类：萜类、脂类、酚类和其他类化合物。迄今为止从褐藻中分离得到的最多的化合物类型是萜类化合物。研究发现，某些萜类化合物具有抗菌和抗病毒活性。多种多样的脂类次生代谢产物也在褐藻中被发现，例如，氧化氢甾醇（233）对乳腺癌细胞、肝癌细胞、肺癌细胞、结肠癌细胞均表现出细胞毒性；岩藻黄素不仅具有抗氧化、抗炎、抗癌、抗肥胖、抗血栓和抗疟等活性，而且对肝脏、大脑血管、骨骼、皮肤、眼睛均具有保护作用（Peng et al.，2011）；酚类中的EELN乙醇提取物和溴酚衍生物，抑制肉瘤细胞的生长，显著地改善体内免疫系统，作用原理为抑制c-kit受体酪氨酸蛋白激酶（PTK）的过度表达，因此有望成为新的有效的抗肿瘤药物（史大永，2005）。

褐藻资源丰富，在世界各地被当作食物、保健品、药用品，是潜在矿物质、微量元素和某些维生素的良好来源。大量研究证明，海黍子、马尾藻、昆布和羊栖菜等常见褐藻具有抗肿瘤、免疫调节、抗凝血等作用，主治淋巴结核、淋病甲状腺肿大、心绞痛等的原因是它们同时具有软坚散结、利尿、消肿、消热化痰的功效。褐藻的药用价值不容小觑，为海洋新药的开发提供了珍贵启示。褐藻生产的多种具有不同生物活性的次生代谢产物中，许多是其他生物不能产生，为褐藻所独有。对于褐藻脂类的研究、开发和商业化的聚焦点是藻类油（脂）类产品的生产，藻油可以作为保健食品、鱼油替代物，还可以作为工业化学品的原料。对于褐藻萜类化合物引人瞩目的细胞毒性和拒食活性，以及褐藻多酚类化合物的抗氧化、抗病毒、抗真菌活性，有望从中筛选开发出一批对人类极具价值的新型抗菌、抗病毒、抗肿瘤、抗心血管系统药物。

（三）绿藻来源天然产物的药物开发研究

绿藻是藻类植物中的一大家族，约 8600 种。其分布广泛，大多数生长于潮间带的岩石、珊瑚礁及泥沙滩涂的石砾上。绿藻的经济价值相当高，如石莼、礁膜、浒苔等，历来是沿海人民广为采捞的食用海藻。此外，处理生活污水和工业污水的工厂有的也采用了利用藻菌共生系统和活性藻的方法。近年来，国内外研究者从不同海域的绿藻中分离鉴定的化合物类型主要为萜类、脂类和酚类，同时还有少量其他类化合物，其中最为重要的是多肽类化合物。

从绿藻中发现了大量结构新颖、生物活性较强的萜类化合物，这些萜类的发现种属较为集中在蕨藻属和石莼属中。绿藻中的脂类化合物结构变化多样，且部分化合物具有不同的生物活性，如一个具有多种生物活性的糖苷甾体具有抗菌、抗炎的活性。一些不饱和脂肪酸类化合物可以阻碍某些癌细胞的增殖。虽然从绿藻中发现的酚类化合物为数不多，但是一些酚类化合物对蛋白质酪氨酸磷酸酶表现出抑制作用。此外，多肽类化合物 kahalalide F 360 能选择性地抑制固体肿瘤细胞系，这种良好的抗病毒活性可以用于之后抗病毒药物的开发之中。且其还对曲霉菌属等具有较好的活性，并具有抑制淋巴细胞免疫能力的活性。

（四）微藻来源天然产物的药物开发研究

海洋生态系统中最主要的初级生产者是海洋微藻，且其特点有种类多、数量大、繁殖快等，能够对海洋生态系统的物质循环和能量流动产生极其重要的作用。海洋微藻是一种重要的药用生物资源，能够产生聚醚、生物碱、聚酮化合物等多种结构类型的化合物。这些次级代谢产物通常具有抗肿瘤、抗病毒、抗炎等多种药理学活性，具有开发成新药的潜力。

蓝细菌又称蓝绿藻，能够产生多种结构独特的化合物。目前，从各种丝状蓝细菌中获得了 450 多个化合物，这些化合物通常具有抗细菌、抗病毒、抗肿瘤、免疫调节以及抑制蛋白酶等多种活性。如三个微管蛋白聚合抑制剂（dolastatin 10）类似物目前已经在临床中作为抗癌药物投入使用，鞘丝藻毒素 A（lyngbyatoxin A）是一个有效的蛋白酶 C 激活剂，具有促炎活性，它通过与蛋白酶 C 结合也可以作为肿瘤促进剂用于癌症治疗。

双鞭毛藻是一种主要生存于海洋环境中的单细胞微藻。因为双鞭毛藻体内有横向和纵向两条鞭毛，所以被称为双鞭毛藻；也常简称为甲藻的原因是双鞭毛藻大多数细胞的细胞壁由许多小甲板组成。双鞭毛藻类的次级代谢产物主要包括：聚醚类、生物碱类以及大环内酯类化合物。这级代谢产物通常具有较强的毒性。如软海绵酸具有很强的细胞毒性，能够促进癌细胞的形成。

金藻是一类普遍存在的微藻，主要的次级代谢产物有氯代硫酸胭脂之类、苯乙烯基色酮类等。其代表性化合物是甲磺胺吡啶（malhamensilipin A），这种化合物的活性体现在一定程度的抗病毒和抗微生物上面，并且这种化合物的酪氨酸激酶抑制活性程度表现为中等，可能制成相应的抗病毒药物。

（五）红树林来源天然产物的药物开发研究

红树植物是热带、亚热带海区潮间带特有高等植物，为耐盐、常绿乔木或灌木，全球有红树植物约 24 科 30 属 86 种（包括变种），其中 70 种为真红树，16 种为半红树，主要分布于东南亚各国。中国有红树植物 12 科 15 属 26 种和半红树植物 9 科 10 属 11 种。红树植物作为药用尤其民间用药已有较长的历史。在东南亚沿海地区，民间积累了丰富的利用红树植物治疗疾病的经验。据统计，在非洲、东南亚、澳大利亚和南美，有 10 多种红树和红树伴生植物具有传统药用功效。[①] 其中，民间用途广泛的红树植物包括老鼠簕、桐花树属植物蜡烛果（Aegiceras majus）、角果木属植物角木果（Ceriops candolleana）等，用于治疗麻风病、象皮病、结核病、疟疾、痢疾、糖尿病等。东南亚各国和我国海南民间广泛用老鼠簕治疗急慢性肝炎。想要口服用于治疗血尿病可以选择红茄苳的树皮熬汁；治疗糖尿病可以选择木榄胚轴；治疗疟疾可以选择海莲的树叶水煮熬的汁；治疗乙型肝炎可以选择口服老鼠簕的根捣碎后煮的水；在海南民间作为药用植物的玉蕊的果子可以用来治疗咳嗽，它的根可以用来治疗发烧；具有清热解毒、散瘀消肿功效的还有黄槿，它的叶、树皮和花都有这种作用；具有催吐泻下功效的包括海芒果，它的叶、树皮、乳汁也均具有此功效；捣烂白骨壤的叶外敷可以用来治疗脓肿，并且白骨壤的树皮胶可作为避孕药品外用。

基于红树植物的广泛药用功能，国内外科学家对 18 科 34 种红树植物进行了化学成分研究。从中分离得到数千种结构各异的红树天然产物，其化合物类型主要有萜类、生物碱类、柠檬苦素类、环硫醚类、木质素类、苯乙醇苷类、环烯醚萜类、苯环衍生物、黄酮类、醌类、甾醇、鞣质等。红树植物的药理作

① 资料来源：《红树·中国植物志》。

用主要有抗肿瘤作用、抗病毒作用、抗菌作用、抗炎镇痛作用、抗氧化作用、抗虫作用。其中科学家也发现具有显著的抗炎活性而且不引起胃溃疡的是水黄皮醇提取物，这种提取物可以用来治疗多种炎症。科学家还进一步地研究了水黄皮的抗炎镇痛作用，并且发现醇提取物显著地减轻小鼠热板法和小鼠扭体法疼痛的模型，这表明水黄皮的提取物在经过临床试验之后可用来抗炎镇痛（黄欣碧和龙盛京，2004）。

三、海洋微生物药物开发研究

海洋微生物是指能生活在海洋环境中的微生物，通常具有耐低温、高盐、低营养、高压和低光照的能力，主要种类有病毒、真菌、细菌、放线菌等。海洋中微生物不仅包括起源于海洋的特有种类，而且还包含有起源于陆地流入海洋并适应了海洋生物环境的微生物种类。大部分的海洋微生物和其他生物存在共生、寄生、附生或共栖关系，仅有少数自由生活在海水和海底沉积物中。大量的微生物生存在海洋动植物的表面和体内组织上，例如海绵的微生物特别丰富，据估计与其共生的微生物可占海绵体积的40%（刘全永，2002），可以从中分离得到包括放线菌在内的各种微生物。海洋微生物分布范围极其的广泛，基本上分布在所有纬度和深度的海洋中，海水和海泥是它们最主要的生存地点，并且随着海洋环境、温度和海水深度的变化，海洋微生物的种群密度也在变化。海水中微生物的密度一般比海底污泥中的低，大洋中微生物的密度一般比近岸中的低。微生物可以经过发酵工程来大量获得发酵产物，因此可以使药源得到保障。此外，一些研究者认为海洋共生微生物宿主中的天然活性物质很有可能是由海洋共生微生物生产出来的，因此海洋微生物具有重要的研究价值。

海洋中蕴藏着种类繁多、数量极为丰富的海洋微生物。虽然远洋水体中细菌的浓度略微低些，但是每毫升也有10^2 ~ 10^3 个细菌。因为真菌和放线菌喜好附着在别的物质上存在，因而在海泥中或海洋沉积物上吸附较多，在海水中含量不高。许多海洋微生物与海洋动植物（如海绵、红树林）存在共生、共栖或附生的关系，这些海洋微生物的种类和数量都很多，而且很大部分都能产生抗菌、抗肿瘤等活性物质。海洋微生物在与宿主的共同进化中通过基因交流获得功能基因，使其代谢产物化学结构和药理作用机制更具多样性，开发出创新药物的可能性更大。

（一）海洋真菌来源天然产物的药物开发研究

近年来，在海洋天然产物的三大来源中占有一席之地的是海洋微生物。随着研究的深入，越来越多的科学家发现从海绵、珊瑚、海藻等海洋动植物中获得的天然活性物质可能是由依附其上的微生物产生的，或来自海洋微生物与其海洋宿主之间的互相作用。海洋真菌在药物先导化合物的发现、修复海洋环境尤其在降解海水中的石油等方面发挥着重要作用。

海洋真菌又被称为海水真菌，是指能在海水培养基上良好生长的真菌类群，又能在海水中繁殖和完成生活史，可以被分为专性海洋真菌和兼性海洋真菌。专性海洋真菌顾名思义只能生活在海水之中，它的生长及孢子的生成只能在海洋环境中完成；兼性海洋真菌是指在陆地土壤、淡水和海洋环境中都能生长的真菌。据估计，海洋真菌至少有 1500 种。但是被描述过的海洋真菌仅有 400 多种，还不到陆地真菌总数的 1%（王祥敏，2007）。目前从海洋真菌中发现的天然产物类型涉及生物碱、多肽、聚酮、萜、甾和大环内酯等多种结构类型及其卤代衍生物，但以含氮类化合物和聚酮类化合物为主，并产生特征性的卤代化合物，活性包括抗肿瘤、抗病毒、抗菌等。

曲霉是海洋真菌新天然产物的主要来源，目前已经发现了 500 多种海洋曲霉菌新天然产物，其中 halimide（15）的衍生物 plinabulin（NPI－2358）已经进入临床Ⅱ期研究，用于治疗非小细胞肺癌。对海洋来源青霉菌天然产物的研究始于 1991 年，目前已从海洋青霉菌的代谢产物中分离鉴定出来了近 400 种新天然产物，某些天然产物明显对白血病和肺癌有抑制作用，有利于进一步从海洋微生物中获得我们想要的药物（赵成英，2016）。1945 年开始对除曲霉和青霉菌之外的其他海洋真菌天然产物进行研究，目前已经发现其中一些新海洋天然产物对多种肿瘤细胞具有明显的抑制活性。

（二）海洋放线菌来源天然产物的药物开发研究

放线菌属于原核生物，是一类广泛分布于自然界中、具有复杂形态分化过程的革兰氏阳性细菌，与人类关系密切。放线菌因能产生丰富的次级代谢产物而受到人们的重视，当今发现的天然抗生素约 70% 是由放线菌生产的（王霏，2017）。然而，经过半个多世纪的挖掘，自 2000 年以来，从陆生放线菌中发现新抗生素的概率已经大大下降，因此科学家将研究重心转向了资源更加丰富的海洋。早期人们对于海洋放线菌的研究非常有限，基本停留在对其数量和分布的简单描述上，但是这些早期的研究报道也同时说明人们很早就从海洋环境中分离到可培养的海洋放线菌。其后随着人们对海洋微生物研究的逐渐深入，海洋放线菌是真正海洋来源还是陆源汇入的争论也日趋激烈，不同的科学家通过不同的研究得到了不同的结果，一直到 21 世纪初（2002～2006 年），有研究发现多株海洋分离的放线菌被发现需要在添加一定浓度的氯化钠的培养基中才能生长，关于海洋放线菌是海洋固有还是陆生流入的长期争论才得以缓解，“海洋固有放线菌”或者“专属性海洋放线菌”的理念逐渐被人们接受（Kwon et al.，2006）。其中，盐孢菌属（Salinispora）是已有文献报道的第一个海洋固有放线菌属，广泛分布于热带和亚热带的海洋沉积物中，它的发现标志着海洋放线菌的研究从此真正展开。目前认为专属性海洋放线菌类群应该至少满足以下两个条件：（1）在进化生物学上，其16S RNA基因序列汇集成一簇并有别于其他陆生微生物类群；（2）只在海洋环境中生长。显然，对于分离自海洋环境的单株放线菌，很难界定其是否是专属性海洋放线菌。目前关于“海洋固有放线”依然存在不少争议，有学者认为此争议的科学意义不大：地球是一个开放的环境，微生物及其孢子由于自身微小，可随着风、河流、雨水、动物、洋流等媒介流动，因而各种环境的微生物产生一定程度的交叉。但不可否认的是，由于生活在海洋这一特殊环境下（高盐、高压、寡营养、低温或局部高温、低氧、有限光照），无论是从陆地流入海洋还是海洋固有的放线菌，都为适宜环境而进化出独特的代谢途径和适应机制。据不完全统计，目前已经发现50个海洋放线菌已知属级类群和12个海洋来源新属级放线菌类群（Goodfellow & Fiedler，2010）。因此，来自海洋的放线菌，已经成为药物先导化合物的重要战略新资源。

20世纪90年代以前，人们对海洋放线菌次级代谢产物的研究相对滞后，仅仅有7种化合物被发现和报道。日本东京大学微生物所Okami课题组在1972年从Sagami海湾分离得到多株可生产抗生素的放线菌，并进行了多种活性测试，他们不仅发现了链霉黄素（xanthomycin）和多色霉素（pluramycin）等已知抗生素，还报道可能发现了一些具有独特抗菌谱的次级代谢产物，从而拉开了从海洋放线菌中寻找新活性代谢产物的序幕（王海雁，2010）。1975年，Okami课题组又从Sagami海湾的沉积物中分离出一种钦氏菌（Chainia）属放线菌，并从该放线菌中获得一种醌类结构的抗生素SS-228Y，这是已有文献报道的最早从海洋放线菌中分离并鉴定结构的新化合物。此后，Okami课题组又从Sagami海湾沉积物中分离出放线菌Streptomyces griseus SS-20，并发现了一种新型的大环内酯抗生素aplasmomycin；Okami等还从海洋放线菌Streptomyces tenjimariensis SS-939中分离得到能够抑制革兰氏阳性和阴性细菌的氨基糖苷类抗生素istamycin A和B；1989年，Okami课题组从日本宫城县附近的海泥中分离出海洋放线菌Streptomyces sioyaensis SA-1758，并发现了一种具有抗肿瘤和杀螨活性的含氮化合物altemicidin。进入20世纪90年代后，国外科学家逐渐意识到海洋放线菌的次级代谢产物对于发现新型抗生素的重要性。美国 Fenical 课题组是该年代在此领域开展研究工作的代表，他们从热带和亚热带的海洋放线菌中筛选分离了一系列结构新颖的活性代谢产物，海洋放线菌的次级代谢产物研究已成为一个迅速发展的新兴领域。2000 年以后，海洋放线菌中新结构次级代谢产物的发现呈现快速增长趋势。

自 20 世纪 70 年代第一例海洋放线菌代谢产物被报道以来，发现和描述了 700 多种新化合物，其结构类型主要包括聚酮类、（环）肽类、生物碱类和萜类等，其功能涉及抗肿瘤、抗疟、抗菌、抗炎、杀虫、免疫调节、酶抑制和清除自由基等生物活性。这些化合物多数来源于海洋沉积物中的放线菌或者海洋生物的共附生放线菌。海洋放线菌来源化合物具有产量低但活性强的特点，为海洋新药的研发提供了巨大的机遇。例如美国 Fenical 课题组发现具有抗肿瘤活性的蛋白酶体抑制剂（salinosporamide），在 2014 年被美国食品药品监督管理局（FDA）列为孤儿药，由美国私人制药公司开发，用于治疗多发性骨髓瘤，目前正在临床Ⅱ期试验阶段。但是，近年来，虽然人们从海洋放线菌中分离了大量的具有潜在药用价值的新物质，但这些活性物质的产量极低，一般在每升微克级或毫克级，很难满足临床前研究的需求，这已经成为海洋微生物药物发展的关键限制性因素之一，严重制约着海洋药物的开发。

四、海洋生物毒素药物开发研究

海洋生物毒素都是化学物质，且这些化学物质天然存在于海洋生物之中，并且具有强烈的毒性。海洋生物为了适应特殊的海洋环境，并且能够在海洋环境中长期的生长繁衍和在海洋的生存竞争中存活下来而形成了这些海洋生物毒素，因此这些海洋生物毒素能够充当生物体自身的化学防御和进行一些攻击。来自水产品的海洋生物毒素是人类食品的安全隐患，因食用含有毒素的水产品而发生食物中毒的事件在世界各地沿海地区频频发生，甚至有不少人付出了生命的代价。另外，水母、海葵以及毒腺鱼类等海洋生物螯刺致人中毒也常有报道。许多高毒性海洋毒素的特点为结构新颖奇特、活性强以及有高度的特异性等，因此可以将这些高毒性的海洋生物毒素发展成为各类药物的重要先导化合物，并且可以通过直接或间接开发形成新型海洋药物用来造福人类。因此，海洋生物毒素有些时候虽然会给人类带来危害，但是如果人们能够科学地开发和利用海洋生物毒素，便能将海洋生物毒素变弊为利来造福人类。

海洋生物毒素的起源分内源性和外源性两种类型。内源性的海洋生物毒素生产于生物体自身，为其自身的代谢产物；外源性的海洋生物毒素并非为其自身产生，而是来自海洋中与其共生的其他生物，或由环境中少量毒素经海洋食物链浓缩富集而来。能够生产毒素的海洋生物种类有很多。据初步统计，全世界有毒海洋生物达数千种。我国是一个海洋大国，有毒海洋生物资源相当丰富，目前已查明的就达600种以上，主要包括海藻、海绵动物、腔肠动物、软体动物、棘皮动物、鱼类等（庄思哲，2012）。一些藻类的种属为有毒藻类，如短裸海藻、链膝海藻、岗比毒海藻、渐尖海藻等。这些有毒甲藻能制造或生产许多重要的海洋生物毒素类活性物质，这些毒素可以通过海洋食物链，经藻类、贝类或者鱼类等中间传递链进行富集，从而导致人类中毒。在赤潮期间，藻类毒素被直接释放于水体中，使鱼贝类等海洋生物被毒化，或发生中毒，甚至死亡。到目前已经发现鞘美丽海绵、细芽海绵、毒台海绵等十余种有毒海绵。海绵中毒主要由于接触其触手所致，从海绵中获得的天然毒素很可能是与其共生的微生物的次级代谢物。全世界发现了约70种有毒腔肠动物，如方水母、玫瑰海葵、岩沙海葵、等指海葵、鹿角珊瑚等。这些有毒腔肠动物的主要特征是具有许多触手环绕于口周围，毒液存在于有刺丝细胞或者螯刺细胞中。软体动物是对人类有直接危害的一大类有毒海洋动物。目前发现了日本东风螺、加州海兔、大石房蛤等约100种有毒软体动物（洪惠馨，2004）。

但目前研究发现，许多软体动物毒素的真正来源是甲藻类赤潮生物，软体动物仅仅是传播中的中间媒介，通过食物链才发生中毒。全世界发现了多刺海盘车、白刺三列海胆、阿氏辐肛参等约20余种有毒棘皮动物，它们的腺体分泌毒素，可通过摄食而中毒或被其毒螯刺伤而引起中毒性损伤。贝类毒素是水产品化学危害的主要成分，因食用有毒贝类而发生中毒的事件在世界范围内时有发生。贝类的毒性与海水中的某些藻类有关。当贝类食入有毒藻类后，有毒物质即进入贝体内，并通过生物富集作用在贝体内得以浓缩。特别是在赤潮暴发的海区，海洋生物很容易被毒化。这些毒素可以通过贝类、鱼类或藻类等中间传递链，引起人类中毒。

海洋生物毒素是海洋生物的一种内源性化学物质，其特点与海洋生物的多样性、生境的特殊性、生态关系的复杂性等有必然的联系。海洋生物毒素的特点为：（1）化学结构独特新颖。由于产生海洋生物毒素的海洋生物种类丰富多样，因此其化学结构的类型远远多于细菌毒素和陆生动植物毒素的结构类型，其中有一些结构仅仅在海洋生物毒素中存在，或在陆地生物中极为罕见，如聚醚类结构为海洋天然产物所特有。聚醚类毒素主要包括西加毒素、刺尾鱼毒素、岩沙海葵毒素等，它们的发现是海洋生物毒素研究的重要进展之一。（2）作用机制特殊。如河豚毒素特异性地作用于可兴奋细胞膜外侧的钠通道，为钠通道的阻滞剂，阻止钠离子接近通道口的外侧，从而阻滞钠离子通过通道进入细胞，不能引起膜的去极化，从而阻断神经冲动的传导；海葵毒素专一作用于可兴奋细胞膜电压依赖性钠离子通道，为钠通道的激动剂，延长神经和肌肉的动作电位，抑制钠通道失活；刺尾鱼毒素则为电压依赖性钙通道激动剂，引起骨骼肌和平滑肌钙依赖性收缩。（3）毒性强烈。由于海洋生物毒素对受体作用的高度选择性和亲和性，使其毒性极为强烈。例如，河豚毒素为剧毒品，小鼠腹腔注射的半数致死量（LD_{50}）为 8.7μg/kg，其毒性比氰化钠强 1000 倍左右；而西加毒素和刺尾鱼毒素的 LD_{50} 仅为 0.45μg/kg 和 0.13μg/kg，它们的毒性远远大于河豚毒素（宋杰军，1990；岳亚军，2013）。

海洋生物毒素是海洋天然的重要组成部分，也是生物毒素中发展最迅速的一个重要领域，其在生物来源、化学结构和作用机制等多方面的多样性远高于陆生生物。大多海洋生物毒素结构独特而新颖，活性强而广泛，主要作用于 Na^+、K^+、Ca^{2+} 等离子通道；有些海洋生物毒素对心血管系统有高特异性，或具有显著的抗肿瘤、抗病毒活性，可发展成为防治神经系统疾病、心血管疾病、抗肿瘤、抗病毒的临床药物或重要导向化合物，并可为药物分子设计提供有价值的新药效模型和结构构架，为发现药物新作用靶位发挥特殊作用。河豚毒素最初用于治疗麻风患者的神经痛，是种较强的镇痛剂，作用较缓且持久，曾代替吗啡、盐酸哌替啶等治疗神经痛。由于河豚毒素比吗啡的止痛效果强 3000 倍，且无成瘾性，可将其开发成新型镇痛剂，用于缓解晚期癌症病人的痛苦（张骁，2004）。另外，利用河豚毒素能专一性地阻断钠通道的特性，可将其开发成鉴定、分离和研究钠通道的重要工具药或“分子探针”。岩沙海葵毒素是从海葵动物中分离出来的一种非肽类生物毒素，它具有独特的聚醚类化学结构和新颖的离子通道机理。该毒素与 Na^+、K^+ - ATP 酶相互作用，不仅强烈地抑制其活性，并使之转而形成开放的离子通道。它能增强阳离子的通透性，使 Na^+ 和 Ca^{2+} 流入细胞，K^+ 流出细胞，从而导致可兴奋细胞膜去极化作用，从而激发一系列药理学和毒理学作用，有望成为研究细胞膜的一种新型工具药、新型的心血管药等。芋螺毒素是从芋螺中分离获得的一类低分子肽类神经毒素，因其具有新颖的化学结构、独特的分子性质及特异的作用靶位，已引起药学界的极大关注。芋螺毒素既可直接开发为天然药物，又可作为筛选高效低毒新药的先导化合物。加之其分子小，结构稳定，对受体作用范围大、特异性强，易于化学合成，构成了神经药理学探针的宝库，已跃居动物神经毒素研究的首位，显示出诱人的应用前景。

（一）河豚毒素

河豚毒素是一种剧毒的神经毒素，是一种氨基喹唑啉型剧毒物质，最早从鲀毒鱼类内脏中分离得到，后来发现这种毒素也存在于许多其他的海洋生物中。其 LD_{50} 为 8.7μg/kg 小白鼠，其毒性甚至比氰化钠要强 1000 倍（岳亚军，2013）。河豚毒素能够使人神经麻痹，最终导致人的死亡。河豚毒素中毒的特点为发病急速而剧烈，在食用后 10 分钟到 3 小时就发病了，其潜伏期很短，病情发展十分迅速，最开始患者会感觉全身都不舒服，再之后胃肠道感觉到不适，例如恶心、呕吐、腹疼等症状，在其后会出现麻痹感，如口唇、舌尖及手指末端刺疼发麻，随后这些感觉都会因为麻痹而消失。而后四肢肌肉会因为麻痹而逐渐失去运动能力，身体一直摇摆使得自身的平衡失调，最后全身都会麻痹从而呈现瘫痪状态。与此同时患者还有可能出现语言不清、瞳孔放大、血压和体温下降等症状。

河豚毒素的作用原理为：河豚毒素同钠通道的受体部位 I 结合，作为钠通道的阻滞剂，主要作用于神经系统，阻碍神经传导，从而使得神经末梢和中枢神经发生麻痹。刚开始为知觉神经麻痹，接下来运动神经麻痹，同时河豚毒素也会引起外周血管的扩张，使得血压急剧下降，最后麻痹呼吸中枢和血管运动中枢。

在电生理学研究中，利用河豚毒素能专一性地阻断钠通道的特性，可将其开发成鉴定、分离和研究钠通道的重要工具药或“分子探针”。在临床上，河豚毒素有神奇的止痛功效，其止痛效果为吗啡的 3000 倍，而且无成瘾性，可将其开发成新型镇痛剂，用于各种疾病的镇痛治疗，尤其是缓解晚期癌症病人的痛苦；另外，河豚毒素还有独特的降压效果，利用其快速的降压作用，可考虑在临床上应用于抢救高血压危象病人。

（二）贝类毒素

贝类毒素是水产品化学危害的主要成分，因食用有毒贝类而发生中毒的事件在世界范围内时有发生。引起贝类中毒的毒素主要有麻痹性贝类毒素、腹泻类贝类毒素、神经性贝类毒素、记忆丧失性贝类毒素等，这些毒素进入人体后可导致严重的中毒事件。

麻痹性贝类毒素是一类剧毒的含氮杂环化合物，1975 年之前人们一直认为石房蛤毒素是产生麻痹性贝类中毒的唯一毒素，以后才慢慢发现了其他的来源不同的麻痹性贝类毒素。

石房蛤毒素的毒性很强，对人的经口致死量为 0.54 ~ 0.9mg。由该类毒素引起的中毒，具有神经麻痹特点，故称为麻痹性贝类中毒。麻痹性贝类中毒起病急、潜伏期短，仅数分钟至 20 分钟。症状以麻痹为主，初起为唇舌、指尖麻木，随后腿、颈麻木，运动失调，伴有头疼、呕吐，最后出现呼吸困难。重症者

12 小时内呼吸麻痹死亡，病程超过 24 小时者则预后良好，病死率为 5% ~18%。石房蛤毒素为一种神经毒素，主要的作用为阻断神经传导，作用机理与河豚毒素相似。石房蛤毒素有很强的局部麻醉作用，比普鲁卡因或可卡因强 10 万倍，有望开发成局部麻醉药物。另外，它还具有较强的降压作用，2 ~3μg/kg 可降低狗和猫正常动脉血压的 2/3；剂量 >1.5μg/kg 时可阻滞血管神经进而减少外周阻力；剂量 <1.5μg/kg 时则直接舒张血管、肌肉进而达到降压的目的，有望开发成降压药物（宋蔚忠，2000）。

腹泻性贝类毒素是一类强效的细胞毒性化合物。其中，腹泻性贝类毒素中的大田软海绵酸和鳍藻毒素的毒性比扇贝毒素和虾夷毒素强。经小鼠腹腔注射实验表明，大田软海绵酸的 LD_{50} 为 192μg/kg，鳍藻毒素 1（DTX_1）的 LD_{50} 为 160μg/kg，扇贝毒素 1 ~3 的 LD_{50} 为 250 ~350μg/kg。另外，大田软海绵酸还具有显著的抗肿瘤活性。它对 P_{238} 白血病细胞和 L_{1210} 白血病细胞的 IC_{50} 分别为 1.7×10^{-3}μg/mL 和 1.7×10^{-2}μg/mL，小鼠腹腔注射 120μg/kg 即可产生毒性症状，其 LD_{50} 为 192μg/kg（郭萌萌，2012）。进一步研究表明，大田软海绵酸能促进花生四烯酸的代谢，使花生四烯酸从细胞释放的释放量增加；能刺激环氧酶代谢产物的生成，低浓度时刺激人周围血中单核细胞合成白细胞介素 -1，而较高浓度时抑制白细胞介素 -1 的合成。对人体而言，腹泻性贝类毒素有很强的致泻作用。腹泻性贝类毒素中毒的症状除腹泻、呕吐外，还伴有恶心、腹痛、头痛等。中毒的潜伏期，有的不足 30 分钟，有的长达 14 小时，中毒者一般在 48 小时内恢复健康。大田软海绵酸对蛋白磷酸酯酶的抑制作用可能是它具有致泻和抑制肿瘤的生物活性基础。另外，可能还与它能诱导大鼠小肠液过量分泌，直接刺激平滑肌以引起兔和豚鼠的平滑肌收缩等作用有关。大田软海绵酸在生物医学研究领域的需求很大，迄今为止已有几个公司相继开发出多种产品投入市场。由于大田软海绵酸是蛋白磷酸酯酶 1 和 1A 的强力抑制剂，在研究细胞条件过程中还可发挥“探针”的作用。

（三）西加鱼毒素

西加鱼毒素，也被称为“肉毒鱼类毒素”或“雪卡鱼毒素”，是从有毒鱼类和赤潮生物中分离得到的一组聚醚类巨毒性物质。主要有西加毒素和刺尾鱼毒素（见表 4 -3），岗比毒甲藻是西加鱼毒素的主要来源，并且岗比毒甲藻可以被植食性鱼类所进食。因此通过海洋食物链，岗比毒甲藻中的西加鱼毒素进入西加鱼类体内，再经过毒化和蓄积，被人类所食用，引起严重的食物中毒。

表 4-3　西甲毒素和刺尾鱼毒素

类别	简称	LD_{50}	作用机理	应用前景
西加鱼毒素	CTX	0.45μg/kg	电压依赖型钠离子通道的新型激动剂	能引起心肌收缩力增加；可以用作研究可兴奋细胞膜结构和功能及局部麻醉药物作用机理的分子探针
刺尾鱼毒素	MTX	0.13μg/kg	电压依赖性钙离子通道的新型激动剂	研究钙通道药理作用特异性的重要工具药

资料来源：(1) Murata M et al. . Structures of ciguatoxin and its congener [J]. J Am Chem Soc, 1989, 111; (2) Murata M, Naoki H, Tadashi N, et al. . Structure of Maitotoxin [J]. J Am Chem Soc, 1993, 115.

西加鱼毒素和刺尾鱼毒素都是毒性很高的化合物，经小鼠腹腔注射实验表明，西加鱼毒素和刺尾鱼毒素的 LD_{50} 分别为 0.45μg/kg 和 0.13μg/kg，它们的毒性远远大于河豚毒素和麻痹性贝类毒素。另外，刺尾鱼毒素在体内及体外对某些肿瘤细胞有明显的抑制作用。西加鱼毒素引起人体中毒的症状，通常始于胃肠炎，而后出现心血管症状和神经症状，包括恶心呕吐、腹痛腹泻、运动障碍、共济失调、感觉异常、四肢关节疼痛、反应能力减弱、典型窦性心律过缓和节律失常等。一般而言，胃肠道功能改变的时间较短，而神经系统障碍持续的时间较长。严重的西加鱼毒素急性中毒导致人体死亡的原因，主要是出现呼吸困难，全身惊厥，严重脱水，最终由于呼吸肌麻痹导致呼吸和循环衰竭而死亡。

西加鱼毒素是典型的电压依赖型钠离子通道的新型激动剂，其作用机理在于特异性地与可兴奋细胞膜钠通道受体结合，诱发钠通道持续激活，钠离子通透性增加，钠离子大量进入细胞内，导致膜持续去极化，从而使得神经细胞肌肉兴奋性的传导改变，产生一系列的药理学和毒理学作用。但西加鱼毒素的主要作用一般可被河豚毒素拮抗。另外，西加鱼毒素的去极化作用与膜可兴奋性改变还可被增加细胞外钙离子浓度所拮抗。刺尾鱼毒素的毒理作用机制同西加鱼毒素显著不同。刺尾鱼毒素 MTX 为电压依赖性钙离子通道的新型激动剂，增加可兴奋细胞膜对钙离子的通透性，引起"钙离子超负荷"效应，触发神经递质释放，导致骨骼肌、平滑肌和心肌钙依赖性收缩。

西加鱼毒素是新型的钠通道激动剂，选择性地作用于钠通道受体部位Ⅵ，特异性很高。研究表明，西加鱼毒素可以作用于神经系统、消化系统及心血管系统，使用大剂量的西加鱼毒素可以增加心肌收缩力。另外，西加鱼毒素作为一种分子探针，这种分子探针可用作研究可兴奋细胞膜结构和功能及局部麻醉药物作用机理；而刺尾鱼毒素则可作为研究钙通道药理作用特异性的重要工具药。

（四）短裸甲藻毒素

短裸甲藻毒素是由赤潮生物短裸甲藻产生的一系列梯形稠环聚醚类毒素，目前科学家已经从短裸甲藻中分离鉴定出了10余种短裸甲藻毒素。短裸甲藻毒素是强力的鱼毒素，其中Ⅰ（A）型毒素的毒性比Ⅱ（B）型大。鱼类中毒时表现为剧烈抽搐、游泳呈螺旋或翻滚状、尾鳍弯曲、失去平衡、静止不动，严重者发生惊厥，最后因呼吸衰竭而死亡。短裸甲藻毒素对鱼对人都有毒，只是对人的毒性比对鱼小。在赤潮期间，人处于含短裸甲藻毒素的环境中，可通过呼吸道直接吸入毒素而产生中毒。这主要是因为被释放到水中的短裸甲藻毒素可以随着波浪的作用产生飞沫，当在浪区和海滩附近的人们吸入了这些毒素后，便开始产生急促的咳嗽、流涕、流泪等刺激症状，一旦离开此环境后症状迅速消失。另外，短裸甲藻毒素还可在各种滤食性生物特别是海洋贝类体内累积，通过食物链对人类造成危害。当人类进食这些带毒的贝类后，会引起神经性毒害，产生胃肠道系统和神经系统症状，如出现嘴角和四肢刺痛、身体冷热无常、恶心、呕吐、腹泻、运动失常、瞳孔放大等中毒症状。因此，短裸甲藻毒素又被称为“神经性贝类毒素”。

短裸甲藻毒素的理化特性和药理活性与西加鱼毒素相似，也是一种典型的钠通道激动剂。短裸甲藻的特异性作用靶位是电压—敏感性钠通道，选择性地作用于钠通道受体部Ⅴ。在相当负电位时选择性地开发 Na^+ 通道，引起 Na^+ 的通透性增加，并能抑制钠离子失活从而使神经—肌肉可兴奋膜去极化，诱发效应器官一系列药理性和毒理性作用。同西甲鱼毒素相似，短裸甲藻毒素也可作为研究钠通道受体的特异性分子“探针”。

（五）芋螺毒素

芋螺毒素是从芋螺中分离获得的一类强碱性低分子肽类毒素，有毒芋螺以刺、螯捕获食物，在捕食时释放神经麻痹性毒素，使被捕动物中毒失去活动能力。它们也可以通过其有毒螯刺刺伤与其接触的潜水人员、捕捞人员、游泳者以及其他海洋作业人员，造成局部皮肤损伤，毒素吸收后导致全身中毒，甚至有生命危险。此外，还可以因为误食有毒芋螺或者吃法不当而引起全身中毒。

目前已知的芋螺毒素主要有四个亚型：α-芋螺毒素、μ-芋螺毒素、ω-芋螺毒素、δ-芋螺毒素（见表4－4），每种亚型仍然可以再细分。芋螺毒素为小分子神经毒素，很容易通过组织扩散和转移，进而引起迅速而强烈的毒性作用，其致死剂量仅为10μg/kg。局部中毒症状为伤口部位有麻木感，并且很快扩散至口、唇、舌以及四肢的末端。少数患者的伤口周围出现麻痹。全身中毒症状为芋螺毒素中毒后5～30分钟，相继出现精神紧张、肌肉无力、震颤、痉挛、恶心、呕吐、流泪、流涎、反射消失、呼吸困难、复视或视力模糊、晕厥、昏迷、共济失调、全身肌肉麻痹，最后可因呼吸、循环衰竭而死亡（罗素兰，2012）。通过各种食鱼芋螺毒素对各种动物的药理和毒理作用实验观察发现，动物中毒死亡的原因系呼吸衰竭而导致心跳停止，说明芋螺毒素最主要的作用是干扰或阻断神经肌肉的信息传递。

表4－4 四种芋螺毒素的作用受体

种类	作用受体	抑制剂种类
α-芋螺毒素	神经元和神经肌肉的乙酰胆碱受体	乙酰胆碱受体的竞争性抑制剂
μ-芋螺毒素	电压敏感性钠通道	钠通道抑制剂
ω-芋螺毒素	神经元电压敏感性钙离子通道	钙通道抑制剂
δ-芋螺毒素	电压敏感性钠离子通道	钠通道激活剂

资料来源：笔者整理所得。

芋螺毒素作为神经生理学的分子探针、神经保护药物已引起人们的广泛关注。如特异性作用于钙离子通道的ω-芋螺毒素GVIA作为自身免疫性疾病——神经退化综合征LEMS（lambert-eaton myasthenic syndrome）的特异诊断试剂、抗惊厥以及治疗哮喘等，均有潜在的应用价值。由美国纽雷克斯（Neurex）公司开发的商品名为齐可诺肽（Ziconotide）的ω-芋螺毒素MVIA作为无致瘾镇痛药，目前已进入Ⅲ期临床试验，以期用于癌症、艾滋病及长期恶性疼痛等病人的治疗。

五、“蓝色药库”发展实践——以山东青岛为例

面向大海，挺进深蓝，“向海洋要药”已是不可逆的发展趋势。近年来，山东省青岛市积极搭建产学研合作平台及研发生产基地，重点培育战略性新兴产业——海洋生物医药。2018年，青岛推动海洋生物医药产业向高质量、品牌化、集群式发展，连续发布系列海洋药物与生物制品科研成果，有力支撑了海洋生物医药行业创新发展。目前，“蓝色药库”雏形已在青岛初步显现，为海洋创新药物的研究开发奠定了基础。青岛市政府下发《支持“蓝色药库”开发计划的实施意见》，从项目支持、研发资助、平台建设、基金设立、人才培育五个方面提出支持政策①。

① 相关信息来自青岛市政府下发的《支持“蓝色药库”开发计划的实施意见》。

在项目支持方面，青岛将在国家层面争取将“蓝色药库”计划列入科技部国家重点研发计划，支持青岛海洋生物医药研究院争创国家工程研究中心；在省级层面争取将“蓝色药库”计划列入省科技重大专项和省各类支持政策范畴，支持青岛海洋生物医药研究院争创山东省海洋生物医药科技创新中心和制造业创新中心。

在研发资助方面，推动海洋药物研发机构与知名药企开展合作，对于与本地企业合作或落户青岛的海洋创新药物合作项目，青岛按照实际到位资金给予1∶1配套，最高不超过3000万元；对即将进入临床研究落户青岛的海洋候选药物，按评价机构开展安全、药效、药理等试验发生的费用给予50%补助，最高不超过800万元。

在平台建设方面，对青岛海洋生物医药研究院新增药物合成平台给予4000万元补助，对中国海洋大学动物实验中心视进度给予支持，将这两个平台建设纳入青岛市与中国海洋大学共建内容，统筹研发资源和共建资金予以支持；青岛海洋科学与技术试点国家实验室支持海洋创新药物筛选与评价平台运维经费每年不少于500万元，支持蓝色药库技术创新工程经费4000万元。

在基金设立方面，青岛设立总规模达50亿元的“中国蓝色药库开发基金”，首期募集2亿元，推动国内生物医药产业基金来青投资支持“蓝色药库”开发计划，对海洋药物研发实施从先导化合物发现到成果产业化的全链条投资支持。

在人才培育方面，对海洋药物研发机构引进培养高层次人才和团队，在申报省级人才工程时给予单列计划；优先推荐海洋药物研发机构申报国家各类人才工程计划或专项，将青岛市现有科技创新高层次人才团队引进办法、创业创新领军人才计划等政策向海洋药物研发机构倾斜；对海洋药物研发机构全职、柔性引进高层次人才以及高校毕业生、博士后等，按政策给予安家费等补助。

第三节　能源矿产资源概述及发展现状

从2003年下半年起，我国出现了前所未有的能源紧张局面，煤炭、电力、石油供不应求，给人们的生产和生活带来了不利影响。而海洋蕴藏着丰富的资源，是地球上尚未充分开发利用的最大资源宝库。通过对近年来我国海洋能源矿产资源的开发利用现状分析，并结合全球各国能源矿产资源的利用状况，不少学者提出了我国在开发利用中所面临的问题以及今后的发展方向。合理开发利用海洋能源矿产资源是我国应对能源短缺、保证能源安全的重要战略选择。

一、海洋能源开发的背景及必要性

人类社会的跨越式发展，离不开工业的推动，化石能源更是以其在工业发展中的重要地位而具有经济和政治双重战略意义。需要强调的是，化石能源储量有限且不可再生，但经济社会却以前所未有的速度向前迈进，能源供给与需求之间的矛盾日益尖锐。同时，伴随着人类生活的改善，废气排放逐渐增多，全球气候变暖成为摆在人们面前的严峻考验，经济发展、能源安全和气候问题也更加错综复杂。为了能够实现经济、社会和生态环境的相互协调，必须着眼于绿色发展、低碳发展，通过寻找清洁能源与可再生能源，找到一条可持续发展之路。

根据表4－5所述可知，石油、天然气、煤炭等传统能源在一次能源中比重偏大，可达近85%，石油的能源主体地位并未被动摇，工农业和第三产业发展过程中，最常用的能源仍是石油，天然气消费量增长迅速，与煤炭基本持平；而清洁能源只占15%左右，世界能源结构总体上仍是粗放型，有待于进一步优化，向清洁化、绿色化方向发展。

表4－5　世界各地区2018年一次能源分燃料消费量　单位：百万吨油当量

地区	石油	天然气	煤炭	核能	水电	可再生能源	总计
北美洲	1111.2	879.1	343.3	217.9	160.3	118.8	2832
中南美洲	315.3	144.8	36	5.1	165.5	35.4	702
非洲	191.3	129	101.4	2.5	30.1	7.2	461.5
亚太地区	1695.4	709.6	2841.3	125.3	388.9	225.4	5985.5
中东地区	412.1	475.6	7.9	1.6	3.4	1.7	902.3
欧洲	742	472	307.1	212.1	145.3	172.2	2050.7
独联体国家	193.2	499.4	134.9	46.7	55.4	0.6	930.5
总计	4662.1	3309.5	3771.9	611.2	948.9	561.3	13864.8

资料来源：2019年《BP世界能源统计年鉴》。

英国石油公司（BP）2019年发布了《全球能源统计年鉴》，2018年，全球一次能源需求增长迅猛，增速为2.9%，几乎是过去10年平均增速的2倍；从能源消费品种来看，主要以天然气和可再生能源为主力，天然气的占比更是达到了40%。从图4－1中我们可以明显地看出，2018年，中国、美国及印度能源需求增长的世界占比达到70%左右，美国能源需求增长更是创30年来新高，高达35%；非洲由于经济水平落后，能源需求占比最小，不足5%。同时，2018年，全球碳排放增长近2.0%，达到了7年来的最高水平，新产生的碳排放量达6亿吨，相当于新增1/3的汽车所产生的排放量。碳排放强度的增加，会造成恶性循环，各国或地区为应付极端天气增加能源消费，进一步给全球气候和生态环境增加压力。

从图4-1的分区域能源消费结构中，我们可以看出：非洲、欧洲和美洲的主要能源是石油；独联体国家和中东是天然气的主要产区，能源结构以天然气为主；亚太地区丰富的煤炭储量和相对落后的开发技术，决定了其主导能源是煤炭。2018年，北美和欧洲地区一次能源消费中煤炭的比重降至现有数据的历史最低，这一现象表明，世界部分范围内，尤其是发达国家，能源消费结构已经有所改善，能源消费开始向低碳化方向靠拢。

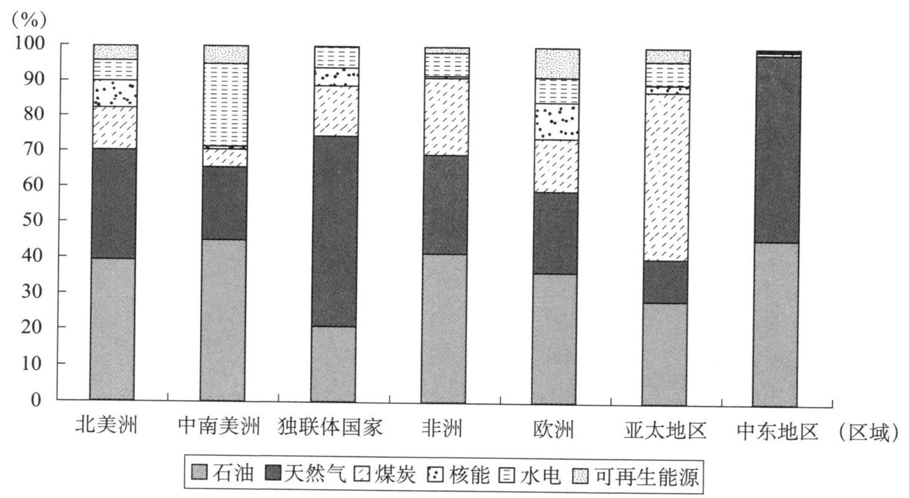

图4-1　2018年分区域消费结构

资料来源：2019年《BP世界能源统计年鉴》。

从图4-2中我们不难发现：亚太和北美地区占全球石油消费的六成以上，其中美国和中国作为世界上第一、第二大经济体，经济总量大，经济发展特别是工业发展较快，对石油的需求旺盛，成为最主要的石油消费国；煤炭消费更为集中，近80%集中在亚太地区，超过2/3的核电消费集中在北美和欧洲，主要是因为核电的开发利用需要高度发达的技术，欧洲和北美多为发达国家，资金雄厚且技术领先，对核能的应用相对成熟；亚太和中南美洲由于巨大的地势落差和丰富的水量，水电消费占全球总量的60%以上，而非洲和独联体国家由于气候干旱、河流水量小，难以对水电形成有效开发；可再生能源超过九成是由北美、欧洲和亚太共同完成的，非洲、中南美洲和独联体国家难以掌握可再生能源开发的关键核心技术，对可再生能源的利用十分吃力。

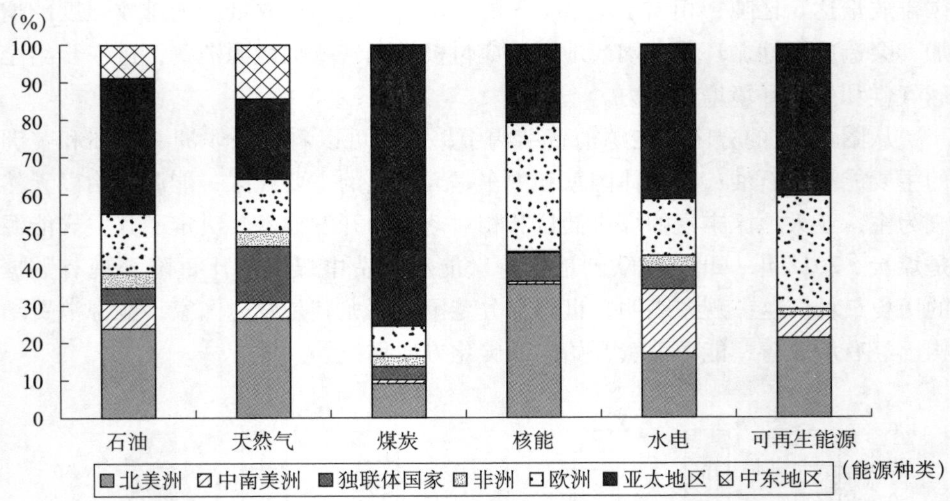

图 4－2　2018 年一次能源消费的地区分布

资料来源：2019 年《BP 世界能源统计年鉴》。

为了能够更加准确地把握一次能源消费在世界各地区的变动趋势，对碳排放变化有更为清楚的认知，本书利用 2019 年《BP 世界能源统计年鉴》，根据 1965～2019 年的一次能源消费表和二氧化碳排放表，分析其变化趋势。在图 4－3 和图 4－4 中，可以清晰地看到，世界各地区的一次能源消费量和碳排放量变动方向和趋势保持基本一致，亚太地区尤为突出，一次能源和碳排放从 2002 年起飞速增长，可能是由于 2002 年中国加入世界贸易组织，对外进出口贸易大幅度增加，制造工业的崛起导致能源需求和碳排放呈几何级数增长。作为亚太地区第一大国，中国能源需求和碳排放的增加自然而然地带动了该地区其他国家能源需求和碳排放的增加。非洲整体经济发展水平最为落后，1965～2018 年，一次能源消费量和碳排放量一直低于世界其他地区。

从世界整体角度来分析 1999～2018 年来各种一次能源的消费需求，我们发现，石油消费占比呈显著下降趋势，由 40% 降至 34%。这主要是由于原油价格增长较快，消费成本加大，且自 20 世纪 90 年代以来，世界主要产油国地缘政治不稳，无法为石油供应提供良好保障，加之各国政府对清洁可再生能源的大力倡导和大规模利用，导致石油在能源中的主导地位有所减弱。尽管如此，石油的能源消费占比仍然最大。煤炭比重比较稳定，在 25%～30% 之间波动。天然气占比逐年提升，从 20% 升至 23% 左右，这是因为相比煤炭和石油，天然气更为清洁，在世界号召低碳环保的大环境下，天然气需求增加在意料之内。水电稳定在 6% 左右，核能占比先升后降，是因为 2011 年日本福岛

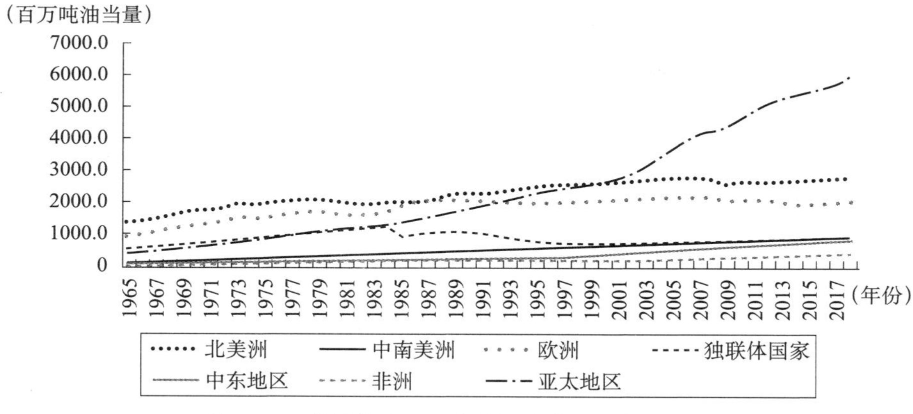

图 4－3　世界各地区一次能源消费总量变化趋势

资料来源：2019 年《BP 世界能源统计年鉴》。

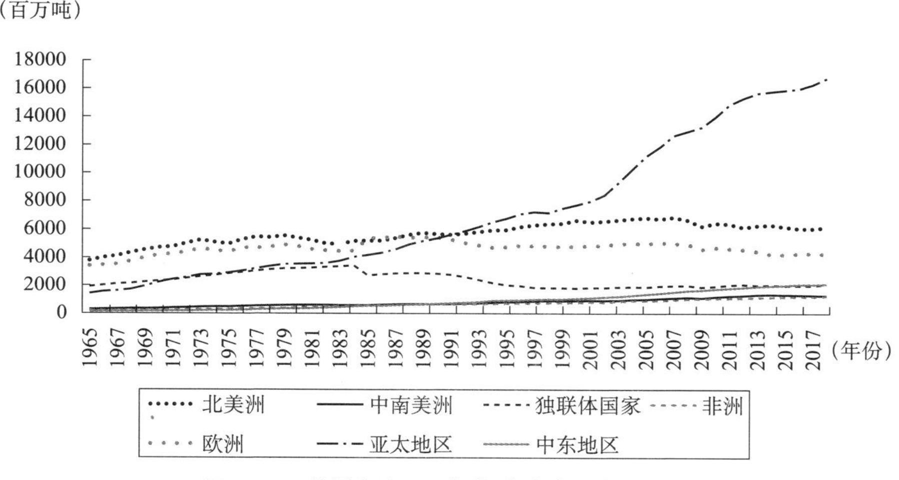

图 4－4　世界各地区二氧化碳排放量变化趋势

资料来源：2019 年《BP 世界能源统计年鉴》。

核泄漏造成了人们对核能安全的顾虑和担忧，但基本稳定在 4%。可再生能源增长势头强劲，截至 2018 年，消费占比增至 4%，这主要得益于科学技术的不断进步和人们环保意识的不断增强。

从图 4－5 中我们可以明显地感知到，1999～2018 年，全球能源消费结构得到了一定程度上的优化，但这还远远不够：石油和煤炭的消费总和占比在 60% 左右，化石燃料能源的使用会产生大量废气、废水和固体废渣，加剧大气污染和气候恶劣程度；水电、核能及可再生能源占比均低于 10%，清洁能源有效利用率低，有待于进一步开发。

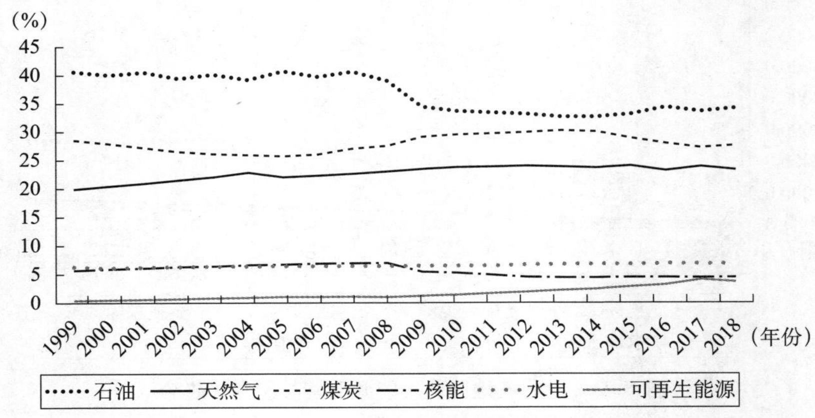

图 4－5　世界一次能源消费占比

资料来源：历年《BP 世界能源统计年鉴》。

针对上述提到的能源需求猛增和二氧化碳排放居高不下等问题，要找到对应的解决之法，首先，要加大能源勘测范围，扩大能源供给，以应对逐年增加的能源需求。其次，尽管可再生能源的使用成本比传统化石能源要高，但其带来的经济产出效应和能源需求效应进一步提升，有助于实现节能减排，促进生态环境的可持续发展，因此，加大对可再生能源的开发利用势在必行。这两条路径最终都可指向一处，那就是海洋能源。

在广袤的地球表面，海洋面积覆盖率较高，海洋不仅与我们的生活息息相关，更是与整个生态环境联系紧密，是储量丰富的能源宝库。早在 20 世纪，世界各国就相继开始了对海洋能源的开发，成果显著。近年来，陆上油气资源被大量开采，有逐渐枯竭的趋势，伴随着全球气候变暖和可再生能源技术的进步，大规模利用海洋能源被提上日程。另外，随着我国对南海管辖海域及岛礁管控能力的提升，必然会对辖域内更多岛礁进行开发。建设发电站和海水淡化系统，为海岛开发提供充足、稳定且低廉的能源和淡水资源，建设宜居海岛，维护海洋主权，是目前海防建设的迫切要求。

二、海洋矿产资源开发的背景及必要性

自 2014 年以来，全球石油、煤炭、铁矿石等大宗矿产需求疲软，价格急剧下降，可能有以下几方面原因：首先，中国目前处于经济转型期，出于产业结构升级的客观需要，大宗矿产资源需求增速下降；其次，巴西、俄罗斯等新兴经济体的经济发展不容乐观，印度、东盟等经济体资源需求的增长，无法带

动全球矿产资源市场回暖。由此可见，全球大宗矿产资源的供需矛盾在短期内将有所减缓，但这种情况并不具备可持续性。同时，近几年来美、英、德等发达国家制定了减免税等一系列优惠政策来减少制造业成本，使发达国家的制造业优势得以重构，吸引制造业回流。预计未来几年，发达国家的矿产资源需求会逐渐上升，进一步激化全球矿产资源供需矛盾。

如图 4－6 所示，截至 2017 年，加拿大的活跃勘探点约为 530 个，数量位居第一，其中金银占了大半，勘探点数量为 300 个左右；澳大利亚和拉丁美洲紧随其后，活跃勘探点超过 450 个，金银活跃勘探点超过 200 个，占比在 50% 左右；亚太地区和美国、非洲地区活跃勘探点数量较少，不足 300 个，尤其是亚太地区，活跃勘探点甚至低于 100 个。由此可见，世界范围内矿产资源分布极其不均。

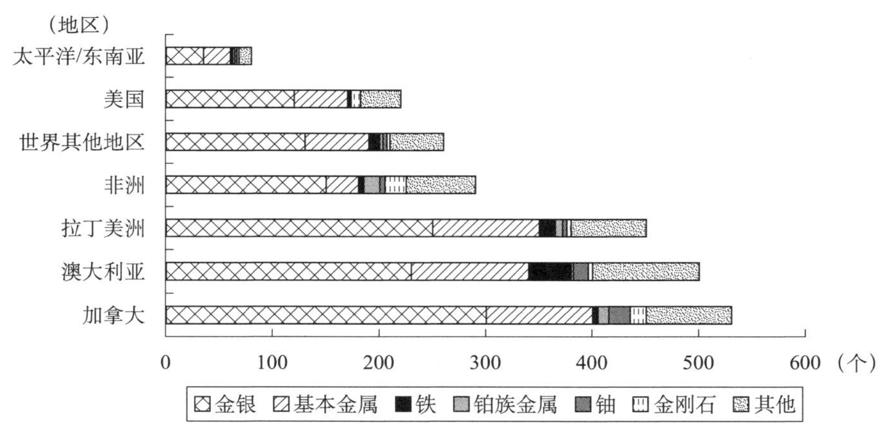

图 4－6　2017 年各地区活跃勘探点数量

资料来源：标准普尔全球市场情报（Exploration Review 2017）。

未来 10 年，亚洲固体矿产需求量将超过全球的 60%，相比日益增长的需求，其矿产供给量严重匮乏，特别是日本、印度、中国等重要国家。中国除煤炭资源实现自给自足外，50% 以上的矿产需要从国外进口，日本的矿产供给更是几乎全部依赖进口，各国的矿产资源竞争愈发激烈。据美国地质调查局（USGS）发布的数据可知，非洲是最具潜力的矿产资源开发地，这主要是因为其独特的地理位置：非洲靠近东盟和印度，两地区高速的经济发展速度决定了非洲矿产资源市场广阔。

各矿产需求大国为了保证工业生产的顺利进行，满足必需的矿产资源供应量，只能加强矿产资源的勘探力度。但进入工业社会几百年来，陆地上的各类矿产资源几乎已被开采殆尽，为此，只有拓宽矿产资源开采渠道这一条路可走，于是各国将目光纷纷聚焦到海洋矿产资源上来。

三、海洋能源及矿产资源的开发现状

（一）全球海洋能源开发现状

1. 海底化石能源

据英国石油公司的统计数据可知，截至2018年底，探明的石油储量为2441亿吨，储产比[①]为50年。其中，中南美洲的储产比最高，达到了136年；而欧洲的储产比最低，仅有11年。探明的天然气储量为196.9万亿立方米，储产比为50.9年，中东（109.9年）和独联体国家（75.6年）的储产比明显高于其他地区。由此可知，如果没有新增的探明储量，油气资源很快会被耗尽，全球油气工业只能维持50年左右[②]。陆上油气资源的开采已经进入衰退疲软期，我们只能寄希望于海洋，尤其是深海油气。

目前，100多个国家都在进行海上油气开采，其中50多个开始了对深海油气的开发利用。在开发技术并不发达的当下，海底化石能源的探明储量和产量在全球总储量和总产量中占1/3，且保持着逐年递增的趋势。近些年发现的亿吨级以上大型油田，60%位于海上，一半在500米以上的深海[③]。

2. 海洋可再生能源

在全球气候变暖的压力下，世界能源系统面临转型，海洋可再生能源作为全球可再生能源的重要组成部分，成为各国争相抢占的战略要地。进入21世纪后，全球可再生能源包括海洋可再生能源取得了较快发展。

根据国际可再生能源署（IRENA）统计可知（如表4-6所示），2018年全球可再生能源装机容量达2150.755吉瓦，中国为695.865吉瓦，占世界的1/3，足可见中国可再生能源发展势头的迅猛。在可再生能源中，水电发展独领风骚，占1/2左右，而海洋能装机容量仅为0.532瓦，微乎其微，几乎可忽略不计，由此可见，海洋能可发展潜力巨大。联合国再生能源咨询机构的报告显示，中国第七年成为全球可再生能源的最大投资国，对可再生能源的投资占世界的近1/3，达912亿美元。相比之下，美国在可再生能源上的投资为485

---

① 储产比：用任何一年年底的剩余储量除以该年度产量的结果，表明剩余储量以该年度的生产水平可供开采的年限。

②③ 2018年《世界能源统计年鉴》。

亿美元，为中国的1/2，欧盟为612亿美元，为中国的2/3。2018年全球可再生能源尤其是海洋可再生能源，发展出现“冷热不均”的现象。

表4-6　2018年底全球可再生能源发电装机

能源	全球装机（吉瓦）	中国装机（吉瓦）	中国/全球（%）
可再生能源（不计离网）	2150.755	695.865	32.3
水电	1292.595	352.261	27.3
海洋能	0.532	0.004	0.7
风电	563.726	184.696	32.8
太阳能	485.826	175.032	36.0
生物质能	115.731	13.235	11.4
地热	13.329	0.026	0.2
可再生能源（离网）	8.793	0.820	9.3

资料来源：联合国环境规划署发布的《2019年全球可再生能源投资趋势报告》。

（1）海上风电：欧洲领跑全球。

海上风电是海洋可再生能源发展的标杆和重点领域。进入21世纪后，欧洲国家率先开始了对风能的开发利用。英国已投入运营的海上风电项目装机规模超过700万千瓦，还有700万千瓦的项目仍在施工中，是目前全球最大的海上风电国（朵拉，2021）。德国联邦政府也已经加快相关政策的出台，通过政府政策的引导鼓励海上风电的发展，期望最终能够用风电取代核电。

根据联合国环境规划署（UNEP）发布的《2018年全球可再生能源投资趋势》我们了解到，截至2017年，欧洲11个国家共拥有4000多台海上风机，总装机容量15.8吉瓦。2017年，世界上首座浮动式风电场也开始运行。2017年一年间，欧洲海上风电新增装机容量达到了3.148吉瓦，其中，英国新增1.68吉瓦，德国新增1.25吉瓦。由于英国在2016年被延迟的第三期400兆瓦项目、德国默克风电场以及比利时伦特尔和北滨风电场都将在2018年完成并网发电，到2019年，欧洲海上风电又达到一个新高度。

（2）海洋能：各国争相开发的热点前沿。

国际能源署将海洋能划分为五类：潮汐能、潮流/海流能、波浪能、温差能、盐差能。受相关技术所限，这五种海洋能的开发尚处在初级阶段，且由于能源利用率较低，开发过程中要面对复杂的海洋环境，同时要兼顾海洋生物和生态环境保护、确保海洋运输安全，因此并没有进行大规模的商业应用。尽管如此，海洋能开发的光明前景仍然让我们为之振奋。

潮汐能和海流能发展较快。1966 年，潮汐能发电站在法国兰斯河口建成，这是世界上时间最早的潮汐能利用项目。2011 年，韩国建成西华湖潮汐能发电站，超越兰斯发电站，一跃成为世界上规模最大的潮汐能发电站。20 世纪 90 年代，由于生态环境问题，拦海建坝的潮汐能开发一度受阻，人们这才将目光转向海流发电。英国是目前世界上海流能发电技术最先进的国家，2017 年，亚特兰蒂斯资源公司的梅根项目成功完成第 1 期海流能涡轮机发电和并网实验。

波浪发电是继潮汐发电之后，发展最快的一种海洋能利用方式。20 世纪 60 年代，日本成功研发出世界上第一个波浪能发电装置，并开始进行商品化生产；80 年代初，日本与美国、英国、加拿大和爱尔兰合作建造了“海明号”波浪发电船；1995 年，首台商用波浪发电机在克莱德河口海湾建成；2000 年，第一个波浪发电厂在艾拉岛（Islay）试运行；21 世纪初英国发明了一种名为“海蛇”的独特波浪能利用装置，已在葡萄牙北海岸投入使用。

温差能是蕴藏量最大的海洋可再生能源，被人们寄予最大的期望，投入的研发投资也最多，但与其他海洋能源相比，海洋温差能的发展相对滞后。目前，仅有美国和日本等少数发达国家开始了对温差能装置的研究，但尚不可投入进行商业化使用。盐差能的开发目前仍停留在理论层面。1973 年，以色列科学家率先研制出盐差能实验室发电装置，证明了利用盐差能发电的可能性；随后日本、美国、瑞典科学家相继进行了有关研究，但均属于基础理论研究和原理实验研究。

3. *海洋非常规能源*

非常规能源，主要包括密油气、页岩油气、煤层气、天然气水合物等。美国地质调查局（USGS）指出，全球非常规石油约为 4120 亿吨，非常规天然气约为 912. 9 万亿立方米，天然气水合物可采量为 3000 万亿立方米（邹才能等，2014）。随着非常规油气资源开发应用技术的不断进步，陆上油气领域的能源革命开始转向海洋。

海底还蕴藏着一种能源量丰富、可代替石油和天然气的能源——可燃冰。可燃冰广泛分布于深海海底或是陆上永久冻土中，燃烧值高且清洁无污染。每立方米的可燃冰燃烧产生的能量是等量常规天然气的 1. 43 倍，明显高于煤炭、石油，污染却又比煤炭和石油小，更加清洁和低碳环保。可燃冰储量丰富，资源量相当于目前已探明的全球传统化石燃料碳总量的 2 倍，仅中国可燃冰存储量就相当于 1000 吨石油，可供中国使用 100 年以上①。

---

① 可燃冰试采成功，对中国能源安全保障意味着什么［OL］. 新华网.

（二）我国海洋能源开发现状

1. 海底化石能源①

从20世纪70年代开始，我国就已在渤海、黄海、东海、南海北部等海域展开了油气勘探，这期间的油气勘探活动基本在浅水区进行，初创了中国海洋油气工业，为下一阶段的发展奠定了基础。70年代末，海洋油气率先实行对外开放，开始引进外资和先进的勘探技术。经过近30年的发展，我国已经建立起了完整的海洋油气工业体系，在500米以内浅海油气开发技术方面处于国际领先水平，进军深水将成为中国海洋油气的下一个战略目标。

（1）石油能源。

根据图4-7我们发现：随着国家将目光转向海洋，无论是全国还是分区域，海洋原油产量均呈整体上升趋势，但区域分布不均现象较为明显。其中，天津上升幅度最大，由1997年的377.59万吨上升至2016年的2923.4万吨，原油产量达到全国第一，这主要得益于附近海域丰富的石油储量和先进的开采技术；广东在1997年原油产量为1418.07万吨，位居全国第一，一直到2016年，原油产量始终稳定，在1500万吨上下浮动；天津和广东的原油产量始终高于全国各沿海省份的平均产量；河北的海洋原油开采从2005年才开始，启动缓慢，产量维持在100万～250万吨；辽宁和上海的海洋原油开采起步并不晚，但由于省份附近海洋原油储量有限，因此每年的原油产量极低，基本不超过50万吨。

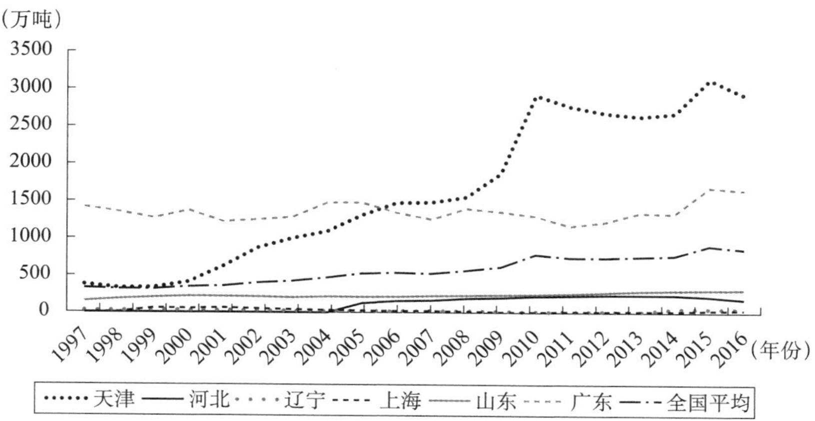

图4-7　中国海洋原油产量

资料来源：历年《中国海洋统计年鉴》。

① 相关资料均来自历年《中国海洋统计年鉴》。

（2）天然气能源。

如图4－8所示，中国海洋天然气产量呈逐年递增趋势，区域差异显著。其中，广东省一枝独秀，其海洋天然气产量远高于其他省份，1997年为367993万立方米，到2016年升至796876万立方米，翻了1倍不止；天津与全国平均水平保持基本一致，到2016年，天然气产量为1997年的近5倍；河北的海洋天然气开采较其他省份滞后，从2007年开始，到2016年，天然气产量为55899万立方米；山东和辽宁海洋天然气储量有限，辽宁的年产量不高于10000万立方米，山东则不超过20000万立方米；上海由于其技术支持，天然气开采进程迅速。

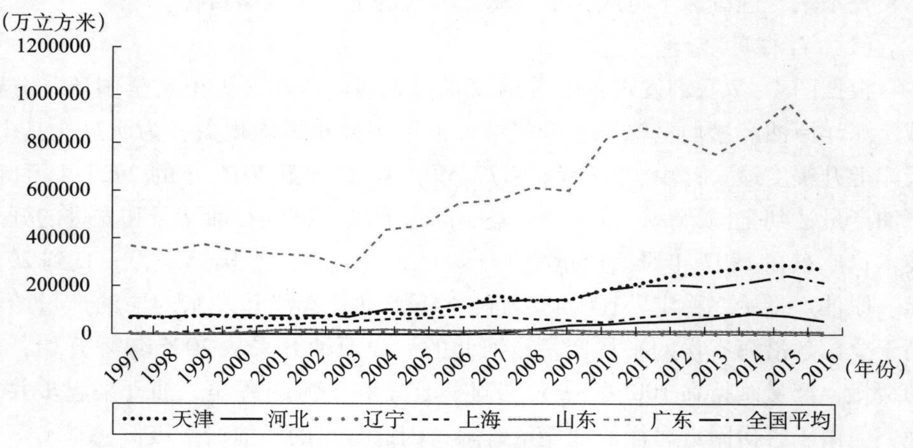

图4－8　中国海洋天然气产量

资料来源：历年《中国海洋统计年鉴》。

2. 海洋可再生能源

（1）潮汐能。

我国潮汐能的理论资源潜在量为193吉瓦，主要集中在东南沿海地区，以江苏、浙江和福建居多。我国潮汐发电技术日臻成熟，发电量居世界第三位，发展前景光明。目前处于运行状态的有两座潮汐发电站，均位于浙江，即江厦潮汐电站和海山潮汐电站，其中江厦潮汐电站规模最大，技术水平最高。同时，我国的潮汐发电机组也基本达到了商业化程度。①

（2）波浪能。

我国波浪能的潜在资源量为7.7吉瓦，沿岸分布并不均匀。中国台湾沿岸

① 海洋能的资源储量与分布［OL］．国际能源网，http：newenergy. in-en. com/html/newenergy-52236. shtml，2016－11－22.

波浪能最为丰富，平均功率为 429 万千瓦，占全国总量的 1/3；浙江、山东、广东和福建波浪能资源也较为丰富，合计占全国总量的 55% 左右；其余沿海省份则较少。我国波浪能技术的研发已历经 30 余年，先后建立了震荡水柱式和摆式波浪能发电试验电站，利用波浪能原理研发的海上导航灯标已经商业化并对外出口。在“十一五”科技支撑计划的支持下，我国启动了两项示范实验电站的研究与建设工作，分别是在山东即墨大管岛进行海试的 100 千瓦离岸摆式波浪能发电装置以及在广东万山开展海试的 100 千瓦鸭式漂浮波浪发电装置。在此基础上，还着手对装置进行了进一步的优化设计，形成的鹰式装置申请获得了国际发明专利。①

（3）海流能。

我国海流能潜在资源量为 8.32 吉瓦，其中以浙江省最为丰富，有 37 个水道，理论平均功率可达 709 万千瓦，占全国总量的一半以上；台湾、福建、山东和辽宁沿岸资源也较多，共计 587 万千瓦，占全国总量的 41.9%；其他省份沿岸则较少。我国于 20 世纪 90 年代开始开发利用海流能。在国家“八五”和“九五”规划的推动下，我国研制出了漂浮式和坐底式海流发电装置；基于“十一五”规划的政策倾斜，我国启动了百千瓦级垂直轴和水平轴海流能示范实验电站的研究、建设和试验工作。②

（4）温差能和盐差能。

我国渤海、黄海和东海海水深度浅，温差能蕴藏量相对较小，而南海和台湾以东的海区海水深度较深，海水表面温度高，表层与海底温差大，温差能丰富，据估算，南海的温差能约为 367 吉瓦。沿海诸河口则在盐度差能上潜力巨大，统计我国 22 条主要河流河口，盐差能约为 113 吉瓦。我国从 20 世纪 80 年代开始了海洋温差能的理论技术研究。1985 年，我国开启了“雾滴提升循环”装置的研究；“十一五”期间，国家拨款对科技进行鼓励和扶持，借此契机开展了闭式海洋温差能利用的相关研究，研制出 15 千瓦海洋温差能技术装置，并在青岛黄岛电厂温排水口进行了试验。盐差能试验室建立于 1979 年，在 1985 年采用半渗透膜法进行了功率为 0.9～1.2 千瓦的盐度差能发电原理性实验，但目前这项研究已基本停滞。③

（5）离岸风能。

我国海岸线狭长且紧邻太平洋，海洋风能资源丰富，但省际分布并不均

①②③　海洋能的资源储量与分布［OL］. 国际能源网，http：newenergy. in-en. com/html/newenergy-52236. shtml，2016－11－22.

匀，以福建省为最。目前，我国海上风电装置的发展重点在江苏省烟霭地区。2010 年 7 月，中国东海大桥海上风电场的全部风机安装到位，实现并网发电，高桩承台和风机整体吊装工艺，成功解决了恶劣海况下风机安装的技术难题。这是中国首座，也是亚洲首座大型海上风电场。目前我国的海洋风电技术日臻完善，但基础设施建设滞后、并网问题频发等现象仍然存在，经常性的台风侵袭更是对海上风电的开发提出了更高要求。

（6）海洋生物质能。

2008 年，我国在深圳的海洋生物产业园启动了海洋微藻生物能源研发项目，主要是利用废气中的二氧化碳养殖硅藻，再利用硅藻油脂生产燃料。同年，我国在生物柴油生产的关键技术及创新材料研究项目中，取得了实验室海藻榨取柴油的初步成果，培育出的富油微藻，所得柴油达到德国生物柴油标准。2010 年 11 月，中国科学院海洋研究所承担的藻类细胞工程培养大型封闭式并联平行管道光生物反应器研制项目通过验收，在微藻规模化开发利用中发挥了至关重要的作用。

四、全球海洋深海矿产资源现状

（一）全球海洋深海矿产资源现状

1. 大洋多金属结核

（1）分布区域及资源指标（见表 4－7）。

表 4－7 世界主要海底多金属结核资源区主要金属元素含量 单位：%

金属元素	CC 区	中印度洋海盆	秘鲁海盆	库克群岛
锰	28.4	24.4	34.2	16.1
镍	1.3	1.1	1.3	0.4
铜	1.1	1.0	0.6	0.2
钴	0.21	0.11	0.05	0.41
钛	0.28	0.40	0.16	1.20
钼	0.059	0.06	0.0547	0.0295
锂	0.0131	0.011	0.0311	—
稀土	0.0813	0.1039	0.0403	0.1665

资料来源：于淼等．世界海底多金属结核调查与研究进展［J］．中国地质，2018，45（1）：29－38.

目前来看，大洋多金属结核的主要分布区为中偏东北太平洋 CC 区①、库

① CC 区是指在太平洋夏威夷群岛以南的克拉里恩—克里帕顿断裂之间。

克群岛、中印度洋海盆和秘鲁海盆（见表4－7）。学界普遍认为，中偏东北太平洋CC区的多金属结核经济价值最高，最具商业前景，其金属品位明显高于其他海域，丰度范围为0～30kg/m^2。CC区多金属结核的预估储量为21×10^9吨，其中锰的储量约为6×10^9吨，比陆地已知的全部锰储量还要大，镍含量和钴含量分别是陆地上对应储量的3倍和5倍（Hein et al.，2015）。

相比来说，库克群岛以其高品位的钴而受到世界的广泛关注，钴含量达到0.41%，基本上达到已知海底矿产资源的最高值；同时，钛含量达到1.2%，远高于其他海域，使其具有较高的经济商业价值。中印度洋海盆的多金属结核储量约为1400吨，其中锰金属含量占到了近1/4。秘鲁海盆的锰含量为34.2%，明显高于CC区。

（2）各国的开发状况。

美国对大洋多金属结核的开发研究较早。1980年底，美国部分财团就完成了第一批冶炼流程的研究；20世纪80年代以后，在继续研究离析法和SO_2水溶液浸出的基础上，研究出了用草酸浸出、硫化物浮选法等从结核中回收金属的加工流程和对冶炼尾渣的处理方式。

俄罗斯在火法冶炼和湿法冶炼的基础上提出了一种综合方法，从弱硫酸中将锰结核中的金属元素浸出，这种方法在正常大气压条件下进行，速度很快，大约10分钟就可浸出其主要成分。如果进行进一步的深加工，可产出铜、钴、镍、钼、锰铁、酸铁、电解锰等金属。除此之外，还可产出吸附剂、肥料、催化剂等实用性物品，不可溶物可用于制砖。目前，俄罗斯并不追求某一种具体锰结核的高回收率，而是要求在一定高回收率条件下，追求方法的通用性。他们认为这种工艺适用于太平洋及印度洋的任何锰结核及富钴结壳，回收率可达到：镍及钴90%～97%，铜85%～95%，锰95%～98%，钼60%～70%。

海金联是由保加利亚、波兰、古巴、捷克、斯洛伐克和俄罗斯组成的国际财团。1988年，该财团组织了大洋多金属结核加工方案的招标，提出了九个方案，从技术完整性、独立性、金属产品工业化的可能性、环保、基建投资、原材料消耗、能源消耗和矿物的综合利用等方面对九个方案进行了全面分析，确定并考察了三个基本的大洋多金属核冶炼方案并进行了处理量为吨级的半工业试验。这三个方案包括在俄罗斯和斯洛伐克进行的结核矿熔炼—水冶加工，在捷克和古巴进行的碳酸铵浸出工艺，在古巴进行的硫酸浸出工艺。另外，海金联还格外重视结核矿在吸附剂和催化剂方面的非传统加工。

法国锰结核研究开展较早，1972年起由法国原子能委员会（负责湿法冶炼研究）和法国镍公司（负责火法冶炼研究）所属的有关单位进行锰结核的选冶研究。1979 年前，只考虑从大洋多金属结核中回收三种金属，但后来经济评价认为年处理 150 万吨锰结核的经济规模只回收三种金属并不合算。1982～1983 年，为了满足年处理 150 万吨锰结核的需要，在此基础上重新回收锰、铜、钴、镍四金属的硫酸浸出，进行火法冶炼半工业试验，并取得成功。

日本对结核矿的冶金及非冶金应用研究范围很广，进展也较快。1987 年起，对其开发区域的多金属结核矿进行了系统的冶炼研究，截至 1989 年，已经开始从已有工艺中筛选适合日本开发多金属结核的冶炼工艺。除传统的处理方法外，日本对较为先进的工艺如离析焙烧、SO_2 水溶液浸出均有研究。

韩国对多金属结核的研究起步较晚，20 世纪 90 年代才正式开始，但发展势头较快。在加工方面，采取走出去、请进来的办法，对各国的开发研究现状进行充分调研，同时结合韩国自身的矿产资源需求特点，确定了侧重提取三重金属的加工处理方针，并开展冶炼提取试验研究。但后期又表示，因大洋多金属结核的商业化生产可能要到 2020 年之后才能进行，基于长远利益，设计加工流程时还是以回收四种金属为主，争取尽可能地提高矿源的综合回收力。

2. 富钴结壳

（1）分布区域及资源指标。

富钴结壳的分布海域较广，几乎在海山区均可找到其踪迹。太平洋、印度洋和大西洋附近都分布着大量富钴结壳，其中最为密集的分布带为太平洋赤道附近的西海岸，赤道以北和以南部分地区分布有一些较小的矿带。

（2）各国开发状况。

美国地质调查局于 1983～1984 年对太平洋、大西洋进行了多航次的富钴结壳调查；1986 年，调查发现，夏威夷群岛—约翰斯顿环礁及岛屿周围的海域富含大量富钴结壳资源，在水深 800～2400 米处最为集中。同样是从 20 世纪 80 年代开始，以美国政府和企业为主导的国际财团开始了对富钴结壳冶炼技术的研究。美国矿务局于 1987 年用火法冶炼、高温高压硫酸浸出和亚铜离子氨来处理夏威夷专属经济区内的富钴结壳。近年来，美国还尝试研究了添加各种无机还原剂的常温常压硫酸浸出法。

德国是世界上矿产资源调查最为积极的国家之一。1981～1985 年，德国针对中太平洋海山区、莱恩海岭及夏威夷群岛附近海山实施了“中太平洋锰结核调查计划”，并于 1981 年取得了突破性进展，证实了太平洋存在大范围的富钴结壳矿产资源，其中所蕴含的钴等金属元素具有非常高的经济商业价值。随后，又对太平洋的富钴结壳资源分布、地球化学特征及其成因作了系统的研究。

日本对大洋富钴结壳的研究十分积极。1982 年，日本成立了深海资源开发公司（DORD）。1985 年，东海大学海洋学部和资源协会在南鸟岛海域进行了首次富钴结壳调查；1993 年，日本通产省工业技术院着手开发海底富钴结壳矿床，按照既定方案分阶段进行；1994 年，开始了对开采技术的研发工作。冶炼研究方面，1986 年，日本开始用 SO_2 处理富钴结壳，钴、镍、铜的回收率均达 90% 以上，20 世纪 90 年代后期则将研究重点放在湿法冶炼上。

截至目前，中国、日本、俄罗斯和巴西四个国家已经与国际海底管理局签订了富钴结壳勘探合同，韩国的矿区申请也于 2016 年获得批准（如表 4－8 所示）。

表 4－8　富钴结壳勘探合同

序号	签订者	签订时间	赞助国	合同区位置	合同到期时间
1	日本国家石油天然气和金属公司	2014. 1. 27	日本	西太平洋	2029. 1. 26
2	中国大洋协会	2014. 4. 29	中国	西太平洋	2029. 4. 28
3	俄罗斯联邦自然资源和环境部	2015. 3. 10	俄罗斯	西太平洋	2030. 3. 9
4	巴西矿产资源开发公司	2015. 11. 9	巴西	大西洋里奥格兰德洋隆	2030. 11. 8
5	韩国政府海洋和渔业部	待签约	日本	西太平洋	—

资料来源：韦振权等. 大洋富钴结壳资源调查与研究进展［J］. 中国地质，2017，44（3）：460－472.

3. *海底热液硫化物*

（1）分布区域。

截至 2009 年底，全球已发现及可由推断确定的海底热液硫化物矿点有 588 个。这些矿点主要分布在太平洋，约占总数的 67%，大西洋的矿点约占 19%，红海占 5%，印度洋占 4%，地中海占 4%，北冰洋和南极洲等海区矿点数量相对较少，仅占到总数的 1%（公衍芬，2014）。

（2）各国开发状况。

有关海底热液硫化物的勘察研究开始于 20 世纪 40 年代。1948 年，瑞典科学家在红海中部发现了热液多金属软泥。20 世纪 80 年代，海底热液硫化物进入大规模调查研究阶段。美国国家海洋大气局制定了 1983～1988 年的 5 年计划，把胡安德富卡洋脊作为海底热液硫化物的重点研究区域。20 世纪 90 年代，日本对海底热液硫化物的成矿机理、资源评价，环境影响进行了全面研究。2008 年，韩国得到了汤加专属经济区的勘探权利，于 2011 年开始了对海底热液硫化物的勘探工作。

尽管各国都对海底热液硫化物展开了积极的调查研究，但真正实施开采的却极少。1976 年，在苏丹红海委员会的支持下，普洛伊萨格公司对亚特兰蒂斯深渊（Atlantis II Deep）的硫化物进行了采矿方法研究及采矿经济性评估，并于 1979 年成功进行了商业试采。

鹦鹉螺公司于 2007 年进行了矿区的勘探取样；2008 年设计制造了采矿及冶炼处理设备；2009 年取得执照和采矿许可权，完成采矿系统及地面处理工厂的建设。

海王星公司于 2007 年委托法国 Tecnip 公司从经济、环境影响和开采技术的角度对申请矿区的多金属硫化物作了详细的研究，实现了商业试采。到目前为止，该公司已经在新西兰、巴布亚新几内亚等地获得超过 27. 8 万平方千米的勘探许可区，正在申请日本、意大利等专属经济区海域约 43. 6 万平方千米的海底热液硫化物勘探新区。

4. 海底天然气水合物①

（1）分布区域。

目前钻探发现和根据 BRS 推测的天然气水合物地点有 57 处，其中太平洋 25 处，大西洋 17 处，北冰洋 12 处，湖沼区（黑海、贝加尔湖）2 处，印度洋 1 处。天然气水合物主要分布在北半球，其中太平洋边缘海域最多，其次是大西洋西岸。从构造环境来看，主要分布在大陆边缘。

（2）各国开发状况。

美国天然气水合物的调查研究一直走在世界前列。2000 年，美国颁布了“甲烷水合物调查研究和开发行动法案”，并由此延伸出近 40 个相关调查研究项目。迄今为止，美国主导的整体开发方案（ODP）是世界上海底天然气水合物调查最多的国际机构。2009 年，美国的 JIP 项目完成了第二航行，证实了墨西哥湾储存性能良好的砂层中具有天然气水合物。

日本在天然气水合物勘探领域世界领先，在开发系统规划、开发设备研制、开发过程测试等方面取得了突破性进展。1999 年，日本利用“决心号”首次在其南海海槽实施海洋天然气水合物取样钻探施工；2004 年 1 月至 5 月，日本在其南海海槽完成了 32 个天然气水合物的钻探取样，并进行了开采试验研究（Tréhu et al. ，2004）。2012 年和 2017 年，日本在南海海槽进行了海底天然气水合物的试采试验。

① 资料来源：《中国大百科全书 · 中国地理》。

印度国家天然气水合物计划（NGHP）由印度石油和天然气部（MoP & NG）于1997年发起实施。印度对海底天然气水合物的研究区主要集中在克里希纳—戈达瓦里盆地以及安达曼群岛附近海域。2006年印度执行了国家天然气水合物计划，主要进行天然气水合物的大洋钻探、取心、测井及分析研究工作，并对其存在特征进行评估。2015年，印度在其东部海岸进行了第二航次任务，为未来天然气水合物的试采选定范围，被认为是印度实施国家计划以来最全面的一次天然气水合物调查。

韩国天然气水合物研究区主要集中在郁陵盆地，1997年，韩国对郁陵盆地的西南部开始了勘察，并于1998年首次发现了海底模拟反射层（BSR）。2000～2004年，韩国开展了区域地质试验研究，以准确了解韩国附近海域海底天然气水合物的分布特征。2007年，韩国开展了第一次天然气水合物钻探航次，确定了郁陵盆地中天然气水合物的存在。2010年7月7日至9月30日，第二钻探航次展开，成功完成了试采钻位的选择和资源潜力的评估。

（二）我国海洋深海矿产资源现状

与美国等发达国家相比，我国的大洋矿产资源调查工作起步较晚，由于有经验可循，我国从调查研究之初，就借鉴吸收了国外的经验教训。20世纪70年代中期，我国于大洋科学考察时在太平洋中部采集到结核；1985～1990年，国家海洋局在中太平洋和东太平洋海盆进行了4个航次的多金属结核调查，成果显著（于森等，2018）。1991年3月，我国多金属结核申请区获得批准，成为继法、日、苏联和印度之后第五个获批国家。1990～2001年，我国先后对东太平洋海盆CC区进行了10个航次的调查。2001年，与联合国国际海底管理局签订了《勘探合同》，尽管此合同已经到期，但与其他国家和相关机构一样，中国已经获得了多金属结核勘探合同的延期批准。

我国对海底热液硫化物的研究起步较晚。1985年，我国提出了热液成矿的多元理论。1988年，中德合作对马里亚纳海槽区热液硫化物的分布和成因进行了研究。1992年，海洋研究所独立组队，对冲绳海槽中部的热液硫化物进行了调查。2003年，考察团在太平洋和大西洋获取了大量热液硫化物样品。2007年，我国在西南印度洋中脊发现了新的海底热液活动区，实现了中国在该领域调查“零”的突破。

第四节　海洋能源和矿产资源发展中存在的问题

一、海洋能源发展中存在的问题

（一）缺乏法律规范和总体规划

尽管我国颁布了《全国海洋经济发展规划纲要》，对我国海洋能源的开发起到了一定程度上的促进作用，但我国缺乏专门针对海洋能源的国家总体规划，在协调海洋能源开发的整体和区域、陆地和海洋、中央和地方、国际和国内等重要关系时，缺乏必要依据，难以处理好整体开发布局、关键核心技术攻关创新、创新人才培养、海洋维权等重大事件。

（二）技术不成熟，难以实现商业化和产业化

我国海洋能源开发利用技术相对成熟的仅限于潮汐能、海上风能和海上太阳能，与国外相比，在规模方面仍有较大差距。

基础性工作亟待展开。从1958年起，我国就开始了一系列有关海洋能源的调查与研究，掌握了一定基础资料，但缺乏统一的海洋能源观测、发布信息的权威性机构，调查数据陈旧且统计口径不一致，为海洋能源的商业化应用增加了难度。

持续性经费不足，缺乏对企业的政策吸引。海洋能源的开发需要高技术，每一项技术成果的完成都需要大量的模拟实验和临海试验，各种设备还必须能够经受得住恶劣的海洋环境，没有持续性的经费支持，海洋能源的开发会陷入停滞。国外许多国家会通过调整网上定价、提供电力入网补贴等形式吸引企业参与，但我国在这方面的工作有所欠缺，企业缺位使海洋能源的开发难以实现产业化。

（三）经济障碍和体制困境

短期来说，海洋能源的经济性价比低。以潮汐能为例，建设一座潮汐发电站，每千瓦的投资低于相同规模的火电厂。从投资的角度来说，海洋能源尤其是海洋可再生能源的开发应用经济性较差。

目前我国的电网并网前期工作没有规范化，缺少一系列必要的规范政策和管理办法以确保电力的安全输送和电网的稳定运行。

存在多头管理、跨部门监管的问题，涉及海洋能源开发与管理的核心权力被分散到各个职能部门，这种管理体制会造成部门职权交叉、权责不明，使项目审批事项繁复，阻碍海洋能源的规模化发展。

二、海洋矿产资源开发中存在的问题

（一）整体规模较小，资金不足，技术水平落后

我国的海洋开采在海洋经济中所占比重很小，与其他发达国家相比，差距明显。以天然气为例，我国天然气总量占世界的2%，居世界第十位，但已探明的可采储量仅占世界的0.9%，居世界第20位①。这说明我国海洋矿产资源开采规模小，开发力度不够。

相比国外充足的资金支持，我国对海洋矿产资源开发的投资力度偏小，相关机构无法在有限的资金下完成更多的研究与调查工作，极易导致开发过程的突然中断或停滞，使科学研究与技术开发总体水平落后，关键核心技术缺失。具体来说，我国开发前期所做的基础准备工作不充分，使在海洋矿产资源开发过程中总会面临诸多难题；我国海域绝大部分没有实测数据作为支撑，数据缺乏可靠性；海洋地质和矿产资源勘探、开发技术相对落后，使得勘探效果不佳，海洋矿产的回收利用率低，资源浪费严重。

（二）粗放型开发，环境污染问题严重

我国海洋矿产资源的开发仍然处于粗放式状态，长期无节制、无成本、无规划地肆意用海，会使海洋矿产资源在短期内迅速枯竭，海洋污染也会更为严重。政府管理不当等各种原因使个人和集体挖掘频繁，极易破坏自然景观，海底矿产资源开发过程中发生的油气泄漏、井喷等现象会危害渔业生产，导致海岸线退化，甚至破坏整个海洋生态系统。

（三）海洋矿产资源被非法掠夺

我国的领海海域由黄海、渤海、东海和南海组成，除渤海属于内海不存在争议外，其他三个海区都存在不同程度的海权纠纷。随着海洋矿产资源的开发上升到国家战略高度，各周边国家纷纷开始主张对中国海域的领土主权，大量矿产资源被非法掠夺。

三、海洋能源今后的发展方向

（一）完善海洋可再生能源开发的政策法规体系

1. 建设海洋可再生能源开发利用的法律体系

从建设海洋强国的国家战略高度，对海洋能源给予重视，制定有针对性的

---

① 资料来源：《中国天然气发展报告（2018）》。

法律条款。同时做到去部门化、去笼统化、去掣肘化，协调好各部门、中央和地方、地方各级政府之间的关系，明确各方权责关系。

2. 完善促进技术进步的政策措施

建立全国性的海洋能源战略规划小组，加大专项资金投入力度，根据我国具体国情，锁定海洋能源开发的重点和关键核心技术领域，力争实现技术突破。以市场为导向，引进、消化后再创新，同时加强自主创新，构建产学研相结合的创新机制。积极参加各种国际合作，借鉴国外先进的技术和管理经验。

3. 制定推进产业发展的政策措施

实行海岛能源开发的特殊投资优惠政策，将海洋可再生能源的电价补贴额度提升40%，对民营企业投资的海洋能源开发项目给予优惠政策，优先安排政策性贷款，针对项目中涉及的进口设备给予零关税优惠。

4. 建立风险规避机制

建立海洋可再生能源开发利用的技术标准，防范项目风险；完善项目风险评估体系，由国家设立专向担保金，对自然灾害损失进行规避担保。

（二）统筹规划，有序发展

大力发展海上风电产业，由滩涂走向深水，由单站到风电厂，实现规模化发展，积极引导，加强规划，有序发展，在保护海洋生态的前提下为经济社会服务；发挥后发和集成优势，借鉴国外能源开发的先进技术，重点发展多能互补的综合电站，形成产业，批量生产；在现有的技术水平下，积极开展海流能、波浪能发电，为产业发展提供充足的电力支持；适度发展潮汐能发电站，认真总结现有经验，趋利避害，多种经营，尽可能减少成本，降低电价，着力发展中型潮汐电站；稳步推进温差能和盐差能技术创新。

（三）优化海洋可再生能源开发布局，发展装备制造业

海洋可再生能源的开发必须依据能源的分布特点和需求状况因地制宜、有的放矢，要从整体角度进行科学布局，有侧重、有先后地对相关海域海岛进行重点开发。以政府政策扶持龙头企业，充分发挥产业的集聚效应，利用海洋能源开发的高端装备制造优势，逐步形成产业群和产业基地，实现规模化发展。为中小企业发展提供良好环境，适度发展生产配套零部件的中小型企业，提升装备制造业的配套能力和整体竞争力。

四、海洋矿产资源可持续开发的对策

（一）加强海洋矿产资源的勘探水平和力度，推进高新技术研发

海洋矿产资源的开发必须以海洋地质工作为先导。在基础性海洋地质调查方面，不断增强海洋矿产的勘探力度和水平，尤其是要做好资源评价和普查勘探，扩大矿产资源覆盖范围。海洋公益性地质调查工作要与商业性矿产开发相结合，做好相关数据资料的搜集整理，为矿产的开发利用做好服务保障。要加强核心技术的研究，尤其是海底矿产勘探技术和资源开采后的冶炼加工技术，由于其要求的科研力量和资本投入较高，决定了我国必须在保证国内积极开发的同时，充分吸收发达国家在该领域先进的技术、资金和管理经验。

（二）以市场需求为导向，以可持续发展为原则

海洋矿产资源的开发要以可持续发展为原则，以国家市场需求为导向，努力研发专业设施和装备，吸纳培养高科技海洋人才，制订科学合理的开发计划，保护优质矿产资源，以促进海洋矿产的有效利用。国家要采取制定许可标准、推行有偿使用等措施，完善海洋矿产资源的管理制度，要处理好海洋资源开发、经济发展和环境保护的关系，大力推进清洁绿色生产，减少污染，保护海洋生态环境。

（三）加强宏观调控与政策引导

政府部门要加强对海洋矿产资源开发的宏观调控，通过适当的经济、行政和法律手段进行政策性引导，促进该行业的可持续发展。进一步明确所有权，使公众知晓矿产资源归国家所有，以解决目前海洋矿产资源开发中过度开采的现状。既要进行统一规划，又要根据各地区的实际情况因地制宜，构建合理的海洋矿产布局。制定合理的财税政策，减少矿产开发的成本，降低潜在风险，以吸引投资者。从国家的战略高度出发，政府要有长远的发展规划，制定并实施海洋矿产资源开发战略；要加强法律法规建设，维护海洋矿产的开发秩序，捍卫国家的海洋权益。

第五章
海洋科学创新资源分布

《全球海洋科技创新指数报告（2018）》对全球25个样本国家的海洋科技创新情况进行指数评价。2018年全球海洋科技创新指数居于前十位的国家分别是：美国、德国、日本、法国、中国、韩国、澳大利亚、荷兰、挪威、英国。中国从2017年的第六位上升到第五位，海洋经济也从高度增长期转向深度调整期。创新是指人类为了满足自身需要，从而不断拓展对客观世界及其自身认识的活动。也可以说创新者将资源以不同的方式进行组合，创造出新的价值。创新是推动民族进步和社会发展的不竭动力，在经济、技术等领域起到了举足轻重的作用。显而易见的是，创新才能使一个国家、一个民族走在时代前列。而创新需要资源支撑，创新资源是保障创新型国家战略成功实施、支撑经济转型升级的战略资源。创新资源指的是企业技术创新需要有各种投入要素，这些既是需要流动的商品，也是需要加以保护的重要资源。随着全球经济一体化程度不断加深和价值链的分解，世界正进入以创新要素全球流动为特征的开放创新时代。海洋产业创新资源分布状况关系到一个国家或地区海洋经济发展水平和未来发展前景，所以本章将从部分海洋产业出发分析海洋产业创新资源在全球的分布状况。

第一节　海洋电力业

一、海洋电力业概况

海洋电力业是指利用海洋能所进行的电力生产，其具有储量丰富、清洁、可再生等特点。海洋电力业的开发利用对解决企业发展过程中所面临的能源瓶颈、环境污染问题、偏远海域海岛用电问题等具有重要的意义。2018

年我国海洋电力业发展势头猛进，全年实现增加值 172 亿元，比上年增长 12.8%①。

海洋电力业涉及海洋风能、海洋波浪能、海洋温差能和潮汐能（如图 5-1 所示）。其中，海洋风能发电的技术已经日渐成熟，海洋风能产业也日渐稳定，成为未来电力发展的趋势，具有极大的市场潜力。海洋风能发电产业链中关键的产品有风电设备、叶片、电机和控制系统等。海洋波浪能主要是指在海风的带动下海水运动所蕴含的能量。海洋波浪能的能量是巨大的，一个波高 5 米、波长 100 米的海浪，在 100 米长的波峰片上就有 3120 千瓦的能量②。巨大的能量促使海洋波浪能研究发展迅猛，已经有部分领域进入了商业应用阶段。海洋波浪能发电产业链中关键产品有振荡水柱式装置、摆式转换式装置和振荡浮子式装置。海洋温差能主要来源于太阳辐射和地球内部向海水所放出的热量，其储量仅次于波浪能。海洋温差能与其他海洋新能源相比周期波动较小，能量更为稳定。运用海洋温差能发电的创新点主要是技术领域，包括热交换器和发电装置。潮汐能是海水在周期性涨落运动与水平运动中所蕴含的能量。潮汐能是人类最早利用的海洋能源，也是开发利用最为简便、最为现实的能量。国内外潮汐能发电技术也相对成熟。但由于初始投资巨大、影响生态环境，近几年潮汐能的发展缓慢。潮汐能发电产业的创新点在于技术领域，如浮动潮流涡轮机、水平轴式装置和垂直轴式装置。

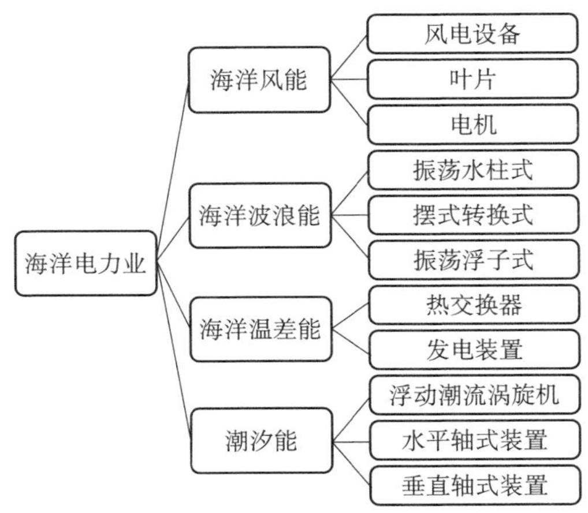

图 5-1　海洋电力业部分产业分类

① 自中国能源网查询所得。

② 自欧洲风能协会官网查询所得。

二、海洋电力业主要创新资源

（一）海洋风能

海洋风能是一个极具开发利用价值的清洁能源。海洋风能发电不断发展，缓解了沿海地区的能源短缺问题。2018 年，欧洲国家风能发电装机达到 189GW，其中海洋风能发电装机占比为 10%①。丰富的海洋风能资源和风能发电技术的不断进步完善，使海洋风能发电成为海洋电力业的支柱，海洋风能发电最有可能成为中国能源结构中处于主导地位的海洋替代资源。海洋风能发电产业已经进入产业化开发阶段，2018 年我国海上风电装机规模不断扩大，海洋电力业发展势头强劲，围绕海洋电力业先进技术的开发和引进，可以从技术层面助力我国海洋风电发展进程。海洋风能发电产业主要的创新资源在风电设备、叶片、电机等领域重点机构核心技术和领军人物。本节重点通过分析丹麦维斯塔斯公司、美国剪式风能公司、德国西门子公司、中国海洋石油总公司的核心研发者和核心专利来说明海洋电力业在海洋风能方面的主要创新资源。

1. 丹麦维斯塔斯公司

丹麦维斯塔斯公司②是一家成立于 1945 年的风力发电设备生产公司，总部位于丹麦奥尔胡斯。该公司是世界上最早开发海洋风电发电的开发者。维斯塔斯公司在全球范围内设计、制造、安装和维修风力涡轮机，在 80 个国家/地区拥有 105GW 的风力涡轮机，占有最大的风电设备市场份额。该公司主要提供风机、叶片、零部件的开发、制造、安装和维护的完整解决方案。维斯塔斯公司核心研发者为克里斯蒂·乔纳斯（Kristensen Jonas），他主要的技术领域是海上浮动风电机组，离岸风机和浮动海上风机架设，风机组装处理使用方法等（如表 5－1 所示）。

表 5－1 维斯塔斯公司部分核心专利

公开号	专利名称
CN1375040	风力涡轮机中的颤振阻尼
CN1662743	风轮机的雷电防护装置
EP1185790	有液体冷却的离岸风力涡旋机

① 资料来源：伍德麦肯兹（Wood Mackenzie）发布的《2019 年度全球风机整机企业市场份额排名》。

② 自丹麦维斯塔斯公司官网查询得知。

续表

公开号	专利名称
CN101326687B	风轮机、大电流连接器及其使用
CN101065576	风轮机、组装和处理风轮机的方法及其使用
CN101371036B	用于夹紧构件端部的夹持机构

资料来源：笔者自官网查询所得。

2. 美国剪式风能公司

美国剪式风能公司[①]总部位于美国加利福尼亚州。该公司主要从事于涡轮机制造、风电科技和风电项目发展。剪式风能公司设计生产了自主品牌“自由牌”2.5 中波风力涡旋机，并且在美国和欧洲积极发展风力发电项目。剪式风能公司核心研发者为德尔森·G. P. 詹姆斯（Delson G. P. James），并且围绕他组成了六人团队，在海上风能发电设备及其部件、海上风机、塔架安装等方面都拥有专利（如表 5 -2 所示）。

表 5 -2　　剪式风能公司部分核心专利

公开号	专利名称
WO200812615	可伸缩转子叶片结构
WO200995758	具有分离式后缘的可缩回桨叶结构
WO20076263	用于水力涡轮机和风力涡轮机的发电机
US20050012339	有故障穿越通过能力的发电机
WO2007110718	用于风轮机的热管理系统

资料来源：笔者自官网查询所得。

3. 德国西门子公司

德国西门子公司[②]是成立于 1847 年的全球电子电气工程领域领先企业，总部位于德国慕尼黑。2004 年该公司成功收购丹麦 Bonus 能源公司后，成为全球十强风电机组供货商。西门子公司可一站式风力发电系统中的塔架、变速箱、变电输电转换调节器、断电器等各种部件，该公司产品组合能力也很强。在海上风电项目可与丹麦维克塔斯匹敌，并且设计制造了第一台大型漂浮式海上风机。西门子公司核心研发者为斯蒂斯达尔·亨里克（Stiesdal Henrik），他的主要研究领域为安装平台基础结构、水下支撑结构、零部件和配件等（如表 5 -3 所示）。

---

① 自美国剪式风能公司官网查询得知。

② 相关信息自西门子官网查询所得。

表 5-3 西门子公司部分核心专利

公开号	专利名称
CN1239559	可编程逻辑控制器的诊断输入装置
CN102472253	风力涡轮机主轴承
CN101634722	定子装置、发电机、风力涡轮机及定位定子装置的方法
CN101128892	预测风资源的方法
CN101825071	用于水下工作的带冷却循环回路的电气构件

资料来源：笔者自官网查询所得。

4. 中国海洋石油总公司

中国海洋石油总公司[①]是成立于1982年的中国最大的海上石油生产商，总部位于北京。在2006年底中国海洋石油总公司的业务向海上风电领域发展，并将海上风电领域列为“未来三十年重点投入”领域。由于中国海洋石油总公司在海上风电领域起步较晚，现在主要是通过与专业的电力公司合作以积累经验，主要专利成果如表5-4所示。

表 5-4 中国海洋石油总公司部分专利

公开号	专利名称
CN101597011 CN201268549	海上风力发电塔架吊装用具
CN101429928	风力发电机组海上整体吊装的方法
CN101298279	一种风力发电机组海上整体安全吊装的方法
CN101318542	一种风电机组海上整体安全运输方法
CN1737497	一种海洋波浪载荷的测量方法和装置

资料来源：笔者据相关资料整理所得。

（二）海洋波浪能

海洋波浪能指的是海洋表面波浪所具有的丰富的动能和势能。1994年9月28日，瑞典客轮“爱沙尼亚”号被海浪掀翻，造成852人死亡[②]。如何将波浪能转换为电能，使制造灾难的巨浪为我们所用，是人们一直以来的梦想。经过两个多世纪的不断努力，人们发现可以通过转换装置设备将波浪机械能转换为电能。通常需要经过三次转换，首先由受波体吸收大海的波浪能，其次通

① 相关信息自官网查询所得。

② 爱沙尼亚号沉船事故调查重启 残骸发现两条新裂缝［OL］. 央视网，http://m.news.cctv.com/2021/07/13/ART13CyobRrPFDy1Y8aub18p210713.shtml.

过中间转换装置将波浪能转换为足够稳定的能量，最后就是与其他发电装置类似的发电装置将稳定的能量转换为电能。海洋波浪能所具有能量密度高、便于利用、分布面积广、清洁可再生等特点，使得波浪能发电也逐渐步入商业化。波浪能发电产业主要的创新资源在能量转换装置上，波浪能装置分为振荡水柱式波浪能发电装置、摆式转换式波浪能发电装置、振荡浮子式波浪能发电装置等。本节重点通过分析波浪能装置技术来说明海洋电力业在海洋波浪能方面主要创新资源。

1. 振荡水柱式波浪能发电装置

振荡水柱式波浪能发电装置一个重要的组成部分是气室，因此也被称作是空气透平式发电装置，是目前应用最为广泛的波浪能发电技术。振荡水柱式波浪能发电装置的安装方式可以是固定式（靠岸式）也可以是漂浮式。其优势是装置本身坚固简洁，机电部分在海面以上不用接触海水，发生故障概率低，易于维护。主要应用有澳大利亚 Oceanlinx 公司所研制的振荡水柱式波浪能发电装置（如图 5－2 所示）。该装置安装较为灵活且对安装环境要求较低，可以直接漂浮于海面也可以安装在海岸或近海海底。2012 年就已实现了并网发电，为当地居民提供电力。

图 5－2　Oceanlinx 公司振荡水柱式波浪能装置

资料来源：张大海．浮力摆式波浪能发电装置关键技术研究［D］．杭州：浙江大学，2011.

2. 摆式转换式波浪能发电装置

摆式转换式波浪能发电装置发电是以摆板为媒介将波浪能转化为机械能进而转换为电能的过程。摆式波浪能发电装置的转换效率较高，但不易于维护。主要应用有英国绿色能源公司研发的摆式波浪能装置牡蛎（Oyster）。2009 年研制的 Oyster 1－315kW 型全比例样机实现并网发电（如图 5－3 所示）。目前有两台 Oyster 800 - 800kW 型全比例样机在英国欧洲海洋能源中心进行业务化测试并实现并网发电。

图 5 - 3 Oyster 1 波浪能装置

3. 振荡浮子式波浪能发电装置

振荡浮子式波浪能发电装置是通过漂浮在海面上的浮子在波浪作用下上下浮动获得能量，因此也称之为点吸收式波浪能发电装置。振荡浮子式波浪能发电装置具有转换效率较高、水下施工建造难度低、成本较低廉等优点。主要应用有美国海洋电力技术公司研制的能量浮标（PowerBuoy）（如图 5 - 4 所示）。2011 年 1 月，PowerBuoy 150 型（PB150）通过劳氏船级社认证；同年，第一台 PB150 型装置完成海试，标志着该项技术进入商业化应用阶段。

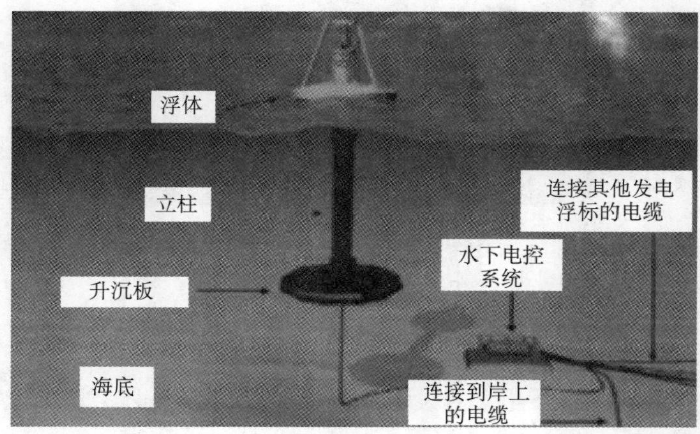

图 5 - 4 PowerBuoy 浮标结构

资料来源：张大海．浮力摆式波浪能发电装置关键技术研究［D］．杭州：浙江大学，2011.

（三）海洋温差能

海洋温差能能量的主要来源是太阳能。根据计算可知，在北纬二十度和南纬二十度区间的范围内，仅用其一半的面积用于发电，海水水温下降一度，平均可以获得6000亿千瓦的电能。海洋温差能的发电过程是，首先将海洋表面的温水抽到常温蒸发器中通过一定媒介使之蒸发成高压气体，其次高压气体经过透平机变为低压气体，再其次用深水区的冷水将低压气体冷凝成液体，最后液体经过加压器、蒸发器进行新的循环。温差能发电主要的创新资源在热交换器和发电装置上，其中发电装置包括了闭式循环发电装置和开式循环发电装置。温差能应用技术上的资源也集中于温差能资源丰富的美国、法国和日本。本节将通过先进的温差能装置来说明海洋电力业在海洋温差能方面主要的创新资源。

1. 美国夏威夷100千瓦温差能电站

美国的海洋温差能发电技术处于世界领先地位，美国的OCEES公司、马凯公司和夏威夷自然能实验室一直致力于开发利用海洋温差能，并掌握了有关发电装置、热交换器的核心技术。马凯公司于2010年在美国夏威夷自然资源实验室成功建立了海洋热能转换（ocean thermal energy conversion，OTEC）热交换测试系统。在2014年马凯公司安装完成透平发电装置和两台热交换器，同年建成100千瓦OTEC示范电站。2015年8月尝试发电成功并且成功并入美国国家电网。美国夏威夷100千瓦温差能电站是全球第一个真正的闭式温差能电站。该温差能电站换热系统配有两台热交换器，每台热交换器的热负荷为2MW①。

2. 法属留尼汪岛10MW OTEC项目

法国在海洋温差能发电技术也具有较大优势，法国国有船舶制造集团是海洋热能转换试点工厂，并且拥有热交换器的核心技术。2008年9月法国国有船舶制造集团与留尼汪岛区域政府正式签署陆地海上两方面实施方案的合约。2010年该项目陆上的研制工作完成，并运往海上进行组装调试。2013年法属留尼汪岛10MW OTEC项目进入测试阶段。法属留尼汪岛10MW OTEC项目的目标是在2030年拥有大功率的OTEC发电站组，并且总发电量要达到100～150MW②。

①② 岳娟等．国内外海洋温差能发电技术最新进展及发展建议［J］．海洋技术学报，2017，36（4）．

3. 日本冲绳县50千瓦海洋温差能电站

日本由于海洋温差能储量丰富、研究开发利用较早，在温差能发电领域处于领先的地位。日本的东芝公司、东京电力公司、佐贺大学优势领域在闭合循环发电装置方面，九州电力公司的优势是温差实验电站，除此之外佐贺大学海洋能源研究中心在电容器板热领域占据优势。日本冲绳县50千瓦海洋温差能电站是2013年由日本冲绳海洋深水研究院所建成，采用的是日本优势领域的闭合循环发电装置闭式朗肯循环，该温差能电站最大发电功率为50千瓦①。

（四）潮汐能

潮汐指的是一种遍及全世界的海平面周期性变动的现象，在太阳和月亮的万有引力作用下，海平面不辞辛苦地每昼夜两次涨落。潮汐能已经是海洋能技术中最为成熟和利用规模最大的一种能源。1967年建在法国圣马洛湾朗斯河口的朗斯电站是第一座商业价值和实用性较大的潮汐电站。潮汐能发电的创新资源在于发电机组的技术上。其中将潮汐能转换为机械能的机器设备种类有：螺旋桨式水轮机、开敞环流式水轮机、轴流式水轮机等。技术上降低水轮机造价的技术有：研制高效并适应海水腐蚀的灯泡贯流式发电机组和全贯流式水轮发电机组。海洋电力业在潮汐能方面主要的创新资源有：法国阿尔斯通公司、奈尔皮克公司，奥地利安德列兹VA-Tech水电公司，中国东方电机等掌握的灯泡贯流式发电机组技术；加拿大多米宁公司，瑞士苏尔寿公司，哈尔滨工程大学等掌握的全贯流式水轮发电机组技术。

三、海洋电力业创新资源分布状况

海洋电力业在各国发展战略中起到越来越重要的作用。全球海洋电力业主要创新资源集中在欧洲、美国、日本、新加坡等地区，其中欧洲的技术最为领先。海洋风电场、海洋波浪电场等在这些国家已经形成了较好的技术积累。我国海洋发电业已经有了一定基础，但与发达国家相比还有较大差距。具体来说，海洋电力业主要集中于三个创新区域：一是欧洲的巴黎、爱丁堡、慕尼黑、都柏林、布里斯托等地区。二是美国的旧金山、洛杉矶、森尼韦尔、卡屏特里亚、纽约、墨瑟、亚特兰大等地区。三是亚洲的东京、佐贺、新加坡、青岛、广州等地区。

海洋风能发电的关键技术和专利主要集中于丹麦、美国、德国、日本等国家。这些国家都为海洋风能的发展制定了全方位的政策支持，在海洋风电场领域

---

① 岳娟等．国内外海洋温差能发电技术最新进展及发展建议［J］．海洋技术学报，2017，36（4）．

及其产业方面已经形成了较好的技术积累，走在了世界前列（如图5－5所示）。

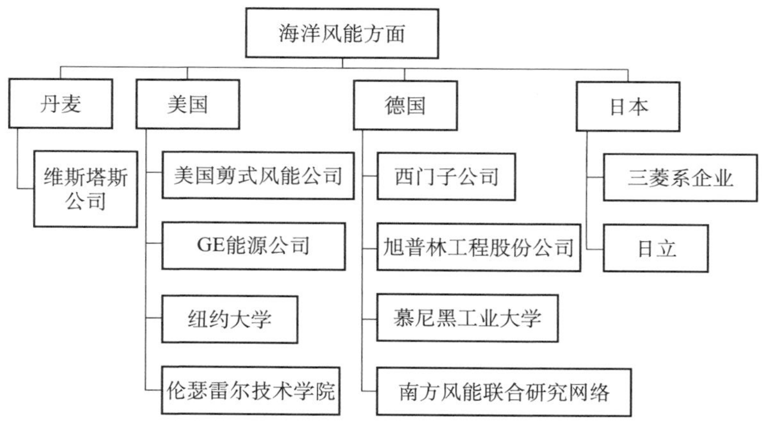

图5－5 海洋风能创新资源主要分布区域

海洋波浪能发电已经进入百千瓦级示范电站阶段，欧洲地区的波浪能发电技术整体居于领先地位，美国、日本、澳大利亚等国家也在加紧研发。除图5－6中列出的在波浪能开发利用方面具有代表性的公司以外，还有丹麦波龙APS（Wave Dragon APS）、葡萄牙波能中心（Wave Energy Center）、澳大利亚海洋林（oceanlinx）等公司，中国的中国科学院广州能源研究所、浙江大学、中国海洋大学在波浪能发电方面也取得了不错的成绩。

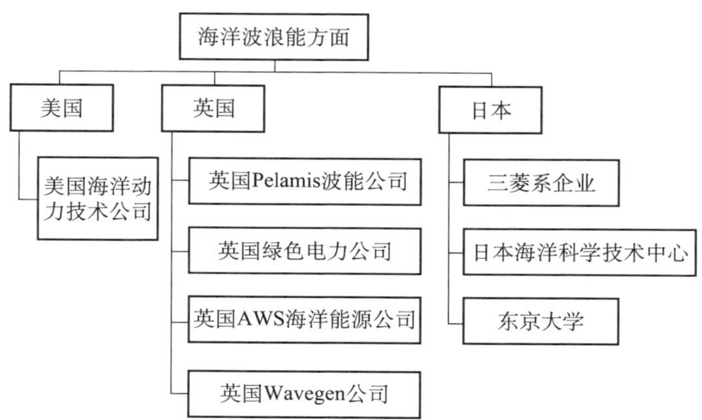

图5－6 海洋波浪能创新资源主要分布区域

海洋温差能资源主要集中在低纬度地区，为了更好地利用这种储量巨大、相对稳定的能源，温差能资源丰富的国家将更多的目光放在温差能利用方面。因此，温差能发电研究机构和核心技术也主要集中在温差能资源丰富的国家或地区，如美国、日本、法国等国家（如图5－7所示）。

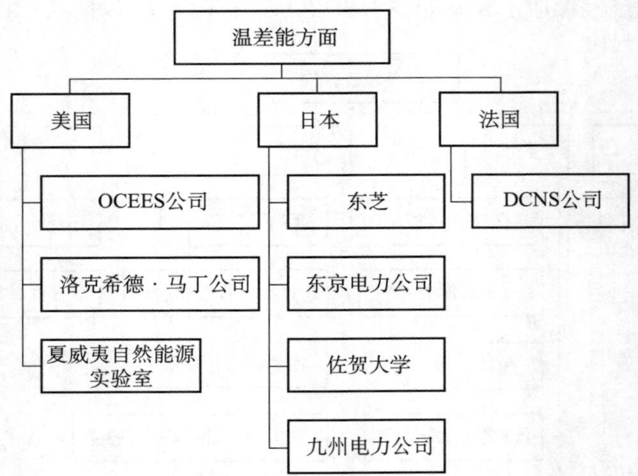

图 5-7 温差能创新资源主要分布区域

欧洲和北美洲拥有漫长的海岸线，因而有大量的稳定且廉价的潮汐资源。丰富的潮汐资源促使北美洲和欧洲在潮汐能发电领域注入大量人力、物力、财力，在开发利用潮汐能方面一直走在世界前列。英国、法国、日本等国家在潮汐发电的研究开发领域保持着领先优势（如图 5-8 所示）。

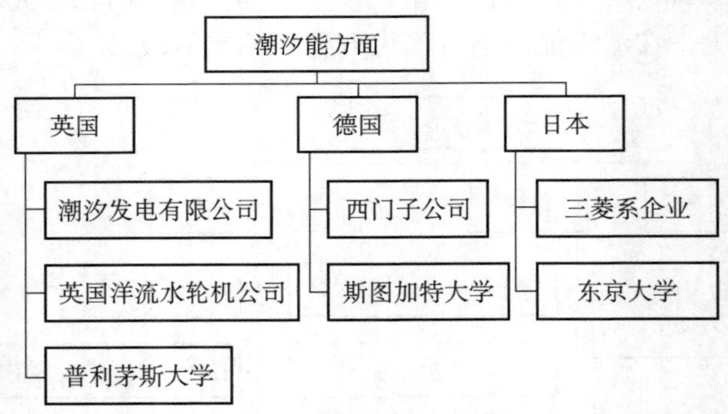

图 5-8 潮流能创新资源主要分布领域

第二节 海洋生物医药产业

一、海洋生物医药产业概况

海洋生物医药产业是指直接以海洋生物为原料或者间接地从海洋生物中分

离出具有特异活性的化合物，将其通过一定方法做成药物的产业。主要包括了海洋生物药物、海洋生物医用材料、海洋生物制品。海洋生物药物研究主要是对抗肿瘤海洋药物、抗病毒海洋药物、抗心脑血管疾病海洋药物、抗老年痴呆海洋药物、泌尿系统海洋药物、消化系统海洋药物、消炎镇痛海洋药物等领域的研究。海洋生物制品研究主要是对海洋保健品、海洋生物酶、海洋生物农药、海洋植物促生长剂、海洋化妆品等领域的研究（如图 5 - 9 所示）。

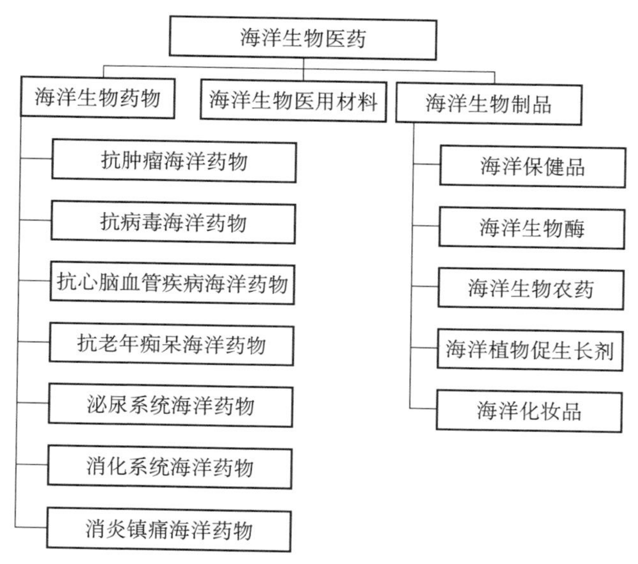

图 5 - 9　海洋生物医药产业主要分类

经济不断发展伴随着陆地资源的日渐枯竭，人们把目光更多地聚集在海洋这个“蓝色药库”，海洋生物医药产业也成为国际医药界关注的热点。从 20 世纪 90 年代开始，美国、日本、英国、法国、俄罗斯等国家在海洋生物医药产业发展方面投入了巨额的资金，并且推出了“海洋生物技术计划”“海洋生物开发计划”“海洋蓝宝石计划”等国家发展计划。到目前为止得到国际公认的海洋生物医药是抗生素中的头孢系列、阿糖腺苷系列和褐藻酸钠系列。国外进入临床研究的海洋生物医药大多数为抗癌药物，国内也有十多种药物进入了临床研究阶段。2018 年海洋生物医药研发不断取得新突破，医药产业生产总值达到了 413 亿元，比上年增长 9.6%，海洋生物医药产业极具市场潜力①。

① 资料来源：2018 年《中国海洋经济统计公报》。

二、海洋生物医药产业主要创新资源

（一）海洋生物药物

海洋生物药物包括了抗肿瘤海洋药物、抗病毒海洋药物、抗心脑血管疾病海洋药物、抗老年痴呆海洋药物、泌尿系统海洋药物、消化系统海洋药物、消炎镇痛海洋药物、海洋中药等。本节将通过分析生产海洋生物药物的重点企业组织的主要产品和主要研究领域来研究海洋生物医药产业在海洋生物药物方面主要的创新资源。

抗肿瘤海洋药物行业的重点企业组织有：西班牙泽尔蒂亚（Zeltia）生物制药集团、日本卫材制药公司、加拿大埃特娜（Aeterna）实验室、日本第一制药株式公社等。西班牙 Zeltia 生物制药集团的主要产品是抗卵巢癌海洋药物永德利斯（Yondelis），日本卫材制药公司主要产品是甲磺酸艾日布（Halaven）注射剂，加拿大 Aeterna 实验室主要产品是新伐司地［Neovastat（AE－941）］，日本第一制药株式公社主要产品是 TZT－1027 注射液。

抗病毒海洋药物行业的重点企业组织有：英国恒基兆业莫利研究及发展有限公司、中国海洋大学、中国医药大学、南方科技大学等。英国恒基兆业莫利研究及发展有限公司主要研究的疱疹病毒主要产品是从红藻中提取抗病毒物质，中国海洋大学主要研究 911（聚甘古酯），中国医药大学主要研究鲨肝生长刺激素（HSS），南方医科大学主要研究海鞘醇。

抗心血管疾病海洋药物行业的重点企业组织有：挪威的阿克尔海洋生物公司、中国海洋大学、上海中医药大学、北京大学等。阿克尔海洋生物公司主要的技术是从磷虾中提取抗心血管疾病物质，主要产品有磷虾油，中国海洋大学主要研究藻酸双酯钠、D－聚甘酯、海参多糖等，上海中医药大学主要研究海藻多糖，北京大学主要研究海星甾醇。

抗老年痴呆海洋药物行业的重点企业组织有：佛罗里达大学、日本大鹏药物公司、中国海洋大学等。佛罗里达大学和日本大鹏药物公司主要产品都是抗老年痴呆海洋药物 GTS21，中国海洋大学主要研究寡糖类药物。

泌尿系统海洋药物行业的重点企业组织有：西班牙 Zeltia 制药公司、中国海洋大学兰太药业有限责任公司、吉林省辉南长龙生化药业股份有限公司等。西班牙 Zeltia 制药公司主要产品有 Yondelis，中国海洋大学兰太药业有限责任公司主要产品有健脾消渴散，吉林省辉南长龙生化药业股份有限公司主要产品有海昆肾喜胶囊和肾海康。

消化系统海洋药物行业的重点企业组织有：中国海洋大学兰太药业有限责任公司、安徽先求药业有限公司、上海交通大学微生物代谢国家重点实验室、中国人民解放军 302 医院等。中国海洋大学兰太药业有限责任公司主要产品有海麒舒肝胶囊，安徽先求药业有限公司主要产品有乌贝颗粒，上海交通大学微生物代谢国家重点实验室主要研究 HSS（鲨肝刺激物质），中国人民解放军 302 医院主要研究海鞘醇。

抗炎镇痛海洋药物行业的重点企业组织有：人类基因组公司、爱尔兰伊兰公司、爱尔兰爵士制药公司、加拿大英飞凌公司（Inflazyme）、中国康特公司、浙江海力生制药公司、韩国科学技术研究所等。人类基因组公司主要产品有 CVID（AN336），爱尔兰伊兰公司主要产品有齐考诺肽（Ziconotide），爱尔兰爵士制药公司主要产品有 PRIALT，加拿大 Inflazyme 公司主要产品有 IPL512. 602、IPL550. 260、IPL576. 092，中国康特公司主要产品有 TTX（河豚毒素），浙江海力生制药公司主要产品有氨糖美辛片，韩国科学技术研究所主要研究含海藻、贻贝提取物作为活性成分的炎症性疾病的预防和治疗。

（二）海洋生物医用材料

国内外生产生物医用材料的重点企业有：美国霍姆肯公司（Homcon）、英国医药贸易公司（Med Trade）、英国施乐辉公司、优格医疗用品公司、北京圣医耀科技发展有限责任公司、秦皇岛药用胶囊有限公司等。美国霍姆肯公司主要产品有壳聚糖基止血绷带，英国医药贸易公司主要产品有壳聚糖基止血粉 Celox、纱布，英国施乐辉公司主要产品有海藻酸盐伤口护理敷料，优格医疗用品公司主要产品有藻酸盐敷料，北京圣医耀科技发展有限责任公司主要产品有海藻酸钠微球血管栓塞剂，秦皇岛药用胶囊有限公司的主要产品有海藻多糖空心胶囊、海藻多糖胶。

（三）海洋生物制品

海洋生物制品研究主要是对海洋保健品、海洋生物酶、海洋生物农药、海洋植物促生长剂、海洋化妆品等领域的研究。本节将通过分析生产海洋生物制品的重点企业组织的主要产品和主要研究领域来研究海洋生物医药产业在海洋生物制品方面主要的创新资源。

海洋保健品行业重点企业组织有美国罗氏制药国际集团公司、美国惠氏公司、加拿大海洋营养保健品公司、上海恒寿堂药业有限公司等。美国罗氏制药国际集团公司主要产品有海狗油、深海鱼油、螺旋藻、海豹油，美国惠氏公司主要产品有鱼油、螺旋藻、海狗油，加拿大海洋营养保健品公司主要产品有精炼 omega-3 鱼油，上海恒寿堂药业有限公司主要产品有深海鱼油。

海洋生物酶行业重点企业组织有：中国水产科学研究院黄海水产研究所、中国海洋大学等。黄海水产研究所主要研究的生物酶有低温碱性脂肪酶、低温碱性蛋白酶、溶菌酶、低温过氧化氢酶等，中国海洋大学主要研究的生物酶有硫酸酯酶、裂合酶、碱性蛋白酶、裂解酶等。

海洋生物农药行业重点企业组织有：北海国发海洋生物农药有限公司、上海泽元海洋生物技术有限公司、德国拜耳公司、日本住友化学工业株式公社等。北海国发海洋生物农药有限公司主要产品有净土灵，上海泽元海洋生物技术有限公司主要产品有康地蕾得，德国拜耳公司主要产品有藻类和甲壳素农药，日本住友化学工业株式公社主要产品有海藻除草剂。

海洋植物促生长剂行业重点企业组织有明月海藻集团、烟台斯维德生物科技有限公司日本井原化工有限公司等。明月海藻集团主要产品有明月海藻肥，烟台斯维德生物科技有限公司主要产品有斯维德海藻肥，日本井原化工有限公司主要产品有甲壳素壳聚糖提取物制造植物生长促进剂产品 VIVIFUL。

海洋化妆品行业重点企业组织有日本资生堂、法国纪梵希、美国水芝澳公司、伽蓝集团股份有限公司等。日本资生堂主要是白娣颜（Whitia）海洋系列，法国纪梵希的墨藻珍萃面霜，美国水芝澳公司的 h20 海洋修复系列，伽蓝集团股份有限公司的自然堂娇颜再生系列。

三、海洋生物医药产业创新资源的分布

全球海洋生物医药产业的创新资源主要集中在 14 个创新高地，它们分别是北美洲的纽约、印第安纳波利斯、波特兰、盖恩斯维尔，亚洲的北京、青岛、上海、东京、首尔，欧洲的伯明翰、伦敦、马德里、勒沃库森、巴塞尔。

第三节 深海技术装备产业

一、深海技术装备产业概况

深海技术装备产业是集信息技术、新能源技术、新材料技术、生物技术、空间技术以及军事装备技术等于一体的综合性强的高新技术产业。深海技术装备产业是对海洋进行探索和资源利用不可或缺的一环，也是影响开拓深海进程的瓶颈环节。深海技术装备产业的发展在很大程度上可以代表一个国家或地区的科技水平和国防力量。深海技术装备产业的发展不仅有利于社会发展和国家领土安全，对其他产业也有不可估量的价值，如海洋旅游业、深海打捞救生等。

深海技术装备产业可以分为四类：深海运载类装备、深海拖曳类装备、深

海勘测类装备和深海取样类装备。深海运载类装备主要有载人潜水器（HOV）、有缆遥控水下机器人（ROV）、自治水下机器人（AUV）、水下滑翔机等，深海拖曳类装备主要有浮游生物记录仪、拖曳式温盐探测仪、拖曳式声学系统等，深海勘测类装备主要有温盐深剖面仪（CDT）、ADCP、ACCP、多波束回声勘测仪、海气相互作用气象系统等，深海取样类装备主要有保真取样设备等。

二、深海技术装备产业主要创新资源

（一）深海运载类设备

深海运载类设备指的是运载各种机械设备、电子设备甚至是人到深海特定区域进行特定作业的深潜技术。深海运载装备涉及的高新技术很多，最为关键的有深海运载器复合材料、耐压仪表舱技术、高精度定位技术、水下目标跟踪技术、水声通信和图像传输技术、高效生命维持技术等。

载人潜水器方面主要创新资源有：日本海洋科学技术中心研制的深海6500型，俄罗斯希尔绍夫海洋研究所研制的“和平1”号、“和平2”号，法国海洋开发研究院研制的法国“鹦鹉螺”号、“西娜”（Cyana）号，美国伍兹霍尔海洋研究所研制的“阿尔文”号，中国国家海洋局、中国大洋协会等机构共同研制的“蛟龙”号载人潜水器等。

有缆遥控水下机器人方面主要创新资源有：美国蒙特里海洋研究所研制的维塔娜号（Ventana），美国伍兹霍尔海洋研究所研制的ATV号、JASON号，法国海洋开发研究所研制的Victor 6000号，日本海洋科学技术中心研制的UROV7K号、KAIKO号，德国阿特拉斯电子公司研制的“海浪”号、“海狐”号，中科院沈阳自动化所研制的“海极”号、“海潜”号等。

无人自治水下机器人方面主要创新资源有：美国洛克希德·马丁公司研制的马林自治水下机器人，德国阿特拉斯电子公司研制的“海猫”号、“海獭”号，法国开发研究院研制的Aster x号，英国南安普顿海洋中心研制的AUTO-SUB号，美国麻省理工学院研制的CARIBOU号、CETUS号、ANTHOS号，哈尔滨工程大学研制的“探路者”号等。

水下滑翔机方面主要创新资源有：美国斯克里普斯（Scripps）海洋研究所研制的Spray水下滑翔机，美国华盛顿大学研制的SeaGlider水下滑翔机，日本东京大学研制的ALBAC水下滑翔机，法国国立海洋工程学院研制的STERN水下滑翔机，美国韦伯（Webb）研究公司研制的电动Slocum、温差能驱动Slocum，沈阳自动化研究所研制的水下滑翔机，天津大学机械工程学院研制的温差能驱动水下滑翔机等。

（二）深海拖曳类装备

深海拖曳类装备主要包括声学拖曳系统，连续浮游生物记录仪（CPR），拖曳式温、盐、深探测仪等。深海拖曳类装备主要的创新资源有：美国伍兹霍尔海洋研究所研制的拖曳声呐 DSL-120A，法国开发研究所研制的拖曳式声学系统（SAR），法国特雷兹集团研制的拖曳式声呐，中船重工 702 所和中国科学院声学研究所共同研制的深水声学拖曳系统，英国海洋生物学家 Alister Hardy 设计的连续浮游生物记录仪，英国切尔西仪器公司研制的拖曳式温、盐、深探测仪 SeaSoar 等。

深海拖曳类装备其他的创新资源有：美国伍兹霍尔海洋研究所研制的改进船和浮标用的气象测量系统 IMET 计划、海气相互作用气象系统、生物光学多频率声学物理环境记录仪 BIOMAPER-Ⅱ，加利福尼亚大学圣地亚哥分校研制的通信系统 HiseasNET 等。

（三）深海勘测类装备

深海勘测类装备种类较多，主要包括了温、盐、深剖面仪，声学多普勒测流仪，多波束回声探测仪等。深海勘测类装备在国外已经成为一项产业，如挪威的多波束探测系统的制造业已经成为出口创汇产业，全世界有 80 多艘船只装备了这种系统。

温、盐、深剖面仪方面主要的创新资源有：美国海鸟公司研发的海鸟直读式、自容式 CTD 系列产品，中国国家海洋技术中心研制的 YZY4-1 型温盐传感器等。

声学多普勒测流仪方面主要的创新资源有：美国 TRDI 公司研制的 ADCP、ACCP 系列产品，山东省科学院海洋仪器仪表研究所、国家海洋技术中心等共同研制的 SLC18-1 型走航式声学多普勒海流剖面仪、ACCP 实验样机等。

（四）深海取样类装备

深海取样类装备在海洋科学界越来越受重视，通过深海取样类装备我们可以得到研究所需要的最真实的样本，还可以发现大自然未被发现的新的特性。在研究海洋极端微生物的多样性、海洋污染物对深海生态系统的影响、重要基因资源的开发等方面都需要深海取样设备特别是保真取样设备。

保真取样设备方面主要的创新资源有：欧盟海洋科学和技术计划的保压取芯器 HYACE 系统，大洋钻研计划的保压取芯器（PCS）、保压采样桶（PCB），日本石油公司石油开发技术中心研制的保温保压取芯器（PTCS），浙江大学研制的深水浅孔天然气水合物保真取样器。

深海取样类装备其他的创新资源有：丹麦 KC－丹麦公司（KC-Denmark）研制的多通道沉积物柱状取样器，加拿大 NTI 公司研制的拖网监视系统 NETMIND，德国普瑞萨公司（Preusssag）研制的电视抓斗，广州海洋地质调查局研制的蚌式抓斗、振动采样器，北京先驱高科技开发公司研制的电视抓斗等。

三、深海技术装备产业创新资源分布状况

目前深海技术装备处于领先地位的国家是美国、法国、俄罗斯、日本。创新资源主要分布在北美地区、欧洲地区和东亚地区。

北美地区深海技术装备产业创新资源分布状况。深海技术装备产业的创新高地集中在美国的华盛顿地区，加州圣迭戈、旧金山地区，休斯顿地区及波士顿地区（如表 5－5 所示）。

表 5－5　北美地区深海技术装备产业创新资源分布状况

创新高地	重点企业组织	主要技术及产品
美国华盛顿	美国海军	深潜器及声纳
美国加州圣迭戈、旧金山地区	Teledyne TRDI 公司 美国蒙特利湾海洋研究所	多普勒声学测流仪（ADCP）；多方位测波计；声学多普勒计程仪（DVL）ROV（ATV 号、JASON 号、JASONII 号）；AUV（Tethys 号）
美国休斯敦地区	美国国际海洋工程公司 贝克休斯公司 壳牌石油公司 雷神公司	ROV 技术、模拟、培训；千年加 ROV，万能加 ROV、光谱 ROV；雷达；测深；导航
美国波士顿地区	蓝鳍机器公司 Teledyne Benthos 公司 McLane 实验室 麻省理工大学 伍兹霍尔海洋研究所	Benthos 深海水下声学释放器 McLane 时间序列浮游植物采样器、浮游动物采样器；AUV（CARIBOU 号、CETUS 号、ANTHOS 号）；载人潜水器（阿尔文号）

资料来源：王云飞，谭思明，赵霞，等．深海装备产业全球创新资源分布研究——基于 Orbit 专利平台［J］．情报杂志，2013，32（12）：93－97.

欧洲地区深海技术装备产业创新资源分布状况。欧洲的创新高地主要集中在法国的巴黎、德国的不来梅及英国的伦敦。欧洲深海装备专利的主要特点是：专利家族数量并不多，但是涉及的机构数量较多，专利分布广泛，产品知名。其中，巴黎拥有最多的创新机构和专利（如表 5－6 所示）。

表 5－6　　欧洲地区深海技术装备产业创新资源分布状况

创新高地	重点企业组织	主要技术及产品
法国巴黎及周边	泰雷兹集团 COFLEXIP S. A. 公司 ECA 公司 法国造舰局 法国海洋开发研究院	主/被动声纳、主/被动拖曳声纳（captas mk2v1）、水下系统；深潜器；无人深潜器制造公司军用深潜器（反水雷深潜器）、民用深潜器（ROVH 系列、AUV ALISTER 系列）；深潜器的结构、能源、布放、回收；载人深潜器鹦鹉螺号、AUV（Aster-X）、ROV（VICTOR 6000）
德国不来梅	德国阿特拉斯电子公司	无人深潜器（海狐号、海狼号、海猫号、海獭号等）
英国伦敦	英国航太公司 英国石油公司 BP	无人深潜器；ROV 在水下设施中的应用

资料来源：王云飞，谭思明，赵霞，等．深海装备产业全球创新资源分布研究——基于 Orbit 专利平台［J］．情报杂志，2013，32（12）：93－97.

东亚地区深海技术装备产业创新资源的分布状况。东亚地区深海技术装备产业的创新高地主要集中在中国、日本、韩国。在水下机器人、无人探测器、海底采样系统等方面都取得了较大的成就（如表 5－7 所示）。

表 5－7　　东亚地区深海技术装备产业创新资源分布状况

创新高地	重点企业组织	主要技术及产品
日本东京、西宫	三菱重工株式公社 三井造船株式公社 KODEN 光电制造所 古野电气株式公社	无人深潜器（深海 6500）、鱼雷型无人驾驶式深潜器；万米级深海无人探测器海沟（KAIKOU）号；AUV；自航式海底采样系统（NSS）；取水管道检测清扫机器人；水质调查机器人；海洋雷达、回声雷达；水下摄影机器人；管道检测机器人
韩国安山	韩国海洋科学技术院	用于海洋科研类水下机器人

第四节　海洋新材料产业

一、海洋新材料产业概况

海洋新材料是海工装备制造的基础和支撑，直接关系到海洋强国建设和海洋安全。海洋新材料，一类是指能从海洋中提取的新型材料，包括海洋生物材料、海洋锰结核、海洋无机盐景须材料等；另一类是指专属用于海洋开发的各类特殊材料，包括海洋新型防护材料、海洋深潜材料、海洋淡化关键材料、新概念海洋材料、海洋敏感与检测材料、海洋军用材料等。

海洋新材料是海洋高新技术产业发展的先导，是海洋领域重大技术装备定型与使用的突破口。随着“海洋世纪”的来临，美国、英国、日本、韩国等纷纷调整本国的海洋政策，把海洋科技发展与海洋新材料研发提到了同等重要的地位。如美国政府在金融危机之后提出的再工业化战略，大力扶持新材料产业。日本、德国等国家也加大了对新材料产业的研发力度，力图在新材料产业领域占据有利地位，抢占更多的市场先机。世界各国把目光集聚在仿生材料和环境保护材料等方面，抓住未来新材料发展的趋势。

经过多年的发展，我国海洋新材料产业实现了部分产品的完全国产化，但高端产品和核心技术仍依赖进口。我国海洋防护技术与发达国家相比存在明显的差距，涉海重防腐涂料基本被国外大公司垄断。2015 年 5 月，国务院将海工装备列为十大重点推动的领域之一。在世界各国争先抢占新材料市场的趋势下，我国也立志走在世界先进水平行列，国家高度重视海洋新材料产业的发展，先后将其列入《新材料产业发展指南》《“十三五”国家战略性新兴产业发展规划》《关键材料升级换代工程实施方案》等，我国在海洋涂料、深海耐压材料、空心玻璃微珠、耐腐蚀合金材料等方面都取得了较大的成就。

二、海洋新材料产业主要创新资源

海洋涂料方面的创新资源有：属于无锡自抛光防污涂料的是海洋化工研究所研制的 TF-SPC9228 等；属于低表面能防污涂料的是阿克苏诺贝尔研制的横断系列（Intersleek）等；属于仿生防污涂料的是国家海洋局第一海洋研究所研制的辣素防污剂，日本关西涂料株式公社所进行的仿海豚皮研究工作等。

深海耐压浮力材料方面的创新资源有：美国浮选技术公司研制的高强度 Flotec™复合泡沫塑料和聚氨酯弹性体制品，英国巴尔莫勒尔近海工程公司研制的钻探立管浮力材料、ROV/AUV 浮力材料，美国洛克希德导弹空间公司研制的用于浅海的 OPS 级和深潜用 SPD 级固体浮力材料，海洋化工研究院研制的水面到水下 10000 米用固体浮力材料系列产品，哈尔滨工程大学研制的水下 7000 米用固体浮力材料等。

空心玻璃微珠方面的创新资源有：美国 3M 公司研制的 K25 型产品，美国 PQ 公司研制的 Q-CE 系列和 SPHERICEL 系列，美国艾默生和康明复合材料公司研制的密度为 0. 38 ~0. 45g/cm^3 的产品，日本旭硝子公司研制的密度为 0. 2 ~ 1. 5 g/cm^3，粒径为 1 ~ 20μm 的产品，青岛旭昕化工有限公司研制的密度为

0.10g/cm^3，粒径为 10～100μm 的产品等。

耐腐蚀合金材料方面的创新资源有：美国钛金属公司研制的钛合金 β21S（用于热交换器、船舶），日本钢铁工程控股公司研制的 SP-700 钛合金，日本三菱重工有限公司研制的镍合金、锌合金，日本日立金属有限公司研制的钴合金、锌合金、铜合金，德国维兰德公司研制的铜合金材料，西北有色金属研究院研制的 Ti31、Ti75、Ti-B19 钛合金，蚌埠玻璃工业设计研究院研制的海水淡化用铜合金管材（长度达到 18 米），西南铝业集团有限公司与中南大学合作研制的 $AI-Mg^2-Si^3$ 合金等。

三、海洋新材料产业创新资源分布状况

全球海洋新材料产业创新资源主要集中在美国，日本，中国以及以荷兰、丹麦、德国、挪威为代表部分的欧洲国家，主要分布在：美国克利夫兰—匹兹堡沿线地区，威尔明顿—费城沿线地区，比迪福德市，明尼阿波利斯—圣保罗沿线地区，达拉斯市，荷兰阿姆斯特丹，丹麦哥本哈根，挪威桑德尔福德，德国杜塞尔多夫，日本东京、大阪，中国青岛。

美国：美国东北部地区海洋新材料产业发达，共有三个比较集中的区域，一是克利夫兰—匹兹堡沿线地区，海洋涂料产业发达；二是威尔明顿—费城沿线地区，海洋涂料、深潜材料及海洋生物材料的研发及应用实力较强；三是缅因州的比迪福德市，其因为美国浮选技术公司所在地而成为全球深水浮力系统设计和制造的先导区域。美国另外两个海洋新材料产业发达的区域分别是明尼苏达州的明尼阿波利斯—圣保罗沿线地区，海洋涂料和深潜材料产业发达；另外是得克萨斯州的达拉斯市，因其所拥有的美国钛金属公司提供世界钛需求的近 1/5 产品而成为世界重要的稀有金属新材料研究和开发中心。

欧洲：荷兰、丹麦、挪威、德国等国家海洋新材料发达，是全球海洋新材料产业重要的创新中心之一。其中，荷兰阿姆斯特丹、丹麦哥本哈根、挪威桑德尔福德的涂料工业发达、研发机构集中；德国在涂料及特种钢、耐蚀合金方面均有较强的竞争力。

日本：日本以东京大阪为核心，在海洋新材料领域已形成较强竞争力，尤其是在海洋涂料、海洋金属材料、空心玻璃微珠及海洋生物材料等领域，已取得领先优势。其中东京地区集聚了大批实力强劲的海洋金属材料及海洋生物材料研究机构，大阪地区在海洋涂料产业表现突出，拥有一批知名企业以及实力较强的科研机构。

第六章
深海与极地极端环境

深海和两极地区有着异于其他地区极端的环境，尽管生存条件看似较为恶劣，但是仍然孕育了许多特有的生物和资源。在资源稀缺与经济全球化的背景下，有很多国家把深海和极地作为战略资源纳入国家公共政策制定系统，也有国家把开发深海和极地资源放在国家战略层面上组织实施。走向深海大洋、两极地区，获取深海能源和探测极地极端环境对未来国家能源战略开发至关重要。本章分析了深海和极地地区的基本概况和被利用现状，以及存在的问题，为未来的开发利用提出有针对的建议。

第一节　深海环境与资源

一、深海环境概况

深海区指的是海平面3000～6000米以下的海洋栖息地，也是远洋区域的一个重要层次。在海平面以下3000～6000米的深度下，这个区域处于永久性黑暗中，同时这片区域也构成了海洋80%的部分以及覆盖了地球60%的面积。深海层的大部分区域温度只有2℃～3℃。同时因为深海层没有光线或者光线微弱，所以这里没有任何植物能生产氧气。但是由于深海区生物数量较少，氧气的消耗相应减少，并且深海区的水是由北极和南极富氧表层冷水下沉而产生的，所以含氧量高。而到了深海底部，含氧量又下降，因为那里生物栖息密度相对其他地区来说比较高。深海底部的广大面积都覆盖以微细的沉积物，通常被称为软泥。综上所述，这个区域可以被定义为完全黑暗、大气压极其大，以及平均气温只有2℃～3℃的区域。

当我们到达海洋的更深处时，海沟的深度甚至可以延伸至9100米，海底部分从大陆架以外的大陆斜坡至深度达10000米的超深渊带，虽然深海区是地球上最大的生态区，但是，迄今为止人们对深海区的了解还很不充分，同时在海底数千米深处的海沟或者深海裂缝几乎从没有被人类探测到。此前，只有“的里雅斯特”号深海潜艇、“凯克”号遥控潜艇和“尼雷乌斯”号能够下潜到这些深度。然而，截至2012年3月25日，“深海挑战者”号深潜器潜入马里亚纳海沟10898.4米的深度①。

植物是所有生态系统的基石，也是一种独特的生态系统形式。由于深海区没有植物，所以生活在这一区域的生物不能依靠植物或食草动物作为生态系统的基础，取而代之的是那些将深海区称为“家园”的物种，只能依靠仅存的获取能量的方式。它们必须互相取食，或者以从深海区之上落在深海区死去的有机物质为食。正是因为这些掉落的物质，深海区的生物才得以存活，开始繁衍。

生活在这一深度的生物必须进化以克服深海区带来的挑战。鱼类和无脊椎动物必须进化以承受在这个水平上存在的极度寒冷和巨大的压力。它们不仅要想办法在持续的黑暗中捕猎和生存，还要在一个氧气和生物量、能源或猎物都比上层地区少的生态系统中茁壮成长。为了能在一个资源少、气温低的地区生存，许多鱼类和野生动物进化出新的习性来适应生存。令人惊讶的是，深海区由许多不同类型的生物组成，包括微生物、甲壳类动物、软体动物、不同种类的鱼类，以及一些可能尚未被发现的其他生物。深海区大部分鱼类为底栖或底栖鱼类。底栖鱼指的是其栖息地非常接近或在海底的鱼，通常小于5米，深海区大多数鱼类都属于这种类别。

二、深海资源开发的制度安排

深海待勘探发现的资源数量非常多，具有较高的战略价值，故常被称为海底战略性资源（袁沙，2018）。世界上主要的海洋国家围绕海底资源分配、战略空间和科学技术的竞争越来越多，有序合法的国际制度下各国对海底战略性资源的争夺也逐渐摩擦升级。西方国家自20世纪中后期以来在深海资源开发方面的投资力度持续加大。20世纪40年代，“二战”后海底资源利益纷争的序幕拉开，起因为美国联邦政府单方面宣布对近海石油资源进行开发，美国通过其在资源开发上的技术与资本优势主导了海底收益的分配，美国在保持海洋勘探、矿产资源勘探与开发领域居于世界领先地位的基础上扩充对外洋和深海的观测能力，进一步确立了海洋勘察国家战略。美国总统杜鲁门于1945年发

---

① 詹姆斯·卡梅隆入万米深海 全世界仅有两人成功［OL］. 央视网，http：//news. cntv. cn/world/20120412/106998. shtml.

布《杜鲁门公告》，该公告宣布对美国疆域附近的海底资源实行控制权和管辖权，从而拉开了海底利益纷争的序幕，自此各个国家纷纷效仿，陆续单方面宣布各自大陆架宽度的政策声明，各国对于海底资源的争夺导致了海洋秩序的紊乱。

1958 年，联合国召开了第一次海洋法会议以规范海洋秩序，这次会议最主要的成果就是当年缔结的《大陆架公约》。第二次海洋法会议于 1960 年召开，解决了第一次海洋法会议未解决的两个问题：领海宽度和捕鱼区范围问题。而联合国第三次海洋法会议从开始到签字闭幕用了 9 年时间，可能是世界上持续时间最长的“马拉松会议”。发达国家和发展中国家，海洋大国与别的国家，沿海国家与内陆国家，资源输出国家与资源消费国家在会议上都想得到更多的海洋权益。第三次海洋法会议于 1973 年开始，截至 1982 年《联合国海洋法公约》（以下简称《公约》）签字，一共召开 11 期 16 次会议。创造了三个之“最”，分别是规模最大、参加国最多、时间最长。《联合国海洋法公约》包括了岛屿制度、专属经济区、海洋环境的保护和安全、探矿、勘探和开发的基本条件等部分内容。1994 年 7 月，联合国大会正式通过了《执行协定》，对海底管理局的生产政策、技术转让、决策等一系列海底制度条款都做出了修正。

《联合国海洋法公约》一共设立了三个国际机构，即国际海底管理局、国际海洋法法庭海底争端分庭和大陆架界限委员会。国际海底管理局已经出台了三个关于资源勘探的规章，分别是《“区域”内富钴铁锰结壳探矿和勘探规章》《“区域”内多金属硫化物探矿和勘探规章》《“区域”内多金属结核探矿和勘探规章》。这部《公约》准确界定了世界各国的海洋权利，明确了与海洋相关的各种概念，如领海、临接海域、专属经济区以及大陆架等。《联合国海洋法公约》是国际海洋立法上的一个重要里程碑，它所建立起的海洋法律制度第一次对海洋法各个领域作了系统而明确的规定，标志着在世界范围内的海洋新秩序的确立，同时也为各国构建国内海洋法制指明了方向。

《联合国海洋法公约》关系到世界上所有人民的共同利益，它是经世界上各个国家相互协商所得到的关于海洋的普遍规则，这一公约的颁布，有助于维护沿海各国的合法权益，包裹领土主权和经济利益。该《公约》还帮助世界上的沿海国家建立新的海洋开发秩序，对于可持续发展海洋经济具有重要意义。《联合国海洋法公约》是海洋问题的根本大法，是规范和解决所有海洋问题的根本大法，是研究和制定新的国际海洋法律的基础，也是调整修改现行海洋法律的依据，是世界各国制定海洋法律体系的“母法”。《联合国海洋法公约》具有最高权威的法律效力。它的制定和实施都是政府行为，在国际上具有最高的权威性，缔约国承诺全面履行《联合国海洋法公约》，恪守权利和义务，并强调在执行该公约时“不得做出保留或例外”。由于《联合国海洋法公约》反映着历史发展的潮流，有益于人类的发展和对海洋公正、公平地利用。它是个无限期条约，没有可以废除或中止的条文，只能随着社会的进步和海洋科技的发展而不断完善，关系着人类未来的繁荣与发展。因此，《联合国海洋法公约》是立足于保持海洋可持续发展的永久性海洋大法典。

2016 年，我国出台了《中华人民共和国深海海底区域资源勘探开发法》(以下简称《深海法》)，我国担保的承包者在国际区域海底进行战略性资源勘探开发活动从此有了法律依据。该法包括：总则，勘探、开发，环境保护，科学技术研究与资源调查，监督检查，法律责任和附则七个部分的内容，共 29 条规定。我国的海底科技水平和深海资源勘探开发能力建设仍然较弱，与发达国家相比存在较大差距，而立法有利于整合资源，避免重复建设，加强法律监督、制度保障。《深海法》的出台，开启了中国海洋事业发展的新航程。《深海法》对资源的勘探开发作了详细的规定，包括勘探开发的条件和承包者的权利义务。《深海法》的出台，彰显了我国作为联合国常任理事国的大国风范，表明我国积极承担海洋责任，为全世界海洋资源的开发贡献自己的力量。我国积极引导海洋深海资源的开发和利用，表明我国维护全人类共同利益的决心，对于海底资源的开发和利用具有重要意义。《深海法》的出台将进一步规范我国海底资源的开发和利用，推动我国海洋科学技术的进一步发展。

三、深海战略性资源概况①

(一) 海底矿产资源

海底矿产资源是深海战略性资源的重要组成部分。海底矿产资源主要包括结核、富钴结壳和热液硫化物三种类型，各类型及其富集的主要金属、其他金属或非金属资源如表 6－1 所示。除此之外，还包括可燃冰、煤矿资源、稀土资源和海滨砂矿。

表 6－1　　海底矿产资源主要类型及其富集的金属或非金属资源

主要类型	主要金属	富集的其他金属或非金属资源
结壳	镍、钴、锰	钨、钼、铋、钍、铌、铂、碲、钛、钇、锆
结核	铜、锰、镍	锂、钴、钇、钼、REE、锆

① 相关资源介绍均来自《中国百科大辞典》。

续表

主要类型	主要金属	富集的其他金属或非金属资源
海底块状硫化物	金、铜、银、锌	镓、砷、铟、硒、镉、锗、镝

资料来源：周平，等．深海矿产资源勘查开发进展、挑战与前景［J］．国际矿业动态，2016（11）：27－32.

开发深海海底矿产资源可以满足产业发展对战略性矿产的需求、全球经济增长对原材料的需求，促进海底采矿相关服务和装备的研发，促进海底填图及相关技术的发展，提升对海底战略性资源的认识，维护国家的战略利益。荷兰资源专业中心数据显示，2010年在关于深海采矿方面的创新力评价中，美国排在第一位，其次是欧洲，中国居第三位，然后依次为日本、韩国。

1．多金属结核

多金属结核，又称锰结核，一般位于海底沉积物上，往往处于半埋藏状态，大小不等，一般直径在5～10厘米之间，表面大多光滑，但也有表面粗糙、呈椭球状或其他不规则形状的多金属结核。多金属结核系由包围核心的铁、锰氢氧化物壳层组成的核型石，其核心可能是放射虫或有孔虫介壳、鲨鱼牙齿、玄武岩碎屑，或先前结核的碎片。多金属结核含有钴、镍、铜、钛、铝、钼、镭、铁、锰等几十种元素。世界海底储藏的多金属结核大约有3万亿吨。其中镍可供世界用25000年，锰可供世界用18000年。太平洋海域的多金属结核价值最高且分布广泛，被调查到有开采价值的远景矿区面积是30多万平方千米，联合国已经批准将其中15万平方千米的区域分配给我国作为开辟区，其次是印度洋。

2．富钴铁锰结壳

富钴铁锰结壳多为黑色或黑褐色，结壳厚度为5～6厘米，表面呈鲕状、瘤状或肾状，断面构造多呈层纹状、偶尔呈树枝状，储藏在300～4000米深的海底，产出于海脊、海山、海丘和台地的顶部和侧翼，或在碎石堆上形成结皮，或在岩石露头上形成厚结壳。根据已掌握的矿点数据统计结果可知，印度洋海底分布最少，只占4.9%；大西洋海底占14.3%；太平洋海底分布最多，约占80.8%。与全球资源量、全球多金属结核含量相比，太平洋海山的富钴铁锰结壳中所含的金属量都是非常可观的。

3．热液硫化物

“热液硫化物”亦称多金属硫化物、块状硫化物，含有铅、锌、铜、银、金等多种元素，同时也是一种海底战略性资源，主要出现在2000米水深的断裂活动带和大洋中脊上。海底裂缝受海水入侵后，地壳深处热源将海水加热，多金属化合物被溶解，烟雾状的喷发物从洋底喷出后受冷凝聚成块状硫化物，因此被形象地称为“黑烟囱”。热液硫化物不仅能形成海底矿藏，而且很可能和生命起源有关，因此具有巨大的生物医药价值。

4. 可燃冰

天然气水合物遇火可以燃烧，它的外观却像冰一样，因此被称作“可燃冰”。在一定条件（合适的压力、温度、水的盐度、气体饱和度、pH 值等）下，水和天然气在低温和中高压条件下混合组成的非化学计量的、类冰的、笼形结晶的化合物就是可燃冰，它被誉为 21 世纪最具有商业开发前景的战略资源之一。形成天然气水合物的主要气体为甲烷。1 个体积单位的可燃冰可以分解为 0.8 个体积单位的水和 164 个体积单位的天然气，因此，164 立方米的天然气所释放出的能量等同于 1 立方米的可燃冰释放出的能量。国际公认目前全球可燃冰的总能量是所有天然气、石油和煤的 2 ~ 3 倍。

5. 海底煤矿资源

海底煤矿资源一般埋藏于陆地煤田向海底延伸的海底岩层中。作为陆地煤矿的一个补充资源，海底煤矿已经被开采多年，近年来作为一种潜在的巨大资源越来越被世界各国重视。表 6 – 2 介绍了目前英国、日本、加拿大、智利、中国等国的海底煤矿分布区，显示了各国对海底煤矿不同规模的开发开采，并获得了巨大的社会经济效益。

表 6 – 2　　海底煤矿主要分布区

国家	海底煤矿分布区
英国	苏格拉和英格兰交界地带的纽卡斯尔及达勒姆郡东北部、诺森伯兰郡东南的浅海地区
日本	九州西岸、北海道东岸
加拿大	新斯利舍省的布雷顿角岛附近
智利	康塞普西翁城以南海底
中国	山东省龙口以及黄海、东海、南海北部、中国台湾

资料来源：朱胜斌，莫都．深海矿产资源勘查开发进展、挑战与前景［J］．环球人文地理，2017（22）．

6. 稀土资源

稀土资源可以广泛应用于冶金、轻工、电子、机械等诸多领域，因此是一种极其重要的战略性资源。稀土资源直接影响着核能、电子、航空航天和光学仪器等高新技术产业的发展速度和发展水平，在大量材料科学与高新科技领域起着不可替代的作用，被誉为“现代化工业维生素”。稀土是一系列金属元素的统称，包含钪、钇和镧系元素（15 种）共 17 种元素。稀土资源在全球并不属于稀缺资源，虽然绝对量比较大，但是稀土元素的载体是稀土矿，而稀土矿在全球的分布不集中并且大多是伴生矿，可供开采的具有工业价值和商业价值的稀土矿比较少，另外，稀土矿在各国之间的分布不均匀，主要分布在少部分国家。研究表明，海山上的富钴结壳和海盆内的多金属结核都含有稀土元素。除了铁锰矿石外，稀土元素也大量储存于深海沉积物中，例如，印度洋、太平洋的深海沉积物中都含有稀土元素。

7. *海滨砂矿*

在滨海地带，重矿物碎屑在海流、河流、波浪和潮汐作用下聚集形成的次生富集矿床就是海滨砂矿。海滨砂矿顾名思义，指的是处在海滨地带的砂矿，但是不仅仅局限于此，它还包括在地质时期形成于海滨，后因海岸下降或海面上升作用而处于海面以下的此生富集砂矿。海滨砂矿中有许多非常重要的矿物资源，例如：耐高温和腐蚀的、核反应堆和核潜艇用的锆英石、锆铁矿；飞机外壳、火箭用的铌和反应堆及微电路用的钽的独居石；发射火箭用的固体燃料钛的金红石；某些海区还有银、白金和黄金等。此外还有经济价值极高的金刚石、铂、砂金、银；在核工业和航天工业中作用极大的铌钽铁矿和锡石；广泛应用于高新技术工业领域的磷钇矿和独居石；非金属矿物中的贝壳、石英砂、琥珀等亦含有一定价值（耿晓阳，2011）。中国的海滨砂矿资源储量丰富且分布较广，如台湾、山东半岛、辽东半岛和广东沿岸均分布着海滨砂矿，且大多数为复矿型砂矿，主要的砂矿资源有独居石、钛铁矿、金红石、磁铁矿、金、锆石等，常见的主要砂矿有铂、锆、锡、金、钍、金刚石等。

（二）海底生物资源

海底生物资源是指长期或短期栖息于海床洋底及其底土、对海底生态系统具有维持作用的一切生物资源（宋杰和许望，2015）。国际海底区域生物资源是指国际海底区域表面或沉积物中的各种栖生物，国际海底管理局法律和技术委员会弗里达（FRIDA）女士将栖生物解释为“在国家管辖之外的海床上或海床下不能够移动或其躯体须与海床或底土保持接触才得以存活”（许健，2017）。目前的科学资料称，海底生物资源的组成主要包含两个部分，一部分以裸 DNA 的形式存在于海底底土之中，另一部分以具有生命的生物形式存在。海底生物资源长期栖息于海底，伴随着高压、高挥发性气体浓度、温度剧烈变化和黑暗等恶劣的自然条件。这种特殊的环境使得海底生物有着独特的生命结构，因此极大地拓展了人类的生物基因库。若将海底生物简化分类，即可按其生物学特征分为海底植物、海底动物和海底微生物三大类。其中，海底植物主要包括海藻和红树植物；海底动物主要包括脊索动物门、棘皮动物门、节肢动物门、软体动物门、腔肠动物门和海绵动物门；海底微生物包括古菌、细菌、真核微生物。

（三）深海海底油气资源

深海海底油气资源指的是国际海底区域的石油和天然气资源，由于大陆架油气资源开采较早且相对简单，因此仅研究深海区域海底油气资源。

四、国际深海资源勘探形势与现状

根据国际海底管理局官网上的信息可知，到目前为止，同国际海底管理局签订的勘探合同有 29 份，其中包括 22 个国家，覆盖了超过 130 多万平方千米的海底，占国际深海海底面积的 0.7%，世界海域的 0.3%。在这 29 份合同中，有 12 份是来自发展中国家。目前有 13 个国家和一个政府间联营集团拥有勘探多金属结核的合同，7 个国家拥有勘探多金属硫化物的合同，5 个国家拥有勘探富钴铁锰结壳的合同。我国在国际海底区域一共有四块资源勘探海域，是中国大洋协会作为承包者同国际海底管理局签订的关于多金属结核、富钴铁锰结核和多金属硫化物三种资源的勘探合同。

（一）多金属结核勘探现状

全球海洋中大约覆盖了 54×10^6 平方千米的多金属结核，其中太平洋覆盖面积最大，约有 23×10^6 平方千米，尤以东太平洋的 CC 区中的多金属结核最富集且最具潜在经济价值（王海峰等，2015）。其次为印度洋，分布面积约 $10 \times 10^6 \sim 15 \times 10^6$ 平方千米，大西洋则约有 8×10^6 平方千米（Vineesh et al.，2009）。

从 20 世纪 60 年代起，苏联、美国、日本、法国等经济体就开始在太平洋东部和中部进行大规模的调查研究，并且取得了较多研究成果。1983 年起，海金联、苏联、日本、法国、中国、韩国、德国先后向国际海底管理局申请在太平洋 CC 区获得多金属结核开辟区，并与国际海底管理局签订了勘探合同。从苏联时期开始，俄罗斯就开始进行海底矿产资源调查，因此是开展海底资源调查起步较早的国家，其于 1956 ~ 1958 年编制了太平洋多金属结核分布图，1983 年成为第一个先驱投资者申请国，20 世纪 80 年代中期展开了对热液硫化物、富钴结壳和多金属软泥的调查。美国在东太平洋 CC 区圈定了多块多金属结核富矿区，是最早开展多金属结核调查研究的国家之一（如图 6 - 1 所示）近年来看，美国多金属结核的调查工作已基本结束，将重点转向富钴结壳和热液硫化物调查（Hein et al.，2013）。之后，瑙鲁、汤加、英国、基里巴斯、比利时、新加坡、库克群岛等国家或地区先后向国际海底管理局提交了多金属结核矿区申请并获得核准（如表 6 - 3 所示）。

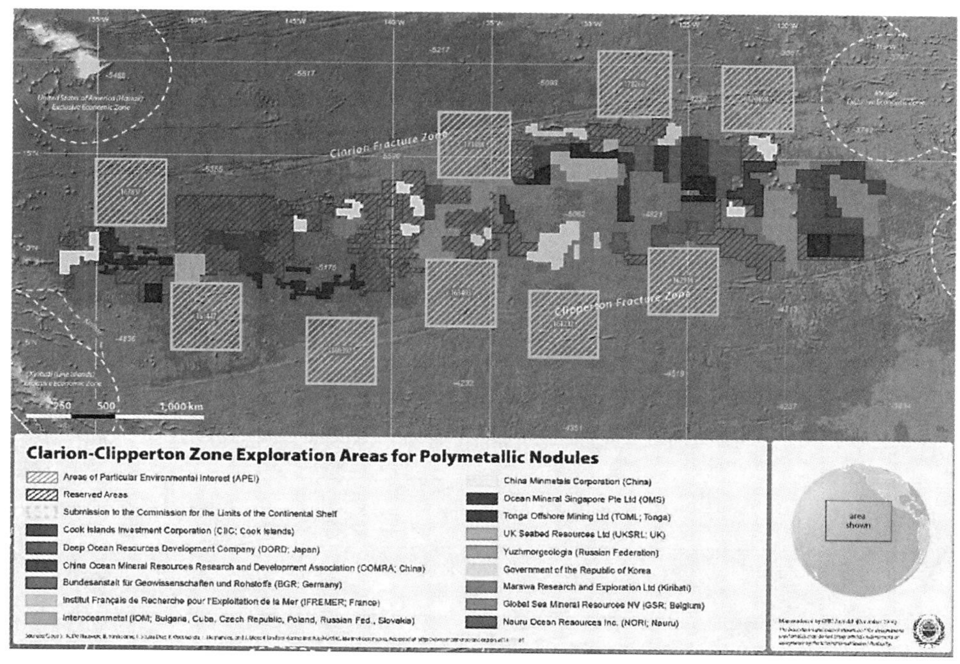

图 6 - 1　东太平洋 CC 区多金属结核调查区分布图

资料来源：于淼等．世界海底多金属结核调查与研究进展［J］．中国地质，2018（1）．

表 6 - 3　多金属结核勘探合同

序号	承包者	生效日期	担保国	勘探区域大体位置	面积（万平方千米）	终止日期
1	国际海洋金属联合组织	2001. 3. 29	保加利亚、古巴、捷克共和国、波兰、俄罗斯联邦、斯洛伐克	CC 区	7. 5	2016. 3. 28
2	俄罗斯海洋地质作业南方生产协会	2001. 3. 29	俄罗斯联邦	CC 区	7. 5	2016. 3. 28
3	韩国政府	2001. 4. 27		CC 区	7. 5	2016. 4. 26
4	中国大洋矿产资源研究开发协会	2001. 5. 22	中国	CC 区	7. 5	2016. 5. 21

续表

序号	承包者	生效日期	担保国	勘探区域大体位置	面积（万平方千米）	终止日期
5	深海资源开发有限公司	2001. 6. 20	日本	CC 区	7. 5	2016. 6. 19
6	法国海洋开发研究所	2001. 6. 20	法国	CC 区	7. 5	2016. 6. 19
7	印度政府	2002. 3. 25	—	中印度洋海盆	7. 5	2017. 3. 24
8	德国联邦地质科学及自然资源研究院	2006. 7. 19	德国	CC 区	7. 5	2021. 7. 18
9	瑙鲁海洋资源公司	2011. 7. 22	瑙鲁	CC 区（保留区域）	7. 5	2026. 7. 21
10	汤加近海矿业有限公司	2012. 1. 11	汤加	CC 区（保留区域）	7. 5	2027. 1. 10
11	全球海洋矿产资源公司	2013. 1. 14	比利时	CC 区	7. 5	2028. 1. 13
12	英国海底资源有限公司	2013. 2. 8	大不列颠及北爱尔兰联合王国	CC 区	7. 5	2028. 2. 7
13	马拉瓦研究与勘探有限公司	2015. 1. 19	基里巴斯	CC 区（保留区域）	7. 5	2030. 1. 18
14	新加坡大洋矿产有限公司	2015. 1. 22	新加坡	CC 区（保留区域）	5. 8	2030. 1. 21
15	英国海底资源有限公司	2016. 3. 29	大不列颠及北爱尔兰联合王国	CC 区	7. 5	2031. 3. 28
16	库克群岛投资公司	2016. 7. 15	库克群岛	CC 区（保留区域）	7. 5	2031. 7. 14
17	中国五矿集团公司	2017. 5. 12	中国	CC 区	7. 5	2032. 5. 11

资料来源：中华人民共和国驻国际海底管理局网站、国际海底管理局网站、各承包者所做报告。

（二）富钴结壳勘探现状

20 世纪 50 年代，美国中太平洋考察队发现了太平洋水下海山上存在着铁锰质的壳状氧化物，但是这并未引起他们的重视。此后，俄罗斯、美国亦曾分别对中太平洋海山和夏威夷群岛上的铁锰氧化物开展过调查。德国“太阳号”科考船于 1981 年对中太平洋海域的富钴结壳开展专门性的调查，这引起了海洋学家和各国政府对富钴结壳的密切关注和高度重视。1983 ~ 1984 年，美国地质调查所对太平洋、大西洋等海域进行了一系列航次的调查研究，发现存在着许多有开采价值的富钴结壳矿床，如太平洋海域专属经济区（包括密克罗尼西亚、马绍尔群岛和基里巴斯群岛联邦）、美国专属经济区（夏威夷和约翰斯顿群岛）以及中太平洋国际海域 800～2400 米水深的海山处。1986 年，日本成立了富钴结壳调查委员会，开始对富钴结壳进行调查研究，这是因为其在米纳米托里西马群岛区域采集到了富钴结壳的样品。1987 年 7～8 月，国营金属矿业会社在米钠米—威克群岛 550～3700 米处的海域进行了调查，发现该海域存在着平均厚度为 3 厘米、钴含量达到陆地矿 10 倍以上的富钴结壳矿层。此后，日本于 1991 年在西太平洋的第 5 号 Takuyou 海山进行了调查，发现储量 0.96 亿吨的富钴结壳和大量的钴结壳蕴藏在该海山 300 平方千米 1500 米水深的范围内。

西、中太平洋海山区中马绍尔、莱恩、马尔库斯—威克、中太平洋、麦哲伦和夏威夷海岭等几座大型海山链是太平洋海域中富钴结壳的主要产出区，相对来说，无论是在金属 Co 含量方面还是在结壳厚度方面，这些海山区域的结壳质量都明显优于其他区域，因此日本、俄罗斯、韩国以及我国在内的多个国家都在这些区域进行了大量的调查研究工作（如表 6－4 所示）。

表 6－4　富钴铁锰结壳勘探合同

序号	承包者	生效日期	担保国	勘探区域大体位置	面积（立方千米）	终止日期
1	日本国家石油天然气和金属矿物公司	2014. 1. 27	日本	西太平洋	3000	2029. 1. 26
2	中国大洋矿产资源研究开发协会	2014. 4. 29	中国	西太平洋	3000	2029. 4. 28
3	俄罗斯联邦自然资源和环境部	2015. 3. 10		太平洋麦哲伦海山	3000	2030. 3. 9
4	巴西矿产资源研究公司	2015. 11. 9	巴西	大西洋里奥格兰德海隆	3000	2030. 11. 8
5	大韩民国政府	2018. 5. 27		西太平洋		2033. 5. 26

资料来源：中华人民共和国驻国际海底管理局网站、国际海底管理局网站、各承包者所做报告。

（三）热液硫化物勘探现状

现代海底热液硫化物调查最早开始于 20 世纪 40 年代，截至 2012 年，已探知的海底热液硫化物大量蕴藏的地区有：加拉帕戈斯群岛、卡尔斯伯格海岭、南大西洋海岭、莫娜（Mohna）海岭、南大西洋中脊。表 6－5 详细介绍了各国家热液硫化物的勘探情况，印度洋、大西洋和太平洋是热液硫化物矿的主要分布区。其中，硫化物矿最主要分布于太平洋海区，集中于西南太平洋火山弧、西太平洋火山弧和东太平洋洋隆；印度洋的硫化物主要分布于印度洋洋脊，集中于三联点附近；大西洋的硫化物主要分布于赤道以北的大西洋中脊（如马努斯盆地（Manus Basin）、拉乌盆地（Lau Basin）、斐济北部盆地

(North Fiji Basin) 等)。此外，北冰洋洋脊、地中海、红海也有少量硫化物矿化点分布。表6-6介绍了签订硫化物勘探合同的国家或地区。

表6-5　各国家热液硫化物勘探情况

国家	勘探开发
美国	1983年，美国国家海洋大气局制订了5年计划，重点研发胡安德富卡海脊的海底热液硫化物。同年海洋地质专家们乘“阿尔文森”号潜艇调查研究东太平洋海隆上北纬10°~13°海域的海底热液矿床，1984年又对胡安德富卡海脊进行了调查。1988年在东太平洋发现蕴藏着24个热液硫化物涌出口的海域和一海山的南坡水深2440~2620米处有一个东西宽200米、南北长500米的硫化矿物沉积层
日本	日本投资75亿日元，建造了能下潜2000米的“深海2000”号深潜器，专门用于调查热液硫化物。1983年，日本的海洋地质专家们对四国海盆、马里亚纳海槽等处的热液矿床进行调查。之后，日本海洋开发中心投资220亿~230亿日元，建造能下潜6000米的深潜器——“6500”号，该过程用了7年时间，专门用于调查海底热液矿床
加拿大	1985年初，多伦多大学的斯科特教授领导的一个调查队乘“潘德拉2号”潜艇调查了温哥华岛西部约200千米的海脊，发现了3个宽度超150米、厚度超7米的沉积带，一共发现了17个总量超150万吨的海底热液硫化物矿床沉积层
英国	2013年2月据媒体报道，在对加勒比海海底的考察中，英国科学家发现了一组热液喷口，该喷口位于开曼海沟，这是迄今为止人类发现的最深的热液口。其水深将近5000米，有将近10米的高度，从热液口中喷出的水温温度达到401摄氏度，这是目前为止勘探到的温度最高的热液

资料来源：刘永刚，姚会强，于淼．国际海底矿产资源勘查与研究进展［J］．海洋信息，2014（3）.

表6-6　多金属硫化物勘探合同

序号	承包者	生效日期	担保国	勘探区域大体位置	面积（万平方千米）	终止日期
1	中国大洋矿产资源研究开发协会	2011.11.18	中国	西南印度洋脊	1	2026.11.17
2	俄罗斯联邦政府	2012.10.29	—	大西洋中脊	1	2027.10.28
3	韩国政府	2014.6.24	—	中印度洋	1	2029.6.23
4	法国海洋开发研究所	2014.11.18	法国	大西洋中脊	1	2029.11.17
5	德国联邦地质科学家和自然资源研究院	2015.5.6	德国	中印度洋脊和东南印度洋洋脊	1	2030.5.5
6	印度政府	2016.9.26	—	印度洋洋脊	—	2031.9.25
7	波兰共和国政府	2018.2.12	—	中大西洋洋脊	—	2033.2.11

资料来源：中华人民共和国驻国际海底管理局网站、国际海底管理局网站、各承包者所做报告。

（四）可燃冰勘探现状

到目前为止，全球40多个国家开始进行可燃冰的调查和研究工作，有100多处矿点发现可燃冰①。1934年，苏联首次发现了麦索亚哈气田，这是世界上发现的第一个可燃冰矿田，引起世界各国对可燃冰的关注，苏联还是第一个成功开采可燃冰的国家。到了20世纪60年代苏联又发现西伯利亚的永久冻土下藏有大规模的天然气水合物层，之后开始进行利用人工地震波的地址勘探，发现日本近海、加勒比海沿岸等大陆沿岸海底和南北极圈的永久冻土层下存在可燃冰。据大概推算可知，海洋总面积90%的海底具有形成可燃冰的条件。加拿大于1992年采集到第一块永久冻土中的可燃冰，该可燃冰于北极地区的一口科学探索井中被发现。加拿大和日本于2002年在北极进行了首次可燃冰现代化的生产测试（余丹等，2018）。美国于2012年成功试采可燃冰，但是因设备问题被迫停止，此次试采是将阿拉斯加北部大陆坡的可燃冰矿中的甲烷用二氧化碳置换出来，从而开采出天然气的方式完成的。随后，日本于2013年用同样的方式在海底分解可燃冰，但是进行开采试验6天就出现故障被迫中断。

（五）海底煤矿资源勘探现状②

海底煤矿在所有矿产资源中最早被发现并进行开发。自16世纪起，英国人在北爱尔兰和北海开采煤矿，这两处区域的煤矿一般蕴藏在100多米水深的海底。1958～1965年，英国煤炭局实施了一项重大的浅海勘探计划，在达勒姆和诺森波兰两郡的近海海域，大约200平方千米的范围内打了18口深孔（平均孔深600米），查明了该地区海底以下270～500米，离岸35千米的近海海底埋藏有丰富的优质煤炭，探明苏格拉沿海的石炭纪煤炭储量达5.5亿吨。20世纪60年代中期至70年代，英国逐步扩展和加强海底煤矿的开发，到1980年又扩大到14个海底煤田，并在距诺森伯兰海岸14千米的海底发现了一个大型海底煤田（储量15亿吨）。采矿工人增加到1.5万多人，年产量由早期的几百万吨增加到1500万吨。

日本早在1860年就在九州和北海道近海发现海底煤矿，1880年开始日本人就在九州岛海底采煤，共开采14座海底煤矿，已探明有43亿吨储量，占其国内煤炭总储量的40%，年产约800万吨。1986年，长崎海底煤田投产，其

① 资料来源：尚普咨询发布的《2011年中国天然气市场调研报告》。

② 牛立红．海洋世界［M］．北京：企业管理出版社，2013：171；中国海洋年鉴编纂委员会．中国海洋年鉴［M］．北京：海洋出版社，2007：151.

总产量也大幅度增加。日本j井煤矿公司为改善海底煤矿采掘条件，在煤矿上部的海上建立了3个包括矿井和空气循环系统在内的人工岛。目前，日本已探明海底煤炭储量约45亿吨，占全国煤炭总储量的20%。土耳其在科兹卢附近的黑海中采煤。

加拿大的海底煤矿储量巨大，仅莫林地区煤炭储量就达20亿吨，其海底煤矿主要分布在新斯科舍布雷顺角岛东部地区。该国海底煤矿开发始于19世纪后期。第一次及第二次世界大战期间，由于燃料供应不足，煤炭需求量增加，因而海底煤炭产量大增。之后，由于煤的消费量降低，其开发一度处于半停顿状态。1967年，加拿大联邦立法机构成立了布雷顿公司，煤炭生产量又逐年提高。其开采的三个煤矿（灵根、普林斯、法伦）的产量，1972年达120万吨，1983～1984年达280万吨，1986～1987年达250万吨。随后，开采量逐年递增。

智利的海底煤矿年产量一般在85万～100万吨之间，有两个海底煤田（施瓦格尔和洛塔），其主要分布在康塞普西翁城以南约40千米处，1988年年产煤炭120万吨。目前年产量约200万吨，占全国煤炭总产量的80%，采矿工人约5500人。

（六）海底稀土资源勘探现状

日本于20世纪90年代初发现了分布在其近海海底的沉积金、铜、锌及稀有金属的“海底热液矿床”。其于2001年开始实施新的海底战略性资源勘探计划，在冲绳群岛和伊豆附近海域发现了15处以上的稀土资源矿区，但受到当时技术限制，无法计算出具体的煤矿储存量。2011年，日本东京大学一研究小组在对国际大洋钻探获得的沉积物柱状样样品进行分析时，发现中北太平洋和东南太平洋多个站位的深海泥含有较高的稀土元素和钇元素，该研究成果认为在太平洋中部及东南部3500～6000米深海海底淤泥中含有大量优质稀土资源，可开采量约是陆地的1000倍（杜晓慧，2014）。日本科学家加腾康宏（Yasuhiro Kato）等首次提出太平洋表层沉积物中的稀土元素可能是未来重要的矿产资源之一。2012年6月，据《日本经济新闻》报道，日本发现南鸟岛附近海域5600米新的海底采集的深海泥存在高浓度稀土矿床，于2013年1月确认了南鸟岛附近海域深海泥存在高浓度的稀土含量。2013年5月，日本又在印度洋东部海底发现了海底泥含有高浓度的稀土含量。这是首次发现在太平洋之外海域的海底泥中含有稀土。

（七）海滨砂矿勘探现状

在“二战”期间，有些国家因急需某些金属而进行过砂矿的勘探和开发，但技术简单且开采量小。20 世纪 50 年代以后才开始用较先进的技术和方法进行调查。据统计，有 40 多个沿海国家从事砂矿调查，近 20 个国家报道了已探明的砂矿储量。海滨砂矿中的稀土矿产主要集中在中国沿海、印度半岛、非洲西海岸、大洋洲和大西洋西岸，其中，印度半岛的海滨砂矿储量达到 1.278 亿吨[①]。热带、亚热带的海滨砂矿中的稀土资源分布较多，其次是温带。美国阿拉斯加州诺姆等地区主要分布了铁矿和金矿等贵金属矿产资源。东南亚国家热带地区是锡砂矿的集中地，其矿带海陆相连。日本和加拿大主要分布着黑色金属矿中的磁铁矿，新西兰主要分布着钛磁铁矿，铬铁分布于美国西海岸，金刚石主要分布于西南非洲沿岸和浅海地区。

（八）海底生物资源勘探现状

《联合国海洋法公约》制定时，人类社会将国际海底区域资源的概念界定为国际海底区域中所包含的矿产资源，在对海洋的深入探索及科技的进一步发展后发现国际海底区域中蕴藏着丰富的生物资源，这也属于海底的战略性资源之一，在国际海底区域的底土中便蕴含着 4.5 亿吨脱氧核糖核酸（DNA）。生命体具有动态性的特质，国际海底区域生物资源是一种跨越公海和国际海底区域存活但其主体部分位于海底结构与底土之间的生物资源（张善宝，2017）。科学家于 1977 年乘坐科学深潜器“阿尔文号”（该深潜器隶属于美国伍兹霍尔海洋研究所）调查东太平洋海域的海隆——加拉帕哥斯洋脊，发现贻贝类、管状蠕虫等为主体的生物群落潜藏在水深 2500 米的海底热液碰口处，该发现是人类认识国际海底区域生物资源的起点。

（九）海底油气资源勘探现状

1947 年，人类社会在海底打出第一口油井，此后随着技术进步逐渐向深水推进，20 世纪 70 年代世界油气勘探开始涉足深海海域，30 年间陆续发现了 300 余处不同规模的深海油气田。到目前为止全世界在大陆架边缘发现至少 1600 个油田，超过 100 个国家或地区开展了海底油气资源的勘探和开发，如挪威、加拿大、美国、英国和澳大利亚等。20 世纪 60 年代末期，北海海域成为世界上油气勘探开发最活跃的地区。70 年代初，全世界有 75 个国家在近海海域寻找石油，其中有 30 个国家在近海海域采油，45 个国家进行海上石油的钻探开发。到了 80 年代，超过 100 个国家或地区从事了海上石油勘探开发活动。2000 年后，随着海洋石油勘探技术的突破，全球两个最大的油气发现均

---

① 资料来源：《中国大百科全书·中国地理》。

来自海洋，巴西深水盐下、东地中海、东非等其他深水区相继取得突破，发现了一大批世界级的大型油气田。2009 年后，海洋石油对世界石油产量增长的贡献率超过 50%。目前对深海油气资源开发的研究多集中在深海勘探技术和钻采设备的研发，2015 年受国际石油价格暴跌的影响，国际跨国石油公司大幅削减投资，深水勘探开发活动减缓。深海平台结构复杂、体积庞大、造价昂贵、技术含量高，但是深水油气田的平均储量规模和平均日产量都明显高于浅水油气田。因此，尽管深水油田勘探开发费用显著高于浅水，但由于其储量和产量高，使单位储量的成本并不很高，全球深海油气勘探开发有望在未来呈现出快速恢复之势，深海油气勘探具有广阔的发展前景，今后仍将是深海能源开发的重点。

全世界的海洋面积中目前已知含有油气资源的海底区域内资源总量丰富。在四大洋及数十处近海海域中，油气资源含量排名第一是波斯湾海域，其储量占总储量的一半左右，第二是委内瑞拉的马拉开波湖海域，第三是北海海域，第四是墨西哥湾海域，第五是我国沿海，东南亚海域以及澳大利亚、西亚等海区。目前，在世界海洋中已形成了 581 处油田（如表 6-7 所示）。

表 6-7　世界各地区油田数量　单位：个

地区	油田数量
欧洲和地中海	25
意大利、北亚得里海	20
南美洲	43
北海	110
黑海和里海	17
非洲近海	27
波斯湾	60
西非近海	85
远东近海	23
印度次大陆沿岸海域	2
远东近海	23
印度和马来西亚近海	15
澳大利亚东部和新西兰近海	3
澳大利亚西北大陆架	12
南部吉普斯兰德海盆	19
北海近海	44
美国墨西哥湾	16

资料来源：笔者查询相关资料所得。

五、我国深海资源勘探开发进展

（一）我国矿产资源勘探现状

1. 我国多金属结核勘探现状

早在1976年，我国海洋局、地矿局就在太平洋中部赤道附近海域开展了多次多金属结核资源的调查，从20世纪80年代开始，在国际海底区域开展系统的多金属结核资源调查，国家海洋局“向阳红16号”船于1985~1990年期间在东、中太平洋海盆展开了4个航次的多金属结核调查。1990年，中国大洋矿产资源研究开发协会向联合国国际海底管理局提出了多金属结核的勘探申请，最终于1991年成为第5个先驱投资者。之后，中国大洋协会于2001年5月与国际海底管理局签订了结核勘探合同，规定我国的多金属结核开采区为东北太平洋CC区，面积共7.5万平方千米。2013年8月，“蛟龙”号在东北太平洋中国多金属结核勘探合同区开展了第63次下潜作业。经过此次下潜作业的结核覆盖率勘探，科学家初步测算出我国签订的多金属结核勘探区（即东北太平洋CC区）的结核覆盖率为50%左右，主要包括镍、铜、铁、锰、钴等元素（付毅飞，2013）。在2009~2019年，中国地质调查局“海洋四号”和“海洋六号”、国家海洋局“大洋一号”等调查船在西太平洋多金属结核调查区和太平洋CC区的我国多金属结核勘探区开展了多个航次的调查工作，这些调查工作取得了丰硕的成果。2015年7月，中国五矿集团公司与国际海底管理局签订了第2份结核勘探合同，获得了东太平洋CC区7.27万平方千米的海底多金属结核矿区的专属勘探权和优先开采权。

2. 我国富钴结核勘探现状

中国大洋协会从20世纪90年代中期就将国际海底资源的勘查目标从单一的多金属结核资源转向多种资源，1997年就已经开始对富钴结壳进行资源调查。中国大洋矿产资源研究开发协会于2014年4月与国际海底管理局签订了西北太平洋海山区3000平方千米富钴结壳矿区的勘探合同。据地调局广州海洋局表示，在中国大洋协会和中国大洋事务管理局的指导下，自然资源部地调局广州海洋地调局圆满完成了富钴结壳勘探合同第一个五年活动方案阶段性目标任务，将该阶段成果报告提交到了国际海底管理局。自2014年以来，我国取得了多方面成果：一是编制了大洋富钴结壳勘探规范和规程（国际），开发了富钴结壳原位高频声学厚度探测系统和1.5m、6m钻机等新型勘查设备，除此之外，近海底观测装置得到长足发展、载人潜水器和无人遥控潜水器得到常态化的应用，成功拓展了多波束回波勘探技术在富钴结壳资源勘探与评价中的应用，勘探效率和勘探精度显著提高。二是中国大洋 32、36、41、41B 和 51 等 5 个调查航次获得了合同区标示的资源量和推断的资源量，在嘉偕平顶山群和采薇海山群圈定 15 个矿化区。三是完成了部分区域的大比例尺地质图件编制，提出了富钴结壳铁锰矿物相形成、微量元素的富集和后期改造的三阶段成矿模型。四是完成了年开采量 100 万吨系统方案设计，完成了海上采掘功能性试验，形成可选冶性评价报告。五是建立了富钴结壳开发利用的技术和经济评价模型，开展了初步概略评价和前景预测研究。

3. 我国热液硫化物勘探现状

1997 年后，广州地调局“海洋四号”和大洋协会组织“大洋一号”进行了 9 个航次的海底资源调查与科考。大洋科学考察于 2003 年先后在东太平洋和大西洋获取了大量热液硫化物样品，并于 2007 年在西南印度洋中脊 2800 米水深处发现了新的海底热水活动区，我国在热液硫化物领域的调查勘探实现了“零”的突破（李响，2013）。世界上首次在东太平洋海隆赤道附近发现海底热液活动区是于 2008 年 8 月 23 日和 24 日“大洋一号”科考船发现的。到了 2011 年 12 月 11 日，“大洋一号”科考船又发现 16 处海底热液区。2011 年底，国际海底管理局第 17 届会议通过了我国关于西南印度洋多金属硫化物勘探区的申请，并与我国签订了硫化物的勘探合同，合同规定的多金属硫化物勘探区面积为 1 万平方千米。我国于 2014 年在该合同区首次成功实施水下机器人——“海龙”号无人缆控潜水器作业，此次下潜观测到了鱼、盲虾等热液区生物，扩展了死亡“烟囱体”的分布范围；而且扩大了两个热液区硫化物的分布范围，了解到碳酸盐区的分布特征（见表 6－8）。

表 6－8 全球重要金属元素产量排名

元素	产量最高	产量（%）	产量第二	产量（%）	产量第三	产量（%）
铝	澳大利亚	31	中国	18	巴西	14
砷	中国	47	智利	21	摩洛哥	13
镉	中国	23	韩国	12	哈萨克斯坦	11
铬	南非	42	印度	17	哈萨克斯坦	16
钴	刚果	40	澳大利亚	10	中国	10
铜	智利	34	秘鲁	8	美国	8
锗	智利	71	俄罗斯	4	美国	3
金	中国	13	澳大利亚	9	美国	9

续表

元素	产量最高	产量（%）	产量第二	产量（%）	产量第三	产量（%）
氦	美国	63	阿尔及利亚	19	卡塔尔	12
铟	中国	50	韩国	14	日本	10
铁	中国	39	巴西	17	澳大利亚	16
铅	中国	43	澳大利亚	13	美国	10
锂	智利	41	澳大利亚	24	中国	13
锰	中国	25	澳大利亚	17	南非	14
钼	中国	39	美国	25	智利	16
镍	俄罗斯	19	印度尼西亚	13	加拿大	13
铌	巴西	92	加拿大	7	—	—
钯	俄罗斯	41	南非	41	美国	6
铂	南非	79	俄罗斯	11	津巴布韦	3
稀	中国	97	印度	2	巴西	1
硒	日本	50	比利时	13	加拿大	10
银	秘鲁	18	中国	14	墨西哥	12
锡	中国	37	印度尼西亚	33	秘鲁	12
铀	加拿大	21	哈萨克斯坦	19	澳大利亚	19
钒	中国	37	南非	35	俄罗斯	26
锌	中国	25	秘鲁	13	澳大利亚	12

资料来源：于淼等．世界海底多金属结核调查与研究进展［J］．中国地质，2018，45（1）：29－38.

4. 我国可燃冰勘探现状

1982 年，国土资源部广州地调局姚伯初在前往美国地质调查局考察的过程中了解到可燃冰，他是我国最早近距离接触到可燃冰的人。我国广州海洋局首次实施针对可燃冰的调查是在 1999 年，此次调查派出“奋斗五号”船对可燃冰进行高分辨多道地震调查，掀开了海底可燃冰调查的序幕。2002 年，我国正式批准设立天然气水合物资源勘查专项。2002 年以来，通过一系列的调查研究，圈定了 19 个成矿带。继美国、日本、印度之后，我国成为第四个通过国家级研发计划在海底钻获可燃冰的国家，这是由于我国在南海神狐海域于 2007 年首次成功钻探获得可燃冰的实物样品并且圈定了 11 个可燃冰矿体。在这已圈定的 11 个可燃冰矿体中，中国地质调查局于 2010 年在南海北部神弧凹陷海底区域发现 22 平方千米的矿床，矿层平均厚度为 20 米，预测储量约 194 亿立方米。我国自 2011 年派出“海洋六号”综合调查船对南海重点目标区的天然气水合物资源采用多项高新技术，进行了重点勘探。我国广州海洋地调局于2013年钻获了大量新类型的高纯度可燃冰实物样品，这是我国在珠江口盆地实施的第二次可燃冰钻探。神狐海域的两个可燃冰矿体于2015年被定位并于2016年试采8个钻探站位且全部发现可燃冰。我国在南海海域的天然气水合物储量为700亿吨油当量，约占陆上油气资源量总数的一半，据各种调查资料估算可知，中国南海北部陆坡天然气水合物储量约为74.4万亿立方米①。

5. 我国海底煤矿资源勘探现状

由于我国是一个陆地煤炭资源丰富的国家，海底煤矿只是陆地煤矿的一个补充，因而我国的海底采煤技术起步较晚。中国的海底含煤岩层主要分布在黄海、东海和南海北部以及台湾岛浅海陆架区。含煤岩系厚达500~3000米，煤层层数较多，最多近百层（东海），一般为8~25层（渤海、黄海），层厚不稳定，一般为0.3~2.5米，最厚达3~4米，主要煤类型为褐煤，其次为长褐煤、泥煤和含沥青质煤等。

6. 我国海底稀土资源勘探现状

广州海洋地调局从1986年开始先后组织实施了16个大洋矿产资源调查航次和5个深海资源调查航次，航迹遍布太平洋，并两次开展南极科考活动。目前，广州海洋地质调查局基本查明多金属结核勘探合同区的资源状况和西太平洋数十个海山富钴结壳资源状况，圈出超30万平方千米的深海海底稀土资源远景区。科学家于2011年展开对深海海底稀土资源的研究，2012年，中国大洋协会正式对世界大洋海底稀土资源调查工作立项，并且对稀土资源的潜力进行研究。科研人员对全球深海稀土资源潜力进行初步评估，初步圈划了4个富稀土成矿带，分别在西太平洋、中印度洋、东南太平洋和东北太平洋。首次在中印度洋海盆发现大面积的富稀土沉积是2015年的大洋34航次航行。2018年5月，“向阳红01”船实现航程38600海里，选划出东南太平洋深海盆地内约150万平方千米的富稀土沉积区，并且对中印度洋海盆区展开深海稀土加密调查，完成了环球海洋综合科学考察，自此之后，在全世界对东南太平洋和印度洋深海稀土的调查研究程度排名中，我国居首位。②

7. 我国海滨砂矿资源勘探现状

我国海滨砂矿种类较多。30年来，我国已发现20多种海滨砂矿，其中有

---

① 资料来源：中国地质调查局网站。

② 资料来源：今日凯旋！“向阳红01”航行38600海里，完成环球海洋综合科考［N］. 科技日技，2018-5-21.

13 种已探明数量并且具有工业价值，如金红石、锆石、砂金矿、钛铁矿、铬铁矿、磷钇矿、独居石、磁铁矿、砂锡矿、砷铂矿、铌钽铁矿和金刚石等，并且含量达到工业品位线以上的矿产非常多，各类砂矿床 191 个（其中大型 35 个、中型 51 个、小型 105 个），矿种超过 60 种，总探明量 16 多亿，矿点 135 个，我国沿海海滨几乎能够找到世界上所有的砂矿矿物，如钛铁矿、锆石、金、独居石、磁铁矿和金红石等具有工业开采价值的砂矿资源（胡泽松等，2011）。铂、钍、锆、金、锡、钛、金刚石等是常见的主要砂矿，主要分布区域为山东半岛、辽东半岛、广东和台湾沿岸等。我国的砂矿开发史较久，但是从新中国成立之后才开始真正从事滨海砂矿的调查研究，具有总的进展不平衡特征。我国对于滨海砂矿的调查研究有两个主要发展阶段：第一个阶段是在 1955 ~ 1965 年间，找到了一批有工业价值的砂矿床，主要在广西、广东、福建、海南、辽宁和山东等省份的滨岸。第二个阶段是在 20 世纪 70 年代以后，该阶段是总结深入时期。第二个阶段的工作范围主要是浅海区，在浅海区发现了一批国家急需的砂矿远景区，包括金刚石、锡砂矿和砂金等。20 世纪 80 年代我国才逐渐开始开采滨海砂矿，开采时间较晚并且进程较慢。但是随着我国国民经济的飞速发展和对矿产资源的需求量急剧增加，21 世纪以来，滨海砂矿越来越成为一种重要的矿产资源类型而被开发利用。

（二）我国海底生物资源勘探现状

我国海洋科学技术水平越来越高，在深海海底生物资源的勘探方面取得了很大进展和一定的成果。例如：加大投入海洋科考设备，投资创建了近 40 艘海洋科考船，如“大洋一号”科考船，其他的海洋科考设备如创新性深海探测设备也为我国海底生物资源勘探和海洋生物科学研究提供了强有力的支撑，以“潜龙”号、“海龙”号和“蛟龙”号为代表；国家海洋局建立了大量的科研机构，包括信息库、深海菌种库、中国大洋生物基因研发基地以及深海微生物基因库等。中国海域常见的食用和药用生物包括海藻类、鱼类、甲壳动物、棘皮动物、腔肠动物和海绵动物。

（三）我国海底油气资源勘探现状

我国海域的油气资源比较丰富，主要包括两大区域，即深海区和近海大陆架。20 世纪 60 年代，我国开始自营勘探开发海洋石油和天然气资源，20 世纪 80 年代开始吸引外国资金和引进国外先进技术，与别国进行合作勘探开发。我国的海洋油气开发战略为油气并重、向气倾斜，政策策略为自营与合作勘探开发相结合、上下游一体化。

六、深海资源开发面临的挑战

从20世纪60年代开始，海底资源勘探开发进入海洋发展的全新阶段，我国的海洋油气开发、海洋运输、海洋捕捞、海水制盐等产业已经走向成熟，规模和产值达到一定程度；海水养殖、海水淡化、海水提取化学元素、潮汐发电、海底隧道等产业正在迅速发展。虽然我国海洋装备的发展由于涉及面广、需求量大，未来增长潜力巨大，我国凭借着掌握的油气开发、矿产勘探、海水淡化等相关技术，取得了十分迅猛的发展和显著的成果，但行业发展中仍然存在着众多问题和挑战。

（一）环境风险

对于海底战略性资源的智能勘探，常常伴随着环境风险，即容易带来环境破坏问题。主要表现在以下几个方面：

首先是可燃冰的勘探问题。可燃冰矿藏的脆弱性使得很小的破坏也可能会造成大量泄漏甲烷气体，产生连锁效应，如加速温室效应和加剧全球变暖，并且可燃冰的分解会转化成二氧化碳增加海水的二氧化碳浓度从而对海洋生物造成影响。此外，可燃冰具有较差的稳定性，它的汽化会对科学仪器、开采平台和海底管道造成破坏，更严重的话会造成大陆架边缘动荡而引发海底塌陷、滑坡、井喷等地质灾害，导致海啸（牛禄青，2017）。

其次，在2008年国际海底管理局开展的Kaplan项目得出如下结论：我们对海洋物种数量和地理分布情况的了解十分有限，因此开采海底结核会对生物多样性产生什么样的威胁以及会带来多大的物种灭绝风险是难以预料的。存在潜在毒性的金属可能在短时期内在结核碎屑解吸作业下产生，也可能从孔隙水中释放出来，当采矿作业降低了表面沉积物中的氧含量时，这种情况最有可能发生。

最后，众所周知，国际海底区域即深海海底没有噪音、阳光，寒冷，而科学研究的进行使噪声、亮光、温度发生了变化，环境的改变对海底生物资源产生了压力。例如：研究船通常需要在为数不多的已知地点尤其是热液喷口处不断重复取样或安放器具，因此可能会对水体和海底生物造成干扰，改变水流、扰乱生物群（König，2008）；获取海底黑烟囱进行研究会使附着在其上的生物资源灭亡。

（二）技术难题

对于海底战略性资源的勘探难度是远远高于陆地资源勘探的，相关技术掌握程度不够，无法有效转化为成果进行应用，这对技术提出了相当高的要求。

成套大型设备及关键零部件的制造能力也不足，装备过于依赖进口。

可燃冰智能勘探。可燃冰储存条件复杂，容易产生环境问题，勘探找矿选区难度大，尚未找到适合现状的低风险、高效率的开采技术方法，海域可燃冰地震勘查识别的准确性和精度不高，缺乏有效勘查识别冻土区可燃冰的技术方法（熊焕喜等，2018）。目前国际上针对特殊储层的井孔及储层保护等技术还不成熟。

富钴结壳开采挑战性大。勘探富钴结壳需要克服描述矿山特征和勘探的技术难题。勘探工具必须是深海拖曳式或者是可以装载在 ROV 上，并且需要在现场测量结壳的厚度以计算储量。最佳途径是开发一种伽马辐射探测器和多光谱地震探测工具，但伽马射线信号在海水中衰减的问题必须得到有效解决。

海底资源探测的最终目的是开发利用。多金属结核中几乎所有的金属元素都可以通过酸淋滤、生物化学的和化学的方法而进行提取，但是这些方法还需要进一步的实验来细化和确认其有效性，如何让提取过程更绿色环保和科技高效已经成为各国科学家和工程师们当前越来越需要攻克的难题。

（三）经济挑战

由于目前技术水平仍较低，在海底进行勘察开采活动成本远远高于开采所带来的收益，并且将资源从埋藏处开发输送至地表所带来的能源消耗使得经济效益被大大降低，因此仍然需要很长一段时间才能实现对战略性资源的大规模商业开采，技术问题需要先解决，在此基础上降低成本。

采矿业一直是高成本产业，据欧盟测算，深海勘探一天的成本超过 10 万美元，大部分勘探航次的预算在 5000 万 ~2 亿美元之间。根据美国能源部的公开资料可知，目前开采每立方米可燃冰的平均成本高达 200 美元，将其换算为天然气的话每立方米的平均成本在一美元以上，这远远高于通过成熟技术开采常规天然气的成本。

新技术研发的投入力度不够，导致了开采效率和经济收益低，这又进一步影响了新技术的商业推广和规模化应用。也就是说，产业链不够成熟，研发机构与用户、供应商、制造商直接的联系还不够密切。

七、深海资源开发的对策建议

（一）提高海洋开发的科技水平和利用效率

在过去的海洋开发利用中，人们以传统的海洋生物资源开发方式为主，例如传统渔业，而这种开发方式只是从人类单方面的需求出发利用资源，缺乏科学的运作方式，造成了严重的资源浪费，出现了很多不合理开发的现象。因此我们需要利用海洋开发的前沿技术，改革传统的海洋开发利用方式，实行新的科学的海洋管理模式，在尽量降低资源浪费的基础上，完成海洋资源深层次的开发利用，综合整合现有的海洋开发技术，大力延长我国海洋生物资源的开发产业链，优化现阶段海洋生物资源开发过程中存在的不充分现状，降低人类对海洋生物资源和开发的影响，维持海洋生态开发利用的基本现状，推动世界实现海洋生物资源的可持续开发利用。

（二）坚持可持续发展的原则

环境问题已经成为全球的焦点问题，世界上所有的国家都面临着一定的生态问题。同样的，我国的海洋环境也面临着严峻的挑战，存在着较为严重的海洋污染现象，直接导致我国海洋生物资源的多样性受到严重威胁，海洋生态环境受到大范围的污染，直接导致我国近海海域的生物资源受到了极大的破坏。在进行海洋开发的过程中，世界各国应该遵循可持续开发海洋生物矿产资源的基本原则，争取实现海洋生物矿产资源的可持续开发和利用，提高利用效率和利用水平，并且明确市场需求，合理制订海洋矿产的开发计划，维护海底矿产中核心重要的部分。随着技术的进步，人们要不断深入探索海洋矿产资源，同时也要相应提高海洋矿产资源的开发勘探技术，提高海底矿产资源开发勘探的水平。因为海底矿产资源的开发具有科技含量高、投资高、风险大的特点。

（三）以市场需求为导向

世界各国在资源开发过程中应该以市场需求为引导，积极开展海洋矿产资源的勘探工作，尤其是海洋资源的普查和评估，不断提高我们对海洋地质状况的了解程度。同时，世界各国要做好海底矿产资源额调查活动，认真管理海洋矿产资源，协同世界海洋组织制订海底矿产开发计划，以可持续发展理念为引导，积极开展海洋矿产资源的开发工作。世界各国要积极保护各自近海海域的优势矿产资源，以可持续发展的理念制订矿产资源开发利用计划，以满足世界各国经济发展的需要。此外，世界各国还应该积极完善海洋矿产资源开发制度，科学管理海洋生态和资源。

第二节　极地环境与资源

一、极地自然环境[①]

极地地区分为南极和北极两部分。狭义上的南极和北极指的是南极点和北

① 资料来源：《中国大百科全书·中国地理》。

极点，即南纬和北纬 90 度点，而广义上的南极和北极指的是南极和北极地区，即南极圈和北极圈以内的区域。而在一般情况下，我们所指的极地地区指的是南极洲和北冰洋的大部分地区。以下部分介绍中所提到的极地地区均是指更加一般情况下的极地地区。

（一）南极地区

南极地区主要指的是南极洲以及周边海域，而南极洲主要包含南极大陆及其周边岛屿。南极洲面积大约 1400 万平方千米，约占世界陆地总面积的 9.4%，从面积上来看，南极洲是世界第五大洲。南极洲被大西洋、印度洋、太平洋所环绕包围，平均海拔高度约 2350 米，是世界上最高的大陆，有“冰雪高原”之称。而南极洲上只有一些来自世界各国的科学考察人员和捕鲸队，没有定居居民。

南极地区一年分为冬、夏两季，每年四月至十月属于冬季，十一月到次年三月属于夏季。最冷的月份是冬季的七月份，平均气温为 -50℃，而夏季一月份平均气温为 -28℃，是世界上最寒冷的大陆。南极地区降水稀少，绝大多数地区的降水不足 250 毫米，越往大陆内部深处，降水越稀少，南极点附近降水量最为稀少，空气干燥，所以南极地区空气干燥远胜于非洲的撒哈拉大沙漠，又有“白色沙漠”之称。在南极大陆中，风速极强，南极大陆是世界上风力最强和最多风的地区。

（二）北极地区

北极地区主要指的是北冰洋、周边海域以及岛屿。而对于北极地区的划分有不同的方式。如果以北极圈作为划分依据，那么北极地区的总面积约 2100 万平方千米；如果以七月份陆地 10℃等温线和海洋 5℃等温线为划分依据，则北极地区的总面积超过 4000 万平方千米。而在大多数情况下，我们都以北极圈作为北极地区的界限。

北极地区主要部分是北冰洋，而且北冰洋的大部分海面都被冰雪覆盖，然而在冰雪层之下的海水也和全球其他大洋的海水类似，按照一定规律流动着。影响北冰洋的主要有四只洋流，第一，大西洋洋流的支流，这支洋流从格陵兰岛的东部进入北冰洋，沿着大陆架边缘作逆时针运动；第二，从楚科奇海进入，流经北极点后又从格陵兰海流出，并注入北大西洋的越极洋流；第三，挪威暖流，沿着挪威西海岸流动，从低纬流向高纬；第四，北角暖流，沿着北欧半岛国家至挪威北岸流动，这四支洋流决定了北冰洋海域的基本水文特征。北极地区还包括两部分陆地，一部分是欧亚大陆，另一部分是北美大陆与格陵兰岛，这两部分之间以白令海峡为界限，而这两部分都是由于板块扩张才出现的。

二、极地自然资源

（一）南极地区[①]

南极地区是世界上最大的淡水资源宝库，冰雪总量达到2700万立方千米，储存了全世界可用淡水的72%。但是受到南极地区极端自然天气的限制，将南极冰山拖运到缺水国家的计划仍然遭遇不小的困难，所以在当今世界水资源严重匮乏的条件下，南极地区的水资源并没有得到有效利用。

南极洲蕴藏的矿物有220余种，主要有煤、石油、天然气、铂、铀、铁、锰、铜、镍、钴、铬、铅、锡、锌、金、铝、锑、石墨、银、金刚石等，主要分布在东南极洲、南极半岛和沿海岛屿地区。其中，南极大陆的煤矿主要分布于南极洲的冰盖下面，相当于中国煤炭储量的1/6。铁矿主要分布于东南极洲的查尔斯王子山脉南部的地层内，煤炭储量可供全世界开发利用200余年，是当年世界最大的富煤矿藏。

南极地区拥有大量的石油和天然气储量，其中石油储存量和我国目前的石油储量大致相当，天然气储量也和我国目前的天然气储量大致相当。南极地罗斯海、威德尔海和别林斯高晋海以及南极大陆架都是油田和天然气的主要产地。

由于南极洲陆地极端的自然条件，所以南极大陆动植物资源并不是十分丰富，而在南冰洋中，海洋生物种类繁多。南大洋中的主要生物有鲸鱼、海豹、磷虾、企鹅、各种鱼类和海鸟资源，以及甲壳类浮游生物。在南大洋中大约有12种鲸鱼，主要分为两类：一种是须鲸类，另一种是齿鲸类，而鲸作为南极地区重要的生物资源，按照相关国家条约的规定，它们都受到了法律的保护。在南极地区的海豹有大约六种，它们主要分布于南极大陆沿岸、浮冰区以及部分岛屿的周围海域，由于海豹的皮毛对于部分人类具有很强的吸引力，为了保护南极地区的海豹不被屠杀，世界各国签署了相关保护条约，南极地区的海豹受到了合理合法的保护。在南极周围的南大洋蕴含丰富的南极磷虾资源，是目前人类蛋白质的重要资源宝库。磷虾只分布于南极地区，这是因为南极地区海域常年低温，盐度变化较小，没有江河等其他因素干扰，生活在稳定的环境下

---

① 资料来源：《中国大百科全书·中国地理》。

使得磷虾应对环境变化的能力变差，如果一旦离开南极地区的高纬度海域，就无法适应，所以在远离南极地区的南大洋海域，磷虾是无法生存的。

南极地区大约有七种企鹅，主要分布在南极辐合带的大陆以及亚南极地岛屿上。南极地区企鹅数量相当巨大，大约有 1.2 亿只，占到世界企鹅总数的 87%。南极地区的企鹅主要以海洋浮游动物，如南极磷虾为食，偶尔捕食一些端足类、乌贼和小鱼。企鹅在南大洋食物链中发挥着巨大的作用，因为它们捕食的磷虾数量占到南极鸟类总消耗量的 90%，相当于鲸捕食磷虾数量的一半。南大洋周围海域的鱼类大约有 100 余种，并且表层鱼类缺乏（杜晓慧，2012）。与别的鱼类不同，南极鱼类是海洋变温动物，鱼类的体温会随着环境温度的变化而改变，从而与海水的温度保持一致，没有恒定的体温。当鱼类体内的热量通过呼吸和体表丧失并且海水的温度下降到冰点时，它们的体温也接近冰点。由于南极鱼类的血液中含有抗冻蛋白，虽然体温降低，但是鱼类的体液并没有冻结，所以南极海鱼可以在海水冰点以下的温度中正常生活。由于气候严寒，南极地区的鸟类都属于海鸟，大部分都是飞鸟。南极地区的海鸟大约有 36 种，它们常年生活在南极地区，很少迁徙至遥远的地方。

南大洋的海域中还有丰富的冰藻，这些冰藻漂浮于水面，并且在冰底层和断面上带有淡茶色或者褐色层。这些冰藻依靠阳光进行光合作用，制造有机物，并且给其他生物提供食物来源。冰藻的营养十分丰富，海冰下层的浮游生物均以冰藻为食。与冰藻相似的很多海洋浮游植物都属于南极地区海洋食物链的最初一环，是南极地区浮游动物的重要营养来源，更是南极地区生物链中重要的一环。

（二）北极地区

北极地区有丰富的石油资源和天然气资源，位于北极地区的阿拉斯加北坡的普鲁度湾油田以及库帕鲁克油田是重要的原油和天然气生产基地。此外，北极北美部分还储存有更多的原油和天然气。而俄罗斯的北极油田的产量则占到其石油总产量的 3/5 以上，主要的天然气田有乌兰高义气田和雅姆伯格气田。所以北极地区对人类而言是一个十分重要的能源基地。

北极地区的阿拉斯加北部煤炭资源十分丰富，但至今仍属于尚未开发的地区，这里的煤炭储量占到世界煤炭资源总量的 10%，多数位于布鲁克斯山脉的西部，与我国著名的煤都大同齐名①。北极西部的煤炭质量最高，可以露天

① 北极：资源争夺与军事角逐的新战场［OL］. 人民网，http：//theory. people. com. cn/n/2012/0823/c40531-18813544-1. html.

开采。而西伯利亚的煤炭储量远远高于北美的阿拉斯加，大约超过世界煤炭储量的一半，这些煤炭主要分布于库兹涅茨盆地。北极地区不仅煤炭储量丰富，而且煤质优良，是全世界最清洁的煤炭资源。

北极地区的矿产资源十分丰富，主要矿藏有铁、铜、镍、钚、金等跨国产资源。其中科拉半岛拥有世界级的大型铁矿，诺里尔斯克拥有世界上最大的铜—镍—钚复合矿，而在科累马地区也拥有大型的复合矿产，含有锌、银等。除此之外，在北美的阿拉斯加地区的阿拉斯加—朱诺石英脉型金矿区，有大量的贵金属矿产有待开发。除金属矿产之外，北极地区还有资源丰富的铀和钚等放射性元素，而这些元素被我们称为战略性矿产资源，其中威尔士王子岛的盐夹矿就蕴藏有大量的钚矿石。

北极地区的水电资源十分丰富，成为世界上大规模的水电基地。加拿大在北部地区兴建了詹姆斯湾工程，利用北极地区的水利资源进行发电，而其总发电量与中国的三峡工程发电量大致相当。1950 年，苏联在西伯利亚地区修建了西伯利亚水电站，为苏联的工业发展提供了大量的能源基础，而大部分大规模的水电站集中于俄罗斯北部的安加拉—叶尼塞河流域和科雷马河上，靠近苏联矿产资源丰富的地区。

在北极地区的北冰洋和泰加林之间的冻土沼泽带被我们称为北极苔原，最大的特点是有一层很厚的永久性冻土，也被我们称为冻土带。在冻土带中，植物十分稀少，越靠近北极，植物越小，越稀疏，直到最后完全消失，此时灌木、地衣、苔藓等形成独特的极地植物群落，也就是苔原带。苔原植被生长在极其恶劣的环境之下，冬季寒冷而漫长，夏季短促而低温，植被的生长期只能占到全年的 1/4，并且降水稀少，多数苔原植被紧贴地面生长，这是它们抗风保温、减少植物蒸腾的重要手段之一。

在北极中最重要的动物是北极熊，它是北极地区的一个象征，除人类之外，北极熊在北极地区没有天敌，有“北极圈之王”的称号。北极熊常年栖息在冰盖上，过着水陆两栖的生活，以海豹、鱼类等为食。在冬季，北极熊不会外出活动；在夏季的三月至五月，北极熊才会外出觅食。北极驯鹿也是北极地区一种重要的生物，北极驯鹿一般在春季开始迁徙，与人类早期的生产生活密切相关，曾经作为北极地区人类的主要食物来源。除北极熊、驯鹿等动物之外，在北极地区还有北极兔、麝牛、北极海狗以及各种海鸟。

与南极地区不同的是北极地区拥有一定数量的土著居民，我们将他们称为因纽特人。因纽特人在北极的居住历史大约有一万多年，拥有 20 多个民族，长期以来一直过着原始生活。因纽特人的祖先来自中国北方，属于东部亚洲民族。因纽特人以狩猎维持生活，如猎杀鲸鱼、海豹、海鸟、驯鹿等生物。因纽特人主要分布于北极地区的白令海峡到阿拉斯加地区及加拿大北部，以及格陵兰岛一带，是一个神秘的民族。

三、极地科学考察

（一）中国

中国的南极科考站开始于1985年的长城站，至今已有36年的南极科学考察历史，而我国也顺利组织了35次南极科学考察。目前，我国的南极科考站主要包括长城站、中山站、昆仑站、泰山站，以及正在修建的罗斯海新站。

长城站主要位于南极地区的乔治王岛，在该岛上，还有另外七个国家设立的考察站。在长城站，科考人员需要面临的是常年低温以及经常出现的暴风雪。长城站的主要观测项目有气象、高分辨卫星云图接收、地震、电离层观测等。

中山站位于南极大陆沿海，气候条件比长城站更加恶劣，还有极昼和极夜现象。中山站也拥有专业的气象监测设备，对全球气候进行长期观测。

昆仑站位于南极内部冰盖上的最高点，由于考察站位于南极地区的内陆，冰雪层会不断积累，所以综合南极积雪的速度，该科考站的寿命只有十年。

泰山站位于伊丽莎白公主地，能覆盖很多南极关键的可靠区域，以便我国对南极格罗夫山进行进一步的考察，拓宽我国南极科考队的领域和范围。

罗斯海新站位于南极的恩科斯堡岛，属于南极的罗斯海区域沿岸，是我国“雪龙探极”重点工程的重要任务之一，具有极高的科研价值。

中国队北极的科学考察最早可以追溯到1999年的科学考察，截至目前，我国已经进行了九次北极科学考察。我国在北极建立有中国北极黄河站，此站成立于2004年，位于挪威的匹次卑尔根群岛，并且黄河站拥有科考中规模最大的空间物理观测点。在黄河站成立之前，我国已经进行了两次北极科学考察。

（二）美国

美国对南极科学考察的开始时间比较早，早在1956年，美国就建立了首个南极科考站——麦克默多站，目前美国在南极一共建立了六个南极科考站。

麦克默多科考站始建于1956年，是南极洲最大的科学研究中心，被称为“南极第一城”。麦克默多站位于麦克默多湾的罗斯岛附近，并且此站不仅作为现代南极科考站，而且也是南极洲最大的社区，居住有大量的后勤支援成员。

伯德站位于南极洲的伯德地，始建于1962年。伯德站周围沿岸多陆缘冰，并且海岸很难接近。

阿蒙森—斯科特站是世界最南端的科学考察站，也是世界上纬度最高的考察站，距离地理上的南极点约100米。该科学考察站位于南极高原，属于冰原气候，自然条件十分恶劣。由于深处南极大陆内部，所以风速比较小。但是因为距离南极点很近，所以极昼极夜现象显著，极昼极夜时间各占半年。

帕默尔站位于南极洲的安特卫普岛，与其他科考站主要为了研究气象不同的是，此科考站主要为了对海洋生物进行研究。

赛普尔站位于南极洲的埃尔斯沃思地，此科考站为美国在南极洲的常年考察站。

西南极冰盖分区站位于西南极冰盖，主要是夏季站，始建于2005年。

（三）俄罗斯（苏联）

俄罗斯（苏联）对南极的科学考察开发时间很早，共建立七个常年南极科考站，一个夏季观测站。

米尔尼站是苏联的第一座南极科考站，位于南极洲的戴维斯海旁边，又被称为和平站。该南极科考站所处的位置气温并不是很低，但是风速极大。该站主要研究南极地区的气象学、地震学等其他方面。

东方站是最靠近南极点的一个考察站，位于伊丽莎白公主地，由苏联建立，现在由俄罗斯进行管理。而东方站的所在地气候极寒，自然条件十分恶劣，且风速极大，降水稀少，属于寒级科考站。此外，在东方站的下方，存在着世界上最大的冰下湖——沃斯托克湖。

新拉扎列夫站位于南极地区的施尔马赫绿洲，属于俄罗斯在南极地区的常年站。

青年站是苏联建立的科考站，现在由白俄罗斯和俄罗斯共同管理，该科考站位于南极洲恩德比地的绿洲上，属于俄罗斯在南极地区科考的常年站。

列宁格勒站是由苏联建立的常年科考站，曾经于1991年关闭，在2007年重新启动运行，现在由俄罗斯进行管理。位于维多利亚地，常年遭受强风，为世界上风速最大的地方。

别林斯高晋站与列宁格勒站相同，都位于维多利亚地，该科考站位于乔治王岛，并且气候条件优于其他科考站，附近气温是南极地区最高的，也属于常年科考站。

俄罗斯站是苏联建立的常年科考站，位于玛丽伯德地。该地附近终年强风，气温高于其他科考站。

进度站是苏联建立的夏季科考站，位于拉斯曼丘陵的普利兹湾附近，附近建设有机场，主要作用是为其他科考站提供补给，被称为重要的支援基地。

（四）日本

日本对南极的考察开始时间相对较早，共建设四个考察站，其中一个科考站（瑞穗站）已经废弃，剩余三个科考站包括一个无人值守的观测站以及两个常年站。

昭和站始建于 1957 年，是日本在南极建立的首个科考站。该科考站位于南极圈内部的东钓钩岛，是日本对南极进行观测的重要基地。

飞鸟站位于毛德皇后地，是日本无人值守的观测站。

富士冰穹站同样位于毛德皇后地，是日本在南极观测的常年站。该科考站位于南极东部冰原上第二高的冰穹，属于南极地区的高海拔区域，也使得该科考站成为世界上最冷的地方之一，并且该地区十分干燥，降水稀少，可以称得上是“白色沙漠”。该科考站主要是为了研究南极地区的地质情况而建立，进行多次的深层冰核钻探计划，已经获得了人类历史上第二古老的冰核。

四、极地相关条约

（一）《斯瓦尔巴条约》

该条约签订于 1921 年，是迄今为止在北极地区唯一的具有足够国际色彩的政府间条约，签约国家有 51 个，但是该条约涉及的土地范围仅限于斯瓦尔巴群岛。该条约规定斯瓦尔巴群岛成为北极地区第一个也是唯一一个非军事区，缔约各国公民可以自主进入，而挪威对该群岛拥有充分和完全的主权，并且该地区永远不得为战争的目的所利用。正是基于此条约，中国在斯瓦尔巴群岛上建立了中国北极科考站，也就是黄河站，以便开展正常的科学考察活动。

（二）《南极条约》

该条约签订于 1959 年，世界上 12 个国家在美国华盛顿签订了《南极条约》，该条约于 1961 年正式生效。我国在 1983 年加入《南极条约》，并立即生效。该条约的主要内容有：南极洲仅用于和平目的，促进在南极洲地区进行科学考察的自由，促进科学考察中的国际合作，禁止在南极地区进行一切具有军事性质的活动及核爆炸和处理放射物，冻结目前领土所有权的主张，促进国际在科学方面的合作。

（三）《保护南极动植物议定措施》

该协定签订于1964年，第二次《南极条约》缔约国协商会议进行了相关讨论并通过该协定，提请各个缔约国批准实行。该协定适用范围是南极圈以内的区域，该协定将南极大陆视为一个特别保护区，并对南极生存的动植物进行全面的生态保护。

（四）《南极海豹保护公约》

该公约签订于1972年，并且于1978年开始生效，该公约同样适用于南极圈以内的海域，并对出于科研目的以及其他合理目的而捕杀的海豹数量进行规定。该公约在一定程度上保护了南极地区海豹的数量，维护了生态多样性，为南极地区的生物保护做出了贡献。

（五）《南极海洋生物资源养护公约》

该公约签署于1982年，根据此公约还建立了南极海洋生物资源养护委员会，该机构属于南极海域管理生物资源的多边机构，主要职责是制定养护措施以及渔业管理政策，推进对南极生物资源的养护与可持续利用。该公约属于区域性公约，主要目的是为了养护南极海洋生物资源。我国于2006年加入该公约，对南极地区生物资源保护做出了自己的贡献。

（六）《南极矿产资源活动管理公约》

该公约通过于1988年的《南极条约》第四次特别协商会议，成为《南极条约》体系中的重要组成部分。该公约重申了《南极条约》的主要目标和宗旨，着重突出各国应特别重视对南极环境和生态平衡的保护，并限制南极地区矿产资源的开采。该公约促进在南极矿产资源开采中的国际参与和合作，最大限度地保护了南极地区的矿产资源和世界各国的共同利益。

（七）“八国条约”

该条约签订于1990年，主要由加拿大、丹麦、芬兰、冰岛、挪威、瑞典、美国和苏联八个国家签署，在此条约的框架条约下，成立了第一个统一的非政府国际科学组织，也就是“八国条约”。后来该条约的所属成员国不断增加，中国于1996年加入该条约，为北极地区的持续发展贡献自己的力量。

（八）《关于环境保护的南极条约议定书》

该议定书即《马德里协定书》，签订于1991年，主要是为了更好地贯彻执行《南极条约》，保护南极环境。我国于同年加入该议定书。该议定书将南极地区定为“贡献给和平和科学的自然保护区”，规定了在南极地区的一切人类活动所必须遵循的原则，禁止在南极地区从事除科学研究以外的任何与矿产资源有关的活动，建立了南极环境保护委员会，规定了争端解决程序。以附件形式分别规定了环境影响评价、南极动植物保护、废物处置和管理、防止海洋污染以及区域的保护和管理。

（九）《北极环境保护战略》

该条约签订于1991年，共有八个国家参与签署。该条约是目前在北极环境治理中最具代表性、影响力最大的软法规范。从整体的发展过程中来看，它构建了与北极相关各国及其他利益主体开展北极环境保护的平台与沟通渠道，具有共识性和时效性，但是功能存在一定的局限性和缺乏保障性。

五、极地资源开发与利用现状

（一）资源领域

两极地区存在着丰富的矿产资源和能源，常常被人们称作“聚宝盆”。两极地区在国际事务中扮演着重要角色，其中富含的淡水资源更是人类进一步生存发展的不竭动力源泉。两极地区的资源主要表现在三个方面，分别是矿产、生物和可利用土地资源。这吸引了世界上，尤其是靠近两极地区的国家不断进行深入开发。

同时两极地区的主权不属于世界上任何一个国家，而是划分到公共资源的范畴内。所以，对于世界上的所有国家而言，针对两极地区的各种资源，只要该国拥有开发和利用两极地区资源的能力，并且在遵守相关条约的基础上，就可以利用本国优势进行开发，而不受任何限制，同时，其他国家也不能阻止该国的各种开发和利用行为。

但是，随着两极地区资源的不断开发，从公共资源的角度来看，极其容易出现“公地悲剧”的现象，这将会给人类带来巨大的打击，严重破坏两极地区的生态环境平衡性和稳定性，威胁动植物资源的生存环境，引起无法逆转的损害。因此，我们在开发两极地区相关资源的同时，要提高自我约束的能力，自觉自愿地维护两极地区生态平衡，而不是为了一己私欲，肆意开发，不考虑生态环境的整体性。世界各国还应该相互监督，即使没有签署具有法律约束力的合约，也应该自觉维护两极地区生态环境。

（二）商业领域

两极地区的旅游业兴起于20世纪60年代，1966年，阿根廷首次打通南极旅游航线，在世界上引起巨大的反响。随着科技的进步，越来越多的游客前往两极地区进行探索。在开发两极地区旅游的过程中，1991 年世界成立了“国际南极旅游业者行业协会”并获得经营许可证，成为一个具有管理性质的国际行业协会。随着中国经济的发展，越来越多的人选择前往两极地区旅游，这催生了两极地区新兴行业的发展。

（三）航运领域

因为全球气候变暖的影响，两极地区冰山融化，出现了很多新的航行路线。这些路线有助于靠近两极地区的国家缩短航线，降低运输成本。两极地区新航线的开通，不仅有利于两极地区包括生物和矿产资源的开发和利用，还会对世界贸易和运输格局产生重大影响，从而影响世界正式的版图，给世界上的国家带来更大的政治和经济方面的挑战。为了牢牢抓住关于两极地区航运领域的优势地位，世界上很多国家已经建立研究机构开始开发新的航线。

六、极地资源和环境存在的问题

（一）全球气候变暖

全球变暖对地球两极的自然环境产生了巨大、多变并且无法预计的影响。全球变暖将导致两极地区的冰川不断融化，海洋中水资源增加，导致全球海平面上升，给人类带来巨大的危机。海平面上升将提高海平面高度，影响到沿海城市和沿海居民的正常生活，进而威胁人类的居住环境；导致城市地下水水位升高，盐分增加，影响城市的正常供水；另外，还会导致世界上海滩的大量减少，沿海城市旅游业的发展将会遭受重大挫折。除此之外，海平面的上升还会影响一些动植物的正常栖息环境，它们可能无法适应全球气候变化的速度，更有甚者，有些动植物可能会在地球上灭绝。

（二）区域政治竞争加剧

由于全球气候变暖，两极地区冰川逐渐融化和分解，这使得人类有可能利用两极地下海床中埋藏的丰富资源。在不久的将来，北冰洋的夏季适航性可能会增加到半年以上。这条航线使得各个大洲之间的现有路线缩短，未来将会成为世界上具有巨大战略意义的航道之一。而且两极地区还拥有巨大的军事战略优势，可以大大缩短敌对双方的预警时间，所以，世界上很多国家才会抢占两极地区的重要地区。随着两极地区冰川的不断融化，相关自然和矿产资源逐渐成为世界各国争夺的热点，这也使得两极地区的军事冲突不断加剧。

（三）商业开发热

南极旅游业的发展对南极地区生态系统是有风险的，例如：人为引入南极以外的物种，影响南极生态系统；人为破坏南极环境，如在南极留下人工垃圾和石油化学污染物；人为捕捞，在南极喂养对其生活方式有不利影响的动物；在南极增加科学研究，如油轮燃烧产生的污染排放、废水和油轮产生的噪声。在两地地区的开发过程中，中国仍然面临着许多困难，主要包括以下几点。

首先，非两极地区的国家容易受到地理位置的限制。两极地区周边的国家因为其距离优势，在开发两极地区航线的过程中确立了极大的先发优势。而这些临近国家都以保护两极地区生态环境和和平开发为借口，对两极地区的主要航道进行了划分。这一问题在北极地区尤为明显，北极周边国家严禁非北极地区国家插手北极地区航线开发的事务，在北极理事会中，非北极地区国家只能拥有观察员的位置，并没有对北极地区的实际话语权。最近几年，中国与日本和韩国就北极地区航线上产生了越来越多的竞争。

其次，两极地区航线危险性较高。两极地区航线受到很大的自然因素影响，并且由于我国的地理位置因素，距离两极地区较远，缺少建立补给站的先天优势，这将增加我国在两极地区开展航线的难度。我国用于开展北极航线运输的货船依靠俄罗斯提供的海图和航行服务，而且航行季节集中在夏季，风险最小，这无疑将极大地限制我国北极航线的航运物流。

再其次，高纬度地区航行难度较大，科技发展尚未攻克这一难题。北极航线具有低温、冰区、强风暴、奇特海域等特点，但中国现有的航标不足以应对北极航线的导航，特别是 GPS 等常规导航设备。在北极航线上容易产生较大的定位误差。由于极光、极性粒子流和对流电场的影响，普通通信设备将变得非常不稳定，给航行安全带来极大的安全隐患。中国现有的北极航线货船缺乏足够的破冰能力，远远落后于发达国家的大型破冰船技术。

最后，物流运输结构不合理。中国穿越北极的航线主要是从中国到北美东海岸，从中国到欧洲。中国北方靠近北极航线的大连、青岛、秦皇岛等港口缺乏足够的中转货物，货源大多来自中国内地，客观上反映了航运网络的产业结构不适合北极航线。由于距离遥远，南部港口在北极航线的运输中处于相对劣势，海洋物流运输结构不合理将严重影响两极地区航线的经济利益。

七、极地资源和环境的未来发展之路

（一）加强世界各国的合作与交流

世界各国在共同开发两极地区时，要加强合作，积极评估开发两极地区对环境、社会和经济发展的影响，同时也要考虑对两极地区特殊环境的影响。两极地区周边国家应该鼓励各国就两极地区自然资源利用等诸多方面进行对话，在协商中“求同存异”，寻找两极地区发展的新方向。

世界各国应该联合起来共同商议两极地区发展和保护的对策，国家之间相互合作有利于探索两极地区开发保护的新思路，同时，两极地区的未来发展前景取决于全世界所有机构和国家组织的共用努力，我们应该根据两极地区的自然状况和实际经济发展状况合理制定发展战略，积极调整全球活动进程。为了应对全球变暖问题带来的两极地区冰川融化现象，应该建立一个全球性的环保组织，监督世界各个国家的二氧化碳排放量，积极开展国际间的对话与合作，鼓励各国减少温室气体的排放。

（二）制定严格的国际规则

鉴于两级地区对地球环境的影响及其对人类生存和发展的意义，应制定严格的国际法和规章制度，明确管理两极地区各种职能部门的职责，在保护两极地区生态环境的基础上，确保两极地区只用于和平目的，保证其他国家进行科学研究的自由，禁止任何国家在两极地区进行任何军事活动，并且明确两极地区的主权不属于任何国家。

同时，世界两极地区的保护组织应该加强对各国行为的监督，严禁随意开采两极地区的矿产资源，保障其他国家在两极地区开展科学实验的合法地位，严禁在两极地区开展非法军事行动，并且重申两极地区的领土主权不属于任何国家。针对部分国家违反两极地区的相关规定，随意破坏两极地区的和平局面的行为，作为世界舞台上负责任的大国，中国应该联合世界上的其他国家，对这种行为予以谴责，敢于对这种破坏全人类合法权益的行为说不，推动两极资源利用违法行为处罚机制的引入，为两极资源利用筑起最后一道“防火墙”。

（三）遵守两极地区的发展规律

我们应该根据两极地区的自然和商业发展规律，积极促进两极地区的旅游业发展。两极地区和平利用的一个重要途径就是大力发展旅游业，而旅游业又是世界经济发展中的一个重要产业，极地旅游因为其地理位置的特殊性有其特有的发展规律。我们应该适当利用国际间的商业资源参与两极地区旅游业的开发，而两极地区旅游业的主管部门应该积极为旅游企业提供相关的技术指导，并且不应该增加过多的政府干预，同时，也要在两极地区发展规律的基础上积极制定开发原则，强化对两极地区旅游业发展的监督管理。我们对待两极地区旅游业的发展不应该只采用压制的方式，而是应该适当引导，规范经营，积极开展旅游试点工作，等到发展成熟再进行推广。只有这样，两极地区旅游业的发展才能健康持续。作为两极地区的旅游者，必须减少噪声、电力、垃圾等环境负担，严格遵守导游规定。为尽量减少对南极生态环境的影响，游客应严格遵守南极旅游协会的旅游指南，避免对南极野生动物、保护区和科研活动的干扰。

第七章
资源可持续开发和保护

世界环境与发展委员会（World Commission on Environment and Development，WCED）首次提出“可持续发展”（sustainable development）的概念，即要求在满足当代人不断变化的需求时，也不妨碍子孙后代的需求，不损害后一代人的利益。这是第一次将“经济发展”和“环境保护”两大世界性难题融合到一起考虑，是人类在处理环境与发展问题上的一场革命性突破。可持续发展强调的是发展，但这不影响可持续的同步进行，提出衡量发展的一系列指标，并提出“增长半发展”，可以追求经济高速增长但不能超越资源环境的承载能力。可持续发展要求人们必须建立起新的对待经济增长和社会发展的道德和价值标准，彻底改变以往对自然界的传统态度。基于遵循“可持续发展”的观念，我国海洋资源的开发利用必须将“发展经济”和“保护环境”协调起来相互促进，共同提高。

第一节　海洋资源可持续开发利用的必要性及制约因素

一、海洋资源可持续开发利用的必要性

海洋作为生命最初诞生的地方，人类的“聚宝盆”，蕴藏着巨大的资源。总体上来看我国拥有丰富的海洋资源，在世界资源总量排行榜上趋于前列，占据世界海洋资源蕴藏榜的第九位，但人均占有量在世界上远远落后，而伴随着人口数量的日益增加，资源短缺局势只能更加危急。因此，开发海洋资源以弥补资源短缺迫在眉睫。

同时，世界各国也都意识到海洋资源的重要战略地位。尤其是沿海国家充分利用海洋资源发展本国经济，因此各类海洋资源的开发也带动了各类海洋资源产业的不断发展壮大，对促进沿海国家和地区的发展、扩大沿海开发活动以及补充内陆地区的经济发展，缓解经济发展不平衡的矛盾等都有重大意义。海

洋资源也给我国带来了丰厚的价值和利益，长三角、珠三角等沿海经济带也一直是我国重要的经济产业地带，带动着内陆地区的经济发展。

然而我国海洋资源在开发过程中的管理机制尚不成熟完善，加之技术条件的限制，开发程度较浅，开发过程对资源的破坏浪费严重，也产生了一系列的海洋生态环境问题。过度捕捞和不合理养殖，这些都严重影响到海洋的生态平衡，也导致渔业资源经济产量逐年递减；矿产资源开发力度明显不足，粗放式开发手段不但导致资源浪费，而且对海洋环境造成直接或间接破坏；海港、海盐及旅游资源经营管理较为混乱，一味追求经济的快速增长不但影响港口、盐业与旅游经济的健康发展，而且这些海洋问题若得不到及时治理与改善，必将造成问题的恶性循环，加大问题治理的难度，降低各类海洋资源的开发利用价值，这也更加引发了我们对于如何更加合理可持续地开发利用海洋资源问题的思考。

二、海洋资源利用及其制约因素

本书第一章介绍了六种海洋资源，这些海洋资源的利用为人类经济社会的发展提供不可缺少的原材料。而海洋资源利用作为一种对海洋进行长期或周期性的经营，使海洋在人类活动干预下进行自然和经济再生产，这个过程也受到一些因素的制约，使得某些对海洋资源的利用变得复杂不可控。简单介绍一下制约海洋资源利用的因素有以下四种。

首先是自然因素，主要包括海洋的各种自然属性，主要受制于海洋生物、水文特征、海岸以及气候特征，使人类对于海洋资源的利用不能按照自己的想法随心所欲地开发。另外海洋的综合质量状况，如海洋的自然生产力、海洋自然条件适宜性等也是制约海洋资源利用的重要因素。

其次是经济因素，海洋资源的利用不仅仅是海洋的再生产过程，也是一项社会经济活动，对其开发利用必然是受到利益驱动的行为，受到投入产出比的影响，也即是人们追求最小投入或者最大产出。同时也还受到技术水平、经济区位等各种经济因素的制约。

再其次是社会因素，该因素包含的范围比较广泛，例如社会总体发展水平、社会需求、国家关于海洋方面的政策法规、人口数量及分布状况等都是制约海洋资源开发利用的影响因素。

最后是环保的约束，海洋资源利用方式既要符合海洋生态的自然法则同时也要满足人们追求经济利益最大化的目标，也应该考虑开发利用是否符合生态环境优化和持续利用的原则，这仍然是当前海洋资源利用过程中面临的重要问题。

第二节 如何实现海洋资源的可持续开发利用

海洋各类资源的开发利用在带来一定利益的同时也面临着一些严峻的挑战，挑战基本集中在技术方面的限制，以及开发利用过程中因人类的贪婪无序造成的不合理开发利用引发的生态环境恶化、资源锐减等问题，下面从各类海洋资源如何开展可持续开发利用进行叙述。

一、海洋能资源的可持续开发利用

政府应该发挥其在推进海洋能资源可持续开发进程中的主体性作用：一是降低碳发展模式深入推进到以海洋能资源开发为主的产业中去，大力发展低碳海洋科技；二是促进海洋能资源产业开发结构优化，发展低碳产业，提高对于“高碳”产业进入海洋开发行业的准入门槛，并积极鼓励新能源和高科技产品的海洋能资源产业发展。

上述也提到目前技术的限制使得海洋能资源利用存在效率低下的问题，需要将海洋能资源在现有开发基础上向精细方向开发迈进。一方面对于已经开发出的海洋能资源深加工利用，开发其他资源，提高利用率；另一方面提高资源的利用效率也是低碳发展的要求，减少碳排放的同时也能减少成本消耗，一举两得，坚持“因海制宜”方针，减少资源浪费。

加强海洋能资源开发的立法与执法。近年来海洋能资源的开发导致的环境破坏和海洋环境污染使资源开发受到了来自公众媒体等多方的关注，尽管开发利用形式一直比较粗放，国家加强了相关的立法工作，但是仍有欠缺。相关部门制定政策法律法规的方向应更多向海洋能资源开发利用中“低碳、低能、高效”方面转移，制定全方位更详尽的低碳发展规划。同时海洋资源开发中海域所有权、管理权、使用权不明确也会引发诸多的问题，所以关于沿海海域的各种权限界定问题应该更加明晰，以保证海洋资源的保护与开发双管齐下。

二、海洋生物资源的可持续发展利用

目前对于海洋生物资源的开发现状和资源保护加强政策引导，加强海洋生物产业的政策引导，尤其是在渔业海洋生物产业中，需要格外重视对渔业捕捞、渔业科技与渔业管理人员的教育监督工作，让从事渔业的人员以及群众了解正确的捕捞方式、相关的政策法律，以及思想上提高对于海洋生物资源的法

律意识。

为保护海洋生物资源，缓解日益枯竭的局面，需要优化海洋生物产业结构，对产业结构进行优化配置，提高渔船的捕捞水平和捕捞技术，改良传统的渔猎方式，严格限制渔船捕捞的数量，推广农牧型渔业生产方式，保证渔业资源的可再生利用。

建立健全法规，严格公正执法。虽然我国已经在不断完善发展海洋生物资源方面的相关法律法规，但是还有很多地方不健全，需要加强渔业法制建设，结合我国渔业发展的现状，制定完善健全的法律法规；同时加强海洋执法力度，扩大海洋执法队伍的规模，两方面作为打击违反破坏海洋环境资源的行为。

表7－1是我国在沿海区域建立的海洋自然保护区，总保护区面积达到250182平方千米，也可以看出我国的海洋生态保护工作正在推进，也有待更进一步的提升。

表7－1　　沿海区域海洋类型自然保护区建设情况

地区	保护区数量（个）	按保护级别分（个）		按保护类型分（个）				保护区面积（平方千米）
		国家级	地方级	海洋和海岸生态系统	海洋自然历史遗迹	海洋生物多样性	其他	
合计	183	43	140	59	25	59	40	250182
环渤海经济区	50	15	35	26	3	21	0	16318
长江三角洲	13	7	6	3	1	4	5	21184
海峡西岸经济区	48	10	38	8	2	5	33	183753
珠江三角洲经济区	50	5	45	20	0	28	2	3820
环北部湾经济区	22	6	16	2	19	1	0	25107

资料来源：2016年《中国海洋统计年鉴》。

三、海洋水资源的可持续发展利用

造成海水污染的原因有很多，其中沿海地区的公众用水造成的生活污水排入海洋中造成海水污染，这也是很多学者聚焦的地方。所以要加强对公众的思想教育工作，提倡公众加深对海水资源可持续发展以及环境保护的理解，转变其以往对于低碳发展模式不正确的观念和行为，开展群众活动，分发宣传小册子，提高公众的低碳发展全民参与度。另外，政府也要起到在低碳发展方面对于海水产业和公众的引导作用，以宣传和激励的方式，增强公众对于海水保护的意识。公众自身也要提高自己的环保素养，海洋环保不是离我们很遥远的事情，体现在日常生活的点点滴滴，如使用无磷洗涤剂，做好每一件小事，努力自觉地保护海洋环境与资源，使保护海洋低碳发展的意识深入内化为我们身体的一部分，以实际行动践行保护海洋资源与环境的责任。

政府和行政部门要加强政策制定，制定相关的导向性政策，引导海水资源综合利用的总体发展方向，推动海水综合利用产业的发展。坚持以循环经济学原理，配合海水综合利用的基础理论与技术核心，发展海水综合利用产业的上下游产业、前后向侧向关联产业，构建海水综合利用一条线的服务产业链，并建立海水淡化示范区，形成海水综合利用相关产业集群，降低成本，促进产业链向纵深发展，提高海水综合利用的综合效益。

由于技术尚不成熟，我国的海水综合利用产业处于起步阶段，没有足够的资金支持后续相关的研发改进工作。政府需设立相关的发展基金和专项资金，制定相关的扶助标准，给予符合标准的产业一定的资金支持，也鼓励其他社会资本给予支持，以缓解海水利用产业发展道路上的资金障碍，把更多的精力放在研发创新上。加快淡化水的定价工作，在保障人民利益的同时，适当让利于企业，激发企业发展的信心和主动性，同时对相关企业也配备有专门的资金补贴和税收优惠政策，推进海水综合利用事业的发展。构建海水综合利用相关产学研平台，根据当下海水综合利用的发展现状，鼓励高校、科研院所与海水产业进行合作，集中人才科技优势资源，通过构建产学研平台，加强各方的交流，积极推动海水淡化创新。

四、海洋矿产资源的可持续发展利用

对有国际争议的领海要加强开发部署工作，积极开展海上维权，不能放任其他国家开发侵害我们的主权。我国也要积极推进有争议领海的油气开发，进驻开采，不仅起到震慑作用也宣示我国的领海主权。在开发策略上，要积极寻求实力雄厚的跨国公司与之合作，采取国际招标形式，在加强与国外公司合作的同时也要积极利用国际利益关系，趋利避害，避免与相关周边国家发生直接冲突。

对海洋矿产资源的可持续开发利用离不开海洋技术，所以必须大力发展海洋能源技术。政府要积极鼓励高校、科研机构与能源企业合作，构建研究创新平台，努力发展科技进步与创新，打破技术瓶颈带来的海洋矿产资源开发利用困境。相关政策制定的政府部门要加快海洋科技创新的部署工作，从整体上为企业发展创新提供指导方向，加快推进海洋经济转型，同时对高新技术领域加大财政投入，实现核心技术和关键共性技术的共同研究开发。

最后海洋矿产资源的开发也离不开完善的政策支撑体系：政府一方面要制定政策支持相关产业进行海洋资源开发，另一方面也要加强制定海洋资源开发过程中资源保护方面的重大战略规划，在海洋资源开发管理上协调各部门、各地区之间的各类矛盾，保证海洋资源开发的顺利进行，实现可持续开发利用。

五、海洋空间资源的可持续发展利用

进一步强化各类海洋规划的引导管控作用。海洋行政主管部门要积极会同有关单位，加快推进海洋资源保护与利用规划，认真谋划海洋空间科学开发的总体思路、空间布局、功能分布等重点问题。在统筹海岛、岸线、海域、滩涂等海洋资源规划安排的基础上，切实解决海陆空间布局存在的冲突与矛盾。积极发挥海洋经济发展示范区工作领导小组框架下海岸线管理办公室的职能作用，切实加强海岸线资源的科学管控。

加快推行海洋生态红线制度，明确海洋生态红线区和生态红线控制指标，对红线区实施禁止开发区、限制开发区的分区分类管理，不同的分区有不同的生态特征和红线控制目标，严格管理控制红线区内的开发利用活动，对违反行为进行严惩；同时探索实施海洋生态补偿机制，完善补充海洋生态损害赔偿（补偿）制度，依据相关制度追究损害海洋生态的行为责任，重点展开针对滨海湿地、海岸带、重要渔业资源区等重要海洋生态区域以及重大开发利用活动的海洋生态补偿相关政策。

积极学习借鉴国外开展海洋空间资源建设管理的经验及技术，学以致用，内化为我们自身能力的提高。尤其对海上项目的设计施工要格外注意，海域周边的水文情况、海水的生态特征等都要着重考虑，海上项目建设过程也要做到建设与保护环境同时兼顾，不能舍本逐末。同时要大力研发新科技新理论以处理海上污染情况，海上污染与陆地污染不能等同处理，要创新污染处理设备和处理方法，有效预防治理海上污染。

六、海洋旅游资源的可持续发展利用

（一）探索创新海洋旅游模式，丰富海洋旅游业态

上面提到传统的海洋旅游产业缺乏新意，形式老旧，要在充分了解消费者

需求的基础上不断补充创新，开发特色的、与众不同的、有竞争力的产品，并加强宣传工作，吸引游客前来，拉动旅游创收的同时打造海洋旅游品牌，扩大海洋旅游产品的知名度；海边娱乐活动形式也要丰富创新，不局限于传统的沙滩形式，利用更加吸人眼球的方式，扩展至海上极限活动，同时要保证活动的安全问题；对于有当地特色的建筑、风俗可以打造滨海旅游避暑度假村；积极探索海底的旅游资源，开发海底观光、潜水旅游产品等，让游客的游玩空间不局限于传统意义上的海洋旅游项目，当然也要将海洋生态修复与海洋旅游资源开发相结合，探索建设海洋牧场。这些创新性海洋产品的设计开发，丰富了海洋旅游的形式，能吸引更多的游客，在产业发展的上中下游都开发相关产品，形成服务多元化的海洋旅游产业链。

（二）开发海洋旅游资源，推动国民海洋旅游建设

党的十九大报告提出建设海洋强国，逐步从海洋大国向海洋强国迈进，坚持陆海统筹发展，这是向深层次发展海洋旅游建设的难得机遇。我国的海洋旅游企业应该抓住发展的机遇，积极促进海洋旅游资源的合理开发布局，并以此为依托提升我国海洋经济的总体实力。海洋资源的开发应打破固有的模式，同时关注海洋人文精神建设，打破原有落后的思想，扩展国人的知识面，将现代化的企业管理经验用于海洋旅游产业的发展管理，推动海洋旅游和海洋经济可持续发展。

（三）加强海洋文化普及，培养海洋人才

海洋旅游作为物质经济发展的一部分，同时也应该关注游客的精神享受与自身的文化修养，在海洋旅游产业推进的过程中大力普及海洋文化，以更生动灵活的方式深入国民内心是极有意义的事情。同时，要注重对海洋人才的教育和培养，我国有不少海洋大学，并开设了“涉海”专业，课程内容要与时俱进，加快对海洋知识的更新换代，使海洋知识的普及年轻化大众化，将建设海洋强国的目标分解到每一位国民。同时加强高校和企业之间以及高校和高校之间的联系，同时加强人才之间的合作交流，实现海洋知识的互通共享。

（四）加快制定和完善海洋资源法律体系

任何经济活动都离不开法律的保驾护航，海洋旅游资源开发也需要有法律保障的加持，相关部门要加快立法工作，合理定夺对违法行为的追究机制，形成适合中国国情的海洋资源法律体系，运用法律手段保证海洋旅游资源开发保护的有序进行，促进海洋旅游资源的可持续健康发展。

第三节 海洋生态环境问题的主要原因

一、海洋生态环境问题的主要原因

从文化的角度来看，人们对海洋的法制意识、海洋生态环境保护意识较为薄弱。目前，人们主要生活在陆域，但是海洋也会受到来自陆地的污染。陆源污染主要包括工业污染源、生活污染源和农业污染源。例如，许多鱼类和贝类的产卵地和栖息地因人类生活废物的随意倾倒和不合理地处置农业药品而被破坏。由于人们的保护意识薄弱，对海洋的污染超过海洋承受能力，严重地破坏了海洋生态环境。因此，提升人们保护海洋的意识，调动人们保护海洋的积极性，才能从根本上治理海洋问题。

从政治的角度来看，政策制定者缺乏长远的眼光，导致立法不完善和执法不力。对海洋的监测手段和执行力度都还不够，不能有针对性地对海洋污染物的排放进行控制。另外，涉海行政部门不能很好地进行协调，现行法规规定，不只是国家海洋局组织海洋环境的保护工作，各部门有着不同的分工，分别对不同的污染源进行管理监督。各机构部门之间还缺乏合作，没有更好地发挥作用。

从经济的角度来看，由于资源的稀缺性，当陆地资源不能满足人们的需求时，人们开始获取海洋资源，尤其是随着人口的剧增，人们对海洋资源的不合理需求也越来越多，以及海洋开发和海洋工程项目大规模的兴建都导致了海洋生态环境的恶化。

从科技的角度来看，现代科技在军事中的应用破坏了海洋生态环境，海洋放射性污染物（如核基地的建设）也是海洋污染的重要来源。通过海洋生物和食物链的富集，海洋放射性污染可以传递到整个海洋环境，不仅对海洋生物造成危害，还会涉及人类和其他陆地生物。

二、中国的海洋生态环境保护

（一）海洋自然保护区的建设

海洋自然保护区是国家为了保护海洋环境和海洋资源，针对某种海洋对象划定的海岸、岛屿、湿地等，保护海洋生物多样性，防止海洋生态环境恶化。海洋保护区的主要作用是保护遗传资源，对生态过程和遗传资源进行保护，能够维持海洋物种和生态系统的持续利用。

目前，我国已建立各种类型的海洋自然保护区60处，所保护的区域面积近130万公顷，其中国家级15个（如表7-2所示）、省级26个（如表7-3所示）、市县级16个，这些保护区的建立，对典型的海岸、河口、湿地等生态系统起到了很好的保护作用。

表7-2　部分国家级海洋自然保护区一览

保护区名称	主管部门
蛇岛—老铁山自然保护区	国家环保总局
鸭绿江口滨海湿地自然保护区	国家环保总局
昌黎黄金海岸自然保护区	国家海洋局
盐城珍禽自然保护区	国家环保总局
南麂列岛海洋自然保护区	国家海洋局
北深沪湾海底古森林遗迹自然保护区	国家海洋局
惠东港口海龟自然保护区	农业农村部
珠江口中华白海豚保护区	广东省人民政府
内伶仃岛—福田自然保护区	国家林业局
广东湛江红树林自然保护区	国家林业局
山口红树林生态自然保护区	国家海洋局
北仑河口红树林生态自然保护区	国家海洋局
合浦儒艮自然保护区	国家环保总局
东寨港红树林自然保护区	国家林业局
大洲岛海洋生态自然保护区	国家海洋局
三亚珊瑚礁自然保护区	国家海洋局
天津古海岸与湿地自然保护区	国家海洋局
黄河三角洲	国家林业局
厦门海洋珍稀生物自然保护区	国家海洋局
双台河口水禽自然保护区	国家林业局

资料来源：新建国家级海洋特别保护区和海洋公园名单公布［OL］. 中国政府网，http://www.gov.cn/gzdt/2011-05/19/content_1866854.htm.

表7-3　部分地方级海洋自然保护区一览

保护区名称	主管部门
大连海王九岛海洋景观保护区	辽宁省政府
大连老偏岛—玉皇顶海洋生态自然保护区	辽宁省政府
辽宁湾湿地海洋自然保护区	辽宁省政府

续表

保护区名称	主管部门
绥中原生沙质海岸及生物多样性自然保护区	国家海洋局
黄骅古贝壳堤自然保护区	国家海洋局
乐亭石臼坨诸岛自然保护区	河北省政府
庙岛海洋自然保护区	国家海洋局
青岛大公岛海岛生态系统自然保护区	山东省政府
千里岩岛海洋生态系统自然保护区	山东省政府
无棣贝壳堤岛与湿地自然保护区	山东省政府
荣成成山头海洋生态系统自然保护区	国家海洋局
上海市金山三岛海洋生态自然保护区	国家海洋局
崇明东滩湿地自然保护区	国家海洋局
浙江五峙山鸟岛海洋自然保护区	浙江省人民政府
宁波海洋遗迹保护区	国家海洋局
担杆岛猕猴保护区	农业农村部
海南磷枪石岛珊瑚礁自然保护区	国家海洋局
海南花场湾红树林自然保护区	国家海洋局

资料来源：地方级海洋自然保护［OL］. 中国环保产业研究院，http：//www.zghbcyyiy.cn/？p=14846.

（二）我国海洋生态环境保护保障法规

作为我国行政执法的重要组成部分，海洋执法是海洋生态环境保护的重要依靠。强大和完善的海洋执法体系为海洋生态环境相关法律法规提供保障，使相关法律法规既具备威慑效力也具有威慑能力，若只有形式而不能发挥作用，其后果可想而知。随着我国海洋事业的不断进步和发展，海洋环境保护法律保障体系得到了不断完善，我国的海洋生态环境保护法律保障体系已经基本成型。自1979年国家重视海洋生态环境保护工作以来，中央相关管理部门出台了各种与海洋生态环境相关的法律法规、规章条例等文件，约160余项。一些环境保护相关的法律（如《中华人民共和国环境影响评价法》《中华人民共和国放射性污染防治法》等）规定了关于海洋生态环境保护方面的内容，《中华人民共和国民法通则》《中华人民共和国刑法》等一般性法律也对我国海洋生态环境的保护起到了关键性的辅助作用。表7－4对部分海洋保护政策进行了说明。

表 7-4 部分海洋保护政策

年份	名称	内容
1982	《中华人民共和国宪法》	国家保护和改善生活环境和生态环境，防治污染和其他公害
1983	《中华人民共和国海洋环境保护法》	阐明了我国的海洋生态环境保护的目的、适用范围和相关部门的职责分工
1986	《中华人民共和国渔业法》	加强渔业资源的保护、增殖、开发和合理利用，保障渔业生产者得到合法权益，促进渔业生产的发展
1988	《中华人民共和国野生动物保护法》	在中华人民共和国领域及管辖的其他海域，从事野生动物保护及相关活动，保护野生动物，拯救珍贵、濒危野生物种，维护生物多样性和生态平衡，推进生态文明建设
1989	《中华人民共和国环境保护法》	是我国环境与资源保护方面的基本法，加强对海洋生态环境的保护保障，监督海洋生态开发和排污活动，防止此类活动破坏海洋生态环境
2001	《中华人民共和国海域使用管理法》	加强海域使用管理，维护国家海域所有权和海域使用权人的合法权益，促进海域的合理开发和可持续利用
2009	《中华人民共和国海岛保护法》	是一部以保护海岛生态为目的的海洋法律，从制度设计和具体内容而言，都不涉及海岛主权问题，是在主权既定前提下的一部保护海岛生态的行政法

资料来源：中华人民共和国自然资源部。

为了更好地将《中华人民共和国海洋环境保护法》落实到实处，使我国海洋生态环境保护工作依法顺利展开，我国国务院制定了更加详细的海洋环境保护方面的相关条例，如表 7-5 所示。

表 7-5 部分海洋环境保护条例

年份	名称
1985	《海洋倾废管理条例》
1989	《海洋石油勘探开发环境保护管理条例》
1990	《防治海岸工程建设项目污染损害海洋环境管理条例》
1990	《防治陆源污染物污染损害海洋环境管理条例》
2006	《防治海洋工程建设项目污染损害海洋环境管理条例》
2009	《防治船舶污染海洋环境管理条例》

资料来源：中华人民共和国自然资源部。

第四节　海洋生态环境保护的政策建议

在国内外海洋生态环境面临威胁、海洋环境保护越来越为国际社会所重视的背景下，中国一方面必须重视国内海洋生态环境和海洋经济的可持续性；另一方面也要将海洋生态保护作为海洋外交不可分割的一项内容，积极争取发展权和外交主动权。

一、发展可持续蓝色海洋经济

发展可持续蓝色海洋经济，提升海洋生态环境保护在建设“海洋强国”和“生态文明”中的战略地位，是解决国家经济发展和环境保护这一对矛盾的最根本措施。尽管蓝色经济概念没有在世界可持续发展大会的成果文件中有所体现，但是在向绿色经济转型的浪潮中，发展蓝色经济，实现海洋可持续发展是人们所希望的。目前，蓝色经济发展正处于内涵讨论、概念形成的阶段。确定蓝色经济定义的过程，实际上是一场制定国际规则的争端战。

在可持续发展和转型绿色经济发展的框架下，蓝色经济的实质是海洋经济的绿色发展。近年来，中国海洋经济发展迅速，在国民经济社会发展中的地位日益提高，为蓝色经济发展奠定了良好的基础。与此同时，坚持可持续发展原则，加强海洋生态环境保护，实施科技兴海战略、海洋综合管理，积累了一些可在世界推广的海洋经济绿色发展的宝贵经验。中国必须抓住蓝色经济概念尚未形成、规则正在酝酿出台的有利时机，充分发挥海洋经济发展的优势，引领蓝色经济规则的制定和发展。

二、完善海洋生态保护法律体系

研究国际和其他国家的海洋生态环境保护政策，采取有利于我国海洋生态环境的部分，完善我国的海洋生态环境保护法律体系。中国政府在海洋环境保护和海洋资源利用等领域制定的法律、法规有 30 多部，同时也制定了多部海洋规划指导性文件和海洋保护相关的技术标准，海洋环境保护的法律体系初步形成，但是这个法律体系也存在着一些不完善的地方。目前为了适应海洋管理的需要，欧美等海洋大国纷纷制定基于生态系统的综合性海洋法律，中国想要健全海洋环境保护法律体制也可以参照其他国家的实践经验，制定适合中国国情的综合性的海洋法，对海洋环境保护、资源利用、产业规划和管理体制的改革提供综合的、更强大的法律基础。

三、完善海洋综合管理体制

传统的海洋管理是以单一的产业管理为基础的，导致了各个海洋产业及其监管部门之间的分割。我国海洋资源利用和环境管理实行单项和部门管理，各部门如海洋、交通、农业、石油等职责平行，缺乏综合协调和联合执法的机制和手段。随着海洋开发能力的增强和海洋生态问题的日益严重，这种分割式的管理方式很难满足实际管理的需要。中国应该借鉴美国、英国等国家的经验，建立综合的海洋主管部门和协调机制，对各类海洋经济活动、海洋环境保护和海洋执法进行统筹规划。党的十八大之后重新组建的中国海警局，组合了原属于国家海洋局、农业农村部、交通部、公安部和海关的五支海上执法力量，是向着完善综合海洋管理体制所迈出的重要一步。

四、加强国际组织合作

目前中国的民间环境组织已经有了一定的发展和实力，不少大的国际环境非政府组织也在中国设立了办事处。非政府组织在不少国家已经成为了环境保护的中坚力量，既能提高公民的环境意识，发动群众，又能成为贯彻执行海洋环境保护政策的“左膀右臂”。中国政府应该主动寻求与非政府组织、产业协会等组织的合作，加强海洋环境保护的社会力量。同时，在不影响国家利益的前提下，加强与国际非政府组织的合作，为我国的海洋事业创造良好的国际舆论环境。

加强与国际、区域组织在海洋生态环境保护方面的合作，一方面向别的国家和地区学习好的经验；另一方面也要向世界宣传中国在海洋生态保护领域取得的成果。目前各个国家所面临的海洋生态问题，如气候变化和外来物种入侵等都具有很强的跨国界性。一些重要的海洋环境保护措施，例如海洋保护区网络的建设和管理、海洋灾害的应对以及洄游性渔业资源的管理等都需要跨国界的合作。因此需要在海洋资源和海洋环境保护、海洋科技发展等方面加强国家之间的合作。

五、参与新的国际法律制度讨论

积极参与新的国际法律和国际制度的讨论，并将其作为海洋外交的重要组成部分。中国作为负责任和发展中的大国，同时也是海洋利益大国，必须坚持权利与义务平衡的原则，善用国际海洋生态环境保护的语言和平台，争取中国经济发展的国际政策空间，维护我国的发展权。中国目前在海底区域事务中有一定的话语权，但对公海事务的管理和研究起步较晚，对公海新制度的发展趋势把握不够。我国应该培训一批熟悉和热爱海洋事业的外交人才和技术专家，深入参与海洋环境保护、海底资源开发、渔业资源管理、海事与海上救助、公海事务等涉海国际公约、条约、规则的制定和修订工作。同时积极参与联合国海洋和海洋法事务非正式磋商进程、“全球海洋环境状况定期评估”工作、深海生物基因资源保护与可持续利用、公海保护区等国际海洋热点问题的研究和国际谈判。我国今后必须高度重视各种国际组织和条约的磋商和谈判，积极参与并深度分析，明确我国战略利益所在和政策选项，全面提升海洋外交话语权，以便深度参与和主导国际规则的制定。积极参与和海洋环境相关的国际谈判，既能在国际法允许的范围之内，最大限度地为国家争取经济发展和海洋权益的空间，也能提升国家的话语权和外交影响力。

下篇

透明海洋与经济安全

随着21世纪“海洋世纪”的到来，海洋的重要性已经不仅体现在为人们的生产生活带来资源和便利，还象征着主权和国家安全，它的发展更是成为衡量一国综合实力强弱的标准。中华民族是世界上最早开发利用海洋资源的民族之一。春秋时齐人得东海“渔盐之利”，战国时有“乘桴浮于海”的记载，后来又有以中国为起点的海上丝绸之路。明朝前期，伟大的航海家郑和曾率领庞大的船队七下西洋，遍访亚洲、非洲30多个国家，最远到达过非洲东海岸和红海海岸，比欧洲的哥伦布还早87年①。当时中国的造船技术和航海技术无疑位于世界前列。历史上，中国是名副其实的海洋大国。但是漫长的农耕社会传统束缚了国人的思想，中国长期以来把活动重心局限在陆地，在资本主义兴起的时代中国人海洋意识落后了。明清时期又施行闭关锁国政策，最终导致了1864年鸦片战争的惨败。从此，中国陷入半殖民地半封建社会的深渊，开始了百年之久的丧权辱国的噩梦。改革开放以后，中国人民的思想有了极大的飞跃，海洋意识空前高涨，中国人的目光开始关注海洋。

当前，和平崛起的中国在融入世界和自我变革的同时，开始推动对国际秩序的积极塑造，志在从地区大国转型为世界大国。作为成就世界大国的必由之路，建设海洋强国业已成为中国保障总体安全、促进经济发展、维护海洋权益和拓展战略空间的现实需求。党的十八大报告首次提出“提高海洋资源开发能力，发展海洋经济，保护海洋生态环境，坚决维护国家海洋权益，建设海洋强国”。这就决定我国必须保护海洋资源，积极做好海洋生态环境的可持续发展与利用。海洋环境多变、海洋灾害频发，这又进一步增加了我国利用海洋资源的难度。做好海洋灾害监测和预警工作，保障人民的财产和生命安全，是成为海洋强国的必要前提。

改革开放以后，中国逐步转型为依赖海洋通道的外向型经济大国，在全球海洋上拥有广泛的战略利益。“一带一路”倡议，尤其是海上丝绸之路的建设，更是将海洋的战略地位提升到了一个新的高度。同时，中国的海洋经济总量已占国内生产总值的10%左右，绝大多数的石油进口需要依赖于海上通道。此外，伴随着非传统安全的日益浮现，中国也面临着污染、海盗、灾害等多种海洋环境问题，亟须寻求合作治理方能予以妥善解决。可以说，崛起的中国也同历史上的其他海洋强国一样，必须凭借合理的海洋战略设计实现“趋利避害”，才能破除崛起之中的可能困境，并为崛起之后的海外利益拓展奠定基础。因此，中国必须以海洋强国思想为指引，确立并巩固具有中国特色的海洋强国战略。做到用观测设备、技术知道海洋里面有什么，能讲清楚海洋里发生的事情，对未来海洋如何变化能有准确把握，这也就是“透明海洋”计划的初衷。

---

① 徐杰．蓝色国土·海洋文化：海上丝绸之路［M］．吉林出版集团有限责任公司，2012.

第八章
海洋生态损害评估

随着我国海洋经济的快速发展，沿海地区人口和海洋产业活动的集聚，各种人为活动和突发事件导致的海洋生态损害日益严重，生物栖息地大面积消失，生物多样性大幅度减少，近岸海水水质不断恶化，海洋生态系统服务功能持续下降，海洋经济发展和海洋环境保护的矛盾变得日益突出。党中央、国务院高度重视生态环境损害赔偿和生态补偿制度建设工作。党的十八大提出了“建立反映市场供求和资源稀缺程度、体现生态价值和代际补偿的资源有偿使用制度和生态补偿制度”战略部署，党的十八届三中全会、四中全会、五中全会明确要求用严格的法律制度保护生态环境，加快生态文明制度建设。那么要先了解什么是海洋生态损害以及如何评估海洋生态损害。

第一节　海洋生态损害概述及现实案例分析

一、海洋生态损害的内涵

（一）含义

目前，国外对于“海洋生态损害”尚未有公认的概念界定，但学者、欧美等国家和地区的相关法律制度对于“生态损害（ecological damage）”或“环境损害（environmental damage）”概念已有较多的阐述。

拉恩斯坦（Lahnstein，2003）认为生态损害是指“对自然的物质性损伤，具体而言，即为对土壤、水、空气、气候和景观以及生活于其中的动植物和它们间相互作用的损害，也就是对生态系统及其组成部分的人为的显著损伤”。德拉费耶特（Dela Fayette，2002）认为环境损害是“因外在的人为原因而引发的生态系统组分及其功能、相互作用的一种有害的变化”。相关组织机构及立法也对生态损害相近概念进行了说明：1994 年联合国环境规划署将环境损害定义为“对环境非使用价值及其支持和维持可接受的生活质量、合理生态平衡能力的重要不利影响”；2000 年欧盟《环境责任白皮书》（WPEL）界定环境损害为“包括对生物多样性的损害和以污染场所形式表现的损害”；2004 年欧盟《预防和补救环境损害的环境责任指令》（2004/35/CE）明确将“自然资源服务功能（natural resource service）的损伤”纳入“损害”范围，认为环境损害主要是“对受保护物种和自然栖息地、水及土地可能直接或间接产生的、可计量的某一自然资源的不利变化或可计量的某一自然资源服务功能的损害”；法国最高法院（2012）提出了“纯生态损害（pure ecological damage）”的概念，将其定义为“因侵害而使环境遭受的直接或间接的损害”，使之与精神损害、经济损害相区分。特别需要指出的是，“自然资源损害（natural resources damage）”是美国立法和美国学者经常使用的一个概念，而“自然资源”是被美国中央政府、地方州政府、外国机构、印第安部落占有或管理控制的土地、渔业资源、野生动物、空气、水、地下水、饮用水资源。自然资源损害是指“对自然资源的侵害、破坏或者丧失对自然资源的使用，包括对损害评估的合理费用”（Frank Maes，2005）。因此，“自然资源损害”基本上可以被看作为欧洲学者所经常使用的“生态损害”的同义词。在海洋环境方面，《联合国海洋法公约》（1994）对“海洋环境污染”进行了界定：“人类直接或间接把物质或能量引入海洋环境，其中包括河口湾，以致造成或可能造成损害生物资源和海洋生物、危害人类健康、妨碍包括捕鱼和海洋的其他正当用途在内的各种海洋活动、损坏海水使用质量和减损环境优美等有害影响。”

近年来，越来越多的国内学者开始关注这类新型损害并界定其概念和内涵。如竺效（2007）认为，“生态损害特指人为的活动已经造成或者可能造成人类生存和发展所必须依赖的生态（或环境）的任何组成部分或者其任何多个部分相互作用而构成的整体的物理、化学、生物性能的任何重大退化”；柯坚（2012）认为，“生态环境损害是因人为环境污染而造成的环境质量下降、自然生态功能退化以及自然资源衰竭的环境不良变化，相对于因环境污染而造成的人身、财产权利侵害的环境侵权法律责任，生态环境损害是一种新型的环境损害责任”。梅宏（2007）也曾主张使用“生态损害”这一表述，并将之界定为“人们生产、生活实践中未遵循生态规律，开发、利用环境资源时超出了环境容载力，导致生态系统的组成、结构或功能及其生态要素发生严重不利变化的法律事实”。近年来，我国政府部门出台的相关技术导则、管理规则中，对生态损害给出了权威性定义，如我国国家生态环境部颁布的《生态环境损害鉴定评估技术指南》（2016 年）中将“生态环境损害”定义为“因污染环境、破坏生态造成大气、地表水、地下水、土壤等环境要素和植物、动物、微生物等生物要素的不利改变，及上述要素构成的生态系统功能的退化”。就海洋环境要素而言，近年来，有部分学者开始对海洋生态损害进行界定：韩立新（2005）指出“海洋生态损害是直接或间接把物质或能量引入海洋，造成的人身伤亡和财产损害以外的海洋生物、海洋资源、海水使用质量等的灭失或损害，以及捕鱼和海上其他合法活动的损害”；张晶（2014）基于生态损害的定义并结合海洋生态特点，将海洋生态损害界定为“由于人类活动而造成的对海洋生态系统本身及其组成部分的严重不利后果，进而导致海洋生态系统的整体结构、组成部分或生态要素发生严重损害的事实状态”。海洋生态损害是一种区别于传统损害（如财产和人身损害等）的新型损害，是指由人类活动等人为作用引起的，对海洋生态系统、海洋环境造成破坏，进而对人类自身的生存和发展带来的不利影响（蔡先凤和林洁，2019）。

（二）分类

从不同角度，可以将海洋生态损害进行不同的分类。

一种分类法是将海洋生态损害划分为初级生态损害和次级生态损害，其中，初级生态损害是指人类活动对海洋环境的直接损害，包括：海洋生物死亡，海洋生物的生产力下降，对生物多样性的破坏；生物栖息地的污染，海洋生态环境的破坏；海洋污染加重导致的海洋藏污能力下降，海域环境容量缩小（海域环境容量是指在一定时间内某一特定的海域范围所能够容纳的人类活动所产生的污染物质的最大负荷量，海域环境容量作为一种有价的自然资源，体现了海洋生态系统对人类污染活动的最大容忍度，符合可持续发展观的内涵）。次级生态损害是指人类活动对海洋环境造成负面影响后又进一步造成了人身伤害和财产损失。例如，海面浮油对人体带来的损伤；沿海地区旅游业、渔业等相关产业由于海洋生态损害遭受重创；进行海洋生态环境修复所耗费的人力、物力和财力等。

一种分类法是将海洋生态损害划分为永久性损害和暂时性损害，其中，永久性损害是指人类活动使得海洋生态系统发生根本性变化，并且无法恢复。例如，填海造陆工程将海洋永久性地转变为陆地，彻底改变了海洋原有形态。暂时性损害是指人类活动在短期内影响了海洋生态系统的功能，但是在长期中可以经过海洋生态系统的自身调节得以恢复。例如，溢油事件造成的原油污染以及化工厂在生产过程中的排污过程。

此外，高振会等（2005）以“塔斯曼海”轮溢油对海洋生态造成的损害为例，将海洋生态损失分为环境容量损失、海洋生态服务功能损失、海洋生态恢复费用、前期已开展工作所用费用、监测评估费五部分。其中，环境容量又称环境负载容量，是指在保证人类生存、生态系统不受危害的前提下，环境系统对污染物的最大容纳量。环境容量的大小取决于环境空间自身的大小、环境系统中各要素的特性以及污染物本身的性质。当溢油或海洋工程造成的海洋生态损害发生时，海洋自身对污染物的容纳力会急剧下降，而海洋环境对污染物容纳力的下降，在一定程度上代表了环境容量的损失。总体来讲，海洋生态服务功能共有四类，包括供给功能、调节功能、文化功能和支持功能。供给功能是指海洋生态系统能够为人类的生产生活提供相应的食品、原材料等产品，供给功能的主要目的是满足和维持人类物质需要。调节功能是指海洋生态系统能够通过气体调节、气候调节以及干扰调节等自身调节过程中给全人类的生产生活带来相应的服务和效益。文化功能是指海洋生态系统通过其自身具备的文化价值给人类带来非物质的享受，包括精神的愉悦、知识的获取等。支持功能是指海洋生态系统通过其自身的物质循环过程：一方面，维持了物种的多样性；另一方面，为人类社会提供初级生产。海洋生态损害事件造成海水水质的下降、海洋生物种群结构的破坏，进一步降低了海洋生态服务功能。

二、海洋生态损害对象及等级分类

（一）海洋生态损害对象

海洋生态损害对象主要包括：海水水质、海洋沉积物、潮滩环境以及海洋生物、海洋地形地貌、海洋水文动力环境等。

（1）关于海水水质。根据海水水质划分标准，可将海水划分为四类：第一类海水水质适用于海洋渔业水域、海上自然保护区以及珍稀濒危海洋生物保护区；第二类海水水质适用于水产养殖区、海水浴场、人体直接接触海水的海上运动或娱乐区以及与人类食用直接相关的工业用水区；第三类海水水质适用于一般工业用水区以及滨海风景旅游区；第四类海水水质适用于海洋港口水域以及海洋开发作业区。海洋生态损害评估表现在海水水质方面主要是指溢油事故发生后大量原油流入海洋导致的海水水质下降；近海地区工业污水、生活污水排放导致的海水水质下降。

（2）关于海洋沉积物。海洋沉积物是指在物理沉积、化学沉积以及生物沉积等不同沉积作用下所形成的海底沉积物的总称，是以海水为介质沉积在海底的物质。主要包括：硫化物、有机碳、多环芳烃、苯系物、苯并芘等。海洋沉积物对于研究海洋的形成和演变以及进行海洋开发工程都具有重要的意义。海洋生态损害表现在海洋沉积物方面是指会造成海洋沉积物的质量发生变化。

（3）关于潮滩环境。潮滩是指在潮间带露出的泥沙滩。海洋生态损害会对潮滩上的生物种类、生物数量以及生物群落结构等造成不利影响。

（4）关于海洋生物。海洋生物主要包括：浮游植物、浮游动物、大型底栖生物、潮间带生物、微生物、鱼类浮游生物、游泳生物、珍稀濒危生物以及国家保护动物等。海洋生态损害表现在海洋生物方面是指海洋生物种类以及生物量的减少、海洋生物质量的下降等。

（5）关于海洋地形地貌。海洋生态损害表现在地形地貌方面的影响主要是指围海造陆等海洋工程对海洋地形地貌造成的永久性改变。

（6）关于海洋水文动力环境。海洋水文动力环境中所包含的要素主要有：水温、盐度、潮流、流向、流速、波浪、潮位、悬浮物、泥沙冲淤、水深、气压、气温、降水、湿度、风速、风向、灾害性天气等。海洋生态损害表现在海洋水文动力环境方面主要是指某些海洋工程项目在建设过程中对海岸线造成了彻底的改变、围海造陆等减少了纳潮面积，进一步导致纳潮量的减少，纳潮量的减少又进一步影响了潮流场的变化，潮流场的变化又影响了沉积速率的变化，进而造成部分水域淤积速率增加。

此外，海洋生态损害对象还应包括近海海域的经济发展以及人类健康等方面。

（二）海洋生态损害等级分类

海洋生态损害可分为三个等级：一级损害是指海洋生态环境受到严重的污染或破坏，大量物种受到伤害，海洋生态系统结构、特征和功能严重损伤，系统抗外干扰能力受到较大伤害，严重影响系统的经济潜能与可持续发展。二级损害是指海洋生态环境受到严重破坏，较多物种受到伤害，海洋生态系统结构、特征和功能遭受明显损害，并危及系统正常运行，影响系统生产能力和抗外干扰能力。三级损害是指一般性的海洋生态环境污染或环境破坏，较多物种个体受到伤害，海洋生态系统结构、特征和功能受到轻度伤害，系统抗外干扰能力有所下降。

三、造成海洋生态损害的现实案例分析

（一）溢油污染以及石油类污染物的排放

溢油污染对海洋生态系统的损害主要包括两个方面（刘伟峰等，2014）：其一是溢油会给海洋生物带来直接损害。例如，由于原油大多不与水相溶，所以流入海洋的原油一般都会黏附于海洋生物的表面，直接给海洋生物带来身体上的损伤；或者，有些油品会对海洋生物造成化学毒害，原油的某些化学性质有时可以

在短期之内导致海洋生物产生急性中毒。即使有时溢油由于浓度较低，并没有在短期内给海洋生物带来急性的化学毒害，但是从长期来看，会对海洋环境造成损害。例如，大量原油溢出，会直接造成海水中的油类浓度增高，又由于水油不相溶的特性，使得一部分溢油一直浮于海洋表面，会对海洋整体风貌带来负面影响，尤其会给以海洋旅游业为主导产业的沿海城市的旅游收入带来沉重打击。

高振会等（2005）在《海洋溢油生态损害评估的理论、方法及案例研究》一书中对海洋溢油生态损害的特点进行了分析说明。该书认为，海洋生态损害有溢油发生风险性增大、溢油发生的形式多样、损害对象具有广泛性、溢油危害性大以及对于海洋溢油生态评估不确定性等特点。具体包括以下四点：（1）我国是一个石油进口大国。随着我国经济的快速发展，对石油需求量逐年增加，且进口石油时多通过海上船舶运输来完成，我国近海海域的船舶往来数量不断增多，这就加大了发生溢油事故的风险。（2）不仅石油进口量近年来不断增加，我国的海上石油开发活动也在不断发展，这就导致发生溢油事故的类型增加，不再局限于在石油运输过程中发生的石油泄漏事故，还包括在石油开采过程中所引发的溢油事故。（3）溢油事故造成的海洋生态损害不仅会影响到海洋生物以及海洋生态环境，而且还对人类的健康带来威胁。（4）在海洋溢油事故发生后，对海洋生态环境的某些影响并不是会马上显现出来，而是随着时间推移才逐渐显示。这就给海洋生态损害评估工作带来一定的困难。

历史上发生过的多起海洋溢油事件，都对当地的经济发展和社会进步造成了严重阻碍。2010 年 4 月墨西哥湾发生的溢油事件，在当时堪称为世界历史上最为严重的环境灾难。由于英国石油公司所租用的名为深水地平线的深海钻油平台发生井喷并爆炸，导致了此次极为严重且震惊世界的漏油事故，此次事件对附近地区的经济和环境等方面都造成了致命性的打击。在事件发生之后，由于各种补救措施一直未有明显的突破，从而导致沉没的钻井平台漏油量不断增加，致使海上浮油面积不断扩大，严重影响了生物多样性，造成大量的鱼类以及浮游生物的死亡，给海洋生物造成了毁灭性的打击。从经济角度来看，此次溢油事故不仅严重影响了当地渔业和旅游业的发展，还给该地区的近海油田开发带来极大的变数。此外，受此次溢油事件的影响，美国多个州和地区宣布进入紧急状态，美国政府大规模介入，专家预计，此次救灾的花费会在 10 亿美元左右①。对于此次溢油事件，《时代》杂志报道说，英国石油公司为此次

① 墨西哥湾漏油恐再续百日，成史上最严重环境灾难［OL］. 中新网，https://www.chinanews.com/gj/gj-bm/news/2010/06-01/2315123.shtml.

溢油事件所要赔偿给美国的损失足以弥补美国经济危机的一般损失。从地理角度来看，由于此次溢油事件发生在墨西哥湾地区，该地区的墨西哥湾暖流是世界上最大的一只暖流，从墨西哥湾沿岸一直延伸到大西洋的东岸，所以此次溢油事件中产生的原油影响海域是十分广袤的，带来的海洋生态损害也是巨大的，可以说，此次溢油事件不仅是一场经济灾难，更是一场环境灾难。

2010 年 6 月大连发生了中国历史上最大的石油泄漏事故，事故导致输油管道爆炸，输油管道爆炸又导致万吨原油入海，使得当地的海洋生态系统遭受到严重的损害，大连海岸的自然景观和旅游景观也遭受到不同程度的破坏，给当地的海域旅游带来严重的负面影响。大连的金石滩是著名的旅游景区，旅游业是当地经济发展的一大支柱型产业，此次原油泄漏事故的发生，使得大连金海滩海面漂浮着明显的油层，加上 6 月 20 日的暴雨和东南风，海面油层区域不断扩大，对游泳者和清理油污工人的身体健康都造成极大的危害，此次事故发生后，海水浴场停止营业，对当地经济发展产生了不小的打击。此外石油泄漏事故还引起了当地海鲜市场的波动。据不完全统计，大连金石滩的贝类养殖场中部分贝类因原油油污入侵而死亡，贝类的批发价格也在不断下跌。另外，此次原油泄漏事故的发生地位于大连市大孤山半岛新港码头的大连市大窑湾保税区的中石油国际储运有限公司原油罐区，原油泄漏引起的火灾致使事故发生地周围的碳氢化合物浓度较高，灭火时用的泡沫流入大海，给海水造成了进一步的污染。①

2013 年 11 月，位于青岛市黄岛区的中石化输油储运公司潍坊分公司发生输油管破裂事故，事故发生后，当地附近街道路面被原油污染，更有部分原油沿雨水管线进入胶州湾，海水过油面积约 3000 平方米。在进行事故处置的过程中，由于泄漏的部分石油反冲出路面，进入排水暗道，与排水暗道内的空气形成易燃易爆的混合气体，最终在黄岛区沿海路段以及入海口被原油污染的海面上发生爆炸，该事故造成 62 人死亡，13 人受伤，直接经济损失高达 7.5 亿元。此次事故发生后，泄漏的原油对海滩造成严重污染，居民养殖的鱼虾出现了大量死亡现象。此外，海滩石头上和沙滩上残存的原油在短时间内难以自然净化，给当地旅游业带来了较大的负面效应。另外，此次溢油事故使得当地海湾等生物栖息环境受到严重损害，海洋生态系统的正常结构发生改变，海洋生态系统的部分功能也在不断丧失。②

---

① 资料来源：中国新闻网：《中石油大连输油管泄漏事故未对自来水管网造成污染》。
② 资料来源：青岛市人民政府新闻办公室。

由以上真实案例可以看出，溢油污染严重损害了海洋生态系统，造成海洋生态损失，为了维护海洋生态的公共利益，进一步保障受损海洋生态得到合理的修复，海洋生态损害评估是十分有必要的。

由表 8-1 可以看出，近几年，我国部分沿海地区废水中石油类排放量虽有逐年下降趋势，但总体排放量仍处于较高水平。沿海地区过多的石油排放量给我国近海海域的海洋生态造成较为严重的负外部性影响。

表 8-1　2011~2017 年我国部分沿海地区的废水排放中石油排放量　单位：吨

地区	2011 年	2012 年	2013 年	2014 年	2015 年	2016 年	2017 年
全国	21012.1	17493.9	18385.3	16203.6	15192	8838.7	5202.1
辽宁	897.6	714.6	958.6	789.7	524.4	320.1	344
河北	1302.2	986	897.5	964.1	1083.3	554.5	237.5
天津	199.6	138.3	118.2	58.8	53.3	38.5	163
山东	725.7	1086.8	531	507.4	461.8	426.3	266.6
江苏	1578.9	1205.3	1319.5	1160.1	961.6	559.6	348.4
上海	777	649.7	622.4	656	633.7	512.9	493
浙江	981.3	684.2	747.4	506.2	391.7	244.4	188.5
福建	455	434.5	515.3	373.4	341	153	54.7
广东	837.1	691	648.9	450.5	433.4	367.2	201.9
海南	4.6	4.2	8.7	47.3	48.1	9.8	17.1
广西	563.8	285.9	265.2	269.9	269.6	146.8	67.8

资料来源：历年《中国统计年鉴》。

此外，生态环境部 2019 年 5 月份发布的《中国海洋生态环境状况公报》中对我国各海区水质进行了监测分析（如表 8-2 所示）。结果显示渤海海域中，未达到第一类海水水质的面积为 21560 平方千米，劣四类海水水质面积为 3330 平方千米，且主要分布在于辽东湾、渤海湾、莱州湾以及滦河口等近岸海域；黄海海域中，未达到第一类海水水质的面积为 26090 平方千米，劣四类海水水质面积为 1980 平方千米，其主要分布在黄海北部以及江苏沿岸等近岸海域；东海海域中，未达到第一类海水水质的面积为 44360 平方千米，劣四类海水水质面积为 22110 平方千米，且主要分布在长江口、杭州湾、象山港、三门湾以及三沙湾等近岸海域；南海海域中，未达到第一类海水水质的面积为 17780 平方千米，劣四类海水水质面积为 5850 平方千米，且主要分布在珠江口、钦州湾以及大风江口等近岸海域。此外，公报结果显示，我国海域中石油类含量未达到第一、第二类的海域面积为5920平方千米，主要分布在珠江口邻近海域以及雷州半岛等近岸海域。

表8－2　2011～2018年我国全海域未到第一类海水水质标准的海域面积

单位：平方千米

年份	第二类水质海域面积	第三类水质海域面积	第四类水质海域面积	劣于第四类水质海域面积
2011	47840	34310	18340	43800
2012	46910	30030	24700	67880
2013	143620	47160	36490	15630
2014	43280	42740	21550	41140
2015	54120	36900	23570	40020
2016	49310	31020	17770	37420
2017	49830	28540	18240	33720
2018	38070	22320	16130	33270

注：污染我国海域的首要超标污染物包括无机氮、活性磷酸盐以及石油类。
资料来源：历年《中国统计年鉴》。

由此可看出，居高不下的石油排放量是造成我国海水水质下降的重要原因之一，而海水水质的下降又是海洋生态环境损害的一个重要方面。

（二）海洋工程

海洋工程包括填海造陆，修建大型海水养殖厂、人工岛、跨海大桥以及港口航运等。对于海洋工程对当地以及海洋生态造成的影响，需要用辩证的、一分为二的方法看待。一方面，不可否认的是，海洋工程的修建加快了当地与外界的经济交流与合作，革新了当地的经济发展方式，在一定程度上推动了沿海经济地带的经济发展和社会进步。另一方面，海洋工程的修建也对海洋生态造成了极大的损害。不同于溢油给海洋生态带来的显性损害，海洋工程所造成的海洋生态损害往往是在“合法”的基础上形成的。具体来说，由于海洋工程的修建前提是政府的政策支持和法律支持，工程开发者在缴纳一定的海域使用金后，就可以对海洋工程进行“合法”的修建。但是，一般地，我国的海域使用金标准偏低，且在使用金中并没有包括生态损害补偿额，这就导致了海洋工程造成的海洋生态损害被忽略，进一步给海洋环境带来了不容忽视的影响。

较为常见的海洋工程包括围海造陆和修建跨海大桥。在过去一段时期内，围海造陆在我国十分盛行，原因主要有三：其一，沿海地区作为经济发展的前沿地区，普遍存在人多地少、用地空间不足等问题。其二，海域使用成本低，极低的海域使用金使得我国沿海地区的海域价格严重偏离其正常价格。与陆地土地使用成本相比，部分沿海地区的填海造陆成本仅为陆地土地的1/10左右。此外，随着经济的发展，土地价格快速上涨，进一步刺激了围海造陆的发展。其三，地方政府的海洋生态环境保护意识不足、主体责任没有得到落实。

海洋工程正在损害海洋及其生态系统为人类提供各种服务产品的能力，甚至已经给人类的健康发展以及海洋经济的可持续发展带来了严重的负面效应。为了解决海洋工程带来的海洋生态损害，需用到外部性内部化的相关理论。具体来讲，就是利用相关的经济手段（如要求生态损害的责任方承担相应的生态损害成本）来对海洋工程带来的不当行为加以调节。可以说，进行海洋生态损害评估是实施海洋生态损害补偿的一项重要前提。

第二节　海洋生态损害评估的内容

一、海洋生态损害评估概述

（一）含义

海洋生态损害评估是指在一定程序和方法的指导和规定下，综合运用科学技术、科学原理以及相关学科技术对某一地区的海洋生态环境因人类活动造成的生态环境变化、生态结构破坏等损害进行分析、评估。其中，分析是指分析人类的损害行为与所造成的海洋生态损害之间的关系，尤其是对某一涉海事件或沿海开发项目在进行过程中对海洋生态造成的破坏状况进行分析。评估是指对人类活动造成的海洋生态损害程度进行评估。海洋生态损失评估是确认生态损害程度以及制定相应损害修复方案的技术依据，是建立健全海洋生态损害赔偿制度的基础，是实施海洋生态损害赔偿的前提。

海洋生态损害评估有重要的意义。首先，海洋生态损害评估能够明确人类活动对海洋生态环境损害的程度；其次，海洋生态损失评估能够为计算经济损失、进行相关补偿以及判定相关责任提供依据。

（二）分类

从不同角度可以对海洋生态损害评估方法进行不同的划分。从时间角度可以将海洋生态损害评估方法划分为两大类：事前评估和事后评估。针对不同的海洋生态损害事件，可以选择不同的评估方式。

事后评估是指通过现场调查和建立模型的方式对具体事件造成的海洋生态

损害进行评估。事后评估包括两大类：其一是对受损海洋生态系统服务的货币价值（即经济价值）进行评估；其二是对受损海洋资源生态系统修复到基线状态的成本进行评估。当下较为常见的事后评估方法主要包括：环境损害评估、自然资源损害评估以及生态服务损害评估。一般地，溢油污染生态损害评估属于事后评估，即对海洋生态系统因溢油而造成的损失的货币价值进行评估。

事前评估是指在事件发生前，通过对事件进行分析，从而对该事件对海洋生态系统造成的损害进行评估。对海洋工程造成的海洋生态损害进行评估一般使用事前评估。因为在海洋工程的建设期，首先，海洋生态系统的损失是无法通过现场观察法来加以确定的；其次，当前，并没有相应的模型来对海洋工程造成的海洋生态损害进行准确的估计；最后，若等相关海洋工程建成之后再进行基于修复的评估，耗时长且成本高。所以，事前评估对于进行海洋工程造成的海洋生态损害评估是十分必要的（饶欢欢等，2015）。

此外，刘伟峰等（2014）在《海洋溢油生态损害评估方法研究进展》一文中，以溢油带来的生态损害评估为例，将生态损害评估方法划分为环境损害评估、自然资源损害评估、生态服务损害评估三类。

二、海洋生态损害评估原则和依据

（一）评估原则

在进行海洋生态损害评估时应遵循以下原则（《环境损害鉴定评估推荐方法》）：

（1）规范合法。在进行海洋生态损害评估时，应严格遵循相关法律法规政策（具体与海洋生态损害评估相关的法律将在下面予以说明）。

（2）因地制宜，科学合理。在对特定区域进行海洋生态损害评估时，应从实际出发，结合当地实际情况，制定科学可行的评估方法。此外，《环境损害鉴定评估推荐方法（第二版）》中指出，在进行环境损害鉴定评估时，应当把社会经济以及科学技术发展水平作为制定海洋生态损害评估方案的首要因素进行考虑，从而实现评估工作的科学性和可操作性。

（3）公平客观，真实有效。在进行海洋生态损害评估时，要保证评估结果的客观公正，为下一步的海洋生态损害补偿提供切实可行的依据。就评估工作人员而言，应综合运用自身的专业知识和实践经验对生态损害事件进行客观独立的评估。

（二）法律依据

《中华人民共和国环境保护法》在第三章第三十一条、第三十二条中对政府部门在环境保护中的相关工作做出了明确的规定。该项法律中明确指出国家需在本国范围内建立健全生态保护、补偿以及修复制度，并且要加大对生态保护地区的财政转移支付力度和生态损害赔偿力度。针对海洋生态环境，《中华人民共和国环境保护法》在第三章第三十四条中明确规定，各级人民政府应当加强对海洋环境的保护。在海洋排放污染物，倾倒废弃物以及进行海岸工程和海洋工程建设时，应该在相关法律法规所规定的标准之下进行，以此防止和减少对海洋环境的污染损害。

《中华人民共和国海洋环境保护法》在第四十二条中对进行海洋工程建设中所需注意的问题进行了明确的规定。例如，在进行海洋工程建设时，需将该项目的防治污染所需资金纳入建设成本的考虑范围；禁止在海洋自然保护区等区域进行对海洋生态环境造成污染的海洋工程建设项目。

《中华人民共和国环境影响评价法（2018 修正）》中对于环境影响评价方法进行了明确的规定。例如，在进行环境影响评价时，相关工作人员应遵循客观、公正的态度，为以后的决策提供科学的依据。第一章第四条规定：环境影响评价必须客观、公开、公正，加强环境影响评价的基础数据库以及评价指标体系的建设，保证评价方法的科学性。

三、海洋生态损害评估方法以及模型

（一）海洋生态损害评估的方法

《环境损害鉴定评估推荐方法》中指出，对于生态环境损害评估方法而言，主要有替代等值分析法和环境价值评估法两种方法。其中，替代等值分析法又可分为以下几种分析方法。

第一种是资源等值分析方法，是指通过在环境污染或生态破坏所致资源损失的折现量和恢复行动所恢复资源的折现量之间建立等量关系，以此来计算生态恢复的规模。如果受损的生态环境主要以提供资源为主，则优先选择使用此种生态环境损害评估方法。例如，我国主要以提供水资源为主的西南、青藏等地区的生态环境；主要以提供土地资源为主的东部季风区的生态环境和主要提供生物资源的渔场等生态环境都适用于此种方法。

第二种是服务等值分析方法，是指通过在环境污染或生态破坏所致生态系统服务损失的折现量与恢复行动所恢复生态系统服务的折现量之间建立相应的等量关系，以此来确定生态恢复的规模。如果受损环境的主要功能是为人类提供生态系统服务，则优先使用此种生态环境损害评价方法。生态系统服务功能主要是指生态环境为人类生活提供必要的食物和水、提供维持地球生命生存所需的养分和资源以及给人类的生活带来娱乐和文化收益等。

第三种是价值等值分析方法，又可分为价值—价值法和价值—成本法。如果在进行生态环境恢复的过程中产生的效益可以进行货币化，则优先采用价值—价值法。例如海洋生态环境恢复带来的较为稳定的生产条件、森林生态环境恢复带来的生态效益都可用此方法进行计算。如果在进行生态环境恢复过程中产生的效益由于成本过高等原因难以用货币衡量，则优先采用价值—成本法。例如，在某些海洋工程（跨海大桥修建、围海造陆工程）所造成的生态环境损害中，由于工程量较大且耗时较长，等工程完工后再进行生态损害评估将会产生极大的成本（包括时间成本）费用，所以对该类工程所造成的生态损害进行评估，多使用价值—成本法。

环境价值评估法包括直接市场法、揭示偏好法、效益转移法以及陈述偏好法。其中，（1）直接市场法又称常规市场法，使用该种方法进行环境评估时，首先需要对可以度量的环境质量变化进行测算，其次对变化后的环境质量和标准环境质量进行度量来确定人类活动造成的环境质量的变化，最后运用实际市场价格对变化了的环境质量进行测算。直接市场法的一个重要缺陷是：该方法的评价依据是环境中受影响（污染）的要素及其价格，然而在现实生活中由于污染所造成的环境损害范围和程度往往难以确定。将直接市场法进行细分，可分为生产率成本法、人力资本法、机会成本法、预防性支出法以及重置成本法等。需指出的是，与环境价值评估法中的直接市场法相对，高振会等（2005）在《海洋溢油生态损害评估的理论、方法及案例研究》一书中提出了“替代性市场法”的概念，替代性市场法主要适用于不能用价格度量的环境影响因素。（2）揭示偏好法是指在确定相应市场中人们所支付的价格或只得到的利益的条件下，首先将人们对于环境的偏好进行推算，在此基础之上再对环境的经济价值进行相应的评估。这种方法又包括内涵资产定价法、避免损害成本法、虚拟治理成本法。（3）效益转移法是通过测算消费者非直接支出进而对资源价值进行评价的方法。效益转移法的基础是消费者剩余理论，是一种非市场资源价值评估方法，又可分为数值转移法和函数转移法。（4）陈述偏好法中比较常用的一种方法是意愿调查价值评估法。需注意的是，陈述偏好有两个局限性：一是假设偏差问题，指人们面对各种假设情况时的反应有可能与人们实际支付行为不符。二是范围问题，指人们对大项目的支付意愿不比小项目高，对于环境问题的回应仅仅是某种愿意提供帮助的温情效应。

生态环境部在 2016 年颁布的《生态环境损害鉴定评估技术指南总纲》中，对生态环境损害实物进行量化。对于不同的评估对象，要选择不同的量化指标体系。选择量化指标体系的原则包括系统性原则，即要求所选用的指标体系能够全面地反映生态损害情况；科学性原则，即所选取的指标必须是科学合理、有科学依据的；可操作性原则，即所选用的指标应具有可操作性，以降低损害评估的难度（刘敏燕和沈新强，2014）。其中，对生态环境质量进行量化，需要选择污染物浓度为量化指标，具体来讲，是比较生态环境损害前后的空气、地表水以及地下水、土壤等的质量变化，进一步确定生态环境中污染物浓度超出基线的程度等。对生态系统服务受到的损害进行量化，一般选择种群数量、种群密度以及种群结构等作为量化指标。具体来讲，是比较生态环境损害前后生物（或植物）种群数量、种群密度以及种群结构等量化指标的变化，进一步确定生态系统服务（人类直接或间接从生态系统中获得的益处）超过基线的程度等。

生态环境损害实物量化的方法主要包括统计分析法、空间分析法和模型分析法。其中，统计分析法是指通过对可以量化的生态环境损害对象的范围、规模程度等数量关系进行分析研究，揭示生态损害行为和生态损害对象之间的相互关系，借以对生态环境损害做出正确的解释。统计分析法的优点是方法较为简单，缺点是对统计数据的准确性、完整性以及统计数据分析数学方法的科学性要求极高。空间分析法是一种对生态环境的定量研究方法。模型分析法是指通过构建模型来对某一特定地区的生态环境损害现象进行量化评估。

国家海洋局在 2013 年颁布的《海洋生态损害评估技术指南（试行）》中指出，在对海洋生态损害进行评估时，需要将评估工作划分为几个不同的阶段，主要包括准备阶段、调查阶段、分析评估阶段以及报告编制阶段。具体来讲，准备阶段的工作主要是对某一特定海域的海洋生态状况（包括气象、水质、地形、海洋生物等）、海洋资源状况（包括海洋生物资源、海水中的化学资源、海底蕴含的矿产资源）以及与具体海洋生态损害事件相关的状况进行分析。调查阶段的工作是对遭受损害的海洋生态环境状况以及社会经济状况进行调查，目的是能够较为准确地反映某一海域所遭受的海洋生态损害程度，为接下来的分析评估环节奠定基础。分析评估阶段的工作是要对海洋生态损害的对象以及对其损害的程度进行确定并且还要将海洋生态损害价值进行数量化计算。

《海洋生态损害评估技术导则》中，采用计算相关费用的方式对海洋生态损害进行评估。具体地，海洋生态损害评估针对海洋开发利用活动和海洋环境突发事件两种行为类型，分别计算相关事件的消除和减轻损害等措施费用、海洋生态修复费用、恢复期生态损失费用以及其他合理费用，以达到海洋损害评估的目的。其中，消除和减轻损害等措施费用包括应急处理费用和污染清理费用。海洋生态修复费用包括工程费用、设备及所需补充生物物种等材料的购置费用、替代工程建设所需土地的购置费用以及调查等其他修复费用。恢复期生态损失费用包括恢复期海洋环境容量的损失价值量以及恢复期海洋生物资源的损失价值量。其他费用包括为开展海洋生态损害评估而支出的相关合理费用。《海洋生态损害评估技术导则》中的评估方法属于生态服务损害评估（刘伟峰等，2014）。

在《海洋溢油生态损害评估技术导则》（以下简称《导则》）的相关条例中，将海洋生态损害评估项目分为沉积物修复费、滩涂修复费、环境容量损失、生物多样性恢复费、调查评估费以及海洋生态服务功能损失。此外，《导则》中，将生态损害评估工作的工作程序划分为三个阶段：第一阶段属于数据收集、制定评估方案阶段。主要工作是收集事件影响区域的生态、环境以及社会经济等资料；对相关事故进行调查；在此基础上确定评估工作等级以及评估的范围和内容。第二阶段属于进行损害评估阶段。主要工作是要筛选出重点评估内容、确定具体的评估项目和评估方法，在此基础上制定评估大纲；根据评估工作的需要，采用适当的评估方法，对所获得的数据资料等进行分析；进一步确定可疑油源以及溢油量，确定污损对象以及污损程度；最后计算损失费用。第三阶段属于事后总结阶段。主要工作是编制溢油生态损害评估报告书。

1992 年通过的《1969 年国际油污损害民事责任公约的 1992 年议定书》（以下简称《1992 年责任公约》）中对油类从船上溢出或排放引起的污染在该船之外造成的损害所应进行的合理补偿费用以及预防措施费用进行了明确的规定。需注意的是，《1992 年责任公约》中的生态损害评估方法属于环境损害评估，且由于该公约中用于海洋溢油生态损害评估的方法为设定函数法，计算较为简易。

（二）国内外有关海洋生态损害评估的模型

1. 美国自然资源损害评估（natural resource damage assessment，NRDA）方法体系

美国自然资源损害评估（natural resource damage assessment，NRDA）方法体系是在国际上应用比较广泛的生态损害评估方法。NRDA 是指自然资源受到

来自人类活动影响形成的损害，对自然资源的受损状况进行评估。NRDA 方法体系经过了漫长的发展过程。历史上，对于自然资源损害评估的认识并不是一直存在的。1978 年，美国游轮阿莫科·卡迪斯号（Amoco Cadiz）发生重大溢油事故，对附近海域的自然资源造成严重污染，然而在进行赔偿时，相关责任人却拒绝对自然资源所遭受的损失进行赔偿。自此之后，社会各界才逐渐认识到自然资源补偿的重要性以及必要性。1980 年，美国颁布了《环境治理、赔偿与责任综合法》；1990 年，美国通过了 1990 年《油污法》，进一步对自然资源受损评估的责任方予以明确；1996 年，美国国家海洋和大气管理局（National Oceanic and Atmospheric Administration，NOAA）正式推出了自然资源损害评估指南。

自然资源损害评估的目标是对受损的自然资源做出合理的赔偿，恢复受损的自然资源。要实现这个目标，需要经过极为复杂的评估程序。NRDA 的科学评估标准包括两条：其一是建立一条基线（自然资源的正常状态，即未受污染的自然资源的状态），以便对自然资源的损失加以衡量。然而由于自然资源正常状态的参考标准较为复杂，精准的数据获取较为困难，给基线的确定增加了不少难度。其二是根据生物个体的伤害情况来确定种群、群落的伤害情况。这一评估标准是具有争议的，有专家表明，不能用生物个体的损失来衡量整个种族的损失，因为当某个个体受到伤害时，整个种群会加以弥补，最终的结果是整个生物种群并没有受到影响。

自然资源损害评估可分为预评估阶段、恢复计划阶段、恢复的选择阶段（周竹军和殷佩海，1999）。其中，预评估阶段的主要工作是相关评估管理者对自身评估权利以及事件评估权利进行确认，在此基础之上面向事件的相关责任人以及社会公众发布评估计划文件。恢复计划阶段的主要工作是对相关的自然资源损害进行评估，确认损害的范围、程度以及性质等因素；在此基础之上进一步确定恢复损害相关事宜，如恢复损害所需的经济投入、时间投入等。恢复的选择阶段的主要工作是确定具体的自然资源损害恢复方案。

相类似的，刘敏燕和沈新强（2014）在《船舶溢油事故污染损害评估技术》一书中将环境损害评估程序划分为以下几个阶段。第一阶段为预评价阶段，此阶段的主要工作是确定实施环境损害评估程序的界限（即确定相关生态环境损害事件是否发生在我国管辖区域内，在判定相应区域的管辖权后，需对该地区环境损害程度进行判断，并且在此基础之上进一步进行损害评估和制订恢复措施计划。第二阶段为环境损害评估阶段，此阶段的主要工作是：（1）收集影响区域的生态、环境、经济社会资料以及当地的气象和水文等数据资料，对受影响区域的生态敏感区进行调查监测，获取当地的敏感资源图。（2）在此基础之上获取生态调查结果或模拟预测结果。（3）根据相应的结果制定恢复措施计划。第三阶段为恢复措施的选择与恢复计划阶段，此阶段的主要工作是检验恢复措施的技术和操作可靠性、有效性以及成功率，计算恢复措施的相关费用，对各项恢复措施进行经济评价，在此基础之上选择较优的恢复方案。

NRDA 的工作基础为环境敏感区。原因在于：对环境敏感区的准确认识和划分是为海洋生态系统进行客观认识以及区别管理和保护的基础，而对海洋生态系统的客观认识又是进行海洋生态损害评估的基础。环境敏感区是指对某类污染因子或者生态影响因子特别敏感的区域，包括各级自然保护区、文化保护区等。针对海洋生态环境，可根据其对生态影响因子的敏感度不同，将其分为三类：海洋生态环境敏感区、海洋生态环境亚敏感区、海洋生态环境非敏感区。其中，海洋生态环境敏感区是指对污染因子或生态影响因子极为敏感的海域，这类海域在遭受损害后很难恢复其原有的生态功能。在进行海洋生态损害评估时，应重视此类地区，实行优先保护政策。此类地区主要包括海滨湿地、海水增养殖区、海洋自然保护区以及珍稀濒危海洋生物保护区等典型海洋生态系统等。海洋生态环境亚敏感区是指对污染因子或生态影响因子较为敏感的海域，这部分海域在遭受损害后较难恢复其原有生态功能。此类地区主要包括海滨风景旅游区、娱乐运动区等。海洋生态环境非敏感区是指对污染因子或生态影响因子不敏感的海域，这类海域在遭受损害后可以恢复其原有生态功能。此类地区主要包括一般工业用水区以及港口等（杨寅，2011）。

主要的 NRDA 方法主要包括 Type A 评估模型法（程序简单，适用于分析损失较小的海洋生态损害事件），Type B 评估模型法（程序复杂，适用于分析损失较大的海洋生态损害事件），固定数值法，索赔方案法以及损害评估法（高振会等，2007）。NRDA 方法体系属于自然资源评估方法（刘伟峰等，2014）。

2. 生境等价法（habitat equivalency analysis，HEA）

生境等价法是 NRDA 方法体系中重要生态损害评估方法之一。生境的含义是指各生物群体赖以生存的环境，生境资源主要包括海草、珊瑚礁、海底沉积物等。

生境等价法的具体评估方法是将由于自然资源、生态资源受损而导致的生态服务的减少量进行定量化分析。该种评估方法的优点是可以精确计算出生态损害的后果；缺点是要对所有的受损变量进行定量化分析，评估周期较长。生境等价法适用于中型溢油事故造成的海洋生态损害评估。

需注意的是，HEA 的一个关键假设是，由于环境损害类事件而损失的服务和补偿恢复提供的服务在类型、质量和价值方面都是具有是可比性的。因此，在使用 HEA 评估方法时需要确定一种共同的标准，以此来衡量自然资源或栖息地和补偿项目提供的生态系统服务。例如，在佛罗里达群岛国家海洋保护区的生态损害评估事件中，选择地上海草生物量作为共同指标，因为这一指标与栖息地提供的服务高度相关。然而，现实生活中的生态系统是极为复杂的，假设一个有代表性的指标是有很大难度的。当单个指标不适用于整个生境或项目类型时，可使用换算系数将一个组成部分的服务计量转换为另一个组成部分的等效计量，一次完成某一特定地区的生态损害评估（Viehman et al. , 2009）。

3. 资源等价法（resource equivalency analysis，REA）

资源等价法是由生境等价法演化而来的一种生态损害评估方法（张蓬等，2012）。但是两种评估方法在许多方面存在着不同。

在所使用的具体评估事件中，HEA 适用于对较小的事件或发生在物种多样性相对较低的地区的事件进行评估，由于生态损害评估事件较为简单，使用单一代表性度量即可。REA 方法适合于对复杂环境中的较大事件或发生在生物多样性相对较高的地区的事件进行评估。对于大型生态损害事件，REA 方法提供的精度的潜在提高可能会导致更高的置信度，即计算的恢复要求足以完全抵消因伤害造成的损失（Viehman et al. , 2009）。

HEA 评估方法和 REA 方法在某些方面也存着相同之处。例如，这两种方法在代数上是相同的，用于计算补偿恢复的数量，补偿恢复将产生相当于因伤害造成的服务损失的自然资源服务（Viehman et al. , 2009）。HEA 评估方法和 REA 评估方法也存在着不足之处。例如，HEA 方法和 REA 方法在对生态损害造成的收益和损失的价值进行计算和描述时，使用的是从生态单位作为度量收益以及损失变化的参数，所得出的结果并不是货币值，这就给生态损害赔偿带来了不便（刘伟峰等，2014）。

4. SIMAP（spill impact model analysis package）模型

SIMAP 模型是由美国应用科学协会研发的，可以详细预测溢漏的油品和化学品的三维运移轨迹、归宿以及其对生物和其他资源的影响（章耕耘，2015）。

该模型的特点是：（1）具有三维可视化功能，分析问题视觉更加直观；（2）可适用于世界范围内任何淡咸水特定区域的环境和生物数据；（3）可直观地展示随时间变化而变化的溢油在海水表面的分布、水下浓度以及成分变化；（4）可以全面地分析溢油对各类海洋生物的影响。

5. 基于生态调查的环境损害评估方法

该种方法需要首先按照国家规定的调查标准对受影响区域的生态环境情况进行调查，调查内容主要包括受影响地区的自然保护区（类别、面积、生物种群结构等）、典型海洋生态（红树林、珊瑚礁、生物种群结构等）、珍惜和濒危动植物及其栖息地。在进行生态调查的基础之上使用对比分析法或者样地对比法全面地分析环境生态损害程度。对比分析法是指在现场调查和历史资料的基础上，对环境损害前后的环境质量、生物种群结构等因素的变化进行对比分析从而确定影响区域的环境损害程度，使用对比分析法的前提是能够准确地获得相关历史资料和历史数据。样地对比法是将影响区域环境损害后的相关数据与所选择样地的数据进行对比分析，从而确定影响区域的环境损害程度。样地的选择应满足以下标准：（1）具有代表性生态环境类型；（2）所在地易于查找。使用样地对比法的前提是历史数据不能够准确获取（刘敏燕和沈新强，2014）。

6. 生态系统服务功能损害法

高振会等（2007）将生态系统服务功能价值评估法分为以下几种方法。第一种是直接市场法，具体包括费用支出法（利用相关费用支出，对生态环境价值进行简单的量化），市场价值法（利用全面、足够的数据对生态系统损害进行评估），机会成本法（对于具有稀缺性的资源进行价值评估，进而反映资源系统的生态价值），恢复和防护费用法（通过对生态恢复费用以及防护费用的计算对生态环境的价值进行量化），影子工程法（计算替代工程的环境价值代替某一特定地区的生态价值），人力资本法（对生命价值进行量化）。第二种是替代市场法，包括旅行费用法、享乐价格法。第三种是模拟市场法，包括条件价值法。

7. 条件价值评估法（Contingent Valuation Method，CVM）

条件价值评估法，又称问卷调查法，是起源于美国的一种数据评估方法。条件价值评估法是从消费者角度出发，主要利用调查问卷的方法对相关人员在假想市场中的行为加以考察，通过调查的方法来掌握人们的内心想法，并在此基础之上对环境的价值进行评估，最终得出环境效益改善或环境质量损失的经济价值。适用于缺乏实际市场和替代市场交换的商品的价值评估，以及非实用价值比重较大的景观的评价。

把以上评估模型以及方法进行分类，可大体分为三类：环境损害评估法、自然资源损害评估法以及生态服务损害评估法。其中，环境损害评估法包括《1992 年责任公约》评估方法等；自然资源损害评估法包括 NRDA 方法体系、HEA、REA 等；以及生态服务损害评估法包括《海洋生态损害评估技术导则》《海洋溢油生态损害评估技术导则》中的生态损害评估方法。

四、生态损害评估案例分析

在实践中，对以上国内外关于生态损害评估方法以及国内外生态损害评估模型的应用是十分广泛的。我国福建南平生态破坏案生态环境损害价值的评估就是在我国生态环境损害鉴定评估方法基础之上进行的（景谦平等，2017）。福建南平生态破坏案是指谢某等人在未经采矿权审批主管机关批准的情况下，非法获得某矿山的采矿权。并且，在采矿许可期限到期后，在未办理采矿许可延期和占用林地许可的情况下，非法扩大开采面积，导致当地森林植被受到严重破坏。在该案件立案后，通过两次公开开庭对谢某等人进行处罚。本案的相关处罚结果，正是在对当地生态损害进行评估的基础之上确定的[①]。对本次事件的评估属于事后评估，即在事件发生之后，通过现场调查等方式对该事件造成的生态损害进行评估。在本次事件的生态损害评估过程中，相关人员首先对评估方案进行了设定，确定生态损害评估包括环境损害评估和生态服务损害评估两部分；在此基础之上，对评估的时间和空间范围进行确定，以确保评估的准确性；最后，对所需评估的生态环境进行现场调查，以确定生态环境损害程度。

我国 2002 年渤海领域发生的“塔斯曼海”事故是《海洋生态损害评估技术导则》的一个重要应用（刘伟峰等，2014）。2002 年 11 月 23 日，“塔斯曼海”轮与一艘中国轮船发生碰撞，造成原油大量泄漏，在天津大沽口近海海域形成原油漂流带，对渤海部分海域造成海洋生态损害。事件发生后，相关单位对此次事件造成的生态服务损害进行评估。以环境容量损失和生态服务损失为评估指标，采用环境经济学的计量方法，在借鉴全球生态平均公益价值研究成果的基础上，对该次事件造成的生态服务损害进行评估。使用该种方法进行评估的优点在于评估内容较为全面，并且具有较好的可操作性。但该种评估方法的不足之处在于评估内容缺乏足够的合理性，且计量方法较为粗略，不能够得出较为精准的评估结果。

---

① 南平公开审理破坏资源案［N］. 中国环境报，2013 - 8 - 27.

1992年西班牙爱琴海（Aegean Sea）事故是《1992年责任公约》的重要应用。1992年12月，希腊油轮"爱琴海号"在西班牙西北部附近海域发生触礁，造成大量原油泄漏①。事后对该事件造成的海洋生态损害进行评估时，以复原措施费用为评估指标，采用直接统计的计量方法进行环境损害评估。该种评估方法的优点在于易于计量；缺点在于评估内容不充分，所得出的评估结果不能代表整体情况。

根据海洋生态损害事件的严重程度不同，可将NRDA评估方法体系划分为快速评估和综合评估。快速评估的优点在于成本低、信息需求量低、计算简单。杨寅（2011）运用了快速评估方法对福建省中小型溢油案例进行了评估。具体评估方法是利用简化的佛罗里达公式对生态损失价值进行计算。公式为：

$$DAMAGE = [(B \times R \times L \times SMA) + (A + SMA)] \times PC + ETS + AC \quad (8-1)$$

其中，$A = K \times M$。

式（8-1）中，DAMAGE表示某一地区的生态损害量；B为基数值；R表示该地区的实际溢油吨数；L表示地理位置系数；SMA表示该地区的环境敏感系数；A为典型生境附加金额，为K和M的乘积，K为不同生境的价值系数，M为受损生境的面积；PC表示污染物的理化系数；ETS表示珍稀濒危物种损失赔偿金；AC为调查评估费用。通过调查，把相关数据代入公式，即可对海洋生态损害状况进行评估，得出生态损害量。

然而，对于较为复杂的生态损害事件，快速评估不能得到精确的结果，需用综合评估方法对其进行评估。综合评估方法是指在经济学和生态学的基础之上，对生态损害事件造成的海洋生态系统服务损失以及其具有的环境经济价值综合考虑，通过经济手段对生态损害进行评估，评估对象为海洋资源和海洋生态。杨寅（2011）以美国墨西哥湾"深水地平线"钻井平台溢油事故为例，对综合评估方法进行了说明。对该事件所造成的海洋生态损害进行评估主要分为两个步骤：第一步是对受损的资源以及服务进行分析确认。通过收集沉积物和水样等环境样品，来对受损的生物资源和生境资源进行确认。第二步是进行生态损害评估。初步评估从生物资源和海洋生境两方面入手。

袁征（2015）以2008年中国海洋石油总公司涠洲油田发生的原油泄漏事故为例，在确定了当地生态系统损害程度的基础之上，运用生境等价分析法对当地的生态服务功能损失进行评估。评估分为四个步骤：第一步是对理想状态下的HAE评估。第二步是对存在永久损失的HEA评估。第三步是对替代生境

---

① 世界重大海上原油泄漏事故［N］. 菏泽日报，2008-3-12.

提供永久服务的 HEA 评估。第四步是对存在的“二次损失”进行评估。而张蓬等（2012）根据溢油事故发生后生境服务价值的变化情况，将 HEA 评估方法的计算分为三个步骤。具体地，在事故发生后生境的服务价值变化经历了三个阶段：第一阶段是生境还未受事故影响阶段，此时的服务价值还处于初始的基线水平；第二阶段是生境受到损害阶段，服务价值从基线水平降低到较低水平；第三阶段是生境自然恢复阶段，生境的服务价值恢复至基线水平。相应地，环境损害评估也分为三个阶段：第一阶段是对于各种人为损害所造成的自然资源服务的损失进行量化处理；第二阶段是通过计算得出相应补偿修复计划所能够提供的自然资源服务的收益，并且采用贴现的方法将其转为现值，以便加以比较；第三阶段是利用自然资源服务损失等于自然资源服务收益的原则，来对修复补偿生境的范围进行数量化计算。相类似地，沈俊楠（2019）在以杭州湾周边的海域生态服务为基础，运用生境等价分析法对杭州湾新区的围填海工程造成的生态损害以及相应的生态修复进行研究时，也将生态损害评估过程分为三个步骤：第一步是量化因损害而造成的自然资源或环境服务损失的现值；第二步是量化每单位补偿恢复项目提供的服务收益现值；第三步是计算损失和修复收益相等时所需的补偿性恢复数量。

李京梅等（2014）基于 REA 评估方法对 2011 年渤海蓬莱 19－3 油田溢油事故造成的海洋生态损失进行评估，是 REA 评估方法在实际案例中的重要应用。2011 年渤海蓬莱 19－3 油田溢油事故发生后，附近海域不断有原油溢出，且范围不断扩大，给当地的生物资源和海洋生境带来严重的损害。在该案例中，对生物资源损害评估分为五个步骤：第一步是对生物资源损害程度进行识别。按照生物栖息环境的不同，将受损生物资源划分为底栖生物和非底栖生物。在《事故调查处理报告》的基础之上，分类对受损生物资源的损害程度进行量化处理。第二步是对受损生物资源的损失变化情况进行分析。具体来讲，采用资源等价分析法对受损生物资源损失变化情况进行分析。第三步是对补偿修复工程提供生物资源变化情况进行分析。具体做法是建立海洋生态保护区，对海洋生物资源进行增养殖，以弥补受损的海洋生物资源。这种做法的前提是假定工程完成后所达到的基线水平和受损资源的基线水平相同。第四步是计算补偿修复工程的规模。在遵循补偿修复工程生物资源总量现值等于溢油造成的资源总损失量现值的原则基础之上，采用资源等价分析方法，确定补偿修复工程（在本案例中指海洋生态保护区）的规模。第五步是对参数敏感度进行分析，对资源等价分析方法中所含有的参数进行敏感度分析，即在原有模型中改变某一参数的数值，计算参数变化所引起的补偿修复工程规模的变化，以此来确定参数是否为敏感参数。在确定参数重要性的基础上，增强模型中选择参数的严谨性，以便进一步增加补偿修复工程规模的准确性。

国内基于 SIMAP 模型对海洋生态损害评估的真实案例研究尚在少数，章耕耘（2015）在研究 SIMAP 模型时，模拟了一起发生在福建省东山湾古雷作业区附近水域的溢油事故，并设置了不同工况，在此基础上，使用 SIMAP 模型中的物理归宿模型和生物效应模型，构建了海洋生态损害评估框架，模拟了溢油归宿（包括水动力场的模拟、溢油轨迹的模拟以及水体溶解芳香烃的计算），评估了生物损失以及生境损失。在进行海洋生态损失评估的实例研究时分四个步骤进行：第一步，对东山湾的地理环境概况、气象水文条件以及自然资源条件进行了调查分析。第二步，建立了二维水动力场。第三步进行溢油模拟。第四步，进行生态损失评估，包括生物资源损失的评估以及敏感生境资源（包括自然保护区等）损失的评估。

在对福建省滨海防护林的生态补偿进行研究时，谢义坚和黄义雄（2018）在相关理论基础上，采用了条件价值评估法（CVM），利用问卷调查的方式对当地公众对滨海防护林的支付意愿进行分析。此次评估过程具体可分为五个步骤：第一步，进行问卷设计及调查。调查问卷是 CVM 评估方法的关键所在，调查问卷中问题要与所研究的问题有密切的联系。在福建省滨海防护林的生态补偿案例中的调查问卷所涉及的问题包括三个部分，分别为个人基础信息、对生态补偿政策的了解程度、对滨海防护林的支付意愿。在进行问卷调查时，该案例采用了成本较低的网络调查方式进行问卷发放。第二步，对受访者的特征信息进行分析。在进行问卷调查的基础上，对受访者的性别、年龄、文化程度、职业以及个人月均收入进行分析。第三步，计算支付意愿。采用计算数学期望的方式对支付意愿进行计算。第四步，对受访者的特征信息与支付意愿之间的相关性进行分析。用线性回归分析的方式来分析个人经济社会信息对支付意愿的影响。第五步，进行生态效益价值评估。利用支付意愿平均值计算福建省滨海防护林生态效益的经济价值，在此基础之上，正确认识和评估防护林的生态服务价值（谢义坚和黄义雄，2018）。

下面，选择我国《海洋溢油生态损害估计技术导则》中的相关方法以及 REA 评估方法对海洋生态损害进行评估。

选择《海洋溢油生态损害估计技术导则》中相关方法的原因是由于国外评估方法的适用性、局限性以及可操作性等特点，某些国外方法并不适用于分析国内相关海洋损害评估。

对于《海洋溢油生态损害评估技术导则》中涉及的方法，选取的案例是

2001 年 1 月某地区石油管道破裂，泄漏 1000 吨原油进入某海域，影响了河口海湾和潮滩两种海洋生态系统。李京梅（2014）用 HEA 方法对该事件造成的生态损害进行评估，现用另一种评估方法对同一事件造成的海洋生态损害进行评估，将评估结果进行对比，进而检验评估方法的可行性。《海洋溢油生态损害评估技术导则》中海洋生态服务功能的计算公式为：

$$hy_i = hyd_i \times hya_i \times s_i \times t_i \times d \tag{8-2}$$

其中，hy_i表示第 i 类海洋生态系统类型海洋生态服务功能损失，单位为万元。Hyd_i表示第 i 类海洋生态系统类型单位公益价值，单位为元/hm^2。不同海洋生态系统有不同的单位公益价值，其中，河口海湾的价值为 182950. 2 元/hm^2、海草床的价值为 155832. 8 元/hm^2、珊瑚礁的价值为 48257 元/hm^2、大陆架的价值为 12644. 4 元/hm^2、潮滩的价值为 119137. 8 元/hm^2、红树林的价值为 78244. 4 元/hm^2。Hya_i表示影响溢油的第 i 类海洋生态系统的面积，单位为 hm^2。S_i表示溢油对 i 类海洋生态系统造成的损失率。T_i表示溢油事故发生至第 i 类海洋生态系统恢复至原状的时间，单位为年。d 表示折算率，其中海洋生态系统环境敏感区取 3%，海洋生态系统环境亚敏感区取 2%，海洋生态系统非敏感区取 1%。

在此案例中，影响的海洋生态系统类型包括河口海湾和潮滩两类。其中，河口海滩的受损量为 26hm^2，潮滩的受损量为 4. 6hm^2；溢油对两类海洋生态系统造成的损失率都为 90%；两类海洋生态系统恢复至原状的时间为 6 年；折算率为 3%。

由式（8－2）可得：

河口海湾功能损失 = 26 × 182950. 2 × 6 × 3% × 90% = 770586. 24（元）

潮滩功能损失 = 4. 6 × 119137. 8 × 6 × 3% × 90% = 88781. 49（元）

用 HEA 方法计算出的结果为：河口海湾功能损失为 1353831. 48 元，潮滩功能损失为 333585. 84 元。

计算结果与用 HEA 方法计算出的结果有所出入，原因可能是：利用公式法进行计算时，海洋生态系统损失率以及海洋生态系统恢复至原状时间等变量为估计值。该计算结果说明，在选取海洋生态系统损失率以及海洋生态系统恢复至原状时间时，需要在大量统计数据和实证研究的基础之上，对其进行较为精准的估计。

下面用 REA 方法对 2011 年大连 7. 16 溢油事件造成的海洋生态损害进行评估。选择 REA 评估方法的原因在于以下几点：首先，从全球角度来看，该方法体系应用广泛、体系成熟。其次，REA 评估方法的具体做法是确定一个补偿性修复工程，并基于修复工程的规模对资源受损金额进行评估。最后，该方法主要是将生态服务损失中难以评估的部分进行价值的量化，可估算无形的价值。

张雯（2014）已用《海洋溢油生态损害评估技术导则》中的生态服务法对该事件造成的海洋生态服务功能损失进行了评估，下面将使用 REA 方法重新对其进行评估，以检验该方法的准确性。

REA 模型可分为三个计算步骤（李京梅等，2014）：

第一步是计算受损资源的总损失量现值 S1。

$$S1 = \sum_{t=T1}^{T2} Q1It \frac{1}{(1+r)^{t-T1}} \tag{8-3}$$

第二步是计算补偿修复工程的资源供给量现值 S2。

$$S2 = \sum_{t=T3}^{T5} Q2Rt \frac{1}{(1+r)^{t-T3}} \tag{8-4}$$

第三步是计算补偿修复工程的总体规模。基于资源等价法的基本原理，S1 = S2。则：

$$Q2 = \frac{\sum_{t=T1}^{T2} Q1It \frac{1}{(1+r)^{t-T1}}}{\sum_{t=T3}^{T5} Rt \frac{1}{(1+r)^{t-T3}}} \tag{8-5}$$

其中，Q1 为生物资源受损的面积，T1 为溢油时间点，T2 为质量恢复到基线水平的时间点，It 为溢油在 t 时点造成的资源受损程度，r 为贴现率，Q2 为补偿修复工程的规模，T3 为补偿修复工程开始的时间，T5 为补偿修复工程服务年限结束的时间，Rt 为补偿修复工程在 t 时点的修复程度。

在此案例中，Q1 = 430km^2，I = 50%，r = 3%，T1 = 2010，T2 = 2014。并假定工程开始于确定受损面积的第二年，T3 = 2011，T5 = 2030。此案例中进行损害评估时参考大陆架的单位公益价值。

T	2011	2012	2013	2014	2015	2016	2017～2030
Rt	0	20%	40%	60%	80%	100%	100%

由式（8－3）和式（8－4）可得，S1 = 522.07km^2，S2 = Q2 × 11.86。

令 S1 = S2，求得 Q2 = 44.02km^2 = 4402hm^2。

在此基础上得出补偿费用为 5565.99 万元。张雯（2014）使用生态服务法进行评估时得出的结果为 2381.4 万元。两种方法的计算结果仍有偏差，且在以上两例，使用 REA 所得数值大于使用《海洋溢油生态损害评估技术导则》中的生态服务法所得数值。造成评估结果差异的原因可能如下：首先，使用 REA 进行评估时是基于总体受损面积进行的评估，而使用公式法进行评估时是基于所影响的不同海洋生态系统类型而进行的评估，前者所涉及的受损面积较大。其次，在使用 REA 进行评估时，对于修复工程的相关数据都为假定，与使用公式法时假定的海洋生态系统损失率以及海洋生态系统恢复至原状时间类似，都需要在大量实证研究和数据统计分析的基础上进行。

不同的评估方法会得到不同的评估结果，这就要求在进行海洋生态损害评估时，应根据自身研究的侧重点，选取不同的评估方法。例如，若只需使用简单的生态损害评估结果，则可选择公式法；若需较为精准的生态损害评估结果且评估以海洋生态损害补偿为目的的，可选取 REA 方法进行评估。

第三节　海洋生态损害的货币补偿及国际比较

随着对海洋探索的不断深入，海洋资源逐渐发展成为国家资源的一个重要组成部分。海洋资源的开发促进了我国一二三产业的发展，对于我国经济的发展有着重要的作用。2016 年，我国海洋生态总值达到 69693.7 亿元，占全国国内生产总值的 9.4%。可见海洋作为生态系统的一部分为国家的经济创造着巨大的价值。然而海洋经济高速发展的背后是资源枯竭和生态恶化的沉重代价。这与 1978 年联合国提出的可持续发展观是不相符合的，更是与党的十九大中习近平总书记提出的“高质量发展观”背道而驰。十三届七中全会《关于发展海洋经济加快建设海洋强国工作情况的报告》中明确指出“生态为本，把海洋生态文明建设放在更重要的位置”。因此，海洋的发展应该吸取陆地资源开发与治理的教训，摒弃“先开发，后治理”的发展方式，对污染方式进行改造，做到预防污染或者污染与治理同行。海洋生态损害补偿是运用政府和市场两种手段，约束和干预海洋开发中的生态影响，调节利益相关者之间生态环境、经济及社会利益关系，维护海洋生态环境健康，实现海洋资源可持续利用的制度安排。其中，政府作为国家的“权威部门”应该主动发挥其监督和管理作用，与陆地资源相对应的海洋生态补偿制度应运而生，近几年，我国的海洋生态补偿机制在不断完善，而我国一般以政府的转移支付、财政补贴等货币补偿的形式作为生态补偿的主要方式。

一、海洋生态补偿的相关概念

（一）生态补偿的概念

国外学者将“生态补偿”定义为生态服务功能付费，是从生态破坏到完全恢复功能期间生态损失的一种支付行为。强调生态资源是有限的，并不是取之不尽用之不竭，因此资源是有价的，使用者和破坏者均应该付费使用。

中国的“生态补偿”一词最早出现于1987年张诚谦先生发表的《论可更新资源的有偿利用》，他指出生态补偿就是在资源的经济利益中抽取一部分以各种形式归还生态系统，以维持其动态平衡。2018年8月发改委指出：生态补偿就是生态受益地区向生态价值提供地区的一种补偿，通过资金等形式使提供地区保持较高积极性，从而推动项目的不断进行。

不同的领域对于生态补偿有着不同的理解。从法学上来看，生态补偿是一种费用或者补偿措施的惠益在不同主体之间进行转移的过程（郑苗壮等，2012）。强调国家与社会主体的公平前提下的一种费用转移。生态学则认为是生态系统自身的调节功能。从经济学来看，用经济手段保护环境和维护相关主体利益，一是受益者对于生态环境提供者所需要进行的生态补偿，二是生态环境破坏者对于生态环境受害者的赔偿。

（二）生态补偿与赔偿

在法学意义上，补偿与赔偿并不等同，所谓补偿是社会主体经过环境所有者的批准进行环境开发活动，在开发过程中造成的环境污染等行为，对于环境所有者的补偿。这种补偿是出于对环境的责任而支付的费用。赔偿是社会主体并未经过批准进行环境开发所造成的环境污染对于环境所有者进行的必要的赔偿，是一种对于过错行为的纠正。两者对比来看，前者强调合法性，通常通过货币补偿形式解决，后者是不合法的，一般会通过司法方式解决。

在经济意义上，经济学家认为补偿和赔偿本质一样，都是人对环境损害的补偿和修复所付出的代价。综合来看，生态补偿是一种平衡机制，通过不同的手段对环境的享受权利和维护义务进行平衡，以达到和谐发展的目的，这与国外对于生态补偿的定义较为相似，都是一种费用的转移。

（三）海洋生态补偿的概念

海洋生态补偿是建立在生态补偿基础之上的，以维护海洋生态健康为目的，通过政府和市场建立的以经济手段调节利益相关者环境、经济以及社会利益的制度安排。我国还没有文件对于生态补偿的概念进行规范，多有地方性文件出台相关政策。

从地方性政策出发，厦门市在2018年4月出台了《厦门市海洋生态补偿管理办法》，将海洋生态补偿分为海洋损害补偿和海洋生态保护补偿两部分，其中海洋生态损害补偿顾名思义，就是指在海洋开发过程中对于海洋资源等生态环境造成损害的个人或集体应该进行的补偿，而海洋生态保护补偿就是由于保护海洋生态系统等行为进行的补偿。

因此，海洋生态补偿通常包括两方面的内容，第一，海洋生态保护补偿。此项内容的主体通常是政府，即政府通过对环境的保护者和建设者付出的直接和间接成本进行经济补偿。这是一种正外部性内部化的手段。海洋补偿金是其中的一种形式，用于海洋的保护和修复。第二，海洋生态损害补偿。此项内容的主体通常是在进行合理开发环境过程中造成污染的责任方，可能是企业，也可能是个人，政府作为环境的拥护者有权要求其进行补偿。征收税费是最常见的形式。

（四）海洋生态补偿的货币补偿

所谓货币补偿即以货币为主要形式的补偿方式，例如，通过政府的税收、转移支付将资金转移到建设项目中，市场通过制定规则，对于违规者进行收费惩罚然后将收取的费用用于生态环境的治理修复。在污染治理方面这是一种最为直接、最方便的解决方式，同时又起到对破坏者进行惩罚的作用。

其他资源的货币补偿一般是指房屋拆迁中的专业术语，前提是被拆迁人需要对房屋有产权，但是对于海洋资源来说并没有进行产权界定，即海洋资源是公共的。虽然可以进行省份的划分，但是划分的标准只是为了管理更有效，海域不属于具体的某个人。因此，海洋生态补偿中的货币补偿仅仅是作为经济补偿的一个分支，而不能作为所有权转移的标准，它是以货币进行补偿的经济补偿形式，即为海洋生态补偿的货币形式的补偿。本质是生态补偿，形式是货币资金。

二、海洋生态补偿的意义

（一）解决外部效应

“外部效应”是指某经济活动对其他经济体所造成的有利或者无利的影响，但是并未因此获得补偿或者承担责任的行为。换句话说，外部效用其实就是对其他主体造成了成本的增加或者给予了无须补偿的收益。无论是陆域还是海域，公共资源的管理都是比较棘手的，可能情况是 A 区域的居民活动可能会造成 B 区域居民的生活环境变好或者变坏，也就是为 B 区域的居民带来效益或者增加成本，因此造成了额外的成本或者收益。为了消除这种增加的成本或者收益，政府就必须制定相应的政策加以干预，最终达到一种均衡。

海洋生态补偿的货币形式的补偿就是这样一种方式，它主要是通过政府的转移支付功能，对环境污染或者破坏的地方进行资金补偿，或者依靠政府的权威，对破坏环境的单位或者个体进行征收相应的费用，从而将费用用于被破坏了的环境的修复整治，最终实现生态的可持续发展，消除了造成的损失。政府更像是处于一个第三视角的地位，对不可解决的损失或者多出的收益进行“消化”，最终使整个系统运转平衡。

（二）提供公共产品

公共产品就是指在消费或者使用过程中不具有排他性的产品，是与私人产品相对应的概念。海洋资源是典型的公共产品，由于具有排他性的特点，很容易出现“公地悲剧”，例如过度捕捞，大家为了追求自身最大的利益而忽略自然环境的承受能力，最终会导致生态系统的崩溃。进入 21 世纪以后由于海豹皮市场的需求增加，2004～2006 年间加拿大猎杀了将近 100 万头海豹，给生态系统造成了威胁。

为了防止“海洋悲剧”的产生，政府一方面必须提供相应的资金，另一方面应该制定相应的政策制度来进行环境规制，通过环境规制的制度性，倒逼单位或者个人提高环境保护意识，制定相应的资金使用补偿制度并监督运行，以最终维护好公共物品的增长动力，确保持续发挥公共物品的功能。环境规制的同时也可以提高民众的资源利用意识，资源不是取之不尽用之不竭的，任何资源都是有价值的，开采的过程是需要付出代价的。应该做到人与自然的真正“和谐”，保证海洋生物的多样性，从而提高海洋产品的产量，更多地造福人类。

（三）促进可持续发展

可持续发展最早是由可持续发展理论演化而来的，可持续发展理论是 1978 年在联合国提出的一个概念，最初研究的是人与资源的环境问题，现在可持续发展的概念得以延伸，包括社会可持续发展、生态可持续发展等，与绿色发展相比更注重整体性。我国可持续发展一词最早出现在《我们共同的未来》[①] 一书中，所谓持续发展强调发展是不变的基调，但是发展应该持续，这里的持续不仅仅是针对本代人而言，更是子孙后代的延续。

资源是可持续发展的核心，人类的发展是以物质为基础的，产业的发展必然与资源是不可分割的，海洋作为独特的资源，决定着我们国家和社会的可持续性。来自国家的经济补偿成为可持续发展的一种很重要的手段，没有资金的支持，发展就不能延续下去。从这种意义上来看，货币形式的经济补偿在海洋的生态补偿中占有非常重要的地位，政府主导的货币形式的补偿可以在很大程度上

---

① 世界环境与发展委员会，我们共同的未来［M］. 长春：吉林人民出版社，1997.

为可持续发展提供资金支持，促进经济发展的同时促进生态的保护和修复。

（四）提高海洋资源价值意识

奥地利理论生物学家贝塔朗菲最先提出海洋生态系统这一思想，海洋生态系统与陆地生态系统是相对而言的，但是这两部分都对人类发挥着相同的作用，主要是通过其自身的生态价值为人类提供服务价值，体现在四个方面：供给服务、调节服务、文化服务以及支持前三种服务的基础服务①。

供给服务就是指海洋生态系统作为一个物质提供者，为人类提供资源等，例如矿物质、燃料、食品等，为人类的生存提供物质基础；调节服务就是指海洋作为一个生态系统，是生态系统中的一个重要组成部分，调节着全球的气候以及水系统循环；文化服务是与供给服务相对立的，指海洋生态系统不仅提供物质上的满足，还给人类带来精神上的满足感，例如创作、教育、科研等；基础服务就是指其他三类服务的基础，海洋提供最基础的物质能量。任何一种服务形式都是不可或缺的。

针对目前的海洋状况来说，海洋生态环境污染的解决必然需要资金的投入，因此货币形式的生态补偿作为基金投入的一种方式应该受到重视。反观而言，货币形式的生态补偿会促进环境的修复，对于个人对环境不友好行为的补偿还会在一定程度上对人类的行为起到鞭策作用，对其他人的行为起到警醒作用，让人们意识到资源是有价值的，应该有偿使用资源。

三、海洋生态补偿的主客体及手段

（一）海洋生态补偿的主客体及标准

目前我国并没有统一的文件对于海洋补偿的概念进行定义，这也成为海洋补偿领域亟须解决的问题，不统一的规定导致海洋生态补偿主客体的划分也没有统一的标准，不同领域有不同的理解。综合各个领域的分类标准，海洋生态补偿主客体的划分一般是以受益和损益为标准。

1. 海洋生态补偿的主体与对象

海洋生态补偿的主体是在使用海洋资源的同时对海洋资源造成了损害的那一方，不论是政府还是企业、个人均属于补偿主体。根据补偿主体的二元性，可以分为公共主体和市场主体。公共主体就是指政府以及与政府相关的社会组织，市场主体是指受政府或者社会组织管制的直接对环境进行破坏的主体。

---

① 贝塔朗菲，美籍奥地利理论生物学家。一般系统论创始人。1950 年发表《物理学和生物学中的开放系统理论》。1955 年著《一般系统论》，成为该领域的奠基性著作。

海洋生态补偿的对象则是海洋权益的受害方。可以分为三类：（1）海洋生态资源的所有者，一般是指国家，由于国家是海域的所有权者，如果对环境造成了损害，所有者有权利追究其责任。（2）保护海洋生态资源时受到损害或者付出代价的，政府机关应该对于此类行为进行嘉奖，同时针对其受到的损害加以补偿。（3）由于海洋资源开采受到影响的，此类通常是指当地的居民，由于过度开采或者海洋资源的开采，以及石油泄漏等对于当地的渔民造成的损害应该给予补偿。例如，2010 年美国墨西哥湾石油泄漏事件，英国石油公司和美国渔民分别作为补偿的主体和对象，英国石油公司有义务对造成的海洋污染付出代价，美国渔民亦有权利进行索赔。

2. 海洋生态补偿的客体

海洋生态补偿的客体是主体和对象共同指向的标的——海洋资源或海洋生态系统。海洋作为生态系统中的一部分，属于公共资源，是全人类的公共产品，不同的海域利用方式可能会造成不同的收益或者损害。在上例中墨西哥湾海域就是此次海洋生态补偿的客体。

从海洋生态补偿的主客体来看，一般存在以下几种情况：国家补偿企业，一般是指企业保护环境或者因为政策受损，国家给予补偿；国家补偿个人，一般是指国家对于海域环境被破坏的当地的居民的补偿。除此之外还包括企业补偿国家、企业补偿企业、企业补偿个人、个人补偿国家、个人补偿企业和个人补偿个人。

我国 2013 年推出的“以船为家”项目以及 2014 年安徽省实行的“6＋1”政策构筑渔民安居乐业保障系统都属于国家对于个人的补偿。具体而言国家对于受污染地区的渔民进行补助，除了安排住房以外还发放养老保证金等各项基金。

3. 海洋生态补偿的标准

海洋生态补偿的标准在生态补偿中起到指导性的作用，李莹坤（2015）认为这直接关系着“补偿多少”的问题，但是海洋资源的不可划分性导致海洋是很难量化的，到目前为止，也没有相关的文献针对标准问题进行严格的限定。国内学者多采用海洋生态系统服务价值法、市场理论法和半市场理论法等来量化，但是国外的学者一般采用机会成本法、意愿调查法等。由于海域资源的复杂性，导致同一区域使用不同的方法可能会得出不同的结果，这也是海洋生态补偿标准迟迟不能统一规定的原因，在所有的估算方法中机会成本法和海洋生态服务价值法使用比较广泛。

（二）海洋生态补偿的货币补偿的主客体及标准

1. 海洋生态补偿的货币补偿的主体及对象

海洋生态补偿的主客体并未进行统一规定，作为我国传统补偿形式的经济补偿的主客体也是标准不一，而经济补偿大部分都是通过货币得以实现，因此货币补偿形式是最普遍的补偿形式。货币补偿的主体通常以政府居多，例如政府的转移支付，资金从政府转移到组织进行补偿修复，政府即作为个体而存在。客体仍然是受损的海洋资源。

货币形式海洋补偿的对象同海洋补偿的对象，一般就是指企业或者个人对其造成的损害需要进行补偿，个人对于其他人、企业、国家的环保造成损害也需要按照金额标准以及损害的程度进行补偿，只不过补偿的形式是货币形式而已。因此，基于情况不同个人、企业、国家都有可能作为补偿的对象。

2. 货币形式海洋补偿的标准

在海洋生态补偿并没有严格标准的前提下，货币形式的补偿同样没有明确的标准，但是从目前研究学者的研究方向来看，海洋生态系统的服务功能损害的货币化标准是海洋补偿标准的一个很重要的内容，它与生态修复标准共同构成目前海洋生态标准的两个方向。究竟应该按照什么样的标准进行量化，一直是许多学者探索的问题。

20 世纪 70 年代，福利经济学开始引入环境保护领域，自然资源受损将会导致人们的社会福利下降，以受损之前的福利水平为基线，受损之后的福利水平与受损之前的差额即货币补偿的数额。这虽然最先运用于陆地资源的评估，但是海洋资源的估算也同样适用，从此，大量学者对于海洋资源的货币化补偿进行估算。

最初学者更多的是研究对于围湖造田等陆地损坏的价值评估，随着环境污染状况的变化，也对溢油事件进行大量的实证检验。经过 20 世纪 70 年代以后的研究，目前认为生态系统服务功能损害程度及范围为基础的货币化补偿标准是一种相对成熟的损害评估标准。

不可否认的是该种评估方法目前的公认度比较低，有以下几种原因：（1）海洋资源是不可分割的，而货币化评估过程是人为地进行分解，因此估计的结果存在不准确性，但不可否认的是这种缺陷存在于多种评估方法中。（2）货币化评估方法本身存在着误差，可能会融入人的因素，导致结果不准确，但是随着实证的大量研究，该种方法也在不断地改进，以期将误差降到最低。（3）损害评估只是进行理论上的评估，可能忽略了实践的可实施性。

（三）海洋生态补偿的方式

海洋生态补偿的方式有很多种，我国开始对海洋资源进行开发以来，也尝试了不同的补偿方法，在方式的利用和改造方面仍在不断的探索，从目前学者的研究来看，根据分类标准的不同，大致可以分为以下几类：

生境补偿，所谓生境补偿就是对遭到生态环境破坏的生物进行人为地制造生活环境，从而改变污染状况，达到有效治理的目的。建设人工鱼礁是一种常见的形式，人工鱼礁被称为“山寨版的珊瑚礁系统”，就是人为制造一个与原生态环境相似的设备，使其沉到海底，融入已经被破坏的小区域的生态环境中，为其中的鱼类等生物提供一个生存的场所，不仅可以改变小区域的生态环境，还使生态系统的服务价值也有明显的提高。人工鱼礁作为生境补偿的一种方式无疑是起到保护海洋生态的作用，但是如果方法不当还会产生负面影响，在建设方面还需要进一步的探讨与完善。我国自 20 世纪 70 年代以来开始进行人工鱼礁实验，现已经在山东、河北、中国香港等沿海省份启动规划和建设。

建设海洋牧场是另一种重要的生境补偿形式。简单来说建设海洋牧场就是人工培育鱼苗等生物苗种，通过移植、流放等形式投入到人工鱼礁或者相应海域，加之特殊管理，最终增加相应区域的生物数量，提高生物多样性。海洋牧场的建立是与人工鱼礁不可分离的。如前所述增殖型的人工鱼礁与海洋牧场存在着相似之处。最早的海洋牧场建设工作可以追溯到 1979 年广西的我国首个单体性人工鱼礁，从此以后便开始了对于海洋牧场的研究，“十一五”之前我国一直处于对于海洋牧场建设方式与内容的不断探索的阶段，“十一五”之后投入大量资金对其他国家建设经验进行借鉴，短时间内经历了其他国家经历的阶段。

相对于陆地生态系统的自然保护区来说，建立海洋保护区不失为一种有效的方式。海洋生态保护区之所以也属于生态补偿是因为最初生态保护区是以政府为主体，划定特定区域禁止进行海洋环境开发活动，例如禁止某片区域捕鱼活动，因此从本质上来说是对某一区域内的全部要素进行保护，也可以达到补偿的效果。我国 2007 ~ 2016 年建立海洋自然保护区数目如图 8 - 1 所示。

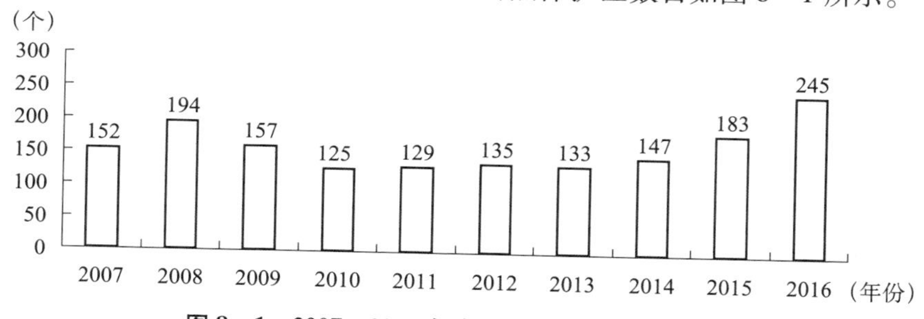

图 8 - 1　2007 ~ 2016 年全国海洋自然保护区数目

资料来源：2008 ~ 2017 年《中国统计年鉴》。

由图 8－1 可知，自 2010 年以来，海洋自然保护区的数目总体呈现上升趋势。其中 2007～2010 年数目先增多后减少，但是保护区的数目均保持在 120 个以上，2010 年建立的海洋保护区数目最少，为 125 个。根据近几年对于自然保护区的投资趋势来看，海洋自然保护区数目将会继续增加。2016 年，我国已经建成 245 个海洋生态保护区，其中国家级海洋生态保护区 108 个，地方海洋生态保护区 137 个，保护海洋生物物种的有 46 个，保护区域面积共 51791 平方千米。其中广东省数目最多，2007～2016 年十年之间共建 544 个海洋生态保护区，山东省次之，达 260 个。

资源补偿，所谓资源补偿就是对于海洋生态系统中的资源通过某种形式进行补偿，一般来说，增殖放流和养殖是目前最常见的资源补偿方式。由于工程填海、过度捕捞、石油泄漏等问题使得海洋内一些生物物种数量减少甚至濒临灭绝，通过增殖放流能短时间内获得大量缺失物种，弱化的生态系统得到恢复。

经济补偿，“谁开发、谁保护、谁收益、谁补偿”是最常见的海洋补偿原则（苏源和刘花台，2015），广义的经济补偿既包括政府对于特定地区的转移支付也包括个人或者单位开采过程中对于环境造成的损害所需要支付的价值。前者一般包括政府补偿金、对于特定项目进行的税收或者罚款，用于受损环境的修复、整治。后者一般是根据颁布的法定条例对于破坏者征收费用，用于治理污染项目。经济补偿是最直接、适应性最广的一种方式。目前根据我国经济收支以及国民经济核算来看，经济补偿中海洋生态补偿金是占比比较大的一项内容，主要来源于工程排污等损害补偿以及海洋使用金等保护补偿。除此之外还有组织性的捐款等都作为经济补偿的方式起着一定的保护作用。

除去上述分类方式之外，还可以根据海洋生态的运行机制分为资金补偿、政策补偿、实物补偿和智力补偿。其中，资金补偿是对受害者进行补偿金、退税补偿的一种方式，类似于经济补偿中货币形式的补偿。受补偿者可以直接拿补偿的资金改善生活或者进行环境的修复，相比较其他形式来说，这种方法较为直接，方便快捷，因此是现在大多数国家采用的方式。2005 年荷兰鹿特丹港口扩建时，由于工程的建设以及固体污染物的排放，造成周围 20 平方千米的海域受到损害，港口建设单位对于当地的居民以及受损单位进行了生态修复和货币补偿。货币补偿方面，以资金的形式对于当地的居民进行补偿；生态修复方面，在附近的海域建立自然保护区，并且修复受损的海滩来修复生态系统。

政策补偿是指政府为了扶持某些行业规定的对于单位或者企业的优惠政

策，可以运用权力对某些对环境友好的行为给予奖励，或者税费方面的优惠，一般而言是政府大力提倡的产业或者活动，例如绿色生态、低碳出行、低碳旅游等。受补偿者可以凭借优惠政策或者特殊照顾来改善生活。但是政府政策与资金政策相比，政府政策有很强的政府指导性，比较偏向于宏观层面，因此实行起来容易受到其他相关者的质疑。

实物补偿是对于遭到破坏的对象，政府给予相应的实物进行补偿，最常见的是土地或者物资。在海洋生态环境中，由于海洋的污染，可能会影响当地居民的生活，政府可以为居民提供新的住所，从而改善居民的困境。实物补偿具有很强的实用性。

智力补偿是对于那些受害严重或者偏远地区进行的相关智力补偿，例如免费进行培训、提供高素质人才等。通过提高他们的水平来改善生活，智力补偿是一个从根本上改善生活的方法，同时又是一个长期的过程，不能在很短的时间内体现出效果，具有时间的滞后性。这种补偿形式盛行于西方发达国家。

（四）海洋生态补偿的货币补偿的手段

对于海洋地区进行生态保护，不可避免地会限制当地居民以海为生的生活方式，生活的贫困会使他们选择利用当地的资源、选择粗放式的方式进行海洋相关的产业发展，进而造成环境污染。这似乎成为一个“悖论”，究竟是保护的力度大还是由于保护渔民所造成的污染更大？追究其大小意义并不是很大，找到同时解决两个问题的方法才是当务之急——海洋生态补偿。在所有的补偿形式中，货币形式的补偿是最有效的补偿方式，可以在短时间内改变居民的生活方式，产生较快的效果。

海洋生态补偿的货币补偿与经济补偿本质是相同的，都是对于补偿对象给予金钱上的帮助，主要存在两种手段：政府手段和市场手段。政府手段一般是通过政府的转移支付和专项基金，而市场手段形式多样，已经不仅仅局限于海洋补偿金，还包括排污费、环境费等，但是综合来说资金的来源是最主要的问题。国际上资金的来源主要是政府的转移支付、征收生态税，通过环境基金的支持等，我国货币补偿资金的来源除了传统的转移支付还包括海域使用金等，每年会有相当大的比例的海域使用金会被纳入海洋环境治理。

1. 转移支付

海洋生态补偿问题上的转移支付只是政府与政府之间的转移，政府间的转移支付又分为横向的转移支付和纵向的转移支付。

纵向来说，政府已经不单单是中央进行统一税收，而是下发到地方的财政部门收取相应地区的税收。相对于中央财政部门来说，地方的财政部门更能了解当地的情况，这在环境污染治理方面显得尤为重要。例如环境税或者排污费的实行，当地政府对于当地企业可以直接管辖，也可以直接收税，一方面缓解了中央的收税压力，另一方面准确性也得到了保证，理论得以实践化。但是政府并不是将权力完全下发到地方财政部门，为了防止贪污腐败，需要设定相应的监督部门，地方政府可以根据实际情况做一些变动，真正为百姓服务。

横向来说，政府对于地方的转移支付应该是根据不同地区的不同情况进行衡量，然后分配不同的金额，在计算保护和修复海洋的人力和物力的投入基础上计算修复和保护环境的机会成本，然后综合修复难度、既有的条件来确定最终的转移金额，以达到金额的合理利用。否则会造成资金的不充分利用，一方面资金得不到利用，另一方面环境得不到改善。这个时候就要求地方政府应该协助中央进行“统一作战”，帮助其配置合理的资源，做到公平公正而又达到帕累托效应最优。

2. 税收

税收目前已经不仅仅作为政府的收入，有一部分还作为政府的支出在运行。与海洋生态补偿相关的有环境税，即各国根据本国环境的不同情况制定相应的税收标准，以此作为政府的一部分收入，再通过其他的形式分配到相应的项目中进行环境治理。环境税可以细分为拥挤税、废气税、固体废物等。在保护水资源方面的税收有关的主要是水污染税，最早在德国实行，《废水纳税法》已经成为典范。我国的污水税被归到环境税中，2018 年 1 月 1 日根据《中华人民共和国环境保护税法》，环境税正式开始征收。

3. 专项基金

专项基金是政府用于特定项目所投入的基金，这种资金转移的形式是从政府直接转移到企业负责的项目，例如“蓝色港湾”“南红北柳”计划等。2018 年 3 月 30 日，中国海洋发展基金会海峡资源保护与开发专项基金在福州成立，该项基金的成立将发挥中国海洋发展基金会的作用，主要是用来促进海洋资源保护与开发。

4. 生态补偿费

2010 年 6 月，山东省出台了《山东省海洋生态损害赔偿费和损失补偿费管理暂行办法》，这是我国首个海洋生态方面的补偿和赔偿办法。其中规定：“在山东省管辖海域内，发生海洋污染事故、违法开发利用海洋资源等行为导致海洋生态损害的，以及实施海洋工程、海岸工程建设和海洋倾倒等导致海洋生态环境改变的，应当缴纳海洋生态损害补偿费和海洋生态损失补偿费。”

其他省份中如天津、福建、海南等沿海城市，也遵循“谁开发、谁治理”

的原则，纷纷出台相应的规定并加以完善。除此之外，国家也出台了相应的法律法规，《海洋生态损害国家损失索赔办法》对于“新建、改建、扩建海洋、海岸工程建设项目”“海洋倾废活动”“向海域排放污染物或者放射性、有毒有害物质”及其他损害海洋生态应当索赔的活动作了相应的规定。

2006 年厦门市杏林公铁跨海大桥实施工程，该工程的建设缴纳了 600 多万元作为生态补偿金进行生态的修复，成为厦门用海项目的首笔生态补偿基金（冯凯，2016），可以看出厦门海洋生态环保部门积极推进厦门市海洋生态补偿工作的进行。2010 年 5 月 1 日制定了《厦门市海洋环境保护若干规定》，通过其他的形式推进海洋生态补偿工作，例如有些海洋项目在实行的过程中对于海洋沿岸植物造成了损害，有关部门要求损害方进行相同植物的栽植，以维持原生态的平衡。

5. 排污费

排污费是由国务院规定的，对那些在海洋开发过程中造成污染的单位或者个人按照相应的规定需要向政府等相关的部门缴纳一定的排污费用，这些费用只能用于环境治理，而不能挪以他用。我国自 1979 年以来开始实行《排污费征收使用管理条例》，将征收的排污费纳入政府部门预算，上缴至财务处，由财务处进行资金分配最终保证所有的费用均用于环境治理。

6. 海域使用金

我国相关法律已经明文规定，海域属于国家所有，国务院代表国家行使权利，任何单位或者个人不得私自占有海域资源。随着海洋资源的开发，越来越多的形式展现出来，已经不单单是捕捞如此简单，海洋第一产业、第二产业、第三产业逐渐发展起来，尤其是二三产业的发展给人们带来较多的福利。伴随而行的是过度的资源开采导致海洋生态的损害，生物多样性的枯竭，海洋水质的污染，石油的泄漏，不仅仅是对相应海域造成损害，对整个水系统，乃至整个生态系统的水循环都造成影响。

面对如此严峻的情况，国家出台了《中华人民共和国海域使用管理法》，其中规定海域的使用必须以取得海域使用权为基础，并且对于海域使用金的数目进行明确规定。由于资源是有限的，任何资源都不是取之不尽用之不竭的，因此资源是有价值的。海域的使用需要缴纳相应的费用来作为使用资源的价值，也就是海域使用金，海域使用金被纳入财政预算，只能用于海洋的整治、修复和管理。

从海域使用金的产生以及使用来看，其使用与生态补偿金类似，并没有法定法规对于两者加以区分，因此国内的学者经常混为一谈。究其原因是生态补偿金和海域使用金虽然来源可能不同，但是都是纳入政府部门的财政预算，采用“收支两条线”，这些费用都是通过政府部门的纳收成为政府的非税收收入，纳入预算收入，真正到达补偿主体的时候已经是作为政府的转移支付项来进行，因此本质上都是对于环境的治理与修复。2018 年国家统计局又制定了新的海域使用金征收标准，如表 8-3 所示。

表 8-3　海域使用金征收标准　　单位：万元/公顷

用海方式			海域等别						征收方式
			一等	二等	三等	四等	五等	六等	
填海造地用海	建设填海造地用海	工业、交通运输、渔业基础设施等填海	300	250	190	140	100	60	一次性征收
		城镇建设填海	2700	2300	1900	1400	900	600	
	农业填海造地用海		130	110	90	75	60	45	
构筑物用海	非透水构筑物用海		250	200	150	100	75	50	
	跨海桥梁、海底隧道用海		17.30						按年度征收
	透水构筑物用海		4.63	3.93	3.23	2.53	1.84	1.16	
围海用海	港池、蓄水用海		1.17	0.93	0.69	0.46	0.32	0.23	
	盐田用海		0.32	0.26	0.20	0.15	0.11	0.08	
	围海养殖用海		由各省（自治区、直辖市）制定						
	围海式游乐场用海		4.76	3.89	3.24	2.67	2.24	1.93	
	其他围海用海		1.17	0.93	0.69	0.46	0.32	0.23	
开放式用海	开放式养殖用海		由各省（自治区、直辖市）制定						
	浴场用海		0.65	0.53	0.42	0.31	0.20	0.10	
	开放式游乐场用海		3.26	2.39	1.74	1.17	0.74	0.43	
	专用航道、锚地用海		0.30	0.23	0.17	0.13	0.09	0.05	
	其他开放式用海		0.30	0.23	0.17	0.13	0.09	0.05	
其他用海	人工岛式油气开采用海		13.00						
	平台式油气开采用海		6.50						
	海底电缆管道用海		0.70						
	海砂等矿产开采用海		7.30						
	取、排水口用海		1.05						
	污水达标排放用海		1.40						
	温、冷排水用海		1.05						
	倾倒用海		1.40						
	种植用海		0.05						

资料来源：国家海洋局。

我国的海域使用金征收数目如图 8－2 所示。

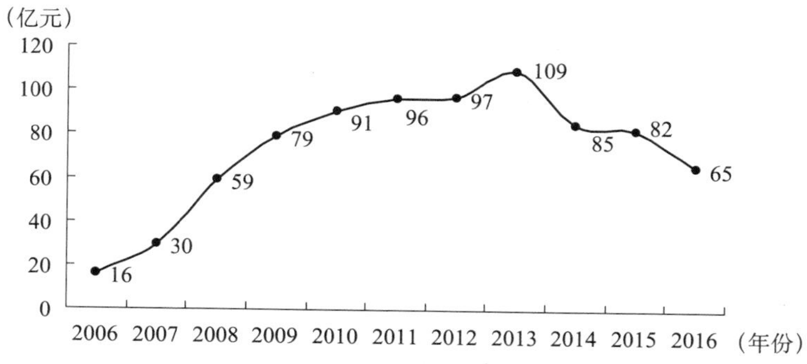

图 8－2　2006～2016 年全国海域使用金数目变化趋势

资料来源：历年《中国海洋统计年鉴》。

海域使用金的征收自 2006 年开始呈现上升的趋势，其中 2013 年征收的海域使用金数目最多，达到 109 亿元，自 2008 年开始每年的海域使用金数目均达到 50 亿元以上，海域使用金的征收除了与相应的规则标准有关之外，还与海域确权面积是有关系的，2006～2016 年的海域确权面积如图 8－3 所示。

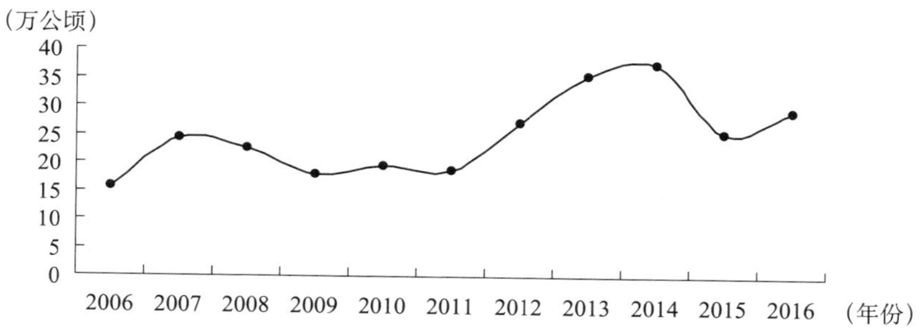

图 8－3　2006～2016 年全国海域确权面积变化情况

资料来源：历年《中国海洋统计年鉴》。

如图 8－3 所示，与海域使用金征收数目相对应的是，在 2013～2014 年之间，我国的总海域确权面积达到最大。虽然海域确权面积变化趋势存在一定的波动，但总体来说呈现上升的趋势，且具体到沿海城市的海域使用金情况如图 8－4 所示。

各省份的海域使用金所占份额是取 2006～2016 年 11 年的数据平均值占全国海域使用金的份额。其中天津所占的份额最大，占全国的 17%，浙江次之，山东和辽宁均达到全国的 14%，综合 11 年的数据来看，上海的海域使用金所占份额最低，接近 0%。结合图 8－5 海域面积来看，辽宁与山东的海域面积较大，因此在海域使用金方面占有较大的比重。

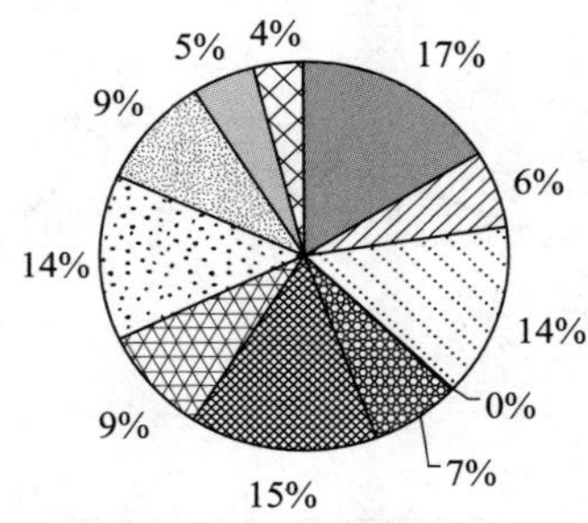

图8-4 各沿海省份平均海域使用金所占份额

资料来源：历年《中国海洋统计年鉴》。

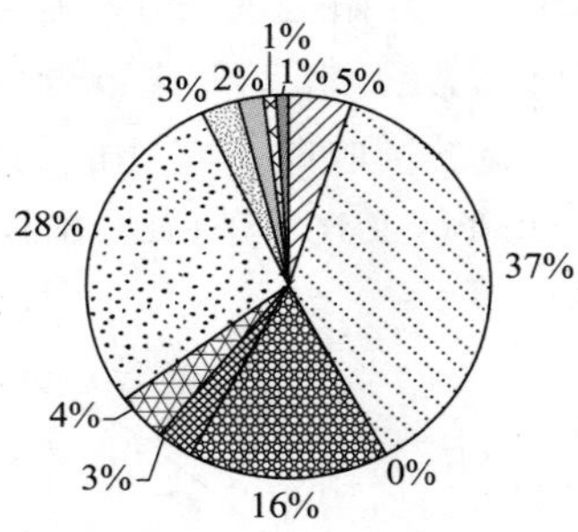

图8-5 各沿海省份平均海域面积所占份额

资料来源：历年《中国海洋统计年鉴》

四、国际海洋生态补偿的货币补偿制度比较

我国的海洋渔业自2001年开始快速发展，与工业发展相似的粗放式发展使得海洋污染成为亟须解决的问题，政府开始出台相应的政策进行海域的环境规制，但是制度的制定仍然存在不完善性。国外海洋领域的发展相对中国较早，它们的海洋制度和政策设计有很重要的借鉴意义。

（一）美国的货币补偿制度

美国关于海洋环境的最早的法律应该追溯到1969年的《国家环境保护策略法案》，在该法案中明确指出将海岸和海域自然保护作为重要内容，将之纳入环境保护体系中去；美国国会在1972年主要针对石油等有害物质污染水体等出台了《清洁水法》，在一定程度上起到了石油污染防治的效果；在2005年通过了《新石油污染法案》，针对石油问题进一步加以控制；美国的200海里渔业保护区以及《渔业保护和管理法》《濒临灭绝生物保护法案》《海洋哺乳类动物保护法案》等，相关法律的颁布证明美国从生物多样性的角度维护海洋生态安全，使得海洋生态系统得到可持续的发展。对于生态补偿相关的法律，都在补偿方式、补偿标准、补偿主客体等方面进行严格的定义，这在一定程度上保证了法律制度能够得到严格的执行。另外美国针对海洋生态补偿的货币形式的补偿也制定了相关的法律，综合来说包括《海洋倾倒法》《海洋倾倒废弃物禁止法案》等。

美国对于补偿主体进行明确了规定，采用“补偿主体多元化”原则，将政府、市场和社会组织全部纳入海洋生态补偿机制中作为补偿的主体。补偿主体的多元化导致了补偿形式的多元化，在对环境补偿的过程中可以针对不同的主体设置不同的补偿标准，提高补偿效率，在监督部门的监督下也保证了补偿的充分进行。

美国对于补偿对象认为受害对象应该涉及多方利益主体，因此采用“受体利益多样化原则”，即在补偿主体确定的情况下，补偿的对象不仅仅局限于社会组织，国家或者社会也有可能成为补偿的对象，国家在接受了相应的补偿金之后应该通过相应的部门或者项目下发到海洋渔业环境治理的项目中去，从而使资金得到有效的利用，整个生态补偿机制得到良性循环。

在补偿标准方面，美国采用差别标准法，也就是说如果造成了损害不一定要按照政府规定的标准，而应该按照损害的程度灵活采取补偿行为。灵活采取补偿行为并不等同于标准的随时变化，而是在补偿标准的严格规定下，可以按照主体的不同、污染程度的不同，根据各个地区发展形势状况再进行补偿。补偿的过程中不一定要求政府或者各级社会组织牵扯进来，只需要双方按照生态指标合理进行即可。

补偿机构的设置在补偿实行方面起到很重要的作用，这也是美国生态补偿方面的创新之处，一方面，机构设置完整为补偿工作高效运行提供了基础，另一方面也是制定明确规范文件的基础。美国注重分散结合，美国政府针对不同的海洋渔业环境生态环境问题，设置统一的行政主管部门——美国渔业局，起统筹作用，同时也设置许多地方职位，赋予它们一些权利，地方渔业管理部门甚至拥有多项管理权限和管理身份，进一步提高了管理效率。海洋渔业环境生态补偿监督执法局是美国设立的专门进行海洋活动监督的机构，该机构定期进行汇报，并根据监督内容制定相应的补偿方案。最大的特点就是它们不仅采纳政府的意见还会将渔民的意见加入其中，真正解决补偿问题，改善人民的生活。在管理队伍方面，美国设有专门的联邦管理部门，下设具体的部门。之所以会选择这种管理模式是因为美国政府注重联邦政府与各州、地方政府间的协调与合作。但是我国相关的补偿往往是以政法的内部文件或者地方性法规为主，由相关的政府机关执行，往往会造成执行力不强的结果，直接导致补偿效率低下。

美国史上对于海域环境影响最大的就是墨西哥湾漏油事件，也给世界各国的海洋环境保护方面带来很多启示。2010 年 4 月由英国石油公司负责的“深水地平线”号深海钻井平台突然发生故障爆炸后沉没，连续几个月有石油从钻井口溢出，造成国家级钻井漏油危机。再后来持续的 87 天之内，平台一直处于向外溢油状态，据统计大约 379 万桶石油漏出，最终导致海滩近 1500 平方千米的海域受到污染。超过 2500 平方千米的海域都被石油所覆盖。①

由于美国早在 1990 年就制定了《1990 年油污法》，因此美国政府起诉英国石油公司，要求根据美国的《1990 年油污法》1007 条关于海上设施故障造成溢油事故责任以及《综合环境响应补偿与责任法》《清洁水法》的相关内容，应该赔偿 7500 万美元，以及其他费用。英国石油公司还要根据其他相关的环境保护条例支付相关的资源损害环境费用。另外美国政府经过与英国石油公司长达 4 天的谈判，最终成立一个 200 亿美元的基金来处理这个事件。

从该实例中，我们认识到：在海洋生态补偿的货币形式的补偿中，专项基金作为一种重要的形式发挥着作用，此次事件经谈判最终设立一个 200 亿美元的溢油基金，该基金的资金用来治理溢油所造成的环境污染。这是美国作为受损方对于英国石油公司做出的要求。其次，有明确的补偿主体。由于美国早在 1990 年就已经通过法律，对于溢油事件的责任进行严格的规定，才使在问题出现时能够有据地作为补偿的主体依法行使自己的权利，对于造成的环境污染要求赔偿。另外英国石油公司就作为客体而存在，补偿的对象就是被污染的海洋。

（二）加拿大的货币补偿制度

加拿大的海洋资源也相当丰富，最早加入了《国际油污损害民事公约》，加拿大的海洋损害赔偿公约主要是《航海法》，1971 年对该法律进行修订，加入了相关溢油责任的规定，在该法律中对于溢油赔偿的范围、主体、标准等进

① 英国石油同意赔偿 187 亿美元终结墨西哥湾漏油事件［OL］. 人民网，http：finance. people. com. cn/n/2015/0703/c66323-27247440. html.

行明确规定，1989 年又对《航海法》进一步修订，增加相关的事项，还建立了海洋赔偿油污基金，虽然在后期出现了油污基金不足的问题，但是通过相关法律的完善，逐步解决了相关的问题。

由于法律的不完善导致海洋赔偿油污基金可能出现不足的问题，随之建立了船舶油污基金，船舶油污基金在污染情况出现时最先是应该进行清污费补偿，进行受害人的补偿，之后再向损害主体和赔偿基金提出索赔。这种以第一时间进行补偿的原则在其他国家也是很少见的，这在一定程度上得益于基金的成立，可以提供资金的支持，船舶油污基金的资金来源主要是政府的税收和石油运输主的分摊。这种制度的实行可以快速解决污染问题，为海洋污染提供了保障。

（三）日本的货币补偿制度

日本的海域面积相对于陆地来说较大，在“二战”之后随着工业的快速发展，海洋污染也逐渐加剧，过度捕捞以及沿海地区改造导致海域出现明显的侵蚀，湿地面积也在减小。日本也经历了和其他国家相似的道路，先是肆无忌惮地开发和污染，然后再进行整治修复。但是日本早在 20 世纪 70 年代就制定了相应的海洋管理制度，然而实施度并不高，还是出现严重的污染问题，进入 90 年代之后对于前期出现的问题开始进行反思并制定了更科学合理的海洋发展计划。

日本最大的治理特点就是不断反思，制定新的政策，通过政府的宣传推动治理工作，使环境治理理念深入人心，齐心治理污染，因此取得比较大的成效。而且日本最初的补偿是在水俣病的促使下开展的，在公众受到损害之后相继推出几部法律，补偿受害者的损失，通过法律对于损害方提出诉讼。

（四）德国的货币补偿制度

德国的法律相比其他国家来说比较完善，早在 20 世纪 70 年代，德国的环境法已经成为一个独立的法律部门，在环境治理方面远远地超前其他国家。

德国的海洋生态补偿制度有以下几个特点：第一，系统的完备性。德国非常重视系统的完备性，因此在环境制度方面上至政府的法律法规，下到各州各市的政策文件都有完备的系统。除此之外对于补偿的相关事项都有非常细致的规定，大到国家小到个人。第二，注重宣传。日本的模式与之相似，通过对民众的宣传，使环保意识深入人心，在环保的路上就扫除了障碍，而在实行方面美国也起到了统帅的作用，美国设立专门的监督部门，地方的监督部门专门收集民众的意见，然后进行整合，最后对整治方式做出创新。第三，能够做到对海洋生态环境进行定期的评估和分析，建立海洋环境监测体系，做到有损害时能及时发现。德国的做法与加拿大相似，通过及时的发现可以利用现有的基金进行补偿，然后再制定相应的政策或者对损害者索要赔偿，提高了治理效率，做到“先发现先治理”。这对我国的治理制度有着很重要的借鉴意义。德国坚持环境价值论，认为资源环境都是有价值的，不是简单的自然界对于人类的给予，资源都是有限的，因此任何资源都是有价的，应该实行资源有偿制。

2002 年德国开始实行《国家自然保护法案》，该法案是以对于自然资源的补偿为标准的。在实施期间，对于法案中提及的标准以及程序都不令人满意，虽然精密的程序保证了项目实行的准确性，但是它的繁碎性，最终迫使立法者进行改变。后来实行了一种“生态账户”的原则，其实行的核心是始终以生态指标的动态平衡为标准，就像银行账户的收支平衡代表银行的资金平衡，只是使用生态指标来代表生态的平衡。“生态账户”规定了一种积分制度，而这种积分是掌握在补偿机构手中的，破坏者自觉按照相应的规则去补偿机构购买一定的积分，补偿机构在去掉积分收入之后对环境进行补偿。

这样就是通过补偿机构，以积分为第三方工具来对环境污染的治理机构进行规范化，对于单位和个人污染治理的程度起到很重要的监督作用。而且，补偿机构通常是比较专业的治污机构，可以以专业的角度去修复整治，相对于个人来说更具有专业化。同时德国的法典中早就规定“付费治理”这一概念，坚持环境价值论，坚持“污染者付费”这一原则，因此创建了生态指标交易市场，污染者必须购买相应的生态指标或者对于污染环境做出机会成本，这样保证了污染治理资金的来源，在政府的指导下，补偿机构可以很好地发挥作用。

（五）中国的海洋生态补偿制度

1. 法律内容

中国最早的关于海洋的制度就是 1999 年 12 月修订的《中华人民共和国海洋环境保护法》，这也是迄今为止唯一的有关海洋渔业保护的国家大法，但是就其内容来看，仅仅是对于某些部门的权限加以限定，并没有出台配套的规范性文件，导致制度仅仅停留在理论层面，缺乏执行力，因此无法实行下去。山东、福建等沿海省份相继出台每个省份的实行法规，对于海洋渔业环境的保护加以限制，对环境保护起到很大的作用，但是对于全国来说并没有统一的实行性较强的法律法规，导致海洋渔业环境的污染没有得到有效的控制。

一直到 2015 年国务院针对海洋生态损害国家损失的范围和索赔内容制定

了《海洋生态损害国家损失索赔办法》，对赔偿内容以及标准进行了统一；国家海洋局在2017年制定了《海洋生态损害评估技术导则》，为海洋生态补偿和生态损害赔偿提供了依据。其中第二部分是海洋溢油，但是美国关于溢油问题的规定早在《1990年油污法》就得以体现。

国家的法律法规从2017年开始对海洋生态补偿制定相应的标准，但是山东省早在2016年已经颁布《山东省海洋生态补偿管理办法》，明确海洋生态补偿包括海洋生态保护补偿和海洋生态损失补偿。其他如厦门、浙江等地的规定都有助于我国海洋生态补偿制度的建立。

相比来看，我国在法律制定方面还有待改善，尤其是对于海洋生态补偿的具体项目，与美国、德国的法律相比实行性不强。尤其是与德国相比法律条目不够明晰，这也是难以执行的重要原因。

2. 补偿主体、对象及方式

美国采用“三位一体”的补偿主体原则，在保证了效率的同时，更能体现出其灵活性。但是中国采用的是“单一制度”，即将政府作为单一的补偿主体。由于补偿金、海域使用金等均被纳入预算，因此政府作为主力主体进行控制。由于单一主体这种形式，导致不能对具体的补偿主体进行限定，最终不利于治理效率的提高。

中国在补偿对象方面规定补偿的对象为受损者，但是真正的补偿对象并没有相关的文件规定，不同的研究者有不同的观点，因此有必要制定相应的政策来确定受体，以提高治理效率。中国海洋生态补偿的标准同补偿的主客体以及对象一样，并没有进行严格的规定，但是目前采取的方式就是由政府来指导，按照政府的要求进行补偿，而忽略了相关主客体的差异性，因此可能会造成实施困难等问题。

中国货币补偿的手段相对来说有以下几种：海域使用金、环境税、政府的转移支付等。在大的海洋生态补偿的范围中，由于是政府主导的，考虑到经济补偿方便效率的特点多采用经济补偿的方式，而忽略其他形式，自2015年以来政府开始重视生境补偿，尤其是人工鱼礁、海洋牧场还有自然保护区，生境补偿逐渐成为重要的补偿方式。

3. 机构设置

中国的海洋渔业环境管理方面显得“分工不明”，我国拥有统一的行政管理部门——国家海洋局，下设地方渔业局，但是并没有政府专门设置的监督和管理部门，因而造成处理问题效率低下问题。

中国的监督部门空缺，并没有制定相应的监督部门来对海洋渔业的环境以及补偿行为进行监督，虽然有监督机构的存在，但是监督力度不够，因此也不能反馈渔民的意见。最终导致我国民众基本不会参与到监督中去，不能将工作落实到基层，造成工作效率的低下。

在监督方面，我国设有相应的监督人员，但是只是部门内的监督，对于跨部门的监督力度很低，因此会造成办事效率低下问题。

第四节　海洋生态货币补偿的标准估算、问题和对策

目前对于海洋生态补偿的货币补偿估算的研究还处于“空白期”，学者多是期待从陆地的研究转到海域，陆地的研究方法为海洋价值估算提供基础，对于海洋的估算多是集中在石油、围海等方面进行货币估计，但是国际上还没有形成统一的方法。从目前的研究方法来看生态服务价值法应用较为广泛。

一、海洋生态货币补偿的标准估算

（一）生态系统服务价值货币估计

在研究估计的方法之前应该明确估计的对象——生态系统服务价值，海洋生态系统作为生态系统的一个重要组成成分，具有以下功能：供给服务、调节服务、文化服务和支持服务。供给服务就是海洋提供用于人类生存的食物、原材料、医药品等；调节服务是其作为生态系统的一部分对于水循环、气候、生物等的调节；文化服务是指带来的文化艺术等；支持服务是生物多样性的维持、水土的保护等。货币估计方法主要有以下几种：

直接市场法是直接根据市场中的交易数据进行估计的一种方法，相对来说比较容易计算。通常使用的指标有生产价值/生产率，这也是一种估算的方法，是用环境变化所带来的成本或者利润的变动来表示。一般来说，环境污染造成的虾蟹等市场价格的影响可以利用此种方法估算。人力资本法是指人的创造价值，当然并不是衡量人的生命价值，是用来衡量环境污染对于人的生命健康的影响，相对来说不容易估算。

替代市场法是与直接市场法相对应而言的，用间接的交易数据进行衡量的一种方法。在海洋生态补偿中主要用到恢复费用法，就是将受损的环境质量恢复到受损之前所需要的费用金额，例如溢油事故中可以选择已溢油事故的处理费用作为该补偿费用；影子工程法，就是建设一个设备或者系统来替代受损的

系统，用该工程的支出作为环境改变对于原系统的损害。

假想市场法也被称为模拟市场法，是指当市场交易的数据不容易获得时，通过调查获取数据作为环境改变所带来的成本。其中的条件价值法就是指通过调查利益相关者对生态环境改变所愿意支付的价格或者愿意接受的价格，但是这种方法受主观影响太大，存在一定的误差。联合分析法是指给“受访者”提供多种可以选择的条件，让他们进行比较，获取接受或者拒绝选择的信息，从而进行估算的方法。

成果参数法就是指对两个相似对象的状况进行估计，用其中一种状况来估计另外一个对象的某些性质。

（二）生态系统服务价值货币估计

在了解了估计的方法之后应该根据生态系统的服务价值进行估计，准确来说应该是对海洋生态系统的服务价值进行量化，从而计算出环境破坏的价值，进行相应的货币补偿。目前的研究主要集中在两个方面：填海和溢油。接下来以填海为例设置估计模型。

（1）供给服务：供给服务中的食物供给和空间资源供给方面一般采用直接市场法估计，基因资源供给采用成果参数法。

$$D_f = \frac{R_f \times r}{S_0} \times S \quad (8-6)$$

其中，D_f 为填海所造成的供给食物方面的损失，R_f 为所研究海域的海洋捕捞收益，r 为研究海域的捕捞收益率，S_0 为原来的海域面积，S 为填海的面积。将通过计算得到的本应该获得的捕捞受益作为食物供给方面的损失。

$$D_g = V_g \times S \quad (8-7)$$

其中，D_g 为填海所造成的基因资源供给方面的损失，V_g 为经过调查的填海区域单位的基因资源数量。

$$D_{dr} = M_{dr} \times C_{dr} \quad (8-8)$$

其中，D_{dr}为填海造成航道和锚地淤积带来的损失，M_{dr}为填海造成的淤积增量，C_{dr}为处理淤积需要的费用。

（2）调节服务：调节服务的气候调节一般是对气体调节损失的估计，采用市场直接法；生物控制一般采用成果参照法，利用相似地区已有的研究成果来估算，模型类似于基因资源损失方面的评估。

$$D_{ga} = (C_{CO_2} + 0.73C_{O_2}) \sum P_{ico_2} \times S_i \times 10^{-6} \quad (8-9)$$

其中，D_{ga}为填海造成的气体调节服务的损失；C_{CO_2}为固定 CO_2 的成本；C_{O_2}为

生产 O_2 的成本；P_{ico_2} 为第 i 种生态类型单位时间单位面积固定 CO_2 的量；S_i 为填海破坏的第 i 种生态类型的面积。

$$D_{er} = \frac{C_e \times L(1 + 2\% n)}{n} \tag{8-10}$$

其中，D_{er} 为填海造成的干扰调节服务的损失，C_e 为人工岸线的工程造价，L 为破坏了的天然岸线长度，n 为工作使用年限。

（3）文化服务：由于文化服务没有相应的明确指标来衡量文化，因此一般采用或然价值法通过调查人们对海岸带休闲娱乐和旅游服务的支付意愿（WTP）或接受补偿意愿（WTA）获得海岸带娱乐旅游服务的价值，进而估算填海对其造成的损失。对于文化艺术的评估使用成果参数法，模型构建与基因资源损害评估模型相似，只是更换相应的变量即可。

（4）支持服务：支持服务主要是指生物多样性的维持，填海活动破坏了海岸带生物的生存环境，包括野生生物物种和商业性物种的生存空间，导致生物多样性下降。由于商业性物种的损失已在食物供给功能中估算，此处仅估算围（填）海对珍稀濒危物种的损害。

$$D_{en} = S \times \sum \alpha_i \times \frac{WTP_i \times U_i}{S_i} \tag{8-11}$$

其中，D_{en} 为填海造成濒危物种的损失，WTP_i 为人们对保护第 i 种珍稀物种的支付意愿，U_i 为第 i 种珍稀物种所有的利益相关者，S_i 为第 i 种珍稀物种的重要生境的面积，α_i 为权重系数。

综合四方面的数据进行实证分析，最终对该地区的生态服务价值进行货币估计，溢油对于海域的损害也是综合四方面来看，根据不同地区的不同特点，选取不同的指标进行核算。

二、我国海洋生态货币补偿存在的问题

（一）海洋生态补偿的法律缺失

1. 立法理念相对落后

立法理念是立法的基础以及价值取向的方向，先进的价值理念对于立法以及法律法规的执行都有很大的帮助。但是目前关于海洋渔业环境生态补偿的法律更重视生态损益层面的补偿，而生态增益层面的补偿相对不足，这就导致生态补偿的工作不能完全实行。虽然可持续发展早早就作为发展的模型，但是很多法律还是建立在“非可持续发展”的理念上，虽然这种理念在近年来逐渐得到了纠正，但是离能够完全符合生态补偿制度理念还相差甚远。在立法方面

应该借鉴德国的有关法律制定的标准，做到严谨又符合实际。

2. 法律制度缺乏“领导者”

就目前的制度体系而言，缺乏根本性的文件。在我国的根本性法律《中华人民共和国宪法》中，并没有将海洋生态环境补偿及其方式进行规定，更多地强调“经济利益”，而忽略了“生态利益”，虽然后来各省份相继出台相应的补偿制度文件，但仅仅是对于整体的补偿进行规定阐述，对于货币形式的补偿标准并没有进行设置。

3. 法律制度相对分散

我国对于环境治理方面体现出的特点是“分而治之”，环境是一个整体，应该将环境开发和环境保护结合起来。但是更多的规范性文件体现出的是治理不问开发，开发不问保护，导致两个环节分裂进行，一方面不利于政府部门的执行，另一方面人们对于环境保护没有很深刻的认识，在开发造成环境损害的同时并没有进行保护。

（二）海洋生态补偿的标准缺失

我国还没有对货币形式的海洋生态补偿的标准进行明确的规定。究其原因是补偿主体的不确定性导致立法层面无法进行标准的确定。补偿标准的确定尤其是货币形式的补偿应该经过严密的计算以及实践才变得具有合理性，但是我国立法者侧重于对于环境保护方面的法律，对于污染治理的立法不占据主导地位。由于立法者对于标准的不确定性，导致没有严格的标准，从而补偿的行为就会变得模糊。另外也是由于货币化估计的方法不确定造成的，海洋的不可划分导致许多陆地的研究方法并不适用于海洋，对于货币化的估计的方法也仅仅是局限于生态系统服务价值损害评估上，该方法的使用也遭受到不少学者的质疑。

（三）海洋生态补偿的资金困难

由于国家对于各种损害的赔偿费用没有明确的统一标准，因此目前来说是根据各省份的条例来执行，但是沿海各省政府与海洋渔业部门对于赔偿金的数目以及补偿的期限做了要求，相关条例中规定，赔偿金或者补偿金的数目标准应该暂时按照财政预算来实行，但实际情况却是很多海洋生态遭到损坏，补偿费用却没有得以兑现，一方面是没有明确补偿的主体，造成了没有人愿意进行赔偿，另一方面是监督部门的失责，导致很多海域好多年都得不到整治。

山东省早在几年前就对赔偿费用的标准进行了临时的规定，但还是由于一些原因并不是所有的损害都能得到整治，例如，一些工作人员缺乏热情，或者监督部门监督不够，存在贪污腐败的行为，最终造成不良影响。

三、构建有效的货币补偿对策

（一）制定完善的法律法规

科学立法是实行法律的前提，海洋生态环境问题最重要的是实现权力和义务的平衡，政府为海洋生态资源所有权的领头人，应该制定根本性的法规，真正实行以《中华人民共和国宪法》和《中华人民共和国环境保护法》统领，分立到其他领域法规的制度。尤其是随着开采技术的进步，原本脆弱的海洋生态系统很容易遭到损害，法律作为依据可以从根本上减少此类问题的产生。

（二）设立相应的部门机构

我国应该设立专门的监督和管理机构，并于各省份下设机构，弥补职位的空缺，提高办事效率。

（三）明确补偿标准

目前海洋领域的补偿主体、客体、补偿对象、补偿标准、补偿方式都未有相应的文件来界定，因此不同领域的学者对于该问题有不同的意见，这在一定程度上会产生分歧，在补偿方式的选择上也会造成困难。那在如此混杂的环境中补偿主体如何确定？

1. 政府作为主体

海洋资源是国家的公共财产，归所有国民所有，国家拥有海洋的所有权，政府作为国家的代表者，应该积极行使权力。针对海洋领域而言，政府的职能就是代表国家进行海洋资源的养护和生态建设。海洋资源的养护就需要政府实行监督和管理的职能，养护包括保护和治理，应该做到保护和治理同等进行，只保护不治理最终会导致海洋生态资源的枯竭，整个生态环境的损坏，对人的利益造成巨大的损失甚至会危及人类自身的生存；只治理不保护，则会在治理方面投入过多的资金或者精力，治理的结果还是会造成另外的损害，因此会造成恶性循环。

吸取美国的治理经验，政府应该设立相应的专门的管理和监督部门，对于治理进度以及治理情况进行实时的汇报，只有这样才可以在纷杂的环境中制定出比较合理的标准。在货币补偿方面，政府应该发挥积极的主体作用，中国目前的形式是多数补偿情况中政府是作为主体而存在，因此政府应该根据具体情况，制定具体的应对策略。

2. 企业作为主体

企业的生产活动参与到市场之中，直接连接海洋和市场两个领域，海产品加工、矿业的开采等是最直接的形式，由于开采技术等的因素使得海洋污染也随之而行。首先，企业应该有较强的环保意识，对于废水排污的企业来说，应该主动改进自身技术，尽量减轻对于环境的损害。其次，应该作为补偿的主体，主动向造成环境污染的受损方进行补偿，这种补偿会降低环境污染转嫁给社会和其他人的成本。本着“谁污染谁治理”的原则，主动进行的补偿费用会作为环境污染治理的资金之一，可以在一定程度上减轻对于环境的污染。

3. 公民作为主体

在传统的补偿主体中，公众作为补偿的主体总是容易被忽略，但是与组织机构细密的企业相比，公民作为开发海洋资源的主体总是更活跃。尤其是在滨海地区生活的居民，以海洋渔业为生，与旅游业、海洋产品加工直接接触，更应该发挥主体的作用，主动缴纳旅游费用等作为对于环境的补偿。除此之外应该保护当地环境，提高环境保护意识以及资源有偿利用意识，在造成负面影响的活动中主动承担相应的责任。

（四）加大补偿力度

海洋生态环境的补偿还是以经济补偿为第一手段，以生境补偿为新型的补偿方式，但是生境补偿的前提仍然是资金的支持，只有在资金融通的情况下，才可以建立生态保护区，建立海洋牧场，建立人工鱼礁。因此应该加大海洋渔业环境生态补偿的财政转移支付力度，进行多渠道融资。

（五）拓宽补偿渠道

补偿渠道是在水平方向上增加补偿资金的一个重要影响因素，美国在2010年墨西哥湾漏油事件发生之后，建立了墨西哥湾溢油响应基金，加拿大也有船舶油污基金。海域补偿的渠道不仅仅是常规的政府收支或者是税收费用，应该从市场的多样性出发，发挥社会组织的作用，创建不同的补偿途径，如环保社会捐助，加大国际合作力度，寻求国际基金支持不断创新形式，为资金注入新的活力。

第九章

海洋气候灾害监测与预警

浩瀚的海洋不仅给人类提供了丰富的海盐、水产、矿产以及航线，有时候它也会“发脾气”，给人类带来灾难。海平面上升，风暴潮加剧，极端天气增多，这些海洋灾害的背后，都有一只无形的手——温室气体排放。在吸收、调节温室气体的过程中，海洋发挥着最重要的作用，也遭受到最严重的影响。为了更好地利用海洋，并保护生命和财产的安全，人类需要对海洋进行观测，对海洋灾害进行预报。建立和完善各种与气候变化密切相关的海洋灾害监测、预警和信息发布工作，才能有效降低各类海洋灾害对沿海经济、社会和人民生命财产造成的损失。

第一节　海上大风、风暴潮、海浪监测与预警

一、海上大风概述、监测和预报

（一）海上大风概述

1. 海上大风的分类

最初风力分级是参照“蒲福风力等级”法，如表 9－1 所示，将风力分为 0 级到 12 级共 13 个等级，后来 1946 年将风级扩展到了 0 级到 17 级共 18 的等级（许小峰等，2009）。当风力大于 12 级时即为台风，在美国等国家或地区亦被称为“飓风”。海上大风主要分布于北太平洋、北大西洋中高纬海域、北印度洋海域以及南半球的咆哮西风带。其中，北太平洋与北大西洋海域除了夏季的热带气旋活动之外，往往冬季大风比夏季分布更加广泛；北印度洋海域夏季西南季风最为强盛；南半球中高纬度海域终年盛行强劲的西风。

表9-1　风力等级表

风级	10米处的风速			浪高（米）	名称	海面状况	陆面物象	热带气旋等级
	m/s	Knots	km/h					
0	0.0～0.2	<1	<1	—	无风	平静	静烟直上	—
1	0.3～1.5	1～3	1～5	0.1	软风	微波峰无飞沫	烟示风向	—
2	1.6～3.3	4～6	6～11	0.2	轻风	小波峰未破碎	感觉有风	—
3	3.4～5.4	7～10	12～19	0.6	微风	小波峰顶破裂	旌旗展开	—
4	5.5～7.9	11～16	20～28	1.0	和风	小浪白沫波峰	吹起尘土	—
5	8.0～10.7	17～21	29～38	2.0	劲风	中浪折沫峰群	小树摇摆	—
6	10.8～13.8	22～27	39～49	3.0	强风	大浪白沫离峰	电线有声	热带低压（TD）
7	13.9～17.1	28～33	50～61	4.0	疾风	破峰白沫成条	步行困难	
8	17.2～20.7	34～40	62～74	5.5	大风	浪长高有浪花	折毁树枝	热带风暴（TS）
9	20.8～24.4	41～47	75～88	7.0	烈风	浪峰倒卷	小损房屋	
10	24.5～28.4	48～55	89～102	9.0	狂风	海浪翻滚咆哮	拔起树木	强热带风暴（STS）
11	28.5～32.6	56～63	103～117	11.5	暴风	波峰全呈飞沫	损毁重大	
12	32.7～36.9	64～71	118～133	14.0	飓风	海浪滔天	摧毁极大	台风（TY）
13	37.0～41.4	72～80	134～149	—	—	—	—	
14	41.5～46.1	81～89	150～166	—	—	—	—	强台风（STY）
15	46.2～50.9	90～99	167～183	—	—	—	—	
16	51.0～56.0	100～108	184～201	—	—	—	—	超强台风（Super TY）
17	56.1～61.2	109～118	202～220	—	—	—	—	
	61.3～	119～	221～	—	—	—	—	

资料来源：中央气象台网站。

2. 台风的命名与登陆

提及海上大风，我们最为熟悉的就是台风，台风实际上就是一种热带气旋。热带气旋是指一种强烈的天气系统，发生在热带海洋上，盛行于北太平洋海域、北大西洋海域以及印度洋海域。当热带气旋风速达到一定程度时就会被冠以“台风”或“飓风”的名称，“台风”一般是用来表示发生在西北太平洋和南海海域的热带气旋，而“飓风”则是用来称呼发生在加勒比海、墨西哥湾、北太平洋东部以及大西洋等海域的热带气旋，两者除了名字的差别，并没有实质的不同。台风发生时往往会带来极大的破坏力，尤其是登陆以后，会造成巨大的财产安全损失。根据《热带气旋等级》国家标准，可将热带气旋划分为六个等级，如表9-2所示，当热带气旋达到热带风暴级及以上时就是我们通常所说的台风。

表 9－2　　　　热带气旋等级划分

热带气旋等级	底层中心附近最大平均风速（米/秒）	底层中心附近最大风力（级）
热带低压（TD）	10.8～17.1	6～7
热带风暴（TS）	17.2～24.4	8～9
强热带风暴（STS）	24.5～32.6	10～11
台风（TY）	32.7～41.4	12～13
强台风（STY）	41.5～50.9	14～15
超强台风（Super TY）	≥51.0	16 或以上

资料来源：中央气象台网站。

西北太平洋和南海热带气旋的命名主要是由亚太地区的 14 个国家和地区提供，每个国家或地区分别提供 10 个名字。如果某一台风造成了严重的灾害，就可能会被除名，且其名字不再用于标示以后其他的台风，用以专指这一台风，除名的同时会补充进新的名字。历史上被除名的台风有 2004 年第 14 号台风云娜、2006 年第 8 号台风桑美、2009 年第 8 号台风莫拉克、2013 年第 23 号台风菲特、2016 年第 22 号台风海马、2017 年第 13 号台风天鸽等。

据相关数据显示，1949～2014 年，共有 460 个台风登陆我国，其中 6 个超强台风中心附近风力达 100 米/秒及以上，登陆地点主要集中在我国的东南沿海地区，登陆时间主要集中于夏秋季节。1945～2015 年，登陆福建省的热带气旋共有 108 个，其中热带风暴级及以上 100 个；登陆广东省的热带气旋共有 216 个，其中热带风暴级及以上 189 个，位列全国各沿海省份热带气旋登陆数第一；另外，中国台湾与海南省热带气旋登陆数分别为 134 个和 114 个。1971 年是我国台风登陆最多的一年，共有 12 个台风登陆（见图 9－1）。

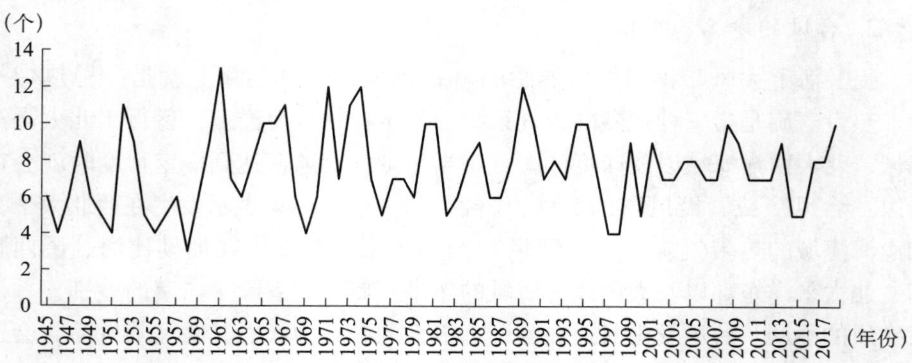

图 9－1　1945～2018 年登陆我国的台风数量

资料来源：中国气象局网站。

3. 我国海上大风分布及其原因

（1）我国近海强风的分布情况。

我国近海海域强风分布的共同特征在于大风日数和平均风速都是冬季为最。渤海、黄海北部海域受热带气旋影响较小，因而夏季风力较小，春秋季次之。黄海北部全年有多于半年的时间处于大风阶段，夏季盛行东南大风，其他时间以西北大风为主；黄海中南部海域盛行北到西北风，大风日数春季最小。东海海域盛行东北风，平均风速春秋季最小。南海海域盛行偏东风，虽然此海域常受热带气旋影响，但冬季平均风速更大，春季最小。

（2）影响我国海上大风形成的因素。

影响我国近海强风形成的主要因素有冷空气、寒潮、温带气旋以及热带气旋。影响我国冷空气的源地主要有三类：一是来自新地岛以西的洋面，出现次数最多，达到寒潮的强度也最高；二是来自新地岛以东的洋面，出现次数少，但强度较大，易达到寒潮强度；三是来自冰岛以南的洋面，出现次数较多，但强度较低，一般达不到寒潮强度。我国寒潮天气一般发生在冬季，年平均3～4次，少的年份一次也没有，多的年份全年可达5次。寒潮发生时，往往伴随着大风、降温、降雪及沙尘暴等天气现象，对于工农业生产都具有破坏性的影响。温带气旋又叫锋面气旋，形成时大致要经过初生期、青年期、锢囚期和消亡期。在我国，温带气旋全年可发生，但以春季最多，根据气旋生成的源地和移动路径可分为蒙古气旋、东北气旋、渤海气旋、黄河气旋、江淮气旋和东海气旋。

4. 台风的危害

（1）风暴潮。

由于台风的强风和低气压作用会造成海水位上升，压向海岸，淹没沿海地区。倘若风暴潮与天文大潮相遇，会带来更大的危害，海水冲向陆地，淹没大量房屋，摧毁道路、桥梁，造成巨大的经济财产损失，同时也会威胁沿海居民的人身安全，造成人员伤亡。

（2）大风。

在海上，台风会引起巨大的海浪，掀翻船只，造成人员财产损失；台风登陆，会摧折树木、桥梁，破坏房屋建筑等。受台风影响地区有时会出现停水、停电等现象，正常的生产生活活动受到限制。有时海上大风还会引起海水倒灌，影响内河航运，河水中涌入大量海水，破坏淡水生物的生存环境。

（3）大雨。

台风登陆往往带来大量的雨水，受台风影响地区在短时间内会降下暴雨，乃至特大暴雨，造成城市内涝、交通瘫痪、停水停电，甚至是停工停学等后果。在农村地区，强降雨会使河水暴涨，冲断桥梁、淹没农田，威胁人身财产安全。在山区，大雨极易引起山体滑坡、泥石流等自然灾害，大量泥水砂石从山上滚滚而下，冲断公路，淹没村庄，形成堰塞湖，造成了极大的危害。

5. 台风灾害案例

2013 年第 23 号强台风——菲特是 1949 年以来登陆我国的最强台风，10 月 7 日于福建省福鼎市沙埕镇登陆，伴随着极强的暴风暴雨。浙江全省 800 多万人受灾，因灾死亡 7 人，失踪 4 人，造成直接经济损失 270 多亿元，同时出现大面积停电。①

截至 8 月 5 日 9 时统计，台风“妮妲”造成湖南、广东、广西、贵州、云南 5 省（自治区）33 市（自治州）94 个县（市、区）79.9 万人受灾，1 人失踪，7.6 万人紧急转移安置，2900 余人需紧急生活救助；800 余间房屋倒塌，4900 余间不同程度损坏；农作物受灾面积 39.1 千公顷，其中绝收 3.7 千公顷；直接经济损失 8.2 亿元。其中，广东受灾较重。②

2019 年风王——第 9 号台风利奇马，于 8 月 10 日在浙江省温岭市沿海登陆，并于 11 日在山东青岛二次登陆，影响范围包括浙江、福建、台湾、江苏、上海、安徽、山东、河北等省份，受灾人次达 1400 余万人。为应对此次超强台风，大量航班取消，列车停运，多地学校停课，游乐场等露天场所关闭，浙江紧急转移人员 70 余万人，辽宁转移人员 13 万余人。此次台风造成全国因灾死亡 57 人，其中浙江省 45 人，失踪 14 人，直接经济损失达 530 余亿元，各地大面积地区被淹，大量房屋倒塌，农作物绝收（李佳英，2014）。

（二）海上大风的监测与预报

1. 海上大风监测与预报方法

海上大风的监测与预报对于现代社会具有极其重要的意义，有效客观的预报不仅能够帮助海上船舶、海上工程、海上军事活动等及时规避风险灾害，还能够警示即将受影响地区提前做好防御工作，加固海堤、疏散人群、

① 菲特致浙江 874.25 万人受灾 直接经济损失 275.58 亿元［OL］. 中国经济网，http://district.ce.cn/newrea/roll/201310/12/t20131012_1611196.shtml.

② 台风“妮妲”致 800 余间房屋倒塌 直接经济损失 8.2 亿［OL］. 国际在线，http://news.cri.cn/20160805/cf1f3e00-f3ee-62a5-5064-f186720cdb39.html.

暂时停工停产停学等。海上多要素自动气象站、海岛测风站、近海浮标、气象志愿船的建设和设立，沿海陆上雷达、风廓线仪、中尺度气象站的监测，气象卫星的监测等都能够帮助我们建立起科学严密的海陆空“三位一体”的监测系统，从而对海上大风、大浪等进行准确预报，为做好预警防御工作提供基础。

气象部门预报台风的主要方法是应用高速计算机根据大气运动的微分方程来计算求解，即所谓的数值预报；经验统计预报是根据天气学原理和预报员的经验，采用统计方法，寻找台风移动的相关因子；预报员经验综合判断，预报员分析、参考各种预报结果，根据经验做出最后的预报结论。

通常对于海上大风的监测和预报可分为经验方法和科学手段，经验方法主要是根据海吼、长浪、台母、断虹以及海鸟着陆等现象监测台风（如表 9－3 所示）。而科学手段主要有岸基自动站、海岛自动站、海洋浮标站、船舶监测、气象卫星以及气象雷达。除此之外，可用于海上大风监测的方法还有水母耳、飞机监测、探空气球等。

表 9－3　　海上大风监测与预报方法

监测及预报方法		方法描述
经验预报法	海吼	也称海响或海鸣。在台风来临之前的两三天，沿海地区有像飞机飞过一样的嗡嗡声，当这种嗡嗡声逐渐加强时，说明台风已经在慢慢靠近此地；而当台风离去，声音也会伴随逐渐消失。居住在浙江舟山群岛的居民就凭借一个朝向大海的岩洞，通过岩洞发出的海响来判断台风的大致距离
	长浪	又称涌浪。当台风尚未抵达，在海边就能看到从台风处传来的一种特殊的海浪，长浪形状浑圆，声音沉重，节拍缓慢，传播速度约为每小时 70～80 千米。这种海浪通常只有一两米高，浪头之间的距离比较远，与普通尖顶、短距离的海浪不一样。这种浪靠近海岸时，会变成滚滚的碎浪，常使海岸的水位升高
	台母	当台风中心距离海岸大约五六百千米时，福建等沿海地区东方天边会出现像扇子一样四散展开的发光云彩（气象上称辐辏状卷云），且在早晨或晚上天空会出现美丽的彩霞。人们通常将这种云霞称为“台母”，预示着台风的到来
	断虹	闽粤沿海渔民中流传着一句谚语“断虹现，天要变”。断虹也称短虹，呈半截状，弯曲程度一般不如雨虹，色彩较淡，通常出现于东南海面的黄昏时分。台风外围低空中的水滴经阳光折射易形成这种现象，所以当断虹出现时，台风就在不远处了
	海鸟着陆	在台风来临前，容易看到大群海鸟飞向陆地，有时飞鸟会因过度飞行跌落在船上或海面上，或是成群在甲板上休憩，难以将它们驱逐开去

续表

监测及预报方法		方法描述
科学技术手段	岸基自动站	岸基自动站通常设在距离海岸线3~5千米以内，可用于提供气温、气压、空气湿度、风力、降雨量、大气能见度等常用气象要素的观测数据，每两分钟或者每十分钟搜集一次资料。通信方式主要有有线、无线数传、GPRS等
	海岛自动站	观测站主要由海岛气象站、海上平台、现有距海岸线1千米以内沿海气象站改建或新建自动气象站等组成，可用于提供气温、气压、空气湿度、风力、降雨量、大气能见度等常用气象要素的观测数据，有些观测站也可提供海水盐度、浪高、海流等信息。通信方式主要是无线GPRS和卫星
	海洋浮标站	海洋浮标站的功能结构与同步卫星十分相似，是世界上各国海洋观测与海洋灾害预报的主要手段之一，对于建立海洋环境立体监测系统具有不可或缺的地位。而且，海洋浮标站在海洋监测中具有全天候、长期连续、定向进行检测等不可忽略的优点。近海浮标系统可用于提供风向、风速、气温、气压等气象要素信息
	船舶监测	船舶监测中较为常用的监测方法就是使用无人船，无人船即无人驾驶的探测船，主要的控制方式有两种：一是人工遥控；一是自动驾驶——可自行按照预定航线航行，遇到障碍物或危险情况可进行避让。无人船可搭载智能驾驶、雷达搜索、卫星应用、图像处理与传输等系统，在海洋监测中提供风速、风向、浪高、海水盐度、气温、湿度、水温等测量值，完成浮标无法做到的一些数据能见度的测量
	气象卫星	对台风的探测主要是利用气象卫星。气象卫星可以实时生成卫星云图，提供台风的存在、大小、位置等信息。同时，利用气象卫星的资料，还可以计算台风强度、监测台风的移动方向和速度
	气象雷达	当台风靠近沿海不足300千米时，因台风主要受陆地影响，台风眼不清晰，主要靠气象雷达，近年来多普勒天气雷达在台风监测定位中发挥了极其重要的作用
其他监测手段	水母耳	水母能够听到台风和海浪之间产生的次声波，当水母听到台风即将来临时的怒吼声，就会离开海岸，游进大海，以防遭遇海岸巨浪。据此，人们根据水母的特点制成台风预报仪，并将这种仪器安装在船上，工作状态下，水母耳会进行360度旋转，寻找台风方位。因此，当仪器停止旋转时，喇叭所对的方向就是台风的大致方位，同时仪器的指示器会提供台风强度信息
	飞机监测	携带各种监测仪器的飞机在可能发生或已经发生台风的区域上空搜集关于台风的各种信息资料，但这种方法相对于其他手段来说，经济投入较大，因而使用较少
	探空气球	与飞机监测原理相似，气球携带监测仪器搜集高空大气的气压、气温、湿度、风向以及风速等数据，判断台风位置

资料来源：中央气象台网站。

2. 气象卫星检测案例

2017年7月29日至8月4日，由国家海洋卫星应用中心联合国家气象卫星中心、中国资源卫星应用中心和北京空间飞行器总体设计部等单位组成的监测组，利用高分三号卫星获取了台风“奥鹿”与台风“纳沙”的首批观测图像，并进行了台风监测产品的制作和数据产品的分发。高分三号卫星与散射计等监测台风的星载遥感载荷相比，能够更加精细地观测台风眼和预报台风路径，同时，高分三号卫星还具有全天时、全天候、多模式数据获取能力。它能够根据台风历史观测数据，更加准确地评估台风登陆区域受损情况。高分三号卫星还能够获取伴随台风而来的强降雨信息，为做好预防城市内涝，山体滑坡、泥石流等灾害提供依据。①

二、风暴潮灾害概述、监测与预警

（一）风暴潮灾害概述

1. 风暴潮的定义

风暴潮是指由于热带气旋、温带气旋、强冷空气等强烈的天气系统的作用，造成海水异常升高和局部海面振荡的现象。风暴潮有时也被称为“风暴增水”或“气象海啸”，当风暴潮与天文潮的高潮阶段相遇，会引起海水暴涨，淹没沿海地区，对沿海居民生命财产安全具有极大的威胁性。有时，由于长时间的背离海岸的大风吹刮，会使得近岸海水水位下降，海水水量锐减，近岸海滩露出，这种现象通常被称为“负风暴潮”或“风暴减水”。总而言之，风暴潮广义上是一种由于强风等强烈的大气扰动造成的海水水位异常的现象，通常会对海上船舰，陆上建筑、人员等形成危害，是一种非正常的海洋气象状态。

2. 风暴潮形成的条件

一般来说风暴潮的形成有三个条件：一是有利的海岸条件，如喇叭形的河道入海口，一旦遇到强烈天气扰动，大量海水涌入河口，随着河口越来越窄，海水水位越来越高，最终冲破海岸，淹没周边地区，形成风暴潮灾害；二是长时间的向岸大风的吹刮，大风通常会携带大量海水，激起数米甚至数十米的海浪，近岸海水水位短时间内急剧增加，如若再加上平坦的海岸，海水就很容易涌向陆地；三是天文大潮的助力，异常海水水位与天文大潮叠加，极易引发风暴潮。

3. 风暴潮预警等级划分

风暴潮预警通常根据至少一个具有代表性的验潮站预计潮位是否接近或超

① 林明森，等. 高分三号卫星在台风监测中的应用［J］. 航天器工程，2017，26（6）.

过某一潮位分为四个等级，分别为风暴潮Ⅰ级紧急预警、风暴潮Ⅱ级紧急预警、风暴潮Ⅲ级紧急预警、风暴潮Ⅳ级紧急预警，颜色分别是红色、橙色、黄色、蓝色（如表9-4所示）。

表9-4　　风暴潮预警的等级

风暴潮预警等级	超过警戒潮位高度	发布时间
Ⅰ级（红色）	≥80厘米	至少提前6小时发布
Ⅱ级（橙色）	30~80厘米	
Ⅲ级（黄色）	将出现达到或超过当地警戒潮位30厘米以内的高潮位时	前者至少提前12个小时发布，后者至少提前6小时发布
Ⅳ级（蓝色）	将出现低于当地警戒潮位30厘米的高潮位时	—

资料来源：中央气象台网站。

4. 风暴潮灾害等级的划分

对于风暴潮灾害等级的划分，目前我国尚未有统一的标准，根据石先武等（2018）的做法，将风暴潮灾害划分为四个等级，分别为一般潮灾、较大潮灾、严重潮灾、特大潮灾（如表9-5所示）。

表9-5　　风暴潮灾害等级

灾害等级	超警戒潮位（厘米）	增水（厘米）
一般潮灾	超过或接近	>100
较大潮灾	>50	>150
严重潮灾	>100	>200
特大潮灾	>200	>300

资料来源：中央气象台网站。

5. 风暴潮的类型

（1）台风风暴潮。

台风风暴潮由台风引起，具有来势凶猛、速度快、破坏力大等特点。台风发生时，推动大量海水向海岸翻涌、堆积，海水水位迅速上涨，一般能激起5~6米的海浪，淹没沿海地区，破坏房屋建筑，毁坏交通，危害人的生命财产安全。由于在北半球热带气旋呈逆时针方向转动，在我国近海，台风的左侧刮离岸风，海水水量锐减；右侧刮向岸风，海水水量剧增，因而，风暴潮灾害通常发生在台风登陆点的右侧。

（2）温带风暴潮。

当温带气旋移至洋面时容易发生温带风暴潮，温带风暴潮分布在全球的中高纬度地区，一年四季均可发生，多发于春季和秋季。在我国，黄海、渤海沿岸地区是温带风暴潮多发带。在温带气旋的作用下，地面形成低压区域，造成持续的向岸海风吹刮，海水堆积，如果正值天文大潮的高潮阶段，就极易引起海水水位异常上升，形成风暴潮。与台风风暴潮相比，温带风暴潮形成时间较长，强度较低。但是，在我国北方沿海多发区，风暴潮通常是在冷锋系统与温带气旋的共同作用下形成的，因而经常会发生较严重的风暴潮灾害。温带风暴潮发生时，会淹没滨海低洼地区，侵蚀海岸，破坏沿海生态环境，因而具有较大的危害性。

（二）风暴潮案例

1. 我国风暴潮发生概况

我国是两类风暴潮灾害都非常严重的国家之一，根据《中国海洋灾害公报》可知，2016～2018 年我国风暴潮发生的频率，造成的人员财产损失等信息如表 9－6、表 9－7、表 9－8 所示。

2016 年，我国沿海共发生风暴潮过程 18 次，直接经济损失 45.94 亿元，受灾较严重的省份是福建省、河北省和广东省，直接经济损失分别为 16.06 亿元、9.35 亿元、9.26 亿元。

表 9－6　　2016 年风暴潮情况

测算指标	台风风暴潮	温带风暴潮
过程次数（次）	10	8
致灾次数（次）	8	3
直接经济损失（亿元）	33.95	11.99

资料来源：2016 年《中国海洋灾害公报》。

2017 年，我国沿海共发生风暴潮过程 16 次，直接经济损失为 55.77 亿元，受灾最严重的省份是广东省，直接经济损失为 53.61 亿元。

表 9－7　　2017 年风暴潮情况

测算指标	台风风暴潮	温带风暴潮
过程次数（次）	13	3
致灾次数（次）	8	2
直接经济损失（亿元）	55.58	0.19

资料来源：2017 年《中国海洋灾害公报》。

2018 年，我国沿海共发生风暴潮过程 16 次，直接经济损失为 44.56 亿元，受灾最严重的省份是广东省，直接经济损失为 23.70 亿元。

表 9-8　　2018 年风暴潮情况

测算指标	台风风暴潮	温带风暴潮
过程次数（次）	12	4
致灾次数（次）	7	2
直接经济损失（亿元）	43.19	1.37

资料来源：2018 年《中国海洋灾害公报》。

2. 风暴潮灾害的案例

2003 年 10 月 11~12 日，受到北方强冷空气的影响，加上正值 9 月 15 日至 17 日的天文大潮，渤海湾、莱州湾沿岸发生了 10 年以来最为严重的一次温带风暴潮。由于天文大潮、风暴增水以及巨浪的三重叠加，此次风暴潮速度快、来势凶猛、破坏力大，十级大风卷起八米海浪，从海面扑向陆地，防护大堤瞬间被撕开了一个个大口子，寿光市沿海地区大片养殖场瞬间被海水淹没，大量人员被困，给受灾地区造成了严重的破坏。河北省、天津市、山东省等灾区直接经济损失为 13 亿元，潍坊市 20 万人受灾。此次灾害也被称为“10·11”特大风暴潮，记入历史（殷杰，2011）。

2018 年 9 月 16 日 17 时前后，强台风“山竹”于广东省台山市登陆，中心附近最大风力达 14 级。受“山竹”影响，沿海地区观测到最大风暴增水 339 厘米。另外，广东省横门站、惠州站、台山站等多地增水超过 100 厘米，汕尾站最高潮位达到橙色警戒潮位。此次风暴潮灾害致使福建省、广东省和广西三地直接经济损失达 24.57 亿元，其中，广东省受灾最为严重，直接经济损失达 23.70 亿元（殷杰，2011）。

（三）风暴潮的监测与预报

风暴潮监测为风暴潮的预报和预防提供非常重要的资料，是风暴潮灾害国家和地区防灾减灾所必须的运行系统。众多沿海国家和地区很早就开启了风暴潮监测预警系统工作，美英等国通过对于高端监测技术的开发和运用，推动了世界风暴潮监测自动化和现代化的发展。自动监测浮标系统、遥感监测技术等手段和方法逐渐在各国构建成为完善的预警系统。我国的风暴潮灾害预防与应急处理工作在长期发展中，逐渐形成了多元化高效的监测预警机制。

风暴潮是一种复杂的自然灾害现象，因此对其进行精准预报存在一定难度，原因在于：

首先，风暴潮精准预报的主要难点在于气象预报误差，气象预报本身就受很多因素的影响，尤其是像台风、温带气旋、冷空气等这样的灾害性天气，很难预报准确。气象预报出现误差直接会影响到风暴潮的预报，例如，台风在北半球呈逆时针旋转，抵达沿海地区时，台风中心的左侧刮离岸风，呈现出风暴减水，右侧刮向岸风，呈现出风暴增水，一旦台风登陆中心地点预报有偏差，风暴潮的预报就完全错误。

其次，风暴潮受诸多因素影响，而很多复杂的因素难以使用数学表达式进行精准的计算，只能近似计算，从而降低了风暴潮预报的精准度。

再其次，天文潮的预报存在偏差，也会影响风暴潮预报精准度。

最后，有时灾害性风暴潮的出现是两潮耦合的结果，即风暴潮遇上天文大潮，这样就更加增加了其预报难度。

1. 风暴潮的监测

（1）潮位监测。

风暴潮的监测一般是通过设在沿海地区、入海河口和感潮河段内的验潮站完成。1900 年前后我国就已经开始了验潮工作。据统计，1949 年前，我国只有 14 个验潮站。随着海洋开发与海洋工程等事业的不断发展，沿海地区的验潮站数量不断增加，直到 2017 年，仅福建省省内自动验潮站就有 36 个，七百多个海洋环境监测站。

所谓验潮站，又称潮位站，是记录海面潮位升降变化的观测站。验潮站的建立需要满足以下五个条件：所选区域临近外海应当较为开阔且无稠密的岛屿或浅滩障碍，以免影响验潮效果；在入海河口设立验潮站时，应避免上游有较大河流汇入，以免径流影响验潮；验潮站附近水深、地质等条件较好，地壳较为稳定；建立验潮站的附近海域不易发生淤积，否则，经过若干年的淤积，大潮的低潮就无法观测；建立验潮站的同时，最好配有气象台等设施，有利于对潮汐资料进行研究和观测工作。

（2）气象要素观测。

所谓气象要素，是指用于表明大气物理状态的各种要素，主要包括气温、气压、风速、风向、降水、湿度等各种大气现象。由于风暴潮是由强烈的天气系统引发的，因此，要想对风暴潮进行精准及时的预报，除了利用相关技术设备直接进行监测之外，还需要对相关的数据资料（台风中心气压、强度、移动路径，海平面气压，海面风向风速等）进行搜集。搜集这些信息可借助于遥感卫星技术、海上浮标、船舶、岸基自动站、雷达等手段。

2. 风暴潮的预报

风暴潮预报方法总体上分为两大类：一是经验统计预报法，一是动力—数值预报法。经验统计预报即利用数理统计的方法建立气象要素与特定地点风暴潮之间的经验函数关系，如日本对东京湾、伊势湾和大阪湾作了二级模式推算。先制出多次台风移行路径图，再用台风的平均移速、中心气压、最大风速半径、进湾时流入角等因素，计算制成诺模图，预报时对模型查算得出最高水位。但这种方法需要有足够长的观测数据，公式系数选定有主观性、历史资料样本容量所限都会影响公式的稳定性，因而具有很大的局限性。而动力—数值预报则是利用天气数值预报结果所提供的资料，用数值方法求解控制海水运动的动力方程组，对特定海域的风暴潮进行预报。

（1）经验预报法。

风暴潮经验预报法包括预报员的主观经验和经验统计预报方法，预报员的主观经验预报法通常依赖于预报员的经验积累和对于风暴潮的生成、发展机制的理解，后者则是依据历史资料，利用回归分析等手段建立特定沿海地区的风暴潮潮位和气象扰动因素之间的关系。

相似预报法也是经验预报法的一种，是指统计分析风暴潮发生的历史资料，形成资料库。当预报数据与资料库中某一次风暴潮发生过程相似时，就可以参考历史增水值，并将这些数值与各站所预报的天文潮数值相叠加，作为本次风暴潮预报的数据信息。

（2）数值预报法。

动力—数值计算法实质就是“数值天气预报”和“风暴潮数值计算”相结合的一种预报方法。风暴潮数值预报法始于20世纪50年代，德国海洋学家汉森（Hansen）在1956年，利用数值实验，在一定程度上再现了北海的一次温带风暴潮的发生过程。目前，英国海模式、美国SLOSH模式和荷兰DSCM模式等已经发展成为比较完善的风暴潮预报模式。

我国风暴潮数值计算始于20世纪50年代，60年代是风暴潮数值实验的发展时期，70年代达到昌盛（殷克东等，2012）。90年代，我国引进美国SLOSH模式，应用于长江口、杭州湾和雷州半岛东岸。目前，国内用于预报的模式的强迫力场都是用建立的模型气压场和风场来实现。现阶段，美国最新一代模式SLOSH和日本气象厅的预报模式的气压场和风场计算也采用模型场。

三、海浪灾害概述、监测与预警

（一）海浪灾害概述

1. 海浪的定义

海浪是由风等因素引起的海水波动现象。海浪的周期为0.5～25秒，波长短至数十厘米，最长可达数百米。海浪一般波高低至几厘米，高至20米，有时甚至能达到30米以上。海浪从生成到消亡一般可经历几小时至几天的时间，其空间范围为几百千米至上千千米。

2. 海浪的类型

海浪分为风浪、涌浪、混合浪以及近岸浪四种（如表9－9所示）。

表9－9　海浪的类型

海浪类型	风浪	直接由风引起的海水波动，风浪的波高低长短不等，波面比较粗糙，波峰附近有大量的浪花和泡沫，波峰相对较短
	涌浪	风停后或风速风向特变区域内尚存的海浪和传出风区的海浪。与风浪相比，涌浪的外形比较规则，波面也更加平滑，波峰较长
	混合浪	海洋上来源不同的波系（如风浪与涌浪，或另一系统的涌浪）相遇叠加而成的海浪
	近岸浪	由外海的风浪或涌浪传到海岸附近，受地形作用而改变波动性质的海浪。在向海岸传播的过程中，海水波动会遇到岛礁等障碍使得波高发生变化。同时，由于海水逐渐变浅，海浪的波速和波长变小，致使波峰弯折而渐渐地和等深线平行

资料来源：中央气象台网站。

3. 海浪成灾

灾害性海浪，顾名思义，就是能够在海上造成灾害的海浪。但是对于灾害性海浪的具体定义，世界上相关机构或学者并没有统一给出。通常来说，当海浪在海上的波高达到6米及以上时就可以被称为灾害性海浪，因为这种等级的海浪在世界范围内的海洋都能够对船只航运、海岸工程、渔业捕捞等活动造成显然的威胁。然而，在不同的海域或者对于不同工程或者船只来说，能够带来危害的海浪强度是不同的，有时4米高的海浪就能掀翻船只，夺走人的生命，造成经济损失，这种情况下的海浪显然成灾，也属于灾害性海浪。

根据不同的大气扰动，灾害性海浪可以分为三大类，分别是由热带气旋（包括热带低压、热带风暴、强热带风暴、台风、强台风、超强台风）、温带气旋和寒潮大风造成的，并分别被称为台风浪、气旋浪和寒潮浪。在我国，台风浪主要发生在7～8月份的台风季节，发生次数占全年总数的73%；气旋浪主要发生在冬半年，占全年总数的77%；寒潮浪主要发生在冬半年，发生次数占全年总次数的84%①。

海浪灾害是最严重的海洋灾害之一，巨浪常常能够吞没船只、破坏海洋工程、侵蚀海岸，另外，海浪会携带大量的泥沙阻塞航道和海港。研究表明海洋的破坏力有90%来自海浪，仅有10%来自风。

根据《中国海洋灾害公报》可知，2018年，我国近海共出现有效波高4米及以上灾害性海浪过程44次，其中台风浪21次，冷空气浪和气旋浪23次。因灾直接经济损失0.35亿元，死亡（含失踪）70人（具体情况如表9－10所示）。

表9－10　2018年海浪灾害过程及损失统计

受灾地区	灾害发生时间	引发海浪原因	死亡（含失踪）人口（人）	直接经济损失（万元）
福建	1月1日	冷空气	0	90.00
浙江	1月25日	冷空气	6	180.00
浙江	1月26日	冷空气	7	205.00
浙江	1月28日	冷空气	9	200.00
江苏	2月24日	冷空气和气旋共同作用	4	200.00
福建	3月5日	冷空气	4	64.00
江苏	4月5日	冷空气	2	272.00
浙江	4月6日	冷空气	1	1002.00
广东	4月7日	冷空气	2	—
福建	7月2日	强对流天气	5	64.00
江苏	8月17日	1818“温比亚台风”	0	10.50
浙江	8月28日	强对流天气	4	50.00
广东	8月28日	强对流天气	2	—
福建	9月23日	冷空气	1	200.00
福建	9月26日	冷空气	2	500.00
福建	10月11日	冷空气	11	168.00
福建	10月31日	冷空气	6	260.00
浙江	12月26日	冷空气	4	100.00
合计			70	3565.50

注：表中符号“—”表示未统计。

资料来源：2018年《中国海洋灾害公报》。

① 中央气象局官网。

4. 海浪预警等级

海浪预警级别可分为Ⅰ、Ⅱ、Ⅲ、Ⅳ四个等级，如表9－11所示，分别代表特别重大海洋灾害、重大海洋灾害、较大海洋灾害和一般海洋灾害，颜色分别是红色、橙色、黄色和蓝色。

表9－11　海浪预警等级

预警等级	颜色	灾害程度	海浪情况（参照国际波级表）	
			沿海地区	东经130°以西海区
Ⅰ级警报	红色	特别重大海洋灾害	达到或超过7级狂浪	达到或超过9级怒涛
Ⅱ级警报	橙色	重大海洋灾害	达到或超过6级巨浪	达到或超过8级狂涛
Ⅲ级警报	黄色	较大海洋灾害	达到或超过5级大浪	达到或超过7级狂浪
Ⅳ级警报	蓝色	一般海洋灾害	—	

注：“—”表示无统计数据。

资料来源：中央气象台网站。

5. 海浪灾害案例①

2017年，我国发生的海浪灾害总体偏轻，近海全年出现有效波高4米及以上灾害性海浪过程34次，其中台风浪21次，气旋浪和冷空气浪13次。因灾死亡、失踪11人，直接经济损失达0.27亿元。3月1～2日，黄渤海海域受冷空气和气旋的影响，出现了3.0～4.5米的大浪到巨浪。1日，一艘江苏籍渔船在江苏外海沉没，死亡（含失踪）6人，直接经济损失达480万元；2日，一艘江苏籍渔船在江苏外海沉没，死亡（含失踪）1人，直接经济损失达90万元。

2018年4月6日，受到冷空气影响，我国东海海域出现2.5～3.5米大浪，一艘浙江籍渔船和一艘江苏籍船舶在浙江北部海域沉没，死亡（含失踪）1人，直接经济损失达1002万元。

（二）海浪的监测与预报

海浪监测是各沿海国家和地区在海洋灾害监测和预警工作中的主要任务之一，对于沿海地区生产生活等活动具有重要意义。同其他气象预报一样，海浪预报也建立在广泛的数据资料基础之上。海浪观测的要素主要有海况、波型、波向、波高、周期、波长和波速，其中海况和波型通常使用目测的方式进行判断。目前，飞机遥感、卫星遥感和雷达遥感监测已经成为监测海洋环境最现代

① 资料来源：2017～2018年《中国海洋灾害公报》。

化的监测手段（齐勇等，2015）。

1. 海浪的监测方法

海浪的监测方法如表9－12所示。

表9－12　海浪监测方法

监测方法	方法描述	优点	缺点
人工测波	借助于秒表、望远镜等辅助器材，用纯人工的方法观测海浪要素	受环境因素的影响较小，观测所得的海浪数据的连续性强，可靠性高	需要观测员具有较丰富的经验积累和较高的专业知识水平，而且观测数据可能由于观测员的不同而产生较大的误差，致使历史数据的可比性比较差
雷达测波	雷达向海面发射电波，回波视频处理系统对回波进行处理，利用数字图像模拟计算相关的海浪参数。常用的雷达测波技术有垂直下视雷达和低略射角雷达两种	它不需要在海里安装仪器，如此便进一步增强了数据信息的可靠性	波浪分析雷达图像数据模拟技术还不够完善，存在很大的改进空间
卫星测波	利用卫星搭载的仪器对海浪进行遥感监测	监测的区域范围广阔，不受空间和地域的限制	监测设备和目标距离遥远，测量精度较低；受天气的影响较大；卫星监测覆盖范围较大从而分辨率受限制等
浮标测波	测波浮标是一种原位测量技术，监测要素主要有海浪高度、方向、功率谱等，较为成熟的方法主要有重力式测波和GPS测波	（1）受其他因素影响程度较弱，且GPS技术精度高、实时性强，因而数据更加可靠；（2）GPS价格相对低廉，设备成本低；（3）管理方便	受限于电源续航能力。由于浮标体积小，太阳能辅助供电也并不理想。而如果要使用较大体积的浮标，则会破坏随波性

2. 海浪的预报方法

海浪预报常用的方法主要有三类：一是经验统计预报方法；二是半经验半理论预报方法；三是海浪数值预报方法。

（1）经验统计预报方法。

海浪预报业务一般是由国家或地方专门海洋预报服务机构或气象业务系统的海洋部门承担，海浪预报的主要产品有海浪实况图和预报图，通过文字与图表等形式发出预报和预警，为海洋有关部门和公众服务。比较简单而实用的海浪预报方法就是建立风速与波高之间的关系，但是由于海浪受到风向、风区、海区形态等的影响而产生较大的误差。因此，可以通过分海区、分风向等方式来建立风速和波高之间的关系，以提高预报的准确度。另外，也可以根据不同的天气系统来对海浪进行预报：一是冷空气过程；二是气旋过程；三是台风过程。对不同天气类型的海浪制定不同的指标，从而做出灾害性海浪预报和预警。

（2）半经验半理论预报方法。

海浪的半经验半理论预报方法提出最早，包括有效波方法、我国的港口水文设计规范海浪计算方法和 PNJ 波普法等。虽然这些方法理论严谨度较低，但使用方便，计算结果与实测资料吻合度较好。

（3）数值预报方法。

目前，WAVEWATCH 海浪数值模式在全球海浪预报中得到了广泛应用。该模式已经发展到了第三代，第一代和第二代分别是由荷兰代尔夫特（Deft）理工大学和美国航空航天局戈达德（Goddard）空间飞行中心研究而成。我国对海浪理论及预报的研究是海洋预报业务中开展较早的项目之一，始于新中国成立时期。从“七五”“八五”到“十二五”，国家海洋环境预报中心在海浪数值预报技术方面取得突破性进展，海浪预报范围也从西北太平洋扩展到全球，包括三大洋和海上交通要道。

第二节　海雾、海上强对流天气监测与预警

一、海雾灾害概述、监测与预报

（一）海雾灾害概述

1. 海雾的定义

雾一般是指能见度小于 1 千米、相对湿度接近 100%（饱和）条件下由水汽凝结（或凝华）所产生的天气现象。海雾是指发生在海域、岸滨和岛屿上空的底层大气中一种水滴或者冰晶（或者两者同时发生）大量积聚的现象，使得水平能见度低于 1 千米（李延江等，2014；邓玉娇等，2016）。海雾形成以后，会随着风的流动向下游扩展，因此在沿海地区，海雾能够登陆并且深入陆地达几十千米。但环境的改变会使得海雾很快消散或在低空形成云层。由于海雾的不断补充，纵使登陆后的海雾会不断消散，但沿海地区的海雾仍然会持续好几天。

海雾可以使用雾的等级预报标准（吕江津，2018），如表 9－13 所示。

表 9－13　　雾的等级预报标准

雾的等级	能见度（米）
大雾	500～1000
浓雾	200～500
强浓雾	<200
特强浓雾	<50

资料来源：中央气象台，http：//www. nmc. cn/。

2. 海雾的分类

根据雾形成的原因，大致可以将其分为两种：一种是受特定的天气系统影响而形成的，如锋面雾；另一种是受下垫面影响而形成的，如平流雾、混合雾和辐射雾。除此之外，还有受海岛、海岸等地形影响而形成的地形雾（如表 9－14 所示）。

表 9－14　　海雾分类

<table>
<tr><td rowspan="5">海雾的分类</td><td>锋面雾</td><td colspan="3">在近地层面，从锋面上的暖空气中降落的雨滴落入冷空气时，如果此时周围冷空气的温度低于水滴的温度，水滴就不会蒸发，从而使得冷空气中的水滴越积越多，当冷空气无法再容纳更多的水汽时，就会出现凝结现象，从而形成雾，即锋面雾。由于这种雾与封面雨水同时发生，因而又被称为雨雾</td></tr>
<tr><td rowspan="2">平流雾</td><td rowspan="2">因空气平流作用在海上形成的雾。平流雾的出现时间随机，并且具有雾性浓、持续时间长、波及范围广等特点。平流雾可以深入大陆较远的距离，日变化不如辐射雾明显，常和平流低云相伴。平流雾又分为平流冷却雾和平流蒸发雾</td><td>平流冷却雾</td><td>又称暖平流雾，有时简称平流雾，因暖空气受海面冷却凝结形成的一种雾。我国的近海以平流冷却雾居多，海雾从春至夏自南向北推进，以东海和黄海的雾最多</td></tr>
<tr><td>平流蒸发雾</td><td>又称冷平流雾或冰洋烟雾，海水蒸发，冷空气从暖空气海面流过，当空气中的水汽达到一定程度后便凝结成雾，即平流蒸发雾。由于在这种情况下低层空气下暖上冷，层结不稳定，因此，虽然雾区大，但雾层不厚，雾不浓</td></tr>
<tr><td rowspan="2">混合雾</td><td rowspan="2">混合雾分为冷季混合雾和暖季混合雾</td><td>冷季混合雾</td><td>海域空中降水水滴蒸发，使海面空气中的水汽逐渐达到饱和状态，此时这种空气与来自高纬度的冷空气混合，水汽就冷却成雾，这种雾多出现在冷季</td></tr>
<tr><td>暖季混合雾</td><td>海域空中降水水滴蒸发，使海面空气中的水汽逐渐达到饱和状态，此时这种空气与来自低纬度的暖空气混合，水汽就冷却成雾，这种雾多出现在暖季</td></tr>
</table>

续表

<table>
<tr><td rowspan="5">海雾的分类</td><td rowspan="3">辐射雾</td><td rowspan="3">在弱高压均压场背景下，由于海面存在悬浮物质或有海冰覆盖，夜间辐射冷却生成海雾。多出现在中、高纬度冷海面上。辐射雾又可分为浮膜辐射雾、盐层辐射雾和冰面辐射雾</td><td>浮膜辐射雾</td><td>漂浮在港湾或岸滨海面上的油污或悬浮物结成薄膜，晴天的黎明前后，因辐射冷却而在浮膜上形成的雾</td></tr>
<tr><td>盐层辐射雾</td><td>风浪激起的浪花飞沫蒸发后留下盐粒，在低空中构成含盐的气层，夜间因辐射冷却，在盐层上面生成的雾</td></tr>
<tr><td>冰面辐射雾</td><td>冷季时，高纬度的海面有大量海冰覆盖，经由夜间辐射冷却形成海雾</td></tr>
<tr><td rowspan="2">地形雾</td><td rowspan="2">海面暖空气遇岛屿或海岸爬升，在爬升的过程中由于气温下降，水汽冷却凝结而形成雾。分为岛屿雾和岸滨雾</td><td>岛屿雾</td><td>暖湿空气遇岛屿爬升的过程中冷却形成的雾</td></tr>
<tr><td>岸滨雾</td><td>空气爬升海岸的过程中冷却形成的雾。夜间随陆风蔓延至海上，白天借海风推动，漂移至海岸陆区</td></tr>
</table>

资料来源：中央气象台，http：//www.nmc.cn/。

3. 海雾的形成条件①

（1）水文条件。

在沿着气流的方向海水温度迅速降低的海域，即寒暖流交汇或者水温梯度变化比较大的海域，暖空气中的水汽更容易凝结，在这样水域雾比较多见。一般海面水温对于海雾的形成有一个大致的界值。大片的海雾多出现于海水温度低于20℃的海域，高于20℃的海域，海雾逐渐减少，超过25℃时，就不会再生成海雾。

（2）水—气温差条件。

海水表面的温度与其上的空气温度差值多大才更有利于海雾的形成？对于这个问题，并非是两者差异越大也好，大量观测事实表明，当气温高于水温1℃左右时，出现雾的比例最高，而85%的海雾都形成于气温高于水温0℃～6℃的情况下，雾出现的次数大体上随着气温与水温差值的增大而减少。对于平流蒸发雾来说，多出现于气温低于水温10℃以上的条件下。

（3）湿度条件。

海雾的形成并不需要空气的相对湿度一定要达到100%，一般来说，当海上空气湿度达到85%以上时就会有雾产生，但在一天中的不同时间段，海雾形成所需要的湿度条件是不同的：凌晨和夜晚雾一般是在空气中的水汽接近或者达到饱和状态时形成的，并且随着相对湿度的下降，出现雾的次数会迅速减

① 资料来源：《中国大百科全书·中国地理》。

少，当湿度低于95%时，便不会有海雾形成；而在中午时段，雾出现的次数并不会随相对湿度的变化而迅速改变，相对湿度低于88%时也会有雾产生。

（4）风场条件。

在平流冷却雾的生成过程中，暖湿气流的长期存在可以为海雾输送大量的水汽和热量。因此海雾出现的时候，常常盛行偏南或者偏东风。海风风力的大小对于海雾的形成也有很重要的作用，如果风力过大，就会妨碍低层空气中水汽的凝结，不利于海雾的形成；而如果风力过小，就无法为海雾补充所需的大量水汽，因此即便形成雾，也维持不了太久。海雾发生时风力多为2～4级（2～5米/秒），特别是2～3米/秒最为有利。

（5）较强的逆温层结。

雾是大气处于稳定层结状态下的一种水汽或冰晶凝结的现象，在海雾形成的过程中，低层大气会形成一个逆温层，阻挡水汽的散发，从而有利于雾的形成。平流雾中逆温层的出现率往往达到90%左右。逆温强度越大，逆温层就越厚，也就越容易形成海雾。

（6）特定的大气环流形势。

在高压区域，对于雾的形成最为有利，但是其他天气系统也会出现雾，如锋面雾多出现于锋面降水不活跃的地方，像低压区域、暖锋前的降水区域等。另外，平流蒸发雾一般多出现于低层大气呈不稳定状态下。

4. 海雾成灾

海雾是我国沿海海区灾害性天气之一，无论是在海上还是在沿岸地带，海雾都会给交通运输、海上工程、农渔业生产以及军事活动等带来严重危害，例如，海雾形成后会阻隔大部分光照，降低海水的透明度，使水质变坏，造成鱼虾等的大面积死亡。海雾会大大降低海上航运的能见度，引起船舶碰撞，从而造成沉船和漏油等严重灾害性事件。另外，海雾中所含的盐分还会侵蚀沿岸建筑物，造成看不见的危害。因此，海雾的预报和监测对于海上和沿岸工业农业生产活动都具有非常重要的意义。

5. 海雾分布情况①

全球各大洋海雾类型众多，但都以平流雾为主，这种雾在春夏季节盛行，尤以夏季为最。全球海雾分布状况大致如下：北太平洋海雾主要集中在北纬25度以北的海域，如中国沿岸、日本本州的东部、美国沿岸；南太平洋海雾

---

① 资料来源：《中国大百科全书·中国地理》。

主要集中在南纬40度以南的洋面上；印度洋海雾主要集中在南纬35度以南的广阔洋面上空；大西洋海雾主要集中在南（北）纬以南（北）的洋面上，大致可分为纽芬兰岛外海雾区，挪威、西欧海岸和冰岛之间海雾区，南非西部近海雾区以及阿根廷近海雾区。

我国海域的雾从地理分布来看，主要集中在沿海水城，从北部湾、台湾海峡到黄渤海，海雾呈带状分布，南北宽度不一，呈现出南窄北宽的特点，另外一个特点则是南少北多。琼州海峡和北部湾西北部年雾日达20~40天，黄海中部水域年雾日达50~60天，而山东半岛成山头一带雾最频繁，年雾日可达80天。从季节上来看，我国近海海雾的出现呈现出南早北晚的特点。南海海雾最早出现，开始于1月，2~3月雾最多，基本终于5月；东海海雾开始于3月，盛于4~6月，终于7月；黄海海雾始于4月，止于8月，持续5个月的时间。从一天中来看，海雾多形成于凌晨至早晨，中午则相对少。

6. 海雾案例

2016年3月18~19日，中国香港出现大雾天气。18日，西贡火石洲附近的横澜岛海面能见度仅100米，一艘快艇与一艘渔船相撞后翻覆，快艇上6人全部落海，1人死亡。19日，多班从中国香港开往中国内地和中国澳门的航船因大雾被迫取消；一艘由中国香港屯门客运码头开往中国澳门的高速客船行经在建的港珠澳大桥时，疑因浓雾弥漫与港珠澳大桥防撞钢管相撞，致使客船船头轻微受损。①

（二）海雾的监测与预报

目前海雾监测的主要方法有：卫星遥感、海岛站、浮标站探空监测技术，预报的主要方法有：天气形式预报、数值预报、经验统计预报和卫星反演等。

1. 海雾监测方法

（1）常规观测方法。

我国气象部门基本台站的能见度观测主要是以人工目测为主，即以距测站一定距离的参照物为背景，以该物能否看见作为确定能见度的标准。虽然这种方法的灵活性较强，成本低廉，但主观影响较大，规范性、客观性相对较差，时效和准确度低。与人工观测相比，自动观测的连续性和稳定性更强，2010年以来，我国地面气象观测自动化水平不断提高。截至2013年，国家级台站

① 香港一快艇浓雾中撞上渔船　退休警长坠海身亡［OL］. 人民网，http://hm.people.com.cn/n1/2016/0319/c42272-28211395.html.

投入使用的能见度仪已经有 200 多套。

（2）卫星遥感监测。

与其他观测手段相比，卫星遥感技术能够实时监测海雾从生成到消亡的全过程，在海雾监测工作中发挥着重要作用。海雾遥感监测原理有两个方面（邓玉娇等，2016；肖艳芳等，2017）：

海雾的遥感辐射特性分析是卫星监测海雾的基础。反射率按大小排序依次为中高云、低云、海雾、海洋下垫面。另外，即便低云和海雾的厚度一样，但是由于海雾距海水表面更近，致使其在遥感监测的过程中漫反射更少，所以，海雾的反射率要低于低云。

云（雾）顶的纹理特征会因云雾的类型和厚度而表现出差异，因而可以根据纹理特征判断云的类型。一般来说，低层云雾在稳定的大气条件下形成，因而云顶高度差异较小，在图像上反映为顶部光滑且质地均匀的特征。中高云的云顶高度差异较大，高低起伏，在图像上反映为凹凸不平和不均匀的特征。

2. 海雾预报方法

（1）天气形式预报法。

海洋上主要以平流雾和锋面雾为主。海面的热力状态在短时间内变化甚微，因此，可以根据短期天气预报，判断天气条件是否能够引起平流雾的产生。对于锋面雾而言，可以根据冷暖锋活动，预报未来天气形势，做出未来是否会有海雾产生的判断。另外，由于同一天气系统在不同的海区呈现出不同的性质状态，在不同的海区和季节，成雾的天气形势也有可能不同。

（2）客观预报法。

海雾的客观预报法是指根据与海雾的生成消散相关的各种气象要素的关系，建立各要素与海雾预报的关系式，将预报时段的各个数值信息输入方程式，从而得到海雾预报的数据结果。

（3）数值预报法。

海雾的数值预报法是指采用数值模式（包括海雾从生成到消亡过程中的动力、热力、物理等各种因素）对海雾进行模拟和预报的方法。与经验统计方法相比，数值预报法的精准度大大提高，因而在海雾预报工作中占有重要地位。

20 世纪 60 年代，大气边界层模式的建立推动了海雾数值模拟研究工作的起步，有学者在对海雾进行一维模拟的过程中发现辐射作用对海雾生消具有不可忽略的影响。20 世纪 80 年代以后，我国学者开始对海雾进行二维数值模式，研究海温、气温、风和湿度等气象要素对海雾生消的影响。综上可知，一维和二维模式主要是用于对海雾发生、发展影响机制（如辐射作用、平流、湍流、海洋下垫面）的研究。而三维数值模拟研究，除以上气象要素之外，还考虑了地形效应、植被影响、长波辐射、地表能量收支和液态水的重力沉降等因素，能够更好地模拟出海雾的生消过程，做出更加准确有效的预报。

二、海上强对流天气概述、监测与预警

（一）海上强对流天气概述

1. 强对流天气的定义

强对流天气是指在短时间内发生的剧烈的灾害性天气，常常伴随着雷暴、大风、冰雹、短时强降水等。这种天气是目前海洋监测、预报与预警的难点之一。强对流天气的水平尺度为几千米到二百千米之间，强中心垂直高度可达 12～15 千米。由于这种天气具有极强的破坏力，因而杀伤性排列第四，仅在热带气旋、地震、洪涝之后。

2. 强对流天气的形成原因

一般来说，空气强烈的垂直运动容易引发强对流天气。靠近地面热量不断提高，致使空气逐渐膨胀上升，而中高处的空气仍然处于相对低处温度较低的状态，这时大气处于不稳定的状态，这种情况在夏季最为常见。从而，近地面温度较高的空气不断上升，在锋面、地形等因素的影响下被迫抬升，当近地空气上升到一定高度时，会受到低温因素影响从而凝结成为水滴；水滴由于其重量原因下降，但在下降过程中遇到强烈的上升气流，又被迫抬升，如此反复不断，水滴体积逐渐变大，最后形成强降雨。

由于动力、热力等因素的不同，雷暴、冰雹、大风、强降雨等强对流天气的形成过程存在差异。另外，从强对流天气的形成原理来看，并不是只会发生于夏季，而是分布于一年四季。

3. 强对流天气的种类

强对流天气主要包括雷暴、飑线、龙卷风、冰雹、雷雨大风和短时强降雨等灾害性天气现象。①

（1）雷暴。

当大气处于不稳定状态时就容易产生强对流天气，引发雷电、强降雨等天气。因此，雷暴常常与积雨云联系在一起。雷暴天气波及范围比较有限，一般

① 资料来源：《中国大百科全书·中国地理》。

只有几千米到几十千米，持续时间也只有 2 ~ 3 个小时。但是强烈的雷暴天气常常能够摧毁船只，影响海上工程、渔业生产等活动，造成经济损失，甚至是危害人的生命安全。

从雷暴天气的时间分布来看，3 ~ 10 月之间皆可能出现，但集中于 6 ~ 8 月，其他时间发生雷暴的次数较少。

从雷暴天气的空间分布来看，我国南北差异比较明显，南方地区的发生频率要高于北方；且受到地形的影响，雷暴天气发生呈现山区多于平原的特征。

促使雷暴加强的因素主要有五个：两个雷暴合并出现；大气中出现辐合线；积雨云或者辐合线对出流边界产生影响；低辐合层强度增加；雷暴和出流边界有一定的联系，会导致部分雷暴升高。相对应的是，能够使雷暴减弱的因素有：雷暴边界，一旦暖湿气流被阻断，就容易减弱雷暴强度；位能消除，雷暴发生区域转移，在原来区域比较稳定的情况下，位能逐渐消失，因此雷暴逐渐消失。

（2）飑线。

飑是一种短时间内发生的强风现象，速度最大能达 20 米/秒，甚至超过 50 米/秒，但这种情况往往持续时间很短，大概只有几十分钟到几个小时。飑线是一种范围较小的中小尺度天气系统（陈梓浩和熊翠婵，2019），是排列成带状的雷暴群构成的风向风速发生突变的强对流天气带，这种天气带相对来说比较狭窄，宽约几千米、长约几十到几百千米。当飑线过境时，气压、气温、湿度、风等气象要素有急剧变化，通常表现为风向突变，风速急增，气压骤升，气温剧降，并经常伴有雷暴、强降雨、冰雹等天气。它具有很强的破坏力，对于人民群众的生命财产安全具有威胁性。但是因为这种强对流天气发展迅速、消亡较快、突发性强，因而短期内很难对它的发生、强度、影响时间和地区进行预报。

飑线从生成到消亡一般要经历三个阶段：初生阶段，历时 3 ~ 5 个小时，飑线生成时伴有雷雨和 6 级左右大风。全盛阶段，一般经历 1 ~ 2 个小时，气压急剧上升，短时间内温度会降低 10°C 以上。风向突然改变，风速骤增，常由 8 级猛增至 12 级以上。此时的强对流天气破坏力很强。消散阶段，一般经历 2 小时左右，雷雨强度、风力和气压逐渐减小，气温逐渐回升，天气逐渐恢复正常。

飑线的形成条件：具有不同特征的两个气团相互碰撞，这是飑线产生的必要条件。最常见的情况是冷气团碰撞，但也有的时候是干空气与湿空气碰撞。无论在哪种情况下，在相邻的两股风方向和速度都不同时，高空中就会产生风切变。

虽然是中尺度天气系统，但飑线的形成与发展与大尺度天气系统依然密不可分——主要发生在地面冷锋前100～500千米的暖区内。在强烈不稳定的层结（中层或高层冷平流叠加在低层暖湿气流之上）中，容易产生飑线。同时，在高空急流区或风的铅直切变较大的区域也易产生飑线。

飑线的分类。飑线按其形成时的天气背景可分为三类：锋前飑线，它经常出现在冷锋前缘。台风飑线，其主要出现在台风外缘右前方的螺旋雨带，伴有爆发性阵雨、强风等剧烈天气。气团飑线，气团处于强对流不稳定状态时产生。

飑线出现案例：2016年6月19日赣鄂皖三省交界地区出现飑线过程，并于18日20时～19日20时的时段过程降下特大暴雨。24小时之内，江西全省出现大暴雨级别的自动站有160个，另有27个自动站达到了特大暴雨级别，163个站1小时降水量超过30毫米。此次最大累积降水量为389.6毫米，出现在九江市湖口县武山镇；最小时降水量为118.7毫米，出现在宜春市奉新县赤岸。由于此次降水强度大，时间集中，导致一些城市排水系统瘫痪，城市街道出现大量积水，严重影响了当地居民的正常工作生活。①

（3）龙卷风。

龙卷风是在不稳定天气条件下的由漏斗状云（龙卷）产生的强烈空气涡旋，形如大象鼻子且形成范围较小。由于龙卷风形成过程中，其中心的气压会相对低于周围空气，因而会吸引大量的水汽。但在龙卷风过后，受重力影响，吸到天上的水就会落下来，形成降雨。另外，龙卷风有陆龙卷和海龙卷之分，顾名思义，陆龙卷因出现在陆地上而得名，而海龙卷主要出现在海上。

通常，龙卷风的直径小到几米，大到几百米不等，从生成到消亡一般可经历十几分钟到几个小时。在此期间，龙卷风风力可达12级以上，中心附近风速每秒可达100～200米。由于龙卷风发生时常常伴有雷雨或冰雹等灾害性天气，破坏力常常成倍增加，造成大量的经济财产损失，甚至危及人的生命安全。

在河流、湖泊或者海面上，旋风产生时会携带大量的冷空气。经过水体时，水面上原来温暖潮湿的气体不断上升，当这种情况越来越剧烈时，就会形成巨大的水柱。水柱的直径从几英尺到数百英尺不等，长超过1.61千米。因

---

① 肖雯，刘春，陆岳．赣鄂皖交界地区一次飑线过程特征分析与数值模拟研究［J］．暴雨灾害，2018，37（4）：311－318.

此，龙吸水是一种偶尔出现在温暖水面上空的强风旋涡，从雷雨云底伸向水面。

美国是发生龙卷风最多的国家，堪称“龙卷王国”。这种情况源于美国特殊的地理环境，为龙卷风的形成创造了极为有利的条件（郝非尔，2019）。由于美国三面环水（西邻大西洋，东邻太平洋，南面墨西哥湾），导致大量的水汽不断流向美国大陆。充分水汽的补充为雷雨云的形成创造了极为有利的条件，随着雷雨云的形成与发展，强度的增加，就容易产生龙卷风。再加上美国中部大平原地带（被称为“龙卷走廊”），使得龙卷风长驱直入，带来难以忽视的灾害损失。

在我国，与西部山区相比，中东部地区平坦的地形和紧邻海洋的环境为龙卷风的形成创造了相对有利的条件，因而龙卷风的产生较多。另外，我国的龙卷风集中出现在4～8月，占全年龙卷风次数约92%。

龙卷风的形成条件有三个（郝非尔，2019）：一是空气温暖而潮湿且非常不稳定；二是大气中有塔状积雨云形成，在这两种条件下，也易出现雷雨、冰雹等强对流天气；三是高空风和低空风出现不同的方向，这是龙卷风出现的必要条件。

（4）冰雹。

在对流云层中，气流携带大量水汽上升的过程中，由于空气温度下降，水汽会逐渐变成水滴，再变成小冰粒。在此过程中，水滴或者冰粒也会不断吸附周围的水滴或冰粒。当它们的体积逐渐变大，重量增加，一直到气流的上升力量也难以承载时，就会落向地面。但在下落的过程中，冰粒又会逐渐融化。融化后的冰粒体积变小，重量减轻，又会被上升气流裹挟上升，使得冰粒的体积再次增加。如此反复上升下落，最后就会形成冰雹（李延江等，2014；王敬涛，2019）。

冰雹的形成条件：大气中存在相当厚的不稳定层；积雨云应有足够的高度，通常要达到－12℃～－16℃的温度条件，以便使一些大的水滴能够冻结；高空中要有强的风切变；积雨云的厚度要到6～8千米；积雨云含有大量的水汽，一般为3～8g/m^3；积雨云内的上升气流速度在10～20米/秒以上，同时具有倾斜、强烈、不均匀的特征。

（5）雷雨大风。

雷雨大风是指在出现雷、雨的同时，伴有8级及以上大风的天气现象。这种天气现象的影响范围通常为几千米到几十千米。

（6）短时强降水。

短时强降水是指短时间内降雨量达到或超过某一量值（量值因各地气象站规定相异而不同）的天气现象。这种天气下降水通常具有强度大、时间短等特点。

（二）海上强对流天气的监测与预警

强对流天气能够在短时间内释放出极大的能量，具有很强的破坏力。但是，由于强对流天气的产生具有时间密集、空间尺度小等特点，导致其监测预报工作难以有效开展。相对于欧美等地区发达国家，我国强对流天气预报起步较晚。然而，即使是美国，也无法完全准确地预报强对流天气。

强对流天气的监测对象主要包括积云、地面高温、雷暴、地闪、冰雹、龙卷风、大风、短时强降雨、雷达反射率因子、对流风暴（基于雷达资料）、深对流云、MCS（基于静止卫星红外 1 通道资料）等（郑永光等，2013）。积云和地面高温都在一定程度上反映了大气的不稳定状态，监测积云和地面高温的分布能够为强对流天气预报提供大气是否稳定的信息。雷暴和闪电的监测有助于了解大气中对流天气的分布，雷暴监测主要依靠常规地面观测资料和重要天气报告，闪电监测数据则来源于中国气象局气象探测中心。冰雹、龙卷风和大风等是强对流天气监测的重点，同样依赖于地面常规观测和重要天气报告。短时强降雨的发生频率要高于雷暴大风、冰雹、龙卷风等，其监测资料主要来源于自动站的 1 小时降水资料。

1. 雷暴的监测与预报

在我国，对雷暴的监测主要是利用雷达技术，在统计分析相关资料数据的基础上，再借助于计算机软件建立模型，对雷暴天气进行分析。国外主要是借助计算机技术，开发了 TREC 算法与 COTREC 算法，这些算法在天气预报技术的基础上，对雷暴的相关数据资料进行分析，提高了结果的精确度。概念模型预报技术是目前国际上最新的天气预报技术，具有系统性、完整性等优点，能够更加准确地预报天气。

目前比较先进的预报雷暴天气的技术主要有：一是 SCIT 天气预报技术，这种技术可以识别和跟踪单体风暴，然后根据所搜集的信息预报强对流天气；二是 TREC 天气预报技术，采用雷达跟踪技术，实时监测各种天气情况；三是 TITAN 天气预报技术，又叫作雷暴识别跟踪分析与邻近预报技术，它与 SCIT 技术的相似之处在于：都是利用对流风暴的外推系统来进行预测。

2. 冰雹的监测与预报

目前对于冰雹的监测主要是通过卫星云图、雷达等手段；预报方法主要有：统计学方法、天气学方法和积雨云动力学法。

（1）统计学方法。

常用统计预报方法主要有判别分析法、逐步回归法、多因子交叉相关方法。要对冰雹进行准确预报，重要的是要选好预报因子。因此，要从冰雹形成的物理原因、天气背景、地形特征、气候和季节等方面全面考虑，同时需要预报人员拥有丰富的经验积累和较高的专业素养，利用大量历史资料，才能有效提高预报的精确度。

（2）天气学方法。

天气学方法即应用降雹天气系统模式来预报冰雹，一般以 500hPa 形势为主，结合要素分布，建立多种冰雹预报模式。

（3）积雨云动力学法。

根据冰雹生成机制、原理及其过程中的影响因素，同时利用积云模式而建立的预报方法，主要是对冰雹的大小和有无进行预报。然而，冰雹的预报也存在着较大的困难。冰雹出现的地区具有一定的随机性，同时，强降水、雷雨大风等天气特征容易掩盖预兆着冰雹出现的特征。数值天气预报可以给出冰雹形成的一些相关气象要素条件，但并不能直接给出最终预报结果。冰雹预报的重点在于报准“下不下”，而预判冰雹大小，涉及的要素更为繁多，机理更加复杂，目前还只能是粗略的估测，无法应用到业务中。当前多是利用多普勒雷达监测冰雹，争取及时发出预警通知。

3. 龙卷风的监测与预报

龙卷风的研究起源于欧洲，到 2017 年，在欧洲，主要有德国、荷兰、塞浦路斯、马耳他、爱沙尼亚、罗马尼亚、土耳其等国家开展了龙卷风预警（黄大鹏等，2017）。美国是世界上龙卷风预报预警水平最高的国家。我国对于龙卷风的研究起步较晚，新一代天气雷达监测网建设始于 1998 年，截至 2016 年末，190 部天气雷达参与组网运行，在建 26 部，数量上与美国基本持平①。

第三节　厄尔尼诺现象的监测与预警

一、厄尔尼诺现象概述

（一）厄尔尼诺的定义

“厄尔尼诺”是太平洋的一种反常的自然现象，是指赤道中、东太平洋海

---

① 中国气象局将开展新一代天气雷达质量专项治理工作　于新文强调既要严谨求实也要改革创新［OL］. 中国气象局，http：//www. cma. gov. cn/2011xwzx/2011xqxxw/2011xqxyw/201608/t20160812_319190. html.

域发生的大范围持续性海表温度异常偏高的现象，也就是海水异常偏暖。“厄尔尼诺”一词，在西班牙语中是“圣子、圣婴”的意思，意为耶稣诞生时的洋流。关于厄尔尼诺这个名字的起源，有一种说法是源于19世纪的秘鲁。早先，赤道东太平洋沿岸的秘鲁、厄瓜多尔等国沿海有取之不尽、用之不竭的海洋资源，但渔民发现这里的鱼群并非年年月月都多得捕不完，而是在圣诞节前后，沿岸海域就会出现一股由北向南流动的暖流，致使海域内的鱼群数量明显减少，人们无法解释这一现象，就将它与圣诞节联系起来，从而以“圣婴”相称（翟盘茂等，2003；朱江，2016；周国良，2016）。

与厄尔尼诺相对的就是拉尼娜，此名在西班牙语中是“小女孩儿”的意思，它同样是太平洋海域一种反常的自然现象，指赤道中、东太平洋海域发生的大范围持续性海水表面温度异常偏冷的现象，因此，也有人称之为“反厄尔尼诺”（翟盘茂等，2003；周国良，2016）。但与厄尔尼诺现象相比，拉尼娜要更加温和，因此，人们将更多的关注度集中在了前者的研究与观测上。

（二）南方涛动

“南方涛动”是厄尔尼诺现象在大气的对应关系，是指太平洋东西两侧海平面气压的反向相关关系这一现象。由英国数学家、印度气象局长吉尔伯特·沃克（Gilbert Walker）在20世纪二三十年代发现并提出。沃克发现，东南太平洋和印度洋到西太平洋两个地区的气压存在着反向相关关系，即当一个地区的气压升高时，另一个地区的气压就会降低。当东南太平洋气压很高而印度洋到西太平洋气压很低时，印度的季风雨就会很强；而当两个地区的气压差值很小时，印度的雨量就较小甚至出现无雨或干旱的现象。干旱状况不仅徘徊在澳大利亚、印度尼西亚、印度，而且还会影响到非洲的撒哈拉沙漠地带（李荫堂，2003）。

（三）厄尔尼诺形成的原因

关于厄尔尼诺的成因，通用解释是：在没有厄尔尼诺现象发生时，北半球赤道附近盛行东北信风，南半球赤道附近盛行东南信风。在信风带的吹刮下，海水自东向西流动，分别形成北赤道暖流和南赤道暖流。由于东太平洋赤道附近的海水流出，使得原海域海水减少，于是下层海水上升涌流。但下层海水温度相对于上层较低，使得上层水温低于四周，海水温度出现明显的东西部差异（翟盘茂等，2003；朱江，2016）。一旦该海域的冷水上翻减少或停止，海水温度就逐渐升高，造成海水大范围的温度异常增暖。异常温暖的海水就会循着原秘鲁寒流的方向沿着厄瓜多尔海岸由北向南流动，使南部海水温度剧升。

（四）厄尔尼诺对全球的影响

厄尔尼诺发生时，赤道附近、东太平洋海域的海水温度通常要比正常情况下高1℃～3℃。在这种情况下，该区域海水蒸发速度加快，海域上方空气吸收了大量的水汽，当又湿又暖的空气逐渐向上上升到一定的高度时，水汽就会凝结，形成降雨。因而，南美洲沿海国家的降雨量较常年就会偏多，甚至会出现洪涝灾害。而在西太平洋到印度洋海域蒸发量减少，降雨随之变少，使得印度尼西亚、澳大利亚、印度等地区出现干旱的状况。而拉尼娜对于全球的气候影响刚好相反，但影响程度不如厄尔尼诺强。拉尼娜发生时，会使南美洲沿海国家降水量减少，印度尼西亚、澳大利亚等地区降水量较往年增加。

厄尔尼诺对于全球气候的影响主要表现在以下几个方面。

1. 南美暴雨、巴西东北部及中美洲干旱

在正常情况下，由于南美洲西岸常年盛行秘鲁寒流，强大的冷空气致使沿岸地区上空的对流活动难以发展，全年降水量稀少，形成了绵延南北的滨海沙漠。但在出现厄尔尼诺的年份，沿岸海水不再是按照原来的方向流动，而是由北向南流动，带来了大量来自低纬度海域的暖水，致使该海域海水温度异常升高，蒸发加快，降水增多，引发洪涝。与智利等国家相反，此时，巴西东北部和中美洲往往会出现严重的干旱。

2. 印度尼西亚等国和澳大利亚东部干旱

印度尼西亚位于热带印度洋和西太平洋之间全球最大的暖水池中，降水量丰富。当厄尔尼诺发生时，周边海域海水温度降低，海水蒸发量骤减，从而使得降水量变得稀少，极易引起干旱，这种干旱往往会一直延伸到菲律宾、澳大利亚等国家。

3. 南非干旱、东非多雨

2002年厄尔尼诺事件中，南非遭遇严重旱灾，整个夏粮区的播种工作几乎停顿。东非常常在厄尔尼诺发生的当年年末到第二年年初多雨。

4. 加拿大西南部和美国北部出现暖冬

厄尔尼诺发生期间，太平洋高压加强，加拿大和美国西部盛行暖的西南气流，使得这一带出现暖冬。

5. 美国南部潮湿多雨

厄尔尼诺发生期间，美国南部冬季会更加潮湿多雨，北部降水则相对偏少；拉尼娜年情况则相反，北部降雨增加，南部则比较干燥。

6. 太平洋和大西洋的热带风暴

热带风暴形成所需的能量主要来自潮湿炎热的空气在上升过程中释放出的潜热。当厄尔尼诺发生时，西太平洋海域海水温度下降，气压变低，形成比较稳定的大气，不利于热带风暴的形成；而在拉尼娜年，西太平洋更加高温高湿，大气活跃，更加有利于热带风暴的形成。因此厄尔尼诺年西太平洋上形成的热带风暴次数要比常年偏少，而拉尼娜年西太平洋上形成的热带风暴次数要多于常年。东北太平洋热带风暴的数量往往随着厄尔尼诺现象的出现而增多，强度也会明显加强。大西洋的热带气旋出现频率与厄尔尼诺的关系和西太平洋的情况类似。

（五）厄尔尼诺对我国的影响

1. 暖冬

冬季，我国受来自西伯利亚地区的西北气流影响，常常伴有寒潮过境，冬季寒冷而干燥。厄尔尼诺发生年的冬季，冷空气会偏北偏弱，而南方的暖气团势力增强，我国出现暖冬。拉尼娜年，受东亚地区强大的冷空气影响，东部地区会出现暖冬现象。

2. 旱涝灾害

厄尔尼诺年的夏季，赤道太平洋东部海区海温升高，大气流动增强，使得西太平洋副热带高压强度加大；同时又由于太平洋西部海区海水温度降低，大气对流活动减弱等因素的影响，使得副高的位置偏南。另外，亚洲大陆北部上空常常有阻塞高压形成，阻塞高压使得西风带出现分支现象，南支锋区向南压，冷空气活动比较偏南；再加上夏季风偏弱，暖湿气流北上势力不强，使得季风雨带也随之偏南，以致出现长江中下游地区多雨甚至发生洪涝，而黄河及华北一带少雨形成干旱的现象。

3. 东北的冷夏

由于厄尔尼诺年夏季鄂霍次克海有阻塞高压发展，东北地区冷空气势力加强，活动更加频繁，造成该地区夏季温度较常年异常偏低，即“冷夏”。

4. 东南沿海的热带风暴

在正常年份，西北太平洋和南海的热带气旋活动十分频繁，堪称世界之最。但是，在厄尔尼诺发生期间，由于西太平洋海水温度下降，大气稳定性增强，不利于热带风暴的形成，因而登陆我国的热带风暴和台风数量会较往年偏少。

二、厄尔尼诺现象的监测与预报

目前，厄尔尼诺预测模型主要有：统计学模型、动力学模型。经过十几年的发展完善，我国在模拟和预测厄尔尼诺事件工作方面也取得了明显的进步。然而，由于厄尔尼诺可预报性的年际变化和新型厄尔尼诺的频繁出现等原因，使世界范围内对厄尔尼诺的预报准确性在最近十几年出现了急剧下滑。

厄尔尼诺监测的主要内容包括：海面温度、海平面高度、海洋上层热力结构、海洋表面风应力和对流层风场、海平面气压、外逸长波辐射、黑体辐射温度等要素（翟盘茂等，2003），具体监测内容如表9－15所示。

表9－15　　　　厄尔尼诺监测内容

监测内容	海面温度	通常采用某一时段海面温度的平均值与同期30年的平均值之差作为海温距平，当赤道太平洋中部和东部大范围出现海温距平异常，就认为达到了厄尔尼诺或拉尼娜的异常条件
	海平面高度	海平面高度主要是利用常规海平面测站和卫星获取数据信息。厄尔尼诺发生前，热带西太平洋海平面常常会出现异常偏高的现象。因此，密切关注海平面高度变化，有助于及时监测厄尔尼诺现象的产生和发展
	海洋上层热力结构	海洋上层热力结构是厄尔尼诺和拉尼娜监测的重要因素，对于确定次表温度、斜温层、海洋上层热含量变化以及海洋内波具有重要意义
	海洋表面风应力和对流层风场	由于海面风场在很大程度上影响着海面温度的变化，因此，对于海洋表面风应力和对流层风场的监测有助于厄尔尼诺或拉尼娜现象的预报
	海平面气压	由南方涛动可知，海平面气压的变化与厄尔尼诺的发生存在相关关系。但是，由于常用的南方涛动指数是基于塔希提和达尔文两个陆地站的长期海平面气压资料计算得到的，因此它未必能最有效地反映与赤道东太平洋海面温度变化之间的关系
	外逸长波辐射	海面温度越高，则辐射波长越短；海面温度越低，则辐射波长越长。卫星观测到的外逸长波辐射能够很好地反映热带对流活动情况，因此外逸长波辐射成为厄尔尼诺监测的重要因素之一
	黑体辐射温度	黑体辐射是指由理想放射物放射出来的辐射，在特定温度及特定波长的条件下，放射出最大的辐射量。通过红外探测通道可以获取云顶和无云或少云区地球表面相当黑体辐射温度，也称“辐射亮温”。通过对其的观测能够获取热带低纬度洋面上不同区域的大气对流强度数据，从而帮助监测厄尔尼诺的发生、发展和消亡过程

资料来源：中央气象台网站。

第十章
“海上丝绸之路”建设

2013 年 10 月，习近平总书记访问东盟时提出“21 世纪海上丝绸之路”的战略构想。“海上丝绸之路”自秦汉时期开通以来，一直是沟通东西方经济文化交流的重要桥梁。习近平总书记基于历史，着眼于中国与东盟建立战略伙伴十周年这一新的历史起点上，为进一步深化中国与东盟的合作，构建更加紧密的命运共同体而提出了“21 世纪海上丝绸之路”的战略构想。“21 世纪海上丝绸之路”的合作伙伴并不仅限于东盟，而是以点带线，以线带面，增进同沿线国家和地区的交往，串起连通东盟、南亚、西亚、北非、欧洲等各大经济板块的市场链，发展面向南海、太平洋和印度洋的战略合作经济带，以亚欧非经济贸易一体化为发展的长期目标。

第一节 “海上丝绸之路”建设介绍

一、“海上丝绸之路”概述

（一）“海上丝绸之路”提出的背景

1. 古代背景

“海上丝绸之路”是指古代一条中国与该通道沿线国家进行贸易往来的通道，这条“海上丝绸之路”是以我国的徐闻港、合浦港为起点，如今成就了世界性的贸易网络，“海上丝绸之路”的出现最早是在唐代，当时的叫法是“广州通海夷道”。

古代“海上丝绸之路”从中国东南部港口出发，经过中南半岛和南海诸国，穿越印度洋和红海，抵达东非和欧洲，成为一条中国与其他国家贸易往来和沟通的海上大通道，并促进了沿线各国的共同发展。中国向外国输出的货物主要是丝绸、瓷器与茶叶，形成了一股吹向全球的东方热潮。之后随着我国航海事业的兴起以及指南针的运用，我国的商船远航能力得到了进一步的提升，也极大地提升了私人海上贸易的发展。在这一时期，中国与全球60多个国家有着经济往来，很大程度上推出了中国文化。明代郑和下西洋的成功，标志着“海上丝绸之路”发展到了极盛时期①。

在中国境内，“海上丝绸之路”主要是由广州、泉州、宁波三个主要港口和扬州、福州等其他支线港组成。其中，广州作为一个大港，在世界海上交通史上历经2000多年仍然长盛不衰。福州也是古代“海上丝绸之路”的重要起始地之一，是中国与世界经贸联系与交流的重要节点。

1877年德国一位地理学家李希霍芬首次提出了“丝绸之路”这一名称，1913年法国的东方学家沙畹进一步提出了“海上丝绸之路”这一命名。在这之后，出现越来越多的有关“海上丝绸之路”的使用和研究，有关“海上丝绸之路”的划分也越来越细。

2. 时代背景

海洋联系着各国的经济贸易交流，在中国成为世界第二大经济体后，世界经济政治合纵连横，“海上丝绸之路”的建设，是在全球政治经济格局不断变化的背景下，中国联系外部的新型贸易之路。基于这个背景下提出的规划还包括丝绸之路经济带、上海自贸区、高铁战略等。

东盟地区处于“海上丝绸之路”经济带的十字交叉口，是我国发展“海上丝绸之路”的重要地带，但是，中国的合作不仅仅限于东盟，而是连接起西亚、东亚、非洲、欧洲一整串经济链，积极增强与沿线国家的联系，发展面向印度洋、南海、太平洋的发展战略。其长期目标是亚非欧经济贸易一体化。2003年伊始，中国就与东盟建立了战略伙伴关系，共同打造了“黄金十年”。中国东盟博览会成功地连续举办十年，在面对国际金融危机时，两者也展现了良好的合作关系。

（二）“海上丝绸之路”建设的意义

“海上丝绸之路”是国际空间结构、地缘政治结构、区域经济结构的大格局大思路大战略，是走向区域共同体、命运共同体、利益共同体、心灵共同体的理想构架。“海上丝绸之路”实施之后，对我国的经济、文化都产生了巨大

① 丝绸之路的起点和终点［OL］. 新华丝路网，https：//www. imsilkroad. com/news/p/66888. html.

的重要影响。

“海上丝绸之路”经济带提出之后，各个国家纷纷积极响应，建议与我国建立港口合作和外贸联系，不肯放过“海上丝绸之路”经济带建设这个良好的契机。与沿线国家港口开展合作对我国来说意义重大，港口合作加强了国与国之间的互动、交流，同时为双方进出口提供了一个更加完善的平台，在很大程度上提升了贸易效率，从而节省了大量的人力物力以及时间。有利于积极开展产业间合作，充分发挥自己的资源优势，优势互补，相互借鉴与协作，形成一个良好的分工体系，做到你中有我，我中有你，成为一个不可分割的利益共同体，共同实现国家之间的经济繁荣。

二、中国与“海上丝绸之路”沿线经济体港口合作的策略分析

（一）港口合作在“海上丝绸之路”战略中的重要性和影响

“海上丝绸之路”建设重点就是完善基础设施建设，最重要的是完善港口合作机制。习近平主席在“海上丝绸之路”战略实施过程中，创造性地提出了“以点带线，以线带面，逐步形成区域大合作”的要求。中国与南亚、东南亚、海湾地区都是通过“海上丝绸之路”的建设紧密地结合了起来，并且这种效应也逐渐开始在欧美地区蔓延。“海上丝绸之路”是一条开放合作之路，连接多个国家的重要港口，通过港口合作建立起一系列紧密的联系。同时也使亚非欧大陆之间的联系越来越密切。广义上的海上互联互通包含三个方面，分别为基础设施建设、规章条例制度以及人员沟通交流，其中，海上互联互通的基础是完善基础设施，只有基础设施完善，才能有利于沿线国家合作的深入，因此“海上丝绸之路”的重点是：加强沿线国家基础设施的完善，从而提高周边经济走廊建设。目前由于缺少有效的、具有普遍约束力的港口合作规范与条例，导致双方合作较难有效运行，再加上各国都要考虑自己的利益不受侵犯，致使港口合作遇到一系列难以解决的问题，甚至存在较大的风险。因此，建立有效严谨的港口合作机制，制定有关的合作条例，协调好各港口主题的利益冲突，才能推进“海上丝绸之路”的措施顺利实行。

港口是国家对外开放的门户，是国与国之间交流、贸易的重要窗口，港口集聚了众多资源，同时也是建设“海上丝绸之路”的关键节点。近几年来，经济一体化的趋势日益明显，各个国家之间的港口互动也越来越密切，这就决定了港口之间是一个连带关系，并不是一个孤立的个体。在全球经济日益发展的今天，各国之间开始紧密互动，各地区的经济发展也逐渐离不开港口合作，

因此，“海上丝绸之路”战略实施的最佳切入点与关键突破点应该是从国际港口空间关联的角度出发构建港口合作网络，在港口合作中，我们应采取策略对基础设施做出进一步的改善，加深国与国之间港口合作的程度，提升运营效率，由于国与国之间的体制、政治、规则各不相同，港口合作存在诸多壁垒与障碍，因此，我们需要进一步完善港口合作网络，建立统一的规则，服从统一的制度安排，这有利于提升港口合作的效率，节省时间，节约资源，有利于港口合作的顺利开展。由于目前港口合作体系还不完善，国与国港口之间存在的直接联系很少，关联度很低，这就造成了港口之间的良性竞争关系较弱，难以发挥自己的比较优势。在当今经济全球化的浪潮中，“21 世纪海上丝绸之路”的提出加强了各国对于港口合作的需求，有利于它们积极开展产业间合作，充分发挥自己的资源优势，优势互补，相互借鉴与协作，形成一个良好的分工体系，做到你中有我，我中有你，成为一个不可分割的利益共同体，共同实现国家之间的经济繁荣。

（二）“海上丝绸之路”中的港口合作现状

1. 港口合作的成果以及目前网络布局

“海上丝绸之路”建设具有开放性和包容性，“海上丝绸之路”是以中国沿线港口为起点，以欧洲为终点，途中历经多个国家港口的一条海上重要大通道，这条大通道是我国发生对外贸易交流的重要纽带。自“海上丝绸之路”实施以来，各个国家积极参与海外港口合作。从表 10 - 1 中可以明显看出，我国发展海外港口合作主要有以下三种模式。

表 10 - 1　　中国进行海外港口合作的成果

地区	国家	港口项目	合作类别
东南亚	缅甸	2015 年皎漂深水港在中国投资下试运行	投资建港
		2015 年青岛港与皎漂港签署友好港协议	港际合作
	越南	2010 年中国投资参股头顿集团装箱码头	投资参股
	泰国	2015 年广州港与林查班港签订友好港协议	港际合作
	柬埔寨	2015 年青岛港与西哈努克港签署友好港协议	港际合作
	马来西亚	2015 年广西北部港湾与巴生港签订友好港协议	港际合作
		2015 年深圳港与巴生港签订友好港协议	港际合作
	印度尼西亚	2015 年深圳港与印尼国家港口集团签订友好港协议书	港际合作

续表

地区	国家	港口项目	合作类别
南亚	斯里兰卡	2014 年中国港湾有限公司采用 BOT 模式建设科伦坡港口城	投资建港（BOT）
		2014 年中国招商局国际投资建设和运营科伦坡南港集装箱码头	投资建港
		2008 年中国援建汉班托塔港，由中国港湾工程有限责任公司以 EPC 模式承建	投资建港
	巴基斯坦	2004 年中国应邀投资建设瓜达尔港	投资建港
		2013 年中国海外港口控股公司、招商局国际有限公司和中国远洋运输集团 3 家企业正式接管瓜达尔港运营权，2015 年瓜达尔港正式启用，中国企业获得 40 年运营权	注资控股
	孟加拉国	2010 年中国出资援建吉大港	投资建港
中东	以色列	2015 年上海港中标海法新港 25 年运营权	投资参股
	卡塔尔	2011 年中国港湾建设有限责任公司承建多哈新港第一期工程	投资建港
非洲	埃及	2006 年中海码头合资合作经营达米埃塔集装箱码头	合资参股
		2007 年中远太平洋收购苏伊士运河码头 20% 股权	兼并收购
		2008 年中国建筑以 EPC 模式承建塞得港	投资建港
	吉布提	2013 年中国招商局国际收购吉布提集装箱码头 23.1% 股份	兼并收购
		2014 年中国建筑中标吉布提港口码头建设项目	投资建港
	坦桑尼亚	2013 年中国投资建设巴加莫约新港并升级旧港口设备	投资建港
	尼日利亚	2011 年中国招商局国际有限公司并购星航运公司在庭坎岛集装箱码头的股份	兼并收购
欧洲	希腊	2009 年中国远洋运输集团获得比雷埃弗斯港 35 年经营权	投资参股
	比利时	2004 年中远太平洋获得比利时安特卫普港 25% 股权	投资参股

资料来源：笔者据相关文献整理所得。

首先，我国最常见的合作方式是投资建港。其次，通过本国政府对部分港口投资从而可以获得运营权。即以兼收并购或投资参股为主要模式开展港口合作。

最后，通过“企业经营需求—企业达成合作协议”、以港际合作为主要模式开展港口合作。随着经济的日益发展，国家对港口工作效率以及成本都提出了更高的要求，全球港口合作网络的构建已迫在眉睫，港际合作是参与全球港口合作网络的重要途径（刘宗义，2014）。

2. 不同国家和地区港口特点及合作重点

港口是一国或地区对外贸易与交流的窗口，进而反映出该国的政治特点、人文情况、经济地位以及战略特征。因此，我们在进行“海上丝绸之路”港口合作进程中，有必要斟酌每个国家或地区不同的风土人情，从而有针对性地开展实施。

图 10－1 为以上各区域港口特点以及合作的主要方面。“港际合作”是中国与东南亚国家进行港口合作的主要模式，中国与其签订友好协议，实现两者之间的资源共享、信息交流，提升港口运营效率，进一步加大两国之间的贸易往来；在南亚地区的港口合作以投资建港为主，加大对南亚港口基础设施建设的投资，从而获得港口运营权。

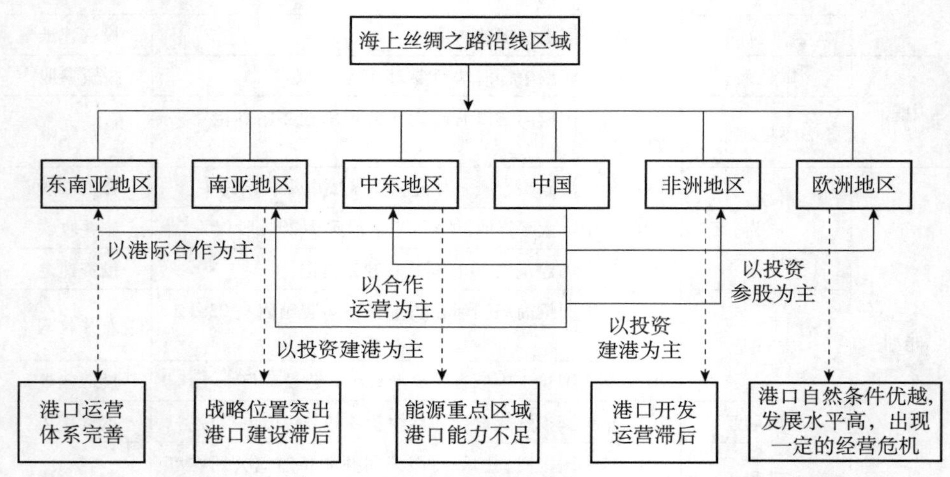

图 10－1 “海上丝绸之路”沿线区域港口特点及合作重点

由此可见，不同国家与地区之间有着不同的港口合作特点与方式，我们需要对这些不同认真分析，加以比较，从而找出适合每个国家或地区的不同策略，有利于充分发挥各个国家或地区的资源优势与比较优势，提升运行效率，互利合作，做到共同繁荣。

（三）“海上丝绸之路”中港口合作存在的问题

港口对一个国家来说意义重大，不仅是对外贸易的窗口，也是国家安全的防线，涉及国家的根本利益。因此，尽管自“海上丝绸之路”战略提出以来，中国已经取得了一系列卓越的成果，具备了比较完善的港口合作经验，但是港口合作免不了会触及到参与国之间的利益，所以，即使双方都有意合作并且已经签订了友好合作协议，合作还是有可能随时终止。

1. 港口合作不稳定

“海上丝绸之路”沿线主要区域经济环境以及政治因素复杂，形式比较严峻，各个国家之间的港口特点不一致，致使我国港口与沿线区域港口合作具有不稳定性。

从经济层面来看，“海上丝绸之路”沿线主要区域港口经济发展极不平衡，例如，欧洲地区经济发展水平高，港口建设比较完善；东南亚、南亚、中东地区大部分国家为新兴经济体，经济发展水平相对来说比较落后，但港口建设需求较大，经济增长潜力很大；非洲地区经济发展水平最为低下，基础设施建设水平落后。不同地区有着不同的经济发展以及港口特点，因此，我们需要针对不同的国家或地区特征选取不同的策略与方法与之进行合作，这对我国港口经营是一个比较大的挑战。

2. 国内港口功能定位重复，分工不明确

“海上丝绸之路”战略一经提出，我国各沿线港口纷纷积极响应，相关政府部门开始出台一系列政策措施对接“海上丝绸之路”举措，且大都将自己定位为“海上丝绸之路”的始发港，然而目前我国港口合作进程中存在着一系列问题。

我国有很多沿线港口都有机会成为“海上丝绸之路”的始发港或者关键节点，当这些港口进行功能定位时，它们并没有对自己的实际情况做出一个最正确的判断，没有充分利用自己的比较优势，而是一味地想成为丝路带的关键节点，这就造成了我国沿线港口在功能上定位的重复。

我国大部分沿线港口更趋向于与“海上丝绸之路”经济带上战略位置突出或者经济建设滞后的国家港口进行合作，而忽略了对我国能源安全有着重大意义的港口，这体现了港口合作选择的随机性，港口合作缺乏国家层面的统一规划与指导。

3. 港口合作尚未形成具有广泛空间覆盖范围的港口合作网络

截至目前，中国与“海上丝绸之路”沿线国家进行港口合作的模式主要有以下三种，具体包括政府主导的港口投资建设、港航等企业主导的投资参股和兼收并购等合作方式，以及港口企业主导的签订友好协议的方式。由于中国与“海上丝绸之路”沿线国家的港口合作具有跨国属性，中国政府或企业以及沿线国家港口企业都有权对港口合作建设进行决策与执行，这就容易导致合作过程中的冲突问题，由于没有一个具有公信力的统筹部门进行决策与监管，导致很多决策难以正常实施。并且政府与企业、企业与企业之间的交流缺乏，港口网络合作模式也没有得到广泛应用。

4. 港口合作存在风险

“海上丝绸之路”港口经济带建设存在着多方面的风险，既包括传统安全风险，又包括非传统安全风险。在港口建设的每一阶段发生风险都会导致我国建设“海上丝绸之路”的进程受阻。当前，政治风险仍然是我国“海上丝绸之路”建设面临的重大风险，“海上丝绸之路”是一个跨国合作，涉及多个参与国，而参与国之间政治、经济、文化等多方面各不相同，因此在合作过程中难以避免会出现一些文化冲突或者利益矛盾。并且，中国在海外进行港口合作过程中，需要适应外国的政治体制、经济转轨、文化差异、政权调整、社会转型等一系列变化，这些不可测因素也为港口合作增加了困难。

（四）“海上丝绸之路”中港口合作的应对措施

对于“海上丝绸之路”上港口合作中遇到的诸多问题，各国政府以及企业之间应该互帮互助，出谋划策，共同参与解决问题，从而促使“海上丝绸之路”的港口建设更加完善，进而深化国与国之间的经济贸易往来。针对以上“海上丝绸之路”港口建设与合作中可能出现的问题，作者提出了以下建议与对策。

1. 进一步完善区域性的港口合作组织

随着世界经济一体化的发展，“海上丝绸之路”中港口建设与合作的跨国属性进一步加深，由于每个国家都拥有自己独立的港口经营体系与秩序，这就为港口合作建设增加了不少难度，致使决策困难、政策不统一。因此建立一个区域性的港口合作组织就显得尤为重要，并且“海上丝绸之路”沿线港口众多，各个国家港口地理位置、自然环境、发展前景方面都存在着巨大的差异，建立一个统一的完善的区域港口合作组织不是一蹴而就的，需要循序渐进，缓缓推动。可以采用双边—多边—次区域—全区域的渐进式港口合作机制构建模式，增加区域组织内对话沟通。

为使港口合作更加行之有效，应在港口合作组织内下设港口合作管理委员会，负责港口合作中日常事务，港口合作管理委员会可以由各参与国轮流管理，并且港口合作管理委员会要有完善的组织机构，应包括主席团、执行委员会、信息沟通处以及秘书处等部门，这些下设的部门应该深入当地内部，并且充分尊重和了解当地的风俗文化，力求民心相通，降低一些不可测的风险。

根据“海上丝绸之路”经济带上不同国家港口的特点，选取建立不同的港口服务网络，充分利用好现有的港口合作实施机制，例如中国—东盟海事磋商机构、中国—东盟港口协调机制。目前，南亚以及中非地区尚未形成完善的港口合作实施机制，各国政府需要共同努力，积极发挥作用，为建立更加完善的港口合作实施机制出谋划策，出台更多配套的政策措施，进一步完善港口合作实施机制。

2. 建立信息沟通平台

若想“海上丝绸之路”港口合作顺利执行，必须加强双边及多边交流，因此有必要建立一个信息沟通平台，为港口合作主体之间的信息沟通、协商交流、互相监督提供一个方便有效的渠道。

政府部门应积极建立一个完善的信息沟通平台，加强国家政府之间的信息交流，并且定期举办高级领导人会议，在会议中商议港口合作的相关细节与实施举措，切实表达各自的利益诉求，该会议应由政府主导，以企业为主体，共同商讨，共同交流。只有建立一个经常性的联系机制，才能实现利益保护，进而实现共同繁荣。

3. 港口合作方式层次化

港口合作在“海上丝绸之路”建设中起着至关重要的作用，由于国与国之间的特征各不相同，港口合作具有多层次、多主体的复杂特征，如果仅仅使用单一的合作模式，不利于港口合作的顺利开展，当今我国与“海上丝绸之路”经济带各国家主要开展的合作模式是对港口进行投资建设，事实上，我们还可以发展更多元化的合作模式，例如投资参股、投资控股、兼收并购以及签订友好协议等，打破固有合作模式带来的局限性。

借鉴国内外港口建设与合作经验，完善我国港口合作体系，尤其是国内外跨区域的港口合作经验最具有参考价值，从而使我国更有针对性地参与合作。

4. 完善港口合作保障平台

由于“海上丝绸之路”经济带涉及多个国家地区，在进行港口合作过程中很容易发生经济利益的矛盾，经济矛盾的出现进而会导致海上港口合作的中断甚至停止，这会为我国带来巨大的经济损失，因此，这就要求我们建立一个完善的保障机制，切实保护双方共同利益。

这一保障机制涉及多个方面，主要包括合作双方权力责任机制以及补偿机制。各个机制之间协调运营，互相监督，互相合作，并且灵活地根据环境条件的变化做出适当的调整，共同保障好港口合作的顺利进行。

三、中国与“海上丝绸之路”沿线经济体贸易合作的策略分析

“海上丝绸之路”经济带以我国东南地区为起点，经历东南亚，穿过印度

洋，再经过红海到达欧洲和东非地区终止。由“21 世纪海上丝绸之路”经济带建设走向可知，“海上丝绸之路”经济带共涉及 71 个国家，本章则主要研究亚洲、大洋洲、南亚、西亚、拉美这五大区域与我国的经济联系，分析我国与这五大区域经济带国家贸易合作的现状、问题，以及对此提出相应的对策。

（一）中国与“海上丝绸之路”沿线经济体贸易合作的现状

1. 对外贸易规模平稳上升

近年来，我国与“一带一路”沿线经济体之间的对外贸易总额保持逐年上升趋势，同样地，我国与“海上丝绸之路”涉及国家之间的进出口贸易额也在逐年上涨。其中，中国与“海上丝绸之路”沿线各经济体贸易额在中国与“一带一路”沿线经济体之间贸易额中所占的比重超过了 90%，足以证明“海上丝绸之路”的重要性。如图 10－2 所示，2016～2019 年，中国与亚洲和大洋洲各方之间进出口总额持续上升，2018 年更是创下了 6 年来的新高，中国与非洲及拉美地区进出口总额虽然相对来说较少，但增长速度也有一定的提升；同时，中国与东南亚地区实现进出口总额也有一个很大幅度的增长。“海上丝绸之路贸易指数”（maritime silk road trade index，STI）丰富了海上丝

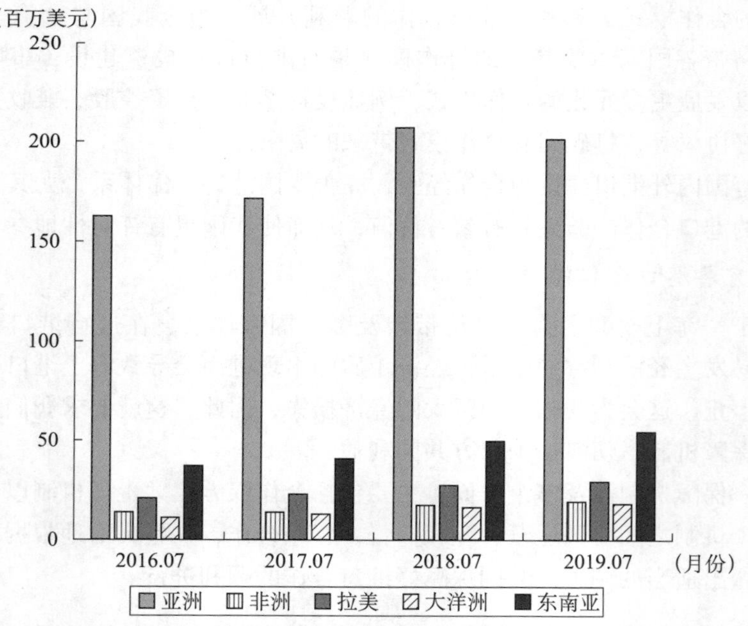

图 10－2 中国与海上丝绸之路沿线主要区域进出口总额

资料来源：海关月度进出口贸易数据。

路指数体系的内容，是中国“一带一路”倡议实施成果的评价指标之一。根据“海上丝绸之路”贸易指数（STI）可知，如表 10－2 所示，2019 年 5 月，中国与“海上丝绸之路”沿线经济体的进出口贸易指数涨幅明显。我国与“海上丝绸之路”沿线经济体之间的外贸总额持续稳步提升，这足以体现出“海上丝绸之路”对我国经济建设的重要程度。

表 10－2　“海上丝绸之路”贸易指数（2019 年 5 月）

地区	进出口贸易指数	出口贸易指数	进口贸易指数
总体	151.48	161.77	139.38
东南亚	149.05	156.94	139.94
南亚	161.91	179.16	104.26
中东	145.49	141.92	147.85
红海	175.19	206.96	96.79
中东欧	213.06	241.27	159.54

资料来源：海关月度进出口贸易数据。

2. 双边贸易的地域结构比较稳定

“海上丝绸之路”沿线各地区如亚洲、非洲、拉美、大洋洲与中国进出口贸易额在近几年总体保持相对稳定。如图 10－3 所示，虽然与亚洲贸易额的比重稍有下降，与其他地区贸易额的比重有缓慢上升，但总体来看，各地区与中国的进出口额在总贸易额中所占比重仍旧相对稳定，且各个地区以贸易额和贸易比重计算出的相对地位保持不变。

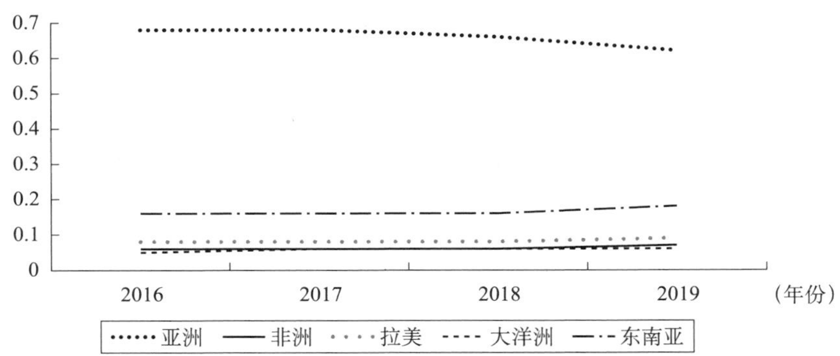

图 10－3　中国与“海上丝绸之路”沿线主要地区进出口比重

资料来源：海关进出口贸易数据。

3. 贸易商品类别调整

在我国进口商品中，2013～2018 年进口量较大的前五类商品是集成电路、石油原油类商品、液化石油气、通信设备、化学制品，2017 年，中国进口量最大的商品是集成电路，主要是从韩国和菲律宾进口，占当年中国与“海上丝绸之路”经济带进口总量比值最高，其次是石油原油类商品，通信设备商品在这五年内贸易量有大幅度的增长，占比逐年上升。在我国出口商品中，2013～2018 年出口量较大的前五类商品分别是通信设备商品、计算机部件、集成电路、石油制品、机器零附件产品。2017 年，通信设备产品出口量最大，在“海上丝绸之路”贸易中占比最高，计算机部件商品紧随其后，占比较高。在这出口量较高的前五位商品中，贸易增长速率最高的是石油制品，其次是集成电路类商品。这五年来，进口商品中贸易量较高的前五位商品的顺序在不停地变化，石油类商品贸易量逐年减少，集成电路商品贸易量依然最高，这在很大程度上体现了我国在“海上丝绸之路”贸易过程中进出口商品类别的调整变化以及产业结构的变化。①

（二）中国与“海上丝绸之路”沿线经济体贸易合作的问题

1. 贸易合作的区域集中度较高

中国与东亚、东南亚的贸易额最高，尤其是中国与韩国和东盟的双边贸易额占中国与亚洲大洋洲各经济体贸易额的 90% 以上，占到中国与“一带一路”沿线贸易总额的一半以上，近 5 年始终保持平稳增长，并且双方之间出口的商品多种多样，不仅包括水果蔬菜等农副产品，还有很多机电设备等高新技术产品，双方之间的贸易结合度指数很高，可以看出双方的贸易关系十分密切；中国与南亚地区的贸易额数量较小，南亚是我国“海上丝绸之路”经济带上的重要地区，应该加强与南亚地区的经济合作，做到双方共同繁荣；中国与西亚国家的贸易额比重很低，其中，由于沙特是我国主要矿物原料进口国家，其与我国的贸易额比重较高，占西亚与我国进出口贸易额的很大一部分；中国与非洲距离较远，因此由于地理位置的不便性，双方之间的贸易互动较弱。

2. 贸易方式比较单一

一般贸易是中国与“海上丝绸之路”沿线各国之间进行贸易交流与合作的最主要方式，其他方式如来料加工、小额贸易等所占的比重很小，甚至为零。作为中国最大的自由合作贸易区，亚洲大洋洲与中国的对外贸易中，一般贸易占总贸易方式的一半以上，其他来料加工方式所占比重很小。其他地区如南亚、西亚、非洲等地区情况与之类似。贸易方式比较单一这种情况从长远来

---

① 资料来源：笔者据国家海关总署相关资料整理所得。

看来并不利于中国与沿线各经济体之间的贸易发展与合作，这说明促进经贸合作的举措并未被充分利用。

（三）对中国与“海上丝绸之路”沿线经济体贸易合作的建议

1. 加快自贸协定的签订与实施

“海上丝绸之路”沿线经济体之间的规章制度、经济体制、社会习俗等方面的特征各不相同。如果不进行政策沟通，直接开展贸易合作的话，很容易会产生国家之间经济、文化冲突，进而影响我国开展贸易合作的积极性。因此，有必要加强国家之间的贸易沟通，通过谈判协调，因地制宜，考虑到不同国家之间的经济发展水平以及社会发展水平的不同，采取针对性的有效的合作方式，根据产业关联、文化特点建立创新性的经济合作模式，有效解决合作过程中可能遇到的矛盾与冲突。此外，我国需要进一步加强与“海上丝绸之路”沿线国家之间自由贸易协定的谈判，从而有利于消除合作过程中的贸易壁垒，为了增加其他国家与我国的合作意愿，我国可以适度增加合作中的资金投入。

2. 不断提高贸易便利化水平

要提升中国与“海上丝绸之路”沿线经济体之间的贸易便利化水平，最重要的是维持双边及多边领域的政策沟通、设施联通和贸易畅通。政策沟通是指加强“海上丝绸之路”沿线各经济体之间的互动交流，通过政策协议来协调其差异性特征，促进各种制度的正常对接；设施联通是指加强“海上丝绸之路”沿线经济体口岸、能源、信息交流等基础性设施建设，提高金融服务、通关等方面沟通效率。将贸易畅通当作“海上丝绸之路”建设的重点内容，要积极提倡“海上丝绸之路”文化，提高国家（地区）间文化认同，并且充分发挥丝路资金、金砖银行的作用，促进共同繁荣。

3. 创新贸易合作模式

加强中国与沿线经济体之间的贸易联系，积极交流，共同协作，共同建立一个协调发展的命运共同体，推动产业合作发展，加强产业园区建设，促进产业转移与合作，共同开发资源，创新合作模式。并且最大限度地发挥本地的资源优势与比较优势，提高贸易合作发展水平。“海上丝绸之路”沿线经济体之间的经济发展水平、产业布局、要素禀赋以及比较优势各不相同，这就为我们进行产业合作创造了一个良好的机会，我国应进一步深化产业合作，促进我国的产业结构转型，在维持轻工产品贸易稳定的基础上，加大对机电产品以及高新技术产品的进出口贸易，从而优化我国的贸易结构。并且考虑到经济体之间的要素禀赋各不相同，我们进而可以加深要素资源方面的合作，创新要素资源合作模式，从质和量两个方面加强我国的能源资源合作。

4. 促进贸易信息平台建设

“海上丝绸之路”沿线经济体都具有不同的宗教、文化和地缘关系，在“海上丝绸之路”港口合作过程中，不可避免地造成资源、要素、技术、能源等的流动，进而造成经济体之间在政治、宗教、文化方面的互动交流。在带来经济利益的同时，也导致了一些不利效应的产生，因此，我们需要促进贸易信息平台的建设，加强国与国之间的沟通合作，建立风险识别和预警机制，当有政治、经济、宗教等方面危险发生时，及时协调参与方之间的利益关系。我们需要积极地与“海上丝绸之路”沿线经济体开展深度合作，加强交流，对可能发生的宗教、文化、经济等风险进行客观的分析与评判，再通过贸易风险识别和预警机制的评测，及时减少或消除贸易矛盾与冲突，争取做到共商共建共享，保护贸易红利的长期释放。

四、“海上丝绸之路”建设中遇到的问题

尽管“海上丝绸之路”建设规划对国家和世界具有重要意义，其地位也日渐显现，但目前在建设过程中，仍存在许多问题和障碍。

（一）国内因素

中国目前整体处于经济转型期，在许多领域，一些阻碍发展的旧秩序规范、旧思维观念尚未完全消除，地方保护主义、贸易壁垒、地区差距、软硬件配套资源建设不完备等问题，明显制约着整体规划的实施。在经济转型和市场化过程中，有些地方片面注重经济效益，忽视人文、社会、环境等方面配套建设，目光短浅，急功近利，从本地短期利益出发，追求快速建设，期望迅速取得收益，缺乏长远眼光与大局观念。例如，申遗方面，某些地区政府过分强调经济收益，忽视人文效应，只关注申请，而不注重保护。诸多文物保护方面因归属权属不一，导致各自为政，对形成统一、系统化的文物保护和开发造成不利影响。“海上丝绸之路”拥有悠久的历史，其建设、发展和维护都需要国家各方面的支持，这对于当前的中国是一项艰巨的任务和巨大的挑战。

（二）国际因素

由于历史和现实原因，沿线各经济体的历史传统与现实国情千差万别，在世界体系中自我定位和外交思想存在差别，对中国倡导的新丝路建设思想的理解与配合程度也不尽相同。如何通过沟通协调，达成充分理解，显得尤为重要。

此外，地区贸易保护主义盛行。沿线经济体分属不同区域经贸集团，在集团内部又有各自利益，也存在冲突，如何使各方突破区域贸易保护壁垒，将各方利益加以有效整合，通过“海上丝绸之路”联成一个整体，尚需时日。

五、“海上丝绸之路”的未来发展方向

随着中国国力增强，国际影响力增大，地缘问题与海洋战略更显突出，陆地和海洋道路开拓与通畅，将是关键所在。历史已证明，海洋战略的成败，直接影响国家在世界上的地位，其中海上交通线将发挥关键作用。本书从“海上丝绸之路”建设面临的问题出发，给出以下发展建议。

（一）树立全面、长久的发展理念

中国提出“21世纪海上丝绸之路”，积极主动拓展与沿岸经济体在各领域交流沟通，赋予新时期的新内容、新内涵，在共同建设中加深理解，增进友谊，这也是建立新型国家关系的必经之路。对中国而言，在巩固传统优势市场的同时，还应积极调研，开拓新的市场。如在整体社会水平相对落后的非洲，许多国家发展程度低，现代文明普及整体不广，市场开发潜力巨大。扩大这些区域经济商贸往来的同时，也要采取相应措施，在诸如政治、外交、文化等领域扩大影响力，为经济交流、市场贸易提供坚实保障，更有利于促进互惠互利局面形成。此外，还要认识到，无论是“一带”，还是“一路”，都是长期规划，绝非一蹴而就。所以，应在国家通盘规划和政策指导下，国内、国际双线配合，分清轻重缓急，稳扎稳打，逐步推进。只有树立长远发展理念，稳步推进，才能建成持久、稳定的交通之路。

（二）加强互联互通、升级产业结构

当今世界，是一个开放的世界，各领域的交流、互动空前便利。“海上丝绸之路”本身就是一条联通各方、互通有无的开放之路。建设“海上丝绸之路”，应着眼于国家、地区与世界多个层面，通盘布局，从国内做起，逐渐拓展至区域和世界，打破壁垒，加强区域联系，形成联动机制，包括陆地与海洋、国内与国际、国内各省份之间，沿线各国乃至世界各国，逐次形成联通机制。倡导、扩大区域和世界交流，促进包括人力、物力、财力等资源在区域和世界范围内的流通、交流。只有这样，才能真正将“海上丝绸之路”建设成一条国际海洋大动脉，实现国内各地区、区域与世界各国共同受益。在国家层面统筹协调下，各省份制定相应策略，根据新背景及在新丝路建设中的地位，进行重新定位，确定地区、城市发展思路。尤其是沿线各港口城市，积极以国

际市场为导向，以发展新型技术性、服务型产业为主，积极发展外向型经济。沿海地区应借鉴历史上丝路沿岸城市发展的特点，利用传统历史资源，结合当今实际，取长补短，走出一条历史与现实结合的新型道路。根据国外不同市场，生产不同特色、不同领域的产品，同时积极研究熟悉国际规则，争取在国际经贸、文化等领域的话语权，赋予新丝路以全新内容。如结合当地实际，开展旅游、文化产业，开发利用历史资源，在人文、社会、环境、经济等效益中寻找平衡点，发展高新技术产业，对传统产业按照长远发展规划进行必要的升级改造，建设特色化、国际化港口。

（三）提升国家综合实力，塑造良好国际形象

"海上丝绸之路"的发展，是一个通盘计划路线，其真正建立和发展兴旺，必须有其他诸如政治、外交、文化、军事等相关领域的共同配合。因此，发展国力，增强国家的硬实力与软实力，加快推进政治体制改革，增强国家在世界上的话语权，扩大中华文明理念的传播与影响，建立强大的远洋海军，等等，缺一不可。提升国家综合实力，是"海上丝绸之路"重新崛起和发展的必需因素；而通过"海上丝绸之路"，推动中国思想、文化层面的软实力，增强中华文明的世界影响力，也是必然选择。在提升综合实力的同时，塑造良好的国际形象。如何在外交中更有效地推销自己，塑造并提升自己的形象，除经济手段之外，尚需其他手段的配合。自身要强大，硬实力与软实力不可偏颇；中国和平发展观的宣传与实践，传统文化的复兴，思想文化的力量强大，利用互联网等新媒介，向世界展示中国特色、中华文明，让世界以此真正了解中国、理解中国，认识到"海上丝绸之路"是一条和平互惠之路；倡导强化各国间政策沟通，从宏观大局着眼，将国家利益与丝路建设相关联，共同打造属于沿线各国的繁荣经贸文化交通圈。和平与发展已成为时代主题。殖民贸易时代一去不返，提倡平等公平、共同繁荣的经贸和文化交流，成为历史潮流。若想在公平交流中实现共同繁荣，更应从历史中寻找经验。虽然时过境迁，但历史上的中国，身为大国强国而不霸权，和平外交而不殖民，对倡导建立新型国际关系具有积极参考意义，为我们破除殖民主义流弊，消除不公正、不合理的国际秩序提供了必要借鉴。

（四）尊重文化差异，制定完善规则体系

在新的历史背景下，"丝绸之路经济带"与"21 世纪海上丝绸之路"分别从陆路和海路两线连通亚欧非大陆。"一带"与"一路"，虽然路线针对国家、地区有别，但都以中国为起点，实为一个整体，实现两条大动脉的对接，具有深刻的意义：于内，能将发达的东南沿海与相对落后的西北内陆连成一个整体，促进地区平衡发展，加速成熟、健全的国内统一市场形成，对于中国崛起为世界强国具有重大意义；对外，通过陆海两线，将欧、亚、非三洲联成统一整体，使各种资源在广阔区域内实现更加方便、自由的流通，对于全球化、实现互惠互利、建立更公平合理的国际关系具有举足轻重的意义。历史上，陆海丝绸之路曾因政治、经济、技术等因素，未能真正实现良好对接，甚至一度出现此强彼弱、相互转化的现象。而在新的历史背景下，国家崛起，必须陆海并举，不可偏颇，既要做好国内市场的联通互动，又要促进区域各国联动。

第二节 “一带一路”沿线海洋合作需求与潜力

21 世纪是“海洋的世纪”，世界各个国家都将保护海洋生态环境、发展有特色的海洋经济、维护海洋领域主权作为优先发展领域，海洋事业亟待发展这一观点正逐渐被各国所认可。自“一带一路”倡议提出以来，我国与沿线国家和地区就海洋领域深入合作，如海洋产业、海洋基础设施建设等，并已取得较为可观的成绩。作为世界海洋经济大国，海洋经济发展对我国经济的带动作用与日俱增，2017 年，中国海洋总产值达到 77611 亿元，这一数值正在翻倍增长。根据《海洋经济 2030》可知，到 2030 年，我国海洋总产值对世界经济的贡献度将达到 5%。党的十九大做出建设海洋大国的重大战略部署。海上合作成为我国重点发展的领域之一。目前，我国正加快由海洋经济大国向海洋经济强国的推进步伐，我国与全球各个国家在海洋领域的合作日益紧密。

在新的形势下，通过全面总结我国海洋发展现状，系统分析“一带一路”国家海洋合作重点领域情况，我国应在已有良好合作的基础上，继续支持双边海洋伙伴关系，在海域建立联合研究中心，积极开展重点方向的联合科研和技术应用，实现技术装备和数据产品的共享，促进海洋经济发展，加强海洋技术的转移转化，开展人员交流培训和合作研究，互学互鉴、互利共赢，提升我国海洋科技的创新力和国际影响力，加快海洋命运共同体建设，为推动人类命运共同体建设做出积极贡献。

一、“一带一路”倡议概述

（一）“一带一路”倡议的起源与发展

1877 年，在德国学者李希霍芬所著的《中国》一书中，“丝绸之路”一词正式诞生，并被广泛使用，这条路线是公元前114年至公元127年中国、中亚和印度的主要丝绸运输线。此后不久，考古材料开始出现以佐证这一观点。在《中国与叙利亚之间的旧丝绸之路》中，德国学者霍尔曼将丝绸之路的长度延伸至20世纪初的地中海西岸和小亚细亚。也就是说，丝绸之路是从中国经中亚到南亚、西亚、北非、欧洲的贸易通道。丝绸之路最初是用来在亚欧、非洲之间运输瓷器、丝绸等货物的，成为东西方经济贸易的主要通道（彭波，2016），从交通方式上来看，丝绸之路可分为陆上丝绸之路和海上丝绸之路，陆上丝绸之路是指汉武帝在西部地区开辟的640千米长的路线，以长安（今西安）为起始点，以罗马为终点，丝绸被认为是这条路上最具代表性的商品。海上丝绸之路是连接欧亚大陆最古老的东西方文化的海上道路，是指从广州、宁波等沿海城市起，经南大洋到阿拉伯海乃至非洲东海岸的经济文化交流的海上通道。

2013年是习近平总书记正式提出的“一带一路”倡议的开局之年。2013年9月，习近平总书记在纳扎尔巴耶夫大学发表演讲，在访问哈萨克斯坦期间，他首先提出了建设丝绸之路经济区的伟大构想。同年10月，习近平总书记访问印尼，在大会讲话中提出“21世纪海上丝绸之路”的概念，并将“丝绸之路经济带”和“21世纪海上丝绸之路”合称为“一带一路”，“一带一路”由此正式提出。“一带一路”引起了国际社会的高度关注，丝绸之路沿线国家积极响应。党和国家领导人多次表示，“一带一路”倡议对中国的经济和对外政策的发展具有重要意义。2015年，中国企业在49个国家完成投资，年均增长18.2%。同时，中国完成“一带一路”服务合同178.3亿美元，需求121.5亿美元，分别增长42.6%和23.45%。2019年，中意签署“一带一路”备忘录。

“一带一路”是东西方经济贸易和文化交流的主渠道。“一带一路”倡议为发展中国家提供了广阔的发展潜力，使活力四射的东部经济圈和繁荣发达的欧洲经济圈紧密相连，“一带一路”倡议开辟了陆路和海洋通道：在海上，依靠沿线的港口，建设高效通畅的国际运输通道；在陆上，依托传统通道，连接沿线中心城市，借助双边合作机制和中国与丝绸之路沿线经济带搭建的区域合作平台，建设新的国际经济合作走廊和欧亚大陆走廊。

（二）“一带一路”倡议研究

1. 国内研究现状

“一带一路”作为国家级倡议，也引起了学者的普遍关注。总体而言，国内学者主要从以下方面进行“一带一路”的研究。

第一，研究“一带一路”倡议的背景和意义。在“一带一路”倡议提出初期，许多学者对所涉及的问题都提出了自己的理解，主要是宏观层面的。大多数研究从国内和国际两个层面分析了“一带一路”的背景。主要观点是：“一带一路”是中国改革开放发展的必然趋势，“一带一路”是西部大开发在中国的拓展。陶坚（2015）认为，在国内，“一带一路”源于中国的内在经济需求，主要体现在三个方面：推进经济改革的内在需求、经济持续均衡发展的内在需求和“走出去”的内在需求。在国际上，国际社会期待中国在崛起中发挥更加重要的作用，利用中国做出更大的贡献，也有研究在国际和国内系统分析“一带一路”倡议的背景，国际背景主要表现在以下几个方面：世界经济发展展示出一些新特点，例如，世界经济增长速度逐渐放缓，世界贸易量增长也逐渐放缓，投资热情普遍偏低，区域经济一体化和经济全球化已成为全球经济发展的趋势。贸易规则在各方国家的推动下不断进行调整，以美国为首的西方国家正在努力推动高标准贸易，代表发达国家利益进行洽谈贸易和投资。与跨大西洋贸易投资伙伴关系（TTIP）和多边服务协定（PSA）一样，防止中国的投资规则相对落后。“一带一路”倡议除了考虑国际因素外，还兼顾国内经济发展、国家安全、人民幸福等其他因素（连辑等，2015）。

第二，对“一带一路”合作基础的研究。这类研究主要考察“一带一路”合作在国家民族关系、经济贸易关系等方面的基础。基于相关数据，邹嘉龄等（2015）分析了中国对“一带一路”沿线国家的贸易关联度以及中国各省份在经济发展方面的贡献程度。中国与“一带一路”沿线国家紧密相连，这在一定程度上为参与“一带一路”倡议的国家奠定了坚实的经济基础。丝绸之路经济区合作的基础是资源、技术、产业、交通等领域的互补，以及亚欧国家就亚欧大陆桥建设达成的共识。丝绸之路经济区体现了良好的文化和政治基础：丝绸之路经济区是近代古丝绸之路的遗产和重要源头；随着经济全球化和区域一体化的不断发展，各国之间的关系和相互依存更加紧密，有利于促进国家之间的长远合作。

如表 10 - 3 所示，“一带一路”范围内既有的合作机制日益丰富。全面推进“一带一路”倡议，充分重视现有双边机制的作用，协调各个委员会，多渠道协商交流，协调和推进合作规划。并签署备忘录，研究和讨论路线图，以及推广和实施双边合作示范项目。鼓励丝绸之路沿线地方和民间政府深入挖掘丝绸之路的历史文化遗产，共同举办贸易、投资、文化交流活动，积极推动“一带一路”国际高峰论坛的创建（盛毅等，2015）。

表 10－3　　“一带一路”范围内既有的合作机制

类型	名称
区域合作机制	上海合作机制等
次区域合作机制	中亚区域经济合作等
自由贸易区、自由贸易协定国	中国—东盟自由贸易区等
经济走廊	中巴经济走廊等
论坛与展会	博鳌亚洲论坛等

资料来源：《推动共建丝绸之路经济带和21世纪海上丝绸之路的愿景与行动》。

2. 国外研究现状

一般来说，国外对“一带一路”的研究主要集中在“一带一路”的内涵和意义上。欧洲亚洲研究所（The European Institute for Asian Studies，EIAS）的特里莎·法伦（Theresa Fallon，2015）认为，能源、安全、市场是“一带一路”的三大驱动力。这三个要素相互作用，促进了沿线地区、国家交通走廊和港口设施之间的联系，最终实现了贸易发展、安全的目标。保加利亚索非亚国家经济和世界经济大学助理教授安东尼娜·哈博娃（Antonina Habova，2015）认为，“丝绸之路经济带”是“中国马歇尔计划”“连接欧亚大陆”或“中国外交政策”。中国的崛起对全球政治结构和国际关系具有深远影响，但无法根据西方传统价值观来诠释。中国的崛起有其自身的发展脉络，中国尊重现有国际体系的结构，并计划以属于自己的方式改变体系内的不合理制度，见证国际体系发展的欣欣向荣。英国伦敦政治经济学院教授威廉·卡拉汉（William A. Callahan，2016）认为，“一带一路”不仅属于中国，也属于世界。“一带一路”通过基础设施建设带动沿线国家的投资和贸易，然而，“一带一路”致力于建设的政治、经济、文化网络依旧以中国为中心，以新的理念和治理标准来改造亚欧大陆的秩序。

（三）“一带一路”重点海洋区域

如表10－4所示，“丝绸之路经济带”共有3条线路，21世纪海上丝绸之路分为2条线路，“一带一路”倡议中，“丝绸之路经济带”和海上丝绸之路覆盖所有海域。总的来说，“一带一路”对中国扩大海洋战略流量，促进海上运输建设和发展具有十分重要的意义。

表 10-4 "一带一路"倡议的线路规划

名称	线路	具体规划
丝绸之路经济带	线路 1	中国→中亚→俄罗斯→欧洲（波罗的海）
	线路 2	中国→中亚→西亚→波斯湾→地中海
	线路 3	中国→东南亚→南亚→印度洋
21 世纪海上丝绸之路	线路 1	中国沿海港口→南海→印度洋→欧洲
	线路 2	中国沿海港口→南海→南太平洋

资料来源：《推动共建丝绸之路经济带和 21 世纪海上丝绸之路的愿景与行动》。

南海是"21 世纪海上丝绸之路"的起始出发点，由南海分别向东、向西移动形成"海上丝绸之路"的基础海域，一条到达南太平洋，另一条到达印度洋。

印度洋是中国连接非洲、欧洲、阿拉伯半岛的关键地区之一，地处"海上丝绸之路"的交通要塞，具有深远的战略意义。"一带一路"倡议将有助于解决印度洋地区的非传统安全问题，建设中国与印度的良好伙伴关系。

地中海和红海面积虽然不大，但它们是通往欧洲和非洲的交通要塞。从印度洋通过红海抵达地中海是该地区距离最远、交叉最广的地方，中国对这条线路的关注程度较少，但中国与沿线国家和地区的商业贸易往来不得不经过这片海域。因此，中国应与控制这些交通要道的国家保持友好伙伴关系，以便有效地实施"一带一路"。我们应充分借助其他国家的优势资源，例如欧洲发达国家经济基础雄厚，国际地位较高，它们将给予"一带一路"倡议经济方面的支持，使各国对"一带一路"倡议的认可度提高。2015 年 6 月和 7 月，李克强总理访问欧洲，表达了中国与欧洲深入合作的意愿，研究开展双方的战略投资。中欧的合作与交流，不仅有利于营造经济共赢的局面，也为中国提供了加强在欧洲近海地区发展的机会，从而有助于"一带一路"的顺利发展。

二、"一带一路"沿线海洋经济发展现状分析

（一）海洋产业发展现状

根据 2017 年《中国海洋经济统计公报》可知，沿海旅游业、渔业和海洋运输业的产值对海洋经济的贡献程度位列前三。以化学工业、海洋航运业、海洋油气工业为代表的其他海洋产业占 11.50%。在滨海旅游业中，深圳、三亚、厦门相对发达，其中旅游已成为三亚产业的重要经济支撑；"一带一路"沿线国家和地区将旅游业作为重点发展项目之一，如希腊、克罗地亚等地中海沿岸国家。在港口运输方面，青岛、宁波、厦门等地的港口运输业的产值占海

洋经济总产值的比重较大；在“一带一路”沿线国家和地区中，新加坡是港口运输业最发达的国家，对海洋经济的贡献在沿线国家中位列第一，但新加坡的港口运输产值与我国青岛相近，由此可见，我国枢纽港口运输保持领先的发展优势。海洋渔业呈现良好的发展态势，大连等地的渔业产量较高，在海洋产业方面，除海口、三亚外，其他港口城市的海洋产业对区域地区生产总值的促进作用较为显著；韩国、印度尼西亚、泰国和文莱在“一带一路”沿线国家中也具有明显优势，其中文莱化工产业和海洋油气的效益、韩国造船业的优势非常明显。

（二）海洋经济圈发展空间分析

“一带一路”倡议倡导海陆协调发展。主要国际内陆通道支持沿线重要城市高效安全的运输通道；重点港口为海上枢纽、畅通、安全高效的运输通道（丁阳等，2015）。“三圈”覆盖的海陆地区与“一带一路”海陆走廊基本重合。重点港口城市等发展势头好，区域合作经验丰富，辐射管理作用大，它可以成为海陆走廊的起点和动力。

1. 北部海洋经济圈

北部海洋经济圈由渤海湾、辽东半岛和山东半岛组成，区域海洋经济发展基础扎实，海洋科研教育领域优势明显，有助于实现中国北方的对外开放，使得中国顺利参与经济全球化，国家科技创新和研发的基础进一步增强。

辽东半岛沿海海洋区发展的功能定位是我国东北地区对外开放的重要平台、重要的国际航运枢纽、国家装备制造业和新材料基地、科研创新的重要基础。此外，此区域生态环境优美，属于人民生活富裕的适合居住地区。渤海湾海域是国家科技创新和技术研发基地，先进制造业、现代服务业、高新技术产业等新兴产业基地。

山东半岛沿海海洋区域目标是发展成为具有较强国际竞争优势的现代海洋产业集聚区、国家海洋经济改革示范区以及全球海洋科技教育区。“十二五”时期建设的主要内容是：海洋生物资源发掘、海洋牧场建设推进、全国重要海洋水产养殖基因型养殖点建设、海洋生物资源库和海洋产品质量检测中心建立；积极发展高附加值水产品加工业，积极发展高附加值、精深加工的水产品加工业，建设国际海洋中心，覆盖青岛港、日照港、烟台港、威海港、潍坊港等港口，发展现代海洋服务业，逐步打造临港网络；着力发展优质海洋旅游产业品质，如国际海滩度假、游艇、海上运动等，打造旅游度假区，重点发展青岛船舶工业和海洋工程装备建设，依托海洋科技优势，在青岛、烟台、威海等地建设新的海洋产业基地，重点发展海洋医药、海水淡化等新兴海洋产业，加快风电等海洋可再生能源基地建设，加快合作园区建设。打造具有自主创新能力和国际竞争力的现代化海洋集聚区，保护海岸生态系统多样性。

2. 东部海洋经济圈

东部海洋经济圈由苏、沪、浙沿海海域组成，区域内港口体系完善，海洋经济呈现高度外向型，对中国参与经济全球化具有重要意义。这一经济圈是亚太地区重要的国际门户，具有高度影响力的先进服务业和制造业基地。

江苏沿海海域是重要的综合交通中心、沿海新兴产业基地、土地储备开发的重要区域。“十二五”时期建设重点是：实现河海贯通，加快与连云港共建江苏沿海港口，发展海洋医药生物制品产业，特别是台州、连云港、大丰、启东等海洋生物基地。重点发展海洋环境保护和海洋科技领域的转化成果和商业服务。积极发展海洋文化创意产业，在创意规划的产业基础上再接再厉。加强自然资源、滩涂、湿地和水资源保护，构筑潮汐和滨海生态屏障。

上海沿海和海域发展以金融、商业和海洋中心为自身发展定位，在“十二五”期间，推进上海国际运输中心建设，提高上海港地位，建立以深海港为中心、中小港口为依托的沿海港口和物流体系。加强国际海事中心软环境建设，加强国际海运中心软环境建设，大力发展海上物流、海运融资、海运信息等服务；加快上海北外滩、临港新城、陆家嘴等交通服务区建设。继续开拓旅游市场，加快邮轮产业发展，以海洋技术装备为基础，加快长兴岛海洋工程建设。重点抓好东海大桥、奉贤和临港新城海上风电场建设，加强全球污染治理和长江及近海环境保护，完善区域污染防治共同机制，推进区域环保设施建设、信息共享和污染综合治理。

浙江沿海海域的定位是我国重要的大宗货物物流中心、海洋开发与更新示范区、现代海洋产业发展模范区，“十二五”时期的主要建设区域为：商品现货交易体系建设，海陆联运收汇和分销网络建设，加快宁波—舟山货物储运基地和集装箱货运港建设，“港航物流三位一体”金融信息支持系统，支持发展现代海运服务业，建设宁波、舟山、温州等海运集聚区。建设多个生态养殖和海洋生物资源集约化加工点，积极发展潮汐能等清洁能源，积极推动杭州湾、宁波、舟山、温州、台州等地海上风电发展。

3. 南部海洋经济圈

南部海洋经济圈由福建、珠江口、广西北部湾、海南岛沿岸等海域组成，海域面积大、资源丰富、战略地位十分重要，是中国参与经济全球化和对外开放的重要区域，是具有全球影响力的先进服务业和制造业基地，是中国保护和发展南海渔业资源、维护国家海洋权益的重要着力点。

福建沿海海洋区是第一个允许跨境交流合作的试验区，开发新的综合对外通道、东部沿海地区重要的高水平制造业基地和重要的自然文化旅游。“十二五”期间，重点加快游艇、帆船等高科技旅游发展。推进生态海水养殖和海产品精深加工，建设国家重要的海水养殖和优质品种遗传育种基地，加强厦门港集装箱干线港口建设，优化造船、造船设备设计、研发和生产。积极推进海上风能等海洋可再生能源开发，加快海洋环境领域医药生物产品的培育。

珠江口及其两岸海域是提升我国海洋竞争优势的主要领域。海洋运输条件优越，拥有广州港和黄埔港等运输中心。在经济方面，促进海洋科技创新和成果有效转化，加强建设海洋环境文明和海洋综合治理。

广西北部湾沿岸及海域作为西部开发地区的唯一沿海区域，区位优势较为显著，沿海港口吞吐能力不断提高。作为中国—东盟的物流、贸易、制造业基地和信息中心，区域开放合作程度不断提高。

海南岛沿海和海域有许多天然港口，如海口港、洋浦港、三亚港等。海南岛沿海海域是旅游改革创新试验区、世界级旅游目的地、南海资源服务开发基地，这里是展示国家文化生态建设的中心窗口，是国际经济合作和文化交流的重要平台。

中国海洋经济结构进一步优化，形成北、东、南三大海洋经济圈。三个经济圈的发展潜力各不相同，发展目标和产业发展存在差异，北部海洋经济圈是海洋经济发展的稳定基础，在海洋科学研究和教育领域具有天然的优势，在对外开放中发挥的作用显著。东部海洋经济圈有着完善的海运系统和强大的外向型海运经济，是长江经济区发展战略与“一区一路”战略的交汇点。南部海洋经济圈面积大、资源丰富、战略地位重要，是促进南海资源保护和开发，保护海洋权益的关键点（安虎森和郑文光，2016）。

三、“一带一路”沿线海洋合作领域分析

（一）海洋经济合作

“一带一路”倡议促进各方经济领域的合作。首先，从国内角度分析，“一带一路”倡议，有效促进中国与沿线国家和地区的经济合作，共同建设各类项目，开展各项工程；从国际发展的角度来看，中国经济实现“自由通行”，促进互利共赢，海上经济合作应支持包容且开放的多方位商业贸易合作，提高“一带一路”沿线国家和地区贸易的便利化程度，创建全球开放的

海洋经济合作新模式，在一定程度上缓解国家（地区）在海洋领域的冲突与矛盾，构建人与海洋和谐发展的新局面（吴迎新，2016）。另外，加强海上经济合作在一定程度上促进“一带一路”倡议的深入落实。加强国家（地区）间的海洋经济合作，为中国规划“一带一路”倡议提供了良好的方向和着力点，也有助于在其他领域进一步扩大“一带一路”倡议的影响范围，吸引更多的国家和地区参与。特别是在渔业领域的合作，它有助于为经济发展较慢的国家带来发展的新机遇，提高渔业对经济的贡献程度。统计数据显示，2017年我国对“一带一路”沿线国家和地区投资合作取得重大进展，如表10－5所示。

表10－5　中国对“一带一路”沿线国家投资合作情况　单位：亿元

年份	对外投资额/总投资额	并购额/海外并购总额	承包合同额/总承包合同额
2016	145.3/1701.1	66.4/1072	1260.3/2440.1
2017	143.6/1200.8	88.0/962	1443.2/2652.8

资料来源：中华人民共和国商务部“走出去”公共服务平台统计数据。

在“一带一路”海洋经济合作方面，非公有制经济可以发挥资本投资、信息交流和知识产权等优势，给农业、工业、服务业带来新的投资机遇，发挥海洋经济产业园区的示范作用。海洋经贸对外发展较早，非公有制经济在海洋经济和海洋产业海外合作领域享有盛誉。因此，中国在海洋渔业、海洋旅游和其他海洋产业领域与其他国家的合作谈判中发挥主观能动性，同时，还可以提供未来贸易信息和适合当地经济发展的国内外市场信息，如江苏红豆集团在柬埔寨港口特色经济建设中建设园区，吸引了上百家企业入驻，促进了当地经济结构的现代化，促进非公有制经济的健康发展，实现中国与“一带一路”沿线国家和地区在经济贸易、科学技术以及投资等方面的良好合作，更好地支持“一带一路”倡议中海洋经济领域的合作。

（二）海洋安全合作

新一轮的海洋竞争日益加剧，各个国家之间关于海洋资源的冲突不断涌现。其他国家也相继参与争夺，海洋纠纷案件数量不断增多，海洋运输权益保护遭遇危机。“一带一路”沿线国家和地区多数地处亚欧大陆，海洋安全问题亟待解决。其他影响海洋安全的因素依旧存在，如出现海盗等恐怖威胁，有组织跨国犯罪和非传统海事安全方面的海事事故，特别是在海运和能源运输路线方面存在严重的安全问题。我国主要海上航线均位于海盗活动易发地区，海盗活动严重威胁着中国的海洋捕捞业，也对中国“一带一路”的建设产生不利影响。因此，中国应加强与“一带一路”沿线国家和地区在营造安全海洋运输环境、联合执法对抗威胁活动等方面的合作，建设安全稳定的海洋环境。总之，中国应充分利用“一带一路”倡议机遇，考虑各个国家和地区的发展情况，推进海洋安全领域合作。

巩固“一带一路”沿线国家和地区的友好合作关系有利于扩大海洋领域合作成果。多层次、多领域、多方向参与“一带一路”倡议，如讨论区域海洋安全热点问题，加强海洋安全领域的交流协作，建立全面海上合作的新模式。中国坚持与各方建立友好伙伴关系，已成功召开中欧经贸高层对话会、亚洲政党丝绸之路等会议，国家之间的交流与沟通机制不断完善。在国际会议、高级别论坛等场合，使各国了解中国在“一带一路”倡议中的海洋安全政策，加强政党间的互信和政治互动，更重要的是联合打击恐怖主义，维护海洋安全。

（三）海洋科技与文化合作

“一带一路”倡议的一个关键点是推动中国与各国和沿海地区在海洋科学技术等方面的区域间合作，海洋科学和技术革新在海洋开发进程中占据了重要地位，对基本海洋技术的掌握在海洋开发和利用方面带来了巨大的好处。由于俄罗斯、澳大利亚等国家拥有领先的技术优势，我国应积极开展与这些国家的合作，引进先进的技术。另外，在潮汐能等海洋能源方面，我国也可以为其他国家或地区提供帮助与支持。中国与东盟在海洋产业重点关注海洋科技领域的合作，如在防灾减灾、海洋生态系统和物种保护等领域合作。从另外一个角度来看，增进文化交流是海洋合作的目的之一。丝绸之路沿线国家和地区众多，文化习惯差异较大，在“一带一路”海上合作线上，有着古老的“四大文明”。佛教、伊斯兰教、基督教和犹太教也有着来自不同国家和地区的信徒，虽然中国和丝绸之路沿线国家和地区在人文交流领域取得了令人瞩目的成就，但仍存在许多问题：民间交流程度远低于政府层面的交流程度，更重视经济因素的交流而忽略其他因素。

（四）海洋资源与环境保护合作

资源与环境保护是“一带一路”海上合作的关键内容之一。现阶段，“一带一路”沿线国家和地区经济发展任务较为艰巨，同时，环境存在脆弱性亟待保护，两者之间的矛盾愈发严重。从中国过去的发展经验可以得出结论，对环境资源的肆意掠夺不仅给所在国家和地区带来难以弥补的损失，而且还不利于中国树立良好的大国形象。因此我们需要秉承环保的生态观，建设绿色有机的丝绸之路，将经济发展带来的环境破坏度降到最低，实现“一带一路”的可持续发展。加强环境保护，落实生态发展理念，是建设“绿色丝绸之路”的基础要求。高效利用海洋资源、兼顾保护生态环境是发展海洋经济的关键。“一带一路”海洋资源广阔，当前阶段与中国开展合作的国家和地区数量日益增多，合作领域集中在海洋油气和渔业，合作区域集中在非洲、东亚和南亚等地区。在缅甸、文莱等地，中国与之在油气工业方面开展了深度合作。在开发海洋资源的过程中，如果不注意保护海洋环境，就有可能污染这些国家和地区的海洋水质和生物，进一步破坏这些国家和地区的生态环境。对生态环境的破坏难以修复，这使得海洋开发建设遭遇严峻挑战。加强与“一带一路”沿线国家或地区在海洋资源和环境保护领域的合作，有助于中国与“一带一路”沿线国家或地区合理勘探和开发海洋资源。在加强海洋经济的同时，进一步推动海洋经济的绿色发展。海洋环境保护合作有助于各方更好地利用海洋，开发海洋，为保护海洋环境和全球海洋管理做出贡献。

基于各方保护海洋资源与环境的实际情况，专家人士要充分利用在学术研究方面取得的成果，在专业领域进行理论层面的考察；在理论研究的基础上进行再研究。国家可以邀请有关外部代表对海洋资源保护进行研究，为海洋资源开发和环境保护提供政策规划以解决海洋资源和环境恶化问题，做好海洋环境恢复工作。利用知识和技能参与“一带一路”海洋资源和环境保护，推进海洋资源科学建设；促进“一带一路”海洋资源和环境保护的示范性运作，有助于沿海国家或地区海洋环境资源的保护。当前，“一带一路”沿线国家或地区开展合作的潜力十分巨大。“一带一路”沿线国家或地区海洋合作符合中国“海洋强国”战略目标；促进了我国海洋权益的保护和相关海洋纠纷的解决，必须不断分析我国海洋权益的演变。新时期海洋合作，应探索新机遇，团结各阶层、各派系，促进海洋事业的可持续发展。

四、“一带一路”倡议未来的发展方向

（一）构建新型海洋合作关系

1. 创新海洋合作理念

主权国家致力于追逐国际地位的提高，其在追求利益的过程中较少受到中央权力机关的约束，但这一行为的形式多以合作为主，较少采取对抗形式。随着各个国家相互依存关系的加深，各国对航行自由的呼声始终不绝于耳。地区海洋强国的崛起需要达成对海洋利益的共同认知，联合建设维护海上运输安全

和航线安全的区域海上运输共同体。海上共同体实力的增强需要新的海上秩序协调，加强合作，减少冲突；提高各国海洋安全意识，提高应对海洋危机的能力，及时应对海洋危机的发生。只有形成一个有序的合作机制，竞争才不会成为零和游戏，竞争才能促进世界和平与发展。

2. 树立全球性海洋战略思维

建立全球性海洋战略思维。一方面促进相关企业“走出去”，另一方面注重质量，鼓励和支持实力型企业“走出去”，把港口合作放在合作内容的重要位置，积极参与建设、维护国家港口的运营和安全，可以采取独资、合资、兼并、采购等方式，也可以采用“建设—经营—转让”和特许经营方式，有利于维护我国海洋贸易安全。此外，鼓励高科技型企业在“一带一路”沿线国家或地区投资。依托中国与海上丝绸之路沿线国家或地区现有的经贸关系，并与海上经济示范区建设相衔接，带领船舶、渔业、水产养殖等先进技术企业向资源丰富、市场需求旺盛的地区发展。实施科技兴海，共同建设海洋科学技术研究体系，促进与沿线国家在海洋环境和气候变化领域的合作。

3. 建设战略支点促进多边合作

通过确立战略重点，可以促进全系统互联互通，建立双边关系，促进多边合作，深化双边发展。双边合作涉及的矛盾与争端较少，合作视野开阔，容易实现共同利益。因此，我们要积极支持双边关系发展，建设丝绸之路建设中心。沿海国家即海上邻邦，对战略支柱的支持在长海航运中十分重要，建设战略支柱将为两国关系发挥充分作用。充分利用沿途国家间的合作与交流，建立繁荣友好的战略模式，根据沿途各方的特点和与中国的不同交往模式，形成不同类型的友好关系。中国应充分利用与中国世代友好的国家，打造两国合作的主要模式，树立双赢企业合作的表率，鼓励有疑虑的国家积极参与。先要做好示范工作，创建一些特色试验区，鼓励各个国家积极参与，利用沿线国家大量华侨华人，打造沿线文化交流合作基地，促进沿线文化交流。华人华侨与我们具有相同的历史和文化渊源。它们可以从华侨华人居住的国家中受益，作为丝绸之路建设中文化交流的先行者，建设生机勃勃的丝绸之路文化。通过传播文化，在促进世界文化融合的同时，提升中国的文化影响力，通过文化促进相互了解和信任，消除分歧。

（二）探索科学合作模式

1. 因地制宜开展合作

科学规划“一带一路”国家结构，根据实际情况实施渔业相关的产业合作。第一，根据形势，科学布局“一带一路”沿线国家渔业领域的国际合作。中国的主要渔业生产区、主要出口渔业区和“一带一路”沿线国家和地区实行科学分区，把“一带一路”沿线国家和地区划分为“21 世纪海上丝绸之路”的重点和非重点海域，陆路丝绸之路的关键和非关键区域。第二，主要渔区与“一带一路”沿线国家和地区的合作有所区别。对于有共同海域的东盟国家和东南亚国家，要推进福建、广东、广西、海南等重点渔业主产区，利用地理优势，形成优势互补、开放协调、联动发展的外海捕捞格局。与东盟、南亚在海洋捕捞领域开展合作，形成区域海洋渔业政策的有机结合、政治互信与边境安全，构建互利共赢的利益共同体、扩大丝绸之路关键地区边境水产品贸易。第三，立足“一带一路”倡议，推动港口建设进程，切实开展经济领域的合作，构建海洋产业链，推进渔港经济区建设。建设“海洋利益共同体”，区分定位福建沿海、珠江口及其两侧、广西北部湾等主要港口功能。因地制宜，切实开展海洋捕捞、交通运输等方面的创新合作。

2. 发掘海洋产业链合作

优化我国海洋渔业产业结构，在“一带一路”和产业链内开展全国渔业合作，一是调整产业结构。确保水产养殖渔业的质量和效益。在加强渔船管理和控制、维持渔业规模的前提条件下，适度增加对海洋捕捞业的资金补贴，从经济上给予海洋养殖业、渔业等相关产业绿色化、有机化以及长远化发展以支持。二是将海洋产业链纵向延伸，有效利用沿线国家和地区的资源优势，实现海洋上下游产业的附加效益。菲律宾等东南亚联盟国家渔业资源较为丰富，但相关技术处于劣势地位；而我国东南沿海地带的捕捞技术相对较高，在一定程度上可以实现技术等资源的优势互补。印度、印度尼西亚等国家是全球海洋养殖的聚集地，其具有适宜的气候条件、低廉的劳动力成本等有利条件，有效巩固海洋养殖大国的地位。我国东南沿海地区的海洋渔业正逐步显现出绿色有机、技术程度高等特点。产业链上游的再生产和研究优势，冷链仓储、物流和下游加工优势互补，延伸了沿线国家和地区上下游产业链和产品组合。

3. 推动海洋产业结构转型升级

我们应利用“一带一路”的机遇，推进海洋产业结构调整和现代化建设。首先，对于中国的“走出去”相关企业，引导它们投资一流的服务业，例如离岸金融、法律服务和信息服务，积极融入“一带一路”沿线国家和地区海洋服务产业，提升我国海洋服务业发展水平，实现海洋产业转型和现代化。其次，在坚持海洋经济合作优势的前提下，积极开展对外或转移海洋产业，不断拓展海洋产业链，提高海洋产业规模和水平，在更广阔的领域集聚先进生产要素，推进平台、产业和项目建设，促进产业结构调整和经济转型现代化。重点推动和发展产业链长、领导能力强、辐射面广、关联度高的海洋装备制造业，提高我国海运业在“一带一路”沿线国家和地区的竞争优势。

（三）协调统筹海洋安全

1. 统筹海陆两条主线

“一带一路”分为陆地和海洋两大区域。这些国家虽然有各自的安全问题，但也有一些共同的特点：陆港海港、陆路水路、陆路边境和海上边境等。在“一带一路”安全合作中，要协调好陆路和海上两条主干道，共同确保“一带一路”倡议的安全。特别地，有一些国家不仅是丝绸之路经济带，也是21世纪海上丝绸之路，如巴基斯坦、印度、伊拉克、伊朗、沙特阿拉伯、叙利亚、土耳其等国家。这些国家大多处于连接“一带一路”的重要地理位置，对“一带一路”的顺利实施起着重要作用。陆上丝绸之路的衰落与海上丝绸之路的兴起并存。这意味着，丝绸之路和丝绸之路的发展已经大相径庭，当前，中国经济的发展为“一带”和“一路”的协调发展提供了现实基础，充分认识“一带一路”沿线国家和地区的地理和资源优势，不仅有利于实现“一带”和“一路”的对接，对“一带一路”下的安全问题也十分重要，需要进一步研究“一带一路”国家的地缘政治和经济特征及其在“一带一路”倡议中的作用。

2. 通过科技创新加强安全合作

现阶段，科技革新对促进“一带一路”沿线各方的共同发展和共同繁荣起着重要作用。同时，“一带一路”沿线各方复杂的安全形势也对进一步加强科技创新合作提出了更加紧迫的需求。近年来，国际安全局势面临的高新技术威胁日益显著。例如，恐怖组织和恐怖分子在武器生产、信息传播、反恐斗争等方面表现出越来越强的技术渗透力。因此，必须加强沿线国家和地区间的合作研究、共同攻击，分享科技成果和创新发展经验，促进共同安全。具体来说，对于在“一带一路”沿线国家和地区的气候变化、自然灾害监视、生态环境整备、自然资源利用等领域取得的重大成果，要继续活用其技术手段，在信息监控、解密、获取信息等方面扩大科技产品的使用范围，这些技术手段在应对恐怖主义、防盗、禁毒等安全问题上发挥着越来越重要的作用。

第十一章 美国海洋政策的启示

美国是当今世界头号海洋强国，历来具有强烈的经略海洋意识，甚至从“海洋事关国家兴衰”的高度进行海洋战略谋划。近年来，伴随美国全球战略重点由反恐转向“应对大国竞争”，全球海洋竞争加剧，各国纷纷强化海上力量、新科技的快速发展。美国加强全球海洋军事布局和海上力量建设，加紧海洋开发和利益保护，海洋战略正在经历新的变化。进入21世纪以来，伴随着新的计算模拟、观测、人工智能等技术的发展和应用，美国海洋科学界运用集成动态方法研究全球海洋的能力大大提升，加深了对海洋物理、海洋生物、海洋化学以及海洋地质和地球物理领域的认识和理解。美国海洋研究的规模和影响力在全球首屈一指。对中国而言，为应对美国海洋战略的新一轮转型，需要着眼于推进海洋强国建设和统筹新时期中美关系的视角，既要对潜在的挑战保持高度的警醒并做好应对的准备，更需要加快推进自身海洋事务建设，进一步强化海洋意识和海洋战略规划，全面提升经略海洋的能力。

第一节 美国海洋经济政策的发展历程

一、19世纪末20世纪初的海洋经济战略[①]

（一）商船与近海贸易的保护

在海外贸易中商船的建设和革新是推动其向前发展的重要动力。内战时期，因为棉花贸易市场较为萧条滞后，美国就把许多商船兜售给欧洲别的国家。这之后的很长一段时间里，美国的商船建造和革新都没有什么起色，甚至出现向后倒退的趋势。直到商船设施落后并大量缺乏问题日渐凸显出来时，一

① 原田．美国的海洋战略及其对国家发展的影响［D］．外交学院，2012.

些有利可图的强大的利益组织机构开始寻求联邦政府对于商船建造和革新的正面支持和响应。其中尤以船坞制造者和钢铁制造业主为主要呼吁者。19 世纪 90 年代有 4 艘大型的船坞被用于改建成商船。据统计，1890 年被用于海外贸易的商船中有 6835 艘是蒸汽商船，而到 1914 年则增长到了 15085 艘。另外，美国私人性质的企业还控制了在对外贸易中发挥重要作用的大型商船，包括联合性质的水果公司、标准性质的石油公司等。这些手段和措施令美国的商船和海运行业有了一定的进步和发展。经济建设都是以获取最大利益为目标。

19 世纪末，美国政府开始鼓励并支持人民雇佣外国的商船来进行本国的海外贸易运输。因为美国政府发现如果花钱雇佣别国的商船来运输本国自己出口的货物要比自己投资建设商船来运输便宜许多，更何况一般情况下外国的商船都有来自政府的资金补助。如此一来美国在商船运输贸易上就大大减少了投资成本，从而能够获取更多的海外贸易利润。

除此以外，美国还特别注意制定各种法律法规来保护本国的商船在与别国的商船贸易竞争中免受过多的伤害。1916 年，美国颁布并执行了《航运法》，认可了航运公会的合法性，从而令其摆脱了反垄断法即反托拉斯法的限制和约束。1936 年，美国修改了之前制定的《商船法》，使其更加人性化，并增加了政府直接性质的补贴和援助形式，从而扩大了美国商船队的总体规模，提高了商船队的贸易效益，增长了美国的海外经济，巩固和稳定了美国海权的基础。

（二）高额关税保护

美国政府在 19 世纪末 20 世纪初这一时期内除了对商船海运进行保护外，还注重对关税的保护，通过高企的关税壁垒来促进本国经济快速而稳定的向前发展。早在 1789 年 7 月，美国国会就通过并颁布了第一个关税法，规定对美国船舶中进口货物征收较低的关税率，而对外国的船舶货物则实行相比较稍高的吨位税以及入港税。美国政府对商船和海运的支持和保护，使美国于 1854 年在造船学以及航海技术方面取得了可喜的成效并处于世界领先的位置。从内战开始到第一次世界大战爆发这期间，美国就一直维持着较高的关税。

美国政府在扩大海外贸易市场的情况下，能够同时保护关税使其对本国经济有利。这种行为看似有悖常理，但在当时运转不健全的国际经济体系框架内，却正好被美国政府巧妙并恰当地利用了。美国一方面可以扩大海外贸易市场，拓展近海贸易从而增加利润，另一方面仍能够利用较高的关税壁垒保护本国的商品市场及其在海外贸易中的竞争能力。这一措施有效促进了美国经济迅速而高效的发展。据统计，1894 年，美国工业方面的产值总额第一次上升至世界的第一位而赶超英国。

1899 年，美国的生铁和钢的产量分别占世界产量总值的 1/3 和 42%。1889 年，美国商品的出口总额是 7.5 亿美元，而到 1914 年则增长到 25.5 亿美元。这些数据说明，19 世纪末 20 世纪初，美国的工业和经济已经基本赶上甚至超过当时其他的资本主义国家。美国已经开始作为一个令世界瞩目的强大的工业国屹立于世界之林。这都归结于这一时期美国的海洋经济战略。这也为美国海洋军事中战列舰的建造和革新打下了坚实的经济基础。

二、20 世纪初及 21 世纪初美国海洋经济战略①

1966 年，美国国会通过了《海洋资源与工程开发法》，要求成立海洋科学、工程和资源总统委员会，对美国的海洋问题进行全面审议，并于 1969 年提交了题为“我们的国家与海洋”的报告。该报告对 20 世纪下半叶美国海洋政策的制定和实施起着重要的指导作用。2000 年，启动实施“国家海洋经济计划”（NOEP）。该计划的宗旨就是提供最新的海洋经济及海岸经济信息，并预测美国的海岸领域以及海岸线可能会发生的一些趋势。

进入 21 世纪，美国开始反思其所面临的海洋经济发展现状。一方面，沿海人口的大量增加和海洋环境恶化对海洋经济发展和海岸带管理提出严峻挑战；另一方面，在海洋科技竞争中，欧洲、日本后来居上，在很多领域都超过了美国。这使美国开始重新反思其海洋政策。

2000 年，美国国会通过了《海洋法令》，提出制定新的国家海洋政策的原则：有利于促进对生命与财产的保护、海洋资源的可持续利用；保护海洋环境、防止海洋污染，提高人类对海洋环境的了解；加大技术投资、促进能源开发等，以确保美国在国际事务中的领导地位。

这是美国 30 多年来第二次全面系统地审议国家的海洋问题。法令要求设立完全独立的海洋政策委员会负责全面制定美国在新世纪的海洋政策。时任美国总统布什亲自指定 16 位专家组建美国海洋政策委员会，委员会对美国海洋政策和法规进行了全面深入的调研，掌握了美国利用和管理海洋方面的第一手资料。并于 2004 年正式提交了名为《21 世纪海洋蓝图》的国家海洋政策报告。随后，美国公布《美国海洋行动计划》提出了具体的落实措施。

---

① 宋炳林．美国海洋经济发展的经验及对我国的启示［J］．吉林工商学院学报，2012，28（1）：26－28．

第二节　美国海洋科技政策的发展历程

进入21世纪，海洋领域将成为世界竞争的焦点，海洋领域的竞争，无论是政治的、经济的还是军事的，归根到底是科技的竞争。近年来越来越多的国家开始重视海洋科技的发展，大部分具有海洋优势的国家制定了科学系统的海洋科技战略与政策，将开发海洋放在重要位置上来，在世界新技术革命的背景下，发展海洋技术，引领科技创新。

美国是世界海洋大国，自立国至今，从未失掉过与海洋的密切联系。美国重视海洋对社会经济发展的重要作用，并高度重视通过海洋科学研究为海洋事务决策提供参考和支撑。美国高度发达的海洋科学技术为美国称霸海洋提供了技术保障，为海洋经济的发展提供了技术支撑。海洋复杂而严酷的环境为海洋科学技术的发展提供了无限广阔的空间。海洋科学技术是认识海洋、了解海洋，最终征服海洋必不可少的手段，拥有先进的海洋科学技术可以在海洋财富和海洋资源的占有上取得先机。自1960年以来，美国政府就将发展海洋科技上升到国家的重要政策，目前在国家海洋科学事业中海洋科学技术早已占据了不言而喻的地位。它们加大对科技发展的资金和人才投入，促进海洋科学的发展。美国政府在不同历史时期有着不同的海洋科技政策，下面将按照时间轴的形式对美国的科技政策进行具体阐述。

在此之前，尽管美国已开始了海洋研究，但研究规模小，研究领域主要集中在保障海上航行安全的基础调查和海洋生物研究方面，其他海洋研究很难得到联邦政府的经费支持，那一时期的美国政府对于海洋研究采取了冷漠的态度。第二次世界大战奠定了美国海洋科学技术大发展的基础，自此海洋科学成为一门新兴学科。第二次世界大战期间，美国政府采取了为军事服务的海洋科技政策，相继开展了海浪预报、近海环境预报、水声研究与预报等。这些研究和预报扩大了海洋研究领域，提升了海洋研究水平和社会认知度。美国政府上层人士认识到海洋和海洋研究对于国家安全保障的重要意义。在第二次世界大战结束后的第二年，政府在海军部设立海军研究署，作为联邦政府组织全国力量、开展海洋科学技术研究的支持机构和领导机构。在美国政府不断加大对海洋科技投资的情况下，海洋学在美国作为自然科学的一门边缘新兴学科，迅速确立了独立的学科地位。

一、冷战期间美国的海洋科学技术

在20世纪中叶之前，欧洲老牌资本主义国家的海洋研究一直遥遥领先于美国，但是由于第二次世界大战的刺激，海洋科技有了一定发展。1957年苏联陆续发射了两颗太空人造卫星，苏联先进的技术震惊了美国。美国政府意识到苏联这一空间技术必然会应用到海洋空间和海洋开发领域。为此，美国国家研究理事会于1959年发表专题报告，呼吁美国政府增加对海洋科学技术研究的投资，以保持美国海洋科学技术的世界领先地位。同年，美国海洋学委员会也发表了题为《1960—1970年的海洋科学》的文件，并将海洋战略的主导思想定位为：通过发展海洋科学技术，推进海洋经济的发展。在此之外，支持建立类似于国家航空航天局的能够统筹规划海洋工作的国家海洋机构（张锦涛和王华丹，2015）。这一时期美国发展海洋科学技术主要采取了以下措施。

（一）加大投入力度

美国的海洋科学在第二次世界大战中得到发展，美国政府为了解决当时海战中所遇到的各种紧迫环境问题，开始重视海洋学在军事方面的应用，这也同步促进了整个海洋科学的发展。第二次世界大战后，海军开始向海洋相关高校和研究机构投放经费，与此同时开始建立海洋研究的基础设施致力于促进海军的发展。在海军与美国政府的不断努力下，美国在战后的几年内所建设的海洋研究结构数量远远超过“二战”前研究所的机构总和。1950年以后，美国仍然加大对海洋研究机构财政资金和人才的投入。

20世纪60年代，美国科学院发布《1960—1970年的海洋学》研究报告，此报告主要强调海洋的重要性，尤其是在军事、经济等各个领域海洋科学都扮演着重要的角色。研究报告提出了三点建议，分别为加强对海洋科学、基础研究和应用科学的支持力度，要求在10年内这三项都能有突破性进展。

（二）加强管理机构和规划建设

1960年初，机构间海洋学委员会成立，该委员会制定并实施《国家海洋学年度规划》，规划提出：要扩大研究活动，面向深海远洋；增加财政支持，重视基础研究。20世纪60年代，将海洋补助计划增加至具有国家性质的科学基金会内部，这一举措会使有更多资金可以投入至海洋发展中，这为提升美国的海洋开发能力和海洋科学研究奠定了坚实的经济基础。1966年，美国政府成立了“斯特拉顿委员会”，三年后斯特拉顿委员会制定了《我们的国家和海洋—国家行动计划》。1986年美国制定的“全球海洋科学计划”指出走在利用和开发海洋路上的先行者能够获取最大收益。不久后，《90 年代海洋科技发展报告》发布，在此报告中，详细指出要发挥海洋科技在海洋开发中的作用，将发展海洋科技上升到重要地位，有规划有效率地去提升海洋科技水平。

（三）加强实践，开展大规模海洋调查

20 世纪 60 年代，随着海洋事业的崛起，美国的海洋调查迅速发展起来，根据需要对各大洋进行了大量的综合调查和专题调查。美国积极倡导和参加国际合作调查，为了更好地掌握各海洋的情况以便能更好地发展来称霸世界，美国的海洋调查区域广、内容新且水平高。与此同时，美国也根据本国的需要进行各种专题调查。从 20 世纪 70 年代以来，美国的海洋调查不仅仅依赖于传统的海洋调查船和相关仪器设备，还将海洋科技运用到新设备的研发中，从多维度去立体观测海洋，如研发了大容量浮标、深海潜器调查潜艇和水下居住实验室，成功发射了资源卫星等。

二、新时期美国的海洋政策和综合管理体制

进入 21 世纪，美国对海洋政策和海洋综合管理进行了重新调整，采取了有别于“二战”时期和冷战时期的新的海洋科技政策。近年来，美国非常重视海洋科技发展战略规划，美国先后发布《21 世纪海洋蓝图》及其实施措施《美国海洋行动计划》《海洋科学 2015—2025 发展调查》等规划报告，加强美国海洋科技顶层设计，系统部署海洋研究优先领域和重点任务。美国科学系统全面的科技政策为海洋科技的发展奠定了基础，有利于提升其在海洋科学基础研究和技术研发的水平，最终加快美国海洋事业的发展与强盛（李景光等，2016）。

美国加快了海洋开发和科技发展的步伐，于 2000 年成立了海洋政策委员会，重新审议美国海洋战略并制定了《21 世纪海洋蓝图》。《21 世纪海洋蓝图》中写到，经济社会的发展都离不开海洋科学技术，它可以帮助我们更好地去了解地球海洋环境、高效率地利用与保护海洋资源、增强军事战斗力从而维护国土安全；要注重海洋国家战略和海洋科研规划的系统性，增强全民海洋科学知识；同时要加大对海洋科研基础设施投入，增加经费支持和人才引进奖励；在信息化的 21 世纪，要适应发展趋势，加强技术创新和信息化管理，要让海洋科技更加现代化与智能化。2004 年，时任美国总统布什发布了 21 世纪美国海洋科学技术研究的指南——《美国海洋行动计划》，提出了具体措施，要促进国际海洋政策与科学发展，促进国际海洋科学，主要包括促进大海洋生态系的利用，把全球海洋评价系统同全球对地观察系统结合起来，以及领导综

合海洋钻探计划。

2007 年 1 月，美国国家科学技术委员会海洋科技联合分委员会发布《规划美国未来十年海洋科学事业：海洋研究优先计划与实施战略》，主要是对美国从 2007 年起的以后十年的海洋科技进行规划。该规划指出，为了处理好人与海洋的关系，必须重视涉及海洋科技的三大要素：一是预报海洋的主要过程与现象的能力。了解和认识海洋的主要过程，具有重大的经济、社会和环境意义。二是为基于生态系的管理提供科学支撑。有助于科学合理地管理海洋及其资源，在管理中考虑到资源与海洋环境其他要素之间的关系，包括海洋与人类之间的关系。三是发展海洋观测系统。通过观测，可以更好地保护和利用海洋及其资源，并促进海洋研究。具体的实施战略包括：明确不同机构的作用；充分利用合作机制；发挥基础设施的潜力，并按主题和优先领域评估对基础设施的需求，在评估基础上建设和发展所需设施，加强基础设施共享；促进研究成果转化为决策、管理和教育等服务的有用物品；开展评估与评价，并根据评估结果制订年度实施计划；更新预算和计划。

海洋科学技术联合小组委员会和海洋资源综合管理小组委员会于 2008 年 11 月发表的报告称：美国现阶段海洋科技政策的基本目标是保障国家安全，提高全球经济竞争力，保护海洋生态环境，提高美国民众的生活质量和生活水平。海洋科技政策当前及今后一段时间的重点领域或方向是：第一，监测和预报重要海洋过程和现象，包括与全球气候变化和变异密切相关的过程和现象，如海洋酸化、风暴的形成与演变、对生物资源与人类健康的危害等。关键海洋过程预报能力的增强不仅扩大了海洋预报的经济效益，也提高了海洋预报的社会效益。只有获得有关海洋过程和现象的信息，国家才能做出与气候变化相适应和海洋能源开发等问题密切相关的明智决策。第二，为“以生态系统为基础的管理”方法的贯彻实施提供科学支持。以生态系统为基础的管理被认为是鉴别和解释海洋资源和海洋环境其他因素（如人类活动影响）之间复杂相互作用的有效方式之一，也是处理海洋生态系统（包括生态系统如何随气候变化而变化）、自然变化和人类活动压力的机制。为了加深对生态系统过程的认识和了解，此管理方法的贯彻执行需要有多维、多学科的研究工作予以支持。第三，减轻海洋污染，确保清洁而卫生的海岸和海滩。为了改善海岸、海涂以及整个海洋的清洁状况，国家需要依靠海洋科学技术，解决沿海流域及相邻地区和海域上空的污染源。第四，建立和健全可靠的海洋观测系统，解决气候变化、生态系统健康、海上经济活动和海事安全等问题。海洋过程预报能力以及海洋现象认知能力与海洋观测能力密切相关：了解和认识海洋在气候变化中的作用，科学有效地开展以生态系统为基础的管理，确保海上经济活动和航行安全等，都需要有可靠的海洋观测数据。第五，依靠海洋科学技术，培育国民海洋文明素养。海洋科学教育是繁荣经济、造就未来海洋管理和高水平科研人才的必要条件。美国新制定的国家海洋政策极力提倡海洋文明和终身海洋教育，不仅大力支持从儿童启蒙教育至博士级正规海洋教育的发展，而且要求科学中心、水族馆、博物馆和互联网等广泛开展公共海洋教育和宣传。海洋科学渗入教育体系，海洋教育反映最新的海洋科学成就（叶向东等，2013）。

2010 年 7 月 19 日，奥巴马总统签署总统行政令，发布了《海洋、海岸带和五大湖国家管理政策》。为了落实新海洋政策的战略目标，2013 年，海洋政策委员会正式发布了《国家海洋政策执行计划》，其中内容用一章强调，加强海洋管理水平需要从最基本的调研做起，要保证有充足的科学数据与资料信息；同时再次指出科学技术和制造能力对经济发展、资源保护和灾害防治等方面有着不可估量的作用。计划中还提到，要加大对海洋知识的宣传力度，提高全民海洋意识与感知能力；提高海洋和海岸带数据的信息化管理，增强获取数据提炼信息的能力。目前，全球海洋的竞争已经成为海洋科学技术的竞争，人类与海洋之间的联系方式随着科技发展的进程而有所不同。新时代，人工智能、大数据以及生物技术等新型科学技术与日俱进，海洋基础科学研究走上新台阶。从历史上来看，海洋研究与开发的革命性变革基本都是在重要科技革命的背景下进行的，所以更进一步确认了现在全球海洋争夺的关键是科学技术之间的竞争。美国作为世界海洋大国和世界强国，不断调整本国的海洋科技政策和海洋发展战略来应对不断发展的技术进步与竞争，他们加大海洋科技的投入，积极促进海洋科技创新，增加海洋开发能力，提升海洋科技转化能力，推动海洋经济发展。

三、结语

加强海洋管理，重视制定国家海洋战略与政策，从宏观层面指导海洋事业总体设计与布局。要系统部署海洋研究优先领域和重点任务，注重政策的科学性，制定符合我国海洋实际发展情况的政策措施，要在科学基础上做决策，增强海洋科学知识的国家战略，为海洋事业的稳步发展提供强有力的政策支持。

加强海洋教育，增强全民海洋意识并激发自觉行动，才能为海洋强国建设提供强有力的社会共识、舆论环境、思想基础和精神动力。我们要用更先进的理念，更有力的行动，更优秀的作品，营造有利于增强全民海洋意识的环境和氛围，为海洋事业发展凝聚强大的精神力量，奏响建设海洋强国的时代强音。

要加强海洋教育，鼓励和支持高校有关海洋学科的研究平台建设，增加海洋研究实验室和智库数量，积极促进海洋相关专业交叉融合与新兴学科的发展。另外有关高校要成为我国海洋战略、海洋科技和海洋经济发展的智库，积极发挥人才优势和科技创新优势，为我国海洋强国建设和海洋事业的发展贡献应有的力量。同时要增强全国人民利用海洋、保护海洋、发展海洋的意识，为海洋强国建设和21世纪海上丝绸之路发展提供思想舆论基础和精神文化支撑，一是要深入挖掘中华民族的海洋历史和传统海洋文化，二是要建立健全增强全民海洋意识的工作机制，三是要创新完善海洋精神文明的活动平台，增强“全国海洋意识教育基地”建设，旨在强化公众海洋意识、普及海洋知识、树立正确的现代海洋观念，推进海洋文化事业繁荣发展。

发展海洋科学技术，创新海洋科技，为海洋事业发展提供重要支撑。第一，发展海洋事业要走科技进步和创新引领之路，要将科技进步应用到海洋经济发展和海洋生态保护上来，大力发展海洋高新技术。第二，要提高海洋开发能力，扩大海洋开发领域，加强海洋观测、监测、预报、信息管理和调查船队等基础设施与能力建设，加快打造深海研发基地，加快发展深海科技事业。第三，促进科技成果的转化，促进研究成果转化为决策、管理和教育等服务的有用物品。第四，加大对海洋科技研究的财政投入，增加科研活动经费，为科技发展奠定良好的经济基础。第五，要针对海洋科学的难点重点，成立专项研究工作组，对其中的核心技术进行联合集中攻关研发。

推动海洋经济高质量发展。第一，促进产业结构升级，加强新旧动能转换，发展新兴产业，支持传统产业改造升级，增加海洋生产总值。第二，要加强港口建设，把港口作为陆海统筹、走向世界的重要支点，既大力开拓市场，又积极加强能力建设，加快由运输港、物流港向贸易港、中转港转变。第三，要依据经济基础、区位条件和资源禀赋，发展格局特色的海洋经济区，充分利用21世纪海上丝绸之路，加快海洋经济“走出去”步伐。第四，加强陆海统筹，强化海洋经济向内陆地区的辐射与传导，扩大海洋经济受益区域，促进区域经济协调发展。第五，提高海洋生物资源和矿产资源开发能力，打造附属产业链。

海洋对于人类社会发展有着重要的意义，所以我们要加强海洋生态文明建设。首先要合理利用海洋资源，严禁滥用开发，保护海洋自然再生产能力。其次要加强海洋环境的污染整治，建立健全法律保障措施，建立海洋生态灾害监测预警。最后要加强生物多样性的保护，严禁向海洋排放有毒有害的污染物，维护海洋生态健康。总之，我们要思想上重视海洋生态保护，行动上做到系统、科学、全面，守护好我们的蓝色家园。

第三节 “透明海洋”与海洋强国

一、“透明海洋”计划概述

（一）“海洋强国”战略

在新时代发展背景下，海洋领域是我国当前发展阶段重要的能量源，建设“海洋强国”已经成为我国的一项基本国策。因此认识海洋在国家综合实力和国际竞争中发挥的重要作用，挖掘海洋蕴藏的丰富自然资源，改善海洋发展的生态环境，增强海洋领域的资金、技术支持，激发海洋发展的经济潜力显得尤为重要。我国“海洋强国”战略的确定经历了提出、发展和深化三个阶段。第一，“海洋强国”战略的提出。党的十八大报告初步指出了“海洋强国”战略所涵盖的内容，这些内容具体为在资源开发能力上有所提升、在海洋经济的发展上取得一定成就、注重海洋的生态环境维护、在维护国家海洋权益上决不让步，把我国建设成为海洋强国，以上四个主要内容为我国进一步详细地深入推动海洋的开发与拓展做出重要的指引。第二，“海洋强国”战略的发展。在主持中共中央政治局会议中，习近平总书记在建设海洋强国研究的集体研究学习时特别再次强调了建设海洋强国的四个基本要求，也被称为“海洋强国”战略的“四个转变”，具体内容为：要提高资源开发能力，要实现海洋经济发展的转变，在经济发展中更加注重海洋经济的质量效益，在警惕时刻注意海洋的生态环境，不能因为追求经济发展而忽视生态环境；海洋开发方式要向更高层次发展即向循环利用型转变，注重资源的多次可循环利用，要加强资源的保护；海洋科学技术的发展不容忽视，海洋技术是我们探索海域的基础和根本，海洋科技不能单纯依靠其他国家或地区的已有成果，不能一味的模仿，要实现自己国家的技术突破，要向海洋技术创新引领型转变；要维护国家海洋的权益，保障自己的国家权益不受侵犯，统筹兼顾海洋权益的发展，全面对海洋权益的维护进行战略布局。第三，“海洋强国”战略的深化。党中央在会议报告中提出“海洋强国”战略的基本构想，随着实践的深入不断丰富该战略的要求与内涵。例如习近平总书记在参加第十三届全国人民代表大会第一次会议山东代表团审议时强调重视海洋产业的发展，加强海洋发展资金投入，培育专门化的海洋人才，坚持海洋产业的自主科技研发，争取早日实现建设世界一流的海洋港口的目标，建立完善的现代海洋产业体系，实现海洋生态环境的绿色可持续发展，推动“海洋强国”战略的发展，实现海洋强国的发展目标。在考察青岛海洋科学与技术试点国家实验室时，习近平总书记强调海洋经济的发展是不可忽视的，海洋经济发展的潜力是十分巨大的，在海洋领域的科研探索是推动我们“海洋强国”战略的两个十分重要的环节；特别强调关键的海洋技术要靠我国自主研发，不能依靠外来技术，要形成我国海洋经济发展的独特核心技术，对中国海洋经济的发展前途要有充足的信心和发展憧憬。

（二）“透明海洋”概念的提出

吴立新院士提出“透明海洋”这一概念，西太平洋—南海—印度洋海域海区对我国海洋领域的发展具有十分重要的作用，我国的海洋资源开发、我国海洋经济发展依据该海区、海洋领域的防灾减灾也受该海区的影响、海防安全建设、海洋通道安全建设与维护、我国科学绿色的海洋生态文明建设等多个方面都会受该海区的直接影响（吴立新，2015）。除此之外，西太平洋—南海—印度洋海域是我国实施“海洋强国”战略的主要地区，也是我国 21 世纪海上丝绸之路倡议实施的空间承受体，该海区是我国海洋领域相关事业发展与拓展的关键核心利益相关体。

“透明海洋”可以被理解为是一个空间拓展的概念，逐步实现从透明陆架海、透明南海、透明西太平洋、透明印度洋向南大洋和两极的拓展。世界上各个国家通过构建合作力度大、合作机制实施有效的海洋观测、预测机制进而实现海洋的深入研究与探索；世界上各个国家在国际海洋观测体系上实现高效的有益相互配合、相互合作，高效整合各个国家的有益观测体系，协调统一发展国际正规的海洋观测。在世界各个国家海洋观测系统整合的基础上可以实现世界范围内海洋观测系统的可持续、长远性、高效性、综合性的发展。这个海洋观测系统具备诊断全球海洋未来发展状况的能力，具备预测未来海洋发展中可能出现的问题和矛盾的能力，具备应对未来海洋发展风险的能力，可以实现全球海洋生态系统的维护和可持续发展。在目前的世界发展状况下，“透明海洋”概念在深刻的时代幕布下被提出。受限于以前落后的耕作与生存能力，在海洋领域的开发上存在着一个漫长荒芜的尚未开发时期，在这个时期里，对于人类而言，海洋不过是提供鱼虾类等生存物资的摇篮，不过是供渔民或临海人家进行捕猎生存物资的场所。受第一次工业革命的影响，西方国家对于海洋的利用开发更上一层楼，西方出现了一批刚刚兴起不久的资本主义国家，为了谋求自身的发展，获取金钱利益和军事力量进而可以在欧洲大陆上进行比拼，这些国家在陆地发展资源短缺后，将目标放在了海洋上，这些国家开始进行海洋探索，在海上建立自己的殖民地。这一期间这些新兴国家对于海洋的开发以侵占掠夺领海空间为主，没有涉及海洋开发的问题，一直到第二次世界大战之后，随着科学技术水平的提升，人类才正式对海洋领域的重要作用开始探索，开始进入开采探索海洋资源的新时期。开采海洋资源的原因是多方面的，主要包括以下三个原因，第一个原因是伴随着时代的发展历程，伴随着工业化的飞速发展，在大陆内部存在的资源已经被开采利用了不少，导致陆地上的资源含量下降，陆地现有资源数量的下降给国家的工业发展带来危机感。第二个原因是随着第二次世界大战的爆发展开了国家争夺，各个资本主义国家在海洋领域的扩张上显示了自己的野心，因此新兴的争抢点着落于海洋领域。第三个原因是较为主要的原因，随着工业化的进展，科学技术的总体水平提升，在各个专业领域出现了专门的研究人才，在海洋领域上也不例外，按照现在的观点来看，科学技术的出现和升级在很大程度上提升了工业发展的质量和素质。不管是第二次世界大战后海洋领域的疯狂竞争还是当今世界的形势下，世界上的各个国家都把海洋领域作为竞争的主要领域，在海洋上的资源开发和技术探索已经成为主流，各个国家都在把争夺海洋上的优势作为竞争力的突破口。伴随着资源的过度开发，工业的盲目和激进发展，全球的环境遭受了巨大的灾难，人类生活的环境遭到严重破坏，由于过多的工业燃料导致的全球变暖情况也不乐观，在海洋领域内的各种恶劣突发状况，海洋的极端天气情况也很常见。我国实施海洋战略的目的不仅局限在实现本国经济的长远发展，而且也在对海洋的保护上实现长远性和可持续性进而实现全世界和全人类的发展。

当前情况下，为了成功解决人类社会面临的资源、环境和气候三大问题，我们需要把目光集中在海洋领域。为了能够了解海洋、掌握海洋、探索海洋蕴藏的价值进而将海洋价值得以充分的实现，了解和认识海洋是第一步，这就需要我们借助科技手段进行探索和认知。我们认识海洋的目的在于使海洋的相关内容和知识能够处于较为理想的状况，能够对海洋的情况进行清晰的掌握。在这个过程中，科学技术的手段是必须的，利用科技对海洋的资源、环境状况进行观测，运用风险识别和预测技术对海洋的未来发展情况进行预测，对海洋未来发展情况进行积极的应对，我们依靠海洋技术能够对海洋进行全面的认知和科学的观测，能够对海洋的多方位信息进行掌控，如海洋底部蕴藏的资源、海洋内部的生态环境以及海洋上的气候变化等问题，利用海洋技术对海洋的变化进行及时的掌握与反馈，使人类可以具有相应的应对策略，不至于在面对海洋不可知的风险时束手无策，将海洋的实际情况放置在放大镜下，也可以说将海洋的状态放在一个更为长远的时空里，把海洋的当前和未来情况进行放大，实现海洋情况的透明化。“透明海洋”计划就是在这样的背景下产生的（吴立新，2015）。

（三）“透明海洋”计划的内容

为响应国家“海洋强国”战略，我国提出了“透明海洋”计划，这个大科学计划是我国走可持续发展的必经之路。我国将分步骤、有序地推进“透明海洋”计划，而努力推进“透明西太平洋—南海—印度洋”即“透明两洋一海”是“透明海洋”计划全面实施的近期和中期重点任务。为实现“透明两洋一海”这一重大建设任务，我国形成了一套发展轨迹。一是实现海洋观测、探测、预测以及开发的技术突破，特别注重水下浮力平台观测技术的发展，国家的战略强调要形成核心海洋观测技术的核心自主产品。二是海洋底部的资源和环境要实现进一步观测，这就要求我们要扩大海洋观测的覆盖面，这对于时空分辨率有很高的要求。三是海洋探索领域的知识理论，我们要对西太平洋—南海—印度洋环境、气候、资源进行研究，希望能够取得创新成果。四是预测海洋未来的技术发展情况，构建了建立在西太平洋—南海—印度洋海域上的关于气候预测情况变动的相关技术，海洋预测系统技术建设最高的愿景是能够对各个国家和具体地区的海洋情况进行详细的预测，但就目前的情况来看，要实现这个愿望并非易事。因此，我们在海洋技术的发展上还面临着很大的挑战。

二、“透明海洋”计划发展现状

要建设海洋强国，先要“知海、懂海”。只有认识海洋，才能从战略上部署好海洋，才能因势利导，走向海洋，开发海洋。海洋地球物理有着极为重要的作用，特别是海防和海洋地质灾害预警这些关系到国家安全的领域更是意义重大。通过对海洋地球物理环境的“全局、精细、实时”监控，及早发现、及时预警，达到维护国家安全的目的。和平时期，唤醒全民的海洋意识，建立海洋战略规划，尽快健全中国海精细地球物理场的技术数据和基础图件并且及时更新，发展具有自主产权的海洋地球物理监控设备。“透明海洋”在国防安全中的作用体现在多个方面，如提供海洋资源勘探、深海观测系统关键设备与技术研发、及时反馈附近海洋领域的安全状况等，为我国实时监测海洋情况做出重要反馈。本节以“透明海洋”计划中的海洋地球物理监控为例说明“透明海洋”在国防安全领域的应用。海洋地球物理在国家安全方面的应用可以分为两个方面，一方面是国防安全和海洋安全上的应用，被称为海洋军事地球物理；另一方面是在国家海洋地质灾害预警方面的应用。海洋地球物理的研究内容也可分为两个方面，一个是监测海洋的运行情况，另一个是监控海洋运行的环境，掌握海洋地理的实时信息，构建完善的海洋监控体系，提高海洋监控的能力，揭示海洋地球物理环境对军事行动的影响规律，分析海洋局势对国家安全局势的影响，为未来还有军事行动的制定与实施做准备。

参考文献

［1］安虎森，郑文光．地缘政治视角下的“一带一路”战略内涵——地缘经济与建立全球经济新秩序［J］．南京社会科学，2016（4）：5－14.

［2］白永秀，王颂吉．丝绸之路经济带的纵深背景与地缘战略［J］．改革，2014（3）：64－73.

［3］包建中．中国农业改革前景：创建新型农业的探讨［J］．河北农业科学，1995，1（3）：1－3.

［4］蔡先凤，林洁．海洋生态损害赔偿：鉴定评估与制度保障［J］．宁波经济（三江论坛），2019（4）：20－23.

［5］蔡运龙．自然资源学原理［M］．北京：科学出版社，2007：281.

［6］崔旺来，钟海玥．海洋资源管理［M］．青岛：中国海洋大学出版社，2017：3－6.

［7］陈书全．基于可持续发展的渔业生态环境保护研究［J］．中国渔业经济，2006（6）：38－40.

［8］陈梓浩，熊翠婵．广东“4.21”飑线过程的中尺度分析［J］．广东气象，2019，41（3）：5－9.

［9］邓玉娇，田永杰，王捷纯．静止气象卫星资料在白天海雾动态监测中的应用［J］．地理科学，2016，36（10）：1581－1587.

［10］丁阳，黄海刚，王春豪．21世纪海上丝绸之路的战略枢纽：克拉运河［J］．亚太经济，2015（3）：28－33.

［11］杜德斌，马亚华．“一带一路”：中华民族复兴的地缘大战略［J］．地理研究，2015，34（6）：1005－1014.

［12］冯凯．我国海洋生态补偿资金来源的法律研究［D］．山东师范大学，2016.

［13］傅秀梅，王长云．海洋生物资源保护与管理［M］．北京：科学出版社，2008.

[14] 付毅飞．“蛟龙”下潜勘探合同区科学家发现多金属结核覆盖率约五成 [J]．科技传播，2013，5 (15)：164.

[15] 岗本峰雄，黑木敏郎，村井彻．人工魚礁近傍の魚群生に関する予備的研究－猿岛北方．魚礁群の概要 [J]．日本水产学会誌，1979 (45)：709－713.

[16] 高天航．海上通道关键节点安全保障及应急综合效率评价 [D]．大连海事大学，2018.

[17] 高振会，杨建强，张继民．溢油对海洋生态环境污染损害评估程序、内容及技术研究 [C]//中国环境保护优秀论文集 (2005) (下册)，2005.

[18] 高振会，杨建强，王培刚．海洋溢油生态损害评估的理论、方法及案例研究 [M]．北京：海洋出版社，2007.

[19] 葛倩，王家生，向华，胡高伟．南海天然气水合物稳定带厚度及资源量估算 [J]．地球科学，2006 (2)：245－249.

[20] 耿晓阳．浅谈海洋采矿及对我国海洋矿产开发的指导 [J]．山西焦煤科技，2011，35 (7)：37－38＋56.

[21] 公衍芬，杨文斌，谭树东．南海油气资源综述及开发战略设想 [J]．海洋地质与第四纪地质，2012，32 (5)：137－147.

[22] 胡鞍钢，马伟，鄢一龙．“丝绸之路经济带”：战略内涵、定位和实现路径 [J]．新疆师范大学学报 (哲学社会科学版)，2014，35 (2)：1－11.

[23] 郝非尔．龙卷风预报到底有多难 [N]．北京日报，2019－07－10 (13).

[24] 韩立民，李大海．“蓝色粮仓”：国家粮食安全的战略保障 [J]．农业经济问题，2015 (1)：24－29.

[25] 韩立民，任广艳，秦宏．“三渔”问题的基本内涵及其特殊性 [J]．农业经济问题，2007 (6)：93－96.

[26] 韩立民，王金环．“蓝色粮仓”空间拓展策略选择及其保障措施 [J]．中国渔业经济，2013，2：53－58.

[27] 韩立民，相明．国外“蓝色粮仓”建设的经验借鉴 [J]．中国海洋大学学报 (社会科学版)，2012，2：45－49.

[28] 韩立新．船舶污染造成的海洋环境损害赔偿范围研究 [J]．中国海商法年刊，2005，16：214－230.

[29] 韩鹏磊．海洋的环境保护 [M]．长春：吉林出版集团有限责任公司，2012：140－141.

［30］侯国祥，王志鹏．海洋资源与环境［M］．武汉：华中科技大学出版社，2012：99.

［31］胡泽松，张裕书，杨耀辉，李潇雨，周满赓．海滨砂矿开发中应注意的问题及建议［J］．矿产综合利用，2012（4）：3－6.

［32］环境保护部环境工程评估中心．海洋工程类环境影响评价［M］．北京：中国环境科学出版社，2012.

［33］黄大鹏，高歌，叶殿秀，肖潺．龙卷风研究进展及预警业务现状［J］．科技导报，2017，35（5）：45－53.

［34］黄少安．海洋主权、海洋产权与海权维护［J］．理论学刊，2012（9）：33－37.

［35］黄欣碧，龙盛京．半红树植物水黄皮的化学成分和药理作用研究进展［J］．中草药，2004（9）：118－121.

［36］景谦平，吴栋栋，邵毅．生态环境损害价值计量——福建南平生态破坏案生态环境损害价值评估案例分析［J］．中国资产评估，2017（6）：46－49.

［37］柯坚．破解生态环境损害赔偿法律难题——以生态法益为进路的理论与实践分析［J］．清华法治论衡，2012（2）：68－84.

［38］李兵．国际战略通道研究［D］．中共中央党校，2005.

［39］李嘉晓．蓝色粮仓：建设基础、面临问题与发展潜力［J］．中国海洋大学学报（社会科学版），2012，2：40－44.

［40］李景光，张士洋，阎季惠．世界主要国家和地区海洋战略与政策汇编［M］．北京：海军出版社，2016.

［41］李京梅，侯怀洲，姚海燕，王晓玲．基于资源等价分析法的海洋溢油生物资源损害评估［J］．生态学报，2014，34（13）：3762－3770.

［42］李荣升．赵善伦．山东海洋资源与环境［M］．北京：海洋出版社，2002. 27.

［43］李润求．煤矿瓦斯爆炸灾害风险模式识别与预警研究［D］．中南大学，2013.

［44］李双建．主要沿海国家的海洋战略研究［M］．北京：海军出版社，2014.

［45］李双建，于保华，等．美国海洋战略研究［M］．北京：时事出版社，2016.

［46］李响．了不起的成就［N］．中国国土资源报，2013－08－10（003）.

[47] 李延江，陈小雷，卢先梅．渤海气象灾害与海洋灾害预报技术［M］．北京：气象出版社，2014.

[48] 李莹坤．海洋生态补偿的几个关键问题研究［J］．科技与企业，2015（19）：106－107.

[49] 连辑，范鹏，段建玲．“一带一路”战略导读［M］．兰州：甘肃文化出版社，2015：59－72.

[50] 刘光鼎，陈洁．试论中国海的地球物理监控［J］．地球物理学进展，2011，26（2）：389－397.

[51] 刘娟．美国海权战略的演进［M］．北京：社会科学文献出版社，2014.

[52] 刘敏燕，沈新强．船舶溢油事故污染损害评估技术［M］．北京：中国环境科学出版社，2014.

[53] 刘伟峰，臧家业，刘玮，冉祥滨．海洋溢油生态损害评估方法研究进展［J］．水生态学杂志，2014，35（1）：96－100.

[54] 刘跃进．我国军事安全的概念、内容及面临的挑战［J］．江南社会学院学报，2016，18（3）：7－10＋30.

[55] 刘宗义．21 世纪海上丝绸之路建设与我国沿海城市和港口的发展［J］．城市观察，2014（6）：5－12.

[56] 卢昆，周娟枝，刘晓宁．蓝色粮仓的概念特征及其演化趋势［J］．中国海洋大学学报（社会科学版），2012，2：35－39.

[57] 吕江津．渤海湾一次罕见持续性海雾过程的成因分析［C］．中国气象学会．第 35 届中国气象学会年会 S1 灾害天气监测、分析与预报．中国气象学会：中国气象学会，2018：1088－1096.

[58] 马莉莉，任保平．丝绸之路经济带发展报告［M］．北京：中国经济出版社，2014：17－23.

[59] 梅宏．试论《环境保护法》的修改方向［A］．中国法学会环境资源法学研究会、国家环境保护总局、全国人大环资委法案室、兰州大学，2007.

[60] 牛禄青．可燃冰：能源宝库与商业开发［J］．新经济导刊，2017（7）：44－49.

[61] 潘澎．海洋牧场：承载中国渔业转型新希望［J］．中国水产，2016（1）：47－49.

[62] 沈俊楠．基于生境等价分析法的杭州湾新区围填海工程生态修复研

究［J］. 特区经济，2019（2）：51－55.

［63］史大永．海藻基根硬毛藻 C. basiretorsa、刺状鱼栖苔 A. spicifera 的化学成分及其生物活性研究及松节藻 R. confervoides 醇提物体内活性研究［D］. 中国科学院研究生院（海洋研究所），2005.

［64］石先武，高廷，谭骏，国志兴．我国沿海风暴潮灾害发生频率空间分布研究［J］. 灾害学，2018，33（1）：49－52.

［65］彭波．"一带一路"战略推进与文明交融［J］. 国际贸易，2016.2：31－36.

［66］齐勇，闫星魁，郑姗姗，张可可，苗斌，王波，吴鑫．海浪监测技术与设备概述［J］. 气象水文海洋仪器，2015，32（3）：113－117.

［67］秦宏．"蓝色粮仓"建设相关研究综述［J］. 海洋科学，2015，39（1）：131－136.

［68］秦宏，孟繁宇，杨文娟．"蓝色粮仓"关联产业结构优化研究［J］. 西北农林科技大学学报，2015（6）：40－46.

［69］庆立军．全球化背景下的中国粮食安全［N］. 学习时报，2019－07－10（002）.

［70］饶欢欢，彭本荣，刘岩，等．海洋工程生态损害评估与补偿——以厦门杏林跨海大桥为例［J］. 生态学报，2015（16）：195－204.

［71］盛毅，余海燕，岳朝敏．关于"一带一路"战略内涵、特性及战略重点综述［J］. 经济体制改革，2015（1）：24－29.

［72］时殷弘．关于中国的大国地位及其形象的思考［J］. 国际经济评论，1999（Z5）：43－44.

［73］宋杰，许望．国际海底生物资源保护问题研究——基于《联合国海洋法公约》的分析［J］. 浙江海洋学院学报（人文科学版），2015，32（3）：27－31.

［74］苏源，刘花台．海洋生态补偿方法以及国内外研究进展［J］. 绿色科技，2015（12）：24－27.

［75］孙克勇，刘太春．海洋环境影响评价的污染防治措施与建议［J］. 北方环境，2011，23（11）：230.

［76］陶坚．"一带一路"对中国及世界经济的影响［J］. 社会观察，2015（12）：23－25.

［77］唐启升．贯彻落实科学发展观积极促进现代渔业建设：实施蓝色海洋食物发展计划［C］. 2008 中国渔业经济专家论坛论文集．北京：中国水产

科学研究院，2008：4.

［78］王海峰，刘永刚，朱克超．中太平洋海盆多金属结核分布及其与CC区中国多金属结核开辟区多金属结核特征对比［J］．海洋地质与第四纪地质，2015，35（2）：73－79.

［79］王敬涛．强对流，了解一下——这个“暴脾气”不好惹［J］．生命与灾害，2019（3）：20－21.

［80］汪丽．中国海洋资源［M］．长春：吉林出版集团有限责任公司，2012：132－133.

［81］王生荣．海洋大国与海权争夺［M］．北京：海潮出版社，2000.

［82］汪依凡．海洋生态损害评估［C］．中国航海学会船舶防污染专业委员会．2007年船舶防污染学术年会论文集．中国航海学会船舶防污染专业委员会：中国航海学会，2007：155－176.

［83］韦振权，何高文，邓希光，姚会强，刘永刚，杨永，任江波．大洋富钴结壳资源调查与研究进展［J］．中国地质，2017，44（3）：460－472.

［84］吴立新．“透明海洋”拓展中国未来［N］．光明日报，2015－01－15（011）.

［85］吴迎新．海上丝绸之路沿线国家和地区合作研究——以海洋产业竞争优势及合作为中心［J］．中山大学学报（社会科学版），2016，56（2）：188－197.

［86］夏世福，赵传絪，冯顺楼，等．中国渔业区划［M］．杭州：浙江科学技术出版社，1988：59－61.

［87］谢义坚，黄义雄．基于条件价值评估法（CVM）的福建滨海防护林生态补偿研究［J］．安徽农业科学，2018，46（22）：104－107.

［88］肖艳芳，张杰，崔廷伟，秦平．海雾卫星遥感监测研究进展［J］．海洋科学，2017，41（12）：146－154.

［89］谢子远，孙华平．基于产学研结合的海洋科技发展模式与机制创新［J］．科技管理研究，2013（9）：44－47.

［90］辛仁臣，刘豪．关翔宇．海洋资源［M］．北京：化学工业出版社，2013：88－90.

［91］熊焕喜，王嘉麟，袁波．可燃冰的研究现状与思考［J］．油气田环境保护，2018，28（2）：4－6＋60.

［92］许健．国际海底区域生物资源的法律属性探析［J］．东南学术，2017（4）：146－152.

[93] 许小峰，顾建峰，李永平．海洋气象灾害［M］．北京：气象出版社，2009.

[94] 徐倩．海湾三岛问题研究［D］．西北大学，2011.

[95] 杨海．习近平国家安全风险防范思想初探［J］．马克思主义研究，2017（10）：95－105.

[96] 杨红生．我国海洋牧场建设回顾与展望［J］．水产学报，2016，40（7）：1133－1140.

[97] 杨红生，茹小尚，张立斌，林承刚．海洋牧场与海上风电融合发展：理念与展望［J］．中国科学院院刊，2019，34（6）：700－707.

[98] 杨寅．基于 NRDA 的海洋溢油生态损害评估方法探讨及案例分析［D］．国家海洋局第三海洋研究所，2011.

[99] 叶向东，叶冬娜，陈思增．现代海洋战略规划与实践［M］．北京：电子工业出版社，2013.

[100] 殷克东，方胜民，赵领娣．青岛近海风暴潮灾害损失与海洋经济安全预警［M］．青岛：中国海洋大学出版社，2012.

[101] 余丹，檀朝东，胡雄翼，宋文容，李静嘉．海底可燃冰开发流动保障技术研究进展［J］．数码设计，2018，7（1）：81－84.

[102] 于广利，谭仁祥．海洋天然产物与药物研究开发［M］．北京：科学出版社，2016.

[103] 于森，邓希光，姚会强，刘永刚．世界海底多金属结核调查与研究进展［J］．中国地质，2018，45（1）：29－38.

[104] 于兴河，付超，华柑霖，孙乐．未来接替能源——天然气水合物面临的挑战与前景［J］．古地理学报，2019，21（1）：107－126.

[105] 袁沙．关于深海进入与开发的思考［N］．中国海洋报，2018－07－12.

[106] 袁征．生境等价分析法在溢油生态损害评估中的应用研究［D］．国家海洋局第三海洋研究所，2015.

[107] 曾呈奎．走农牧化道路为主导的水产生产发展我国的蓝色农业［J］．科学与管理，2000，20（4）：11－13.

[108] 曾呈奎．关于我国专属经济海区水产生产农牧化的一些问题［J］．自然资源，1979，1：58－64.

[109] 张大海．浮力摆式波浪能发电装置关键技术研究［D］．浙江大学，2011.

[110] 张福绥．21 世纪我国的蓝色农业［J］．中国工程科学，2000，2

(12)：21 -28.

[111] 章耕耘．基于 SIMAP 的海洋溢油生态损害评估方法研究 [D]．集美大学，2015.

[112] 张宏生．西方法律思想史 [M]．北京：北京大学出版社，1990.

[113] 张晶．海洋生态损害赔偿法律问题研究 [D]．山东大学，2014.

[114] 张锦涛，王华丹．世界大国海洋战略概览 [M]．南京：南京大学出版社，2015.

[115] 张蓬，冯俊乔，葛林科，王震，姚子伟，杜廷芹．基于等价分析法评估溢油事故的自然资源损害 [J]．地球科学进展，2012，27 (6)：633 -643.

[116] 张善宝．国际海底区域科研活动对生物资源的损害及其规制 [J]．西部法学评论，2017 (4)：115 -123.

[117] 张雯．我国海洋溢油生态损害赔偿的研究——以大连 7.16 事件为例 [D]．大连理工大学，2014.

[118] 翟盘茂，李晓燕，任福民．厄尔尼诺 [M]．北京：气象出版社，2003.

[119] 赵克仁．海湾三岛问题的由来 [J]．世界历史，1998 (4)：112 -115.

[120] 郑苗壮，刘岩，彭本荣，饶欢欢．海洋生态补偿的理论及内涵解析 [J]．生态环境学报，2012，21 (11)：1911 -1915.

[121] 郑永光，林隐静，朱文剑，蓝渝，唐文苑，张小玲，毛冬艳，周庆亮，张志刚．强对流天气综合监测业务系统建设 [J]．气象，2013，39 (2)：234 -240.

[122] 周国良．厄尔尼诺与拉尼娜——一对秉承迥异的兄妹 [N]．中国水利报，2016 -10 -13 (005).

[123] 周竹军，殷佩海．船舶溢油损害索赔与评估的现状与发展浅谈 [J]．世界海运，1999 (1)：50 -55.

[124] 朱江．厄尔尼诺能预报吗 [N]．学习时报，2016 -08 -08 (007).

[125] 朱树屏．朱树屏文集 [M]．北京：海洋出版社，2007：10 -20.

[126] 竺效．生态损害的社会化填补法理研究 [M]．北京：中国政法大学出版社，2007.

[127] 邹才能，杨智，张国生，侯连华，朱如凯，陶士振，袁选俊，董大忠，王玉满，郭秋麟，王岚，毕海滨，李登华，武娜．常规 -非常规油气“有序聚集”理论认识及实践意义 [J]．石油勘探与开发，2014，41 (1)：14 -25 +27 +26.

[128] 邹嘉龄，刘春腊，尹国庆，等．中国与“一带一路”沿线国家贸易格局及其经济贡献［J］．地理科学进展，2015，34（5）：598－605.

[129] 邹立刚．保障我国海上通道安全研究［J］．法治研究，2012（1）：77－83.

[130] 邹仁林，陈映霞．珊瑚及其药用［M］．北京：科学出版社，1989：17.

[131] BLUNT J W，COPP B R，KEYZERS R A，MUNRO M H，PRINSEP M R. Marine Natural Products［J］．Natural product reports，2016. 33（3），382－431.

[132] CALLAHAN W A. China's belt and road initiative and the new eurasian order［J］．Norwegian Institute of International Affairs，2016，22.

[133] LOUISE D L F. The concept of environmental damage in international liability regimes［J］．Environmental Damage in International and Comparative Law. 2002：130－150.

[134] FALLON T. The New Silk Road：Xi Jinping's grand dtrategy for Eurasia［J］．American Foreign Policy Interests，2015，37（3）：140－147.

[135] FRANK M. Marine resource damage assessment：liability and compensation for environmental damage［M］．Springer Netherlands，2005：27－28.

[136] GOODFELLOW M，FIEDLER H P. A guide to successful bioprospecting：informed by actinobacterial systematics［J］．Antonie Van Leeuwenhoek，2010，98（2）：119－142.

[137] GRIMES C B. Marine stock enhancement：sound management or techno-arrogance?［J］Fisheries，1998，23（9）：18－23.

[138] HABOVA A. Silk road economic belt：China's marshall plan，pivot to Eurasia or China's way of foreign policy［J］．KSI Transactions on Knowledge Society，2015，8（1）：64－70.

[139] HEIN J R，MIZELL K，KOSCHINSKY A，et al.. Deep-ocean mineral deposits as a source of critical metals for high-and green-technology applications：Comparison with land-based resources［J］．Ore Geology Reviews，2013，51：1－14.

[140] HEIN J R，SPINARDI F，OKAMOTO N，et al.. Critical metals in manganese nodules from the Cook Islands EEZ，abundances and distributions［J］．Ore Geology Reviews，2015，68：97－116.

[141] KONIG D. Genetic Resources of the Deep Sea—How Can They Be Pre-

served? [M] //International Law Today: New Challenges and the Need for Reform? . Springer, Berlin, Heidelberg, 2008: 141 - 163.

[142] KWON H C, KAUFFMAN C A, JENSEN P R, et al.. Marinomycins A - D, antitumor-antibiotics of a new structure class from a marine actinomycete of the recently discovered genus "Marinispora" [J]. Journal of the American Chemical Society, 2006, 128 (5): 1622 - 1632.

[143] LAHNSTEIN C. A. Market-Based Analysis of Financial Insurance Issues of Environmental Liability Taking Special Account of Germany, Austria Italy and Spain [J]. Deterrence, Insurability, and Compensation in Environmental Liability: Future Developments in the European Union. 2003: 305 - 307.

[144] PENG J, YUAN J P, WU C F, et al.. Fucoxanthin, a marine carotenoid present in brown seaweeds and diatoms: metabolism and bioactivities relevant to human health [J]. Marine drugs, 2011, 9 (10): 1806 - 1828.

[145] SCHMITT S, TSAI P, BELL J, et al.. Assessing the complex sponge microbiota: core, variable and species-specific bacterial communities in marine sponges [J]. The ISME Journal, 2012, 6 (3): 564.

[146] TREHU A M, LONG P E, TORRES M E, et al.. Three-dimensional distribution of gas hydrate beneath southern Hydrate Ridge: constraints from ODP Leg 204 [J]. Earth and planetary science letters, 2004, 222 (3 - 4): 845 - 862.

[147] VIEHMAN S, THUR S M, PINIAK G A. Coral reef metrics and habitat equivalency analysis [J]. Ocean & Coastal Management, 2009, 52 (3 - 4): 181 - 188.

[148] VINEESH T C, NAGENDER N B, BANERJEE R, et al.. Manganese nodule morphology as indicators for oceanic processes in the Central Indian Basin [J]. International Geology Review, 2009, 51 (1): 27 - 44.

[149] WANG B G, GLOER J B, JI N Y, et al.. Halogenated organic molecules of rhodomelaceae origin: chemistry and biology [J]. Chemical reviews, 2013, 113 (5): 3632 - 3685.